图 3-96　选择颜色块

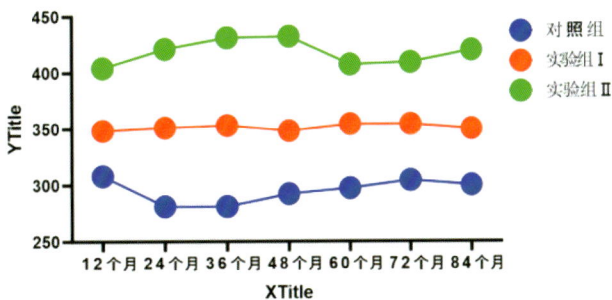

图 3-122　设置图表曲线颜色结果

血尿酸水平（小提琴图）

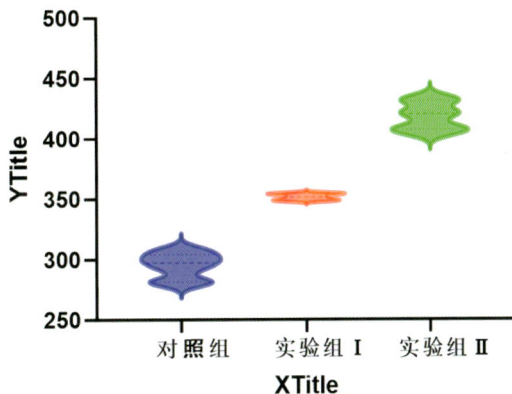

图 3-130　设置图表曲线颜色及标题样式结果

试验测试结果（箱线图）

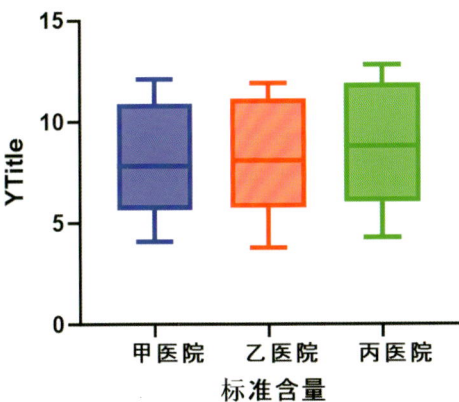

图 4-67　设置散点颜色

杀虫剂浓度数据（颜色条形图）

组别\浓度	浓度1	浓度2	浓度3	浓度4
A组	1	0.5	0.1	0.2
B组	2	0.5	0.2	0.2
C组	3	0.5	0.3	0.5
D组	4	0.5	0.4	0.9

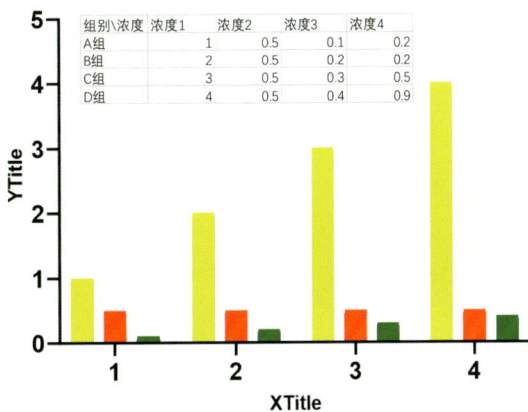

图 5-42　插入选择文件中的数据

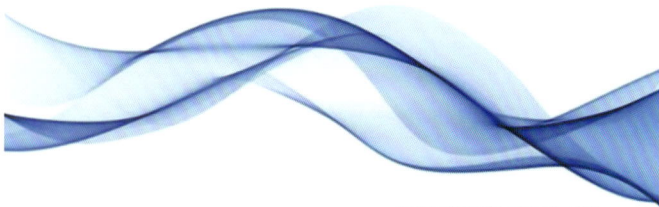

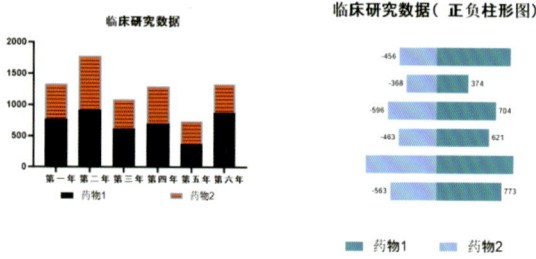

图 5-53 将选定对象置于其他对象后面

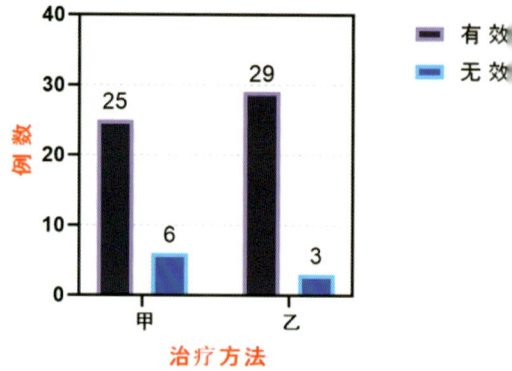

图 8-10 更新图表符号颜色

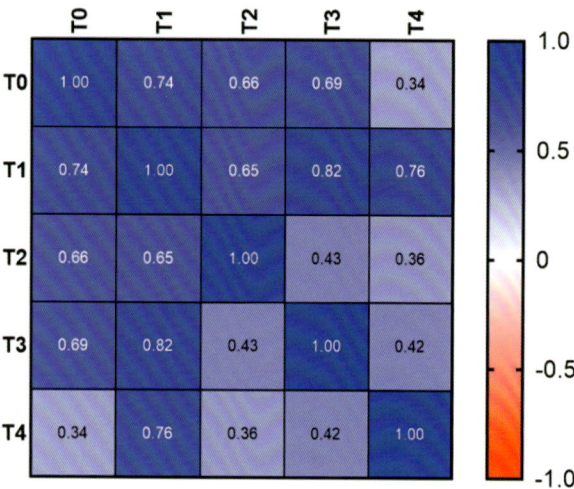

图 9-9 相关矩阵图

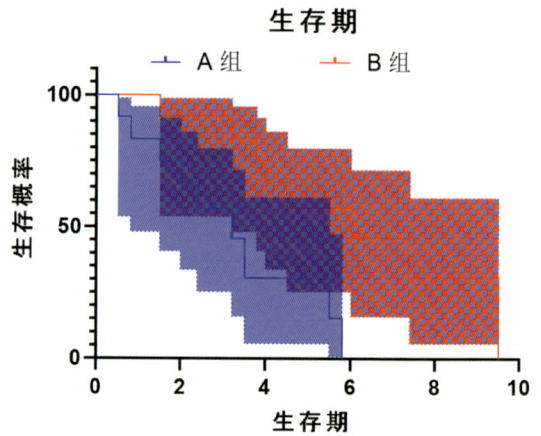

图 10-16 填充误差带

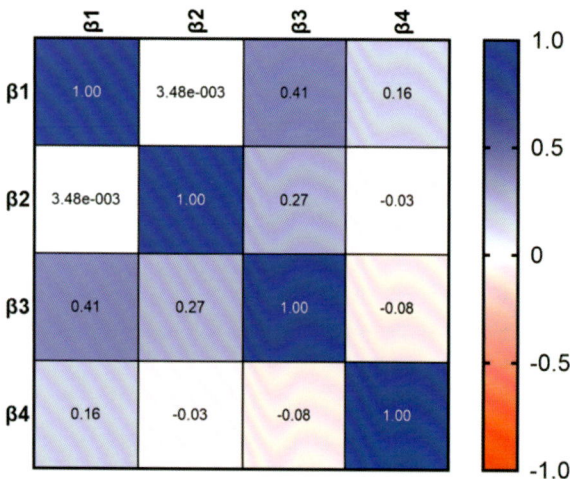

图 10-30 图表"参数协方差:Cox 回归 / 心脏病患者"

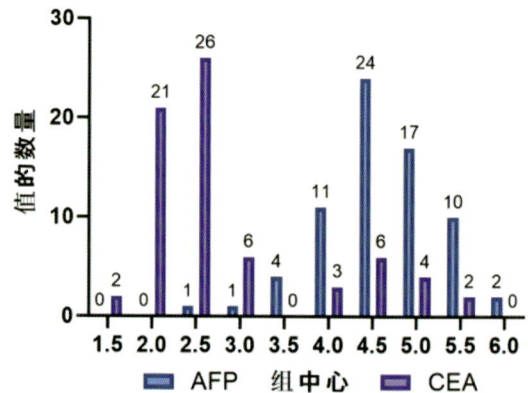

图 11-11 更新图表颜色

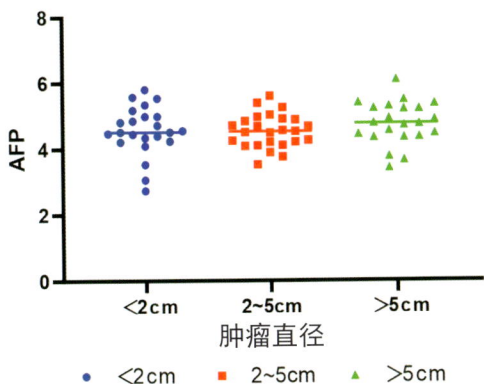

图 11-21　设置散点颜色及标题

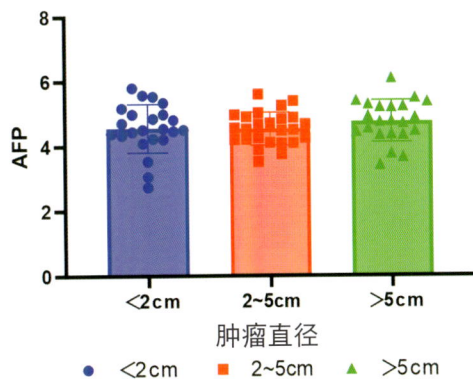

图 11-23　绘制带条形的散布图

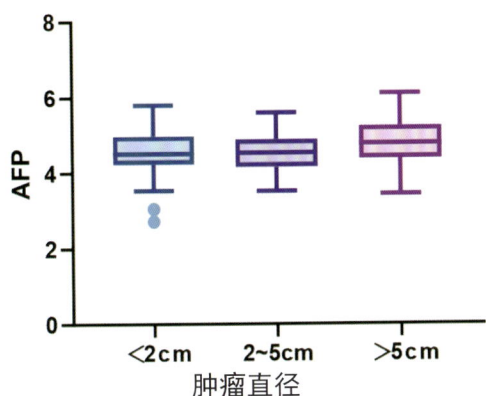

图 11-27　更新图表

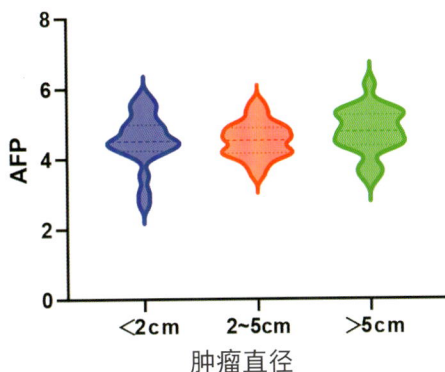

图 11-28　更新小提琴图

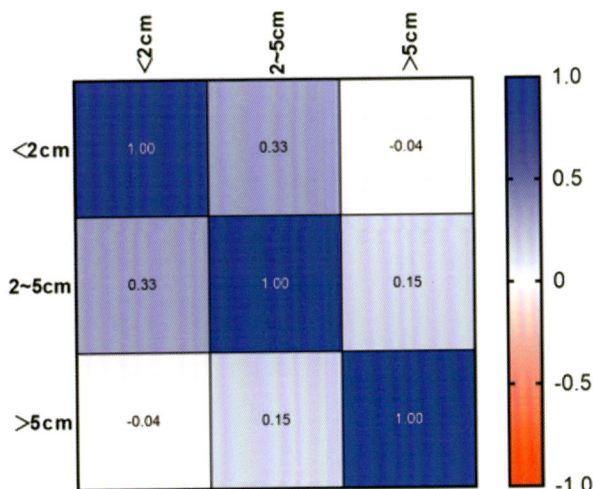

图 11-40　相关性分析结果（b）

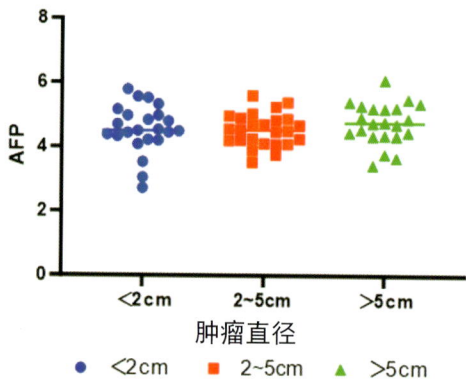

肿瘤直径分类AFP（散布图）

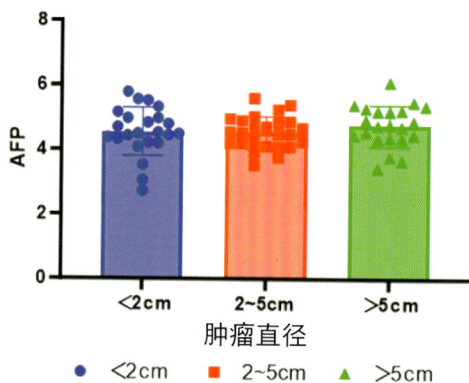

肿瘤直径分类AFP（带条形散布图）

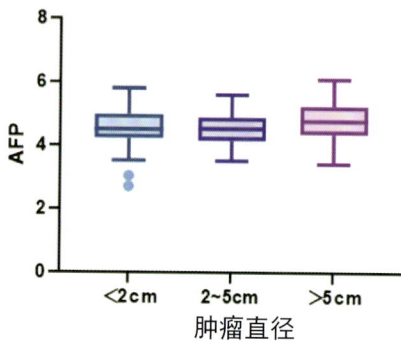

肿瘤直径分类AFP（箱线图）

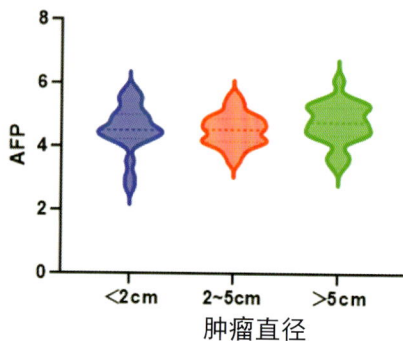

肿瘤直径分类AFP（小提琴图）

图 11-55　放置图表

动手学科技绘图与数据分析

与

数据分析

李瑞鸿 甘勤涛 杨婧 著

GraphPad Prism 10

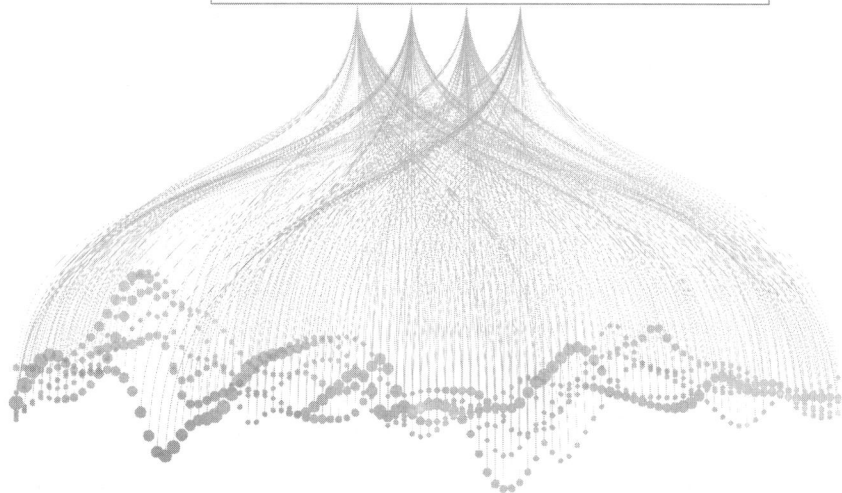

化学工业出版社
· 北京 ·

内容简介　　本书系统讲述了统计分析软件 GraphPad Prism 的具体应用方法，共 11 章，内容包括 GraphPad Prism 概述、数据管理、统计图表、统计描述、图形布局、两样本均数比较的假设检验、多个样本均数比较的假设检验、列联表检验、回归分析、临床医学研究统计和肝癌肿瘤诊断数据统计分析综合案例。

全书讲解细致，图文并茂。随书配送的电子资源包含全书实例的源文件素材、全程实例同步讲解视频。

本书适合从事统计分析、数据分析工作的人员自学使用，也可用作高等院校或培训机构相关专业的教材及参考书。

图书在版编目（CIP）数据

动手学科技绘图与数据分析：GraphPad Prism 10 / 李瑞鸿，甘勤涛，杨婧著 . -- 北京 ： 化学工业出版社，2025. 3. -- ISBN 978-7-122-47063-8

Ⅰ. TP391.412

中国国家版本馆 CIP 数据核字第 2025TK1659 号

责任编辑：耍利娜　　　　　　　　　　　文字编辑：袁玉玉　袁　宁
责任校对：宋　玮　　　　　　　　　　　装帧设计：王晓宇

出版发行：化学工业出版社（北京市东城区青年湖南街 13 号　邮政编码 100011）
印　　装：河北延风印务有限公司
787mm×1092mm　1/16　印张 20¾　彩插 2　字数 472 千字　　2025 年 7 月北京第 1 版第 1 次印刷

购书咨询：010-64518888　　　　　　　　售后服务：010-64518899
网　　址：http://www.cip.com.cn
凡购买本书，如有缺损质量问题，本社销售中心负责调换。

定　　价：99.00 元　　　　　　　　　　　　　　　　　　版权所有　违者必究

GraphPad Prism 是一款功能强大、简单易用的医学绘图分析软件，最初是为医学院校和制药公司的实验生物学家设计的，如今被各种生物学家以及社会和物理科学家广泛使用。超过 110 个国家的超过 20 万名科学家依靠 GraphPad Prism 来分析、绘制和展示他们的科学数据。

相对于其他统计绘图软件（例如 R 语言），它的绝对优势是可以直接输入原始数据，自动进行基本的数据统计，同时产生高质量的科学图表。然而，目前市面上讲解 GraphPad Prism 绘图分析知识的图书较少。因此，我们组织相关老师编写本书。

GraphPad Prism 10

一、本书特色

1. 内容全面，针对性强

笔者根据自己多年的数据统计与分析领域工作经验和教学经验，针对初级用户学习 GraphPad Prism 的难点和疑点，由浅入深、全面细致地讲解了 GraphPad Prism 在数据统计与分析领域的各种功能和使用方法。本书在有限的篇幅内，讲解了 GraphPad Prism 的常用功能，内容涵盖数据管理和统计分析等知识。读者通过学习本书，可以较为全面地掌握 GraphPad Prism 相关知识。

2. 实例丰富，学以致用

本书不仅有透彻的讲解，还有丰富的实例。很多实例本身就是数据统计与分析项目案例，经过笔者精心提炼和改编，不仅可以保证读者能够学好知识点，更重要的是能帮助读者掌握实际的操作技能。同时，培养读者在数据统计与分析领域的思维。

二、电子资源使用说明

本书除书面讲解外，还配送了电子学习资源，包含全书实例的源文件素材，全程实例讲解视频，扫描书中相应二维码可以像看电影一样轻松愉悦地学习本书。

本书配套实例源文件可以扫描封底二维码，关注官方公众号，回复关键字"GraphPad Prism"，获取下载链接。

本书虽经笔者几易其稿，但由于时间仓促，加之水平有限，书中不足之处在所难免，望广大读者批评指正。

著者

第 9 章　回归分析

GraphPad
Prism 10

扫码看本章实例
视频讲解

第 1 章
GraphPad Prism 概述

GraphPad Prism 具有全面的分析能力和强大的统计能力，是一款专为科学研究而设计的分析和绘图软件。本章介绍软件的工作环境和基本操作，目的是让读者尽快地熟悉 GraphPad Prism 10 的用户界面和基本技能，为后面章节的学习打下基础。

1.1 启动 GraphPad Prism 10

安装 GraphPad Prism 10 之后，就可以在操作系统中启动 GraphPad Prism 10 了，在 Windows 10 中启动 GraphPad Prism 10 有以下几种方法。

① 单击桌面左下角的"开始"按钮，在"开始"菜单的程序列表中单击"GraphPad Prism 10"，如图 1-1 所示。

② 双击桌面上的快捷方式，如图 1-2 所示，启动 GraphPad Prism 10 应用程序。

执行上述步骤，即可启动 GraphPad Prism 10 应用程序，将显示"欢迎使用 GraphPad Prism"对话框，如图 1-3 所示。

不同于 Excel 或大多数其他图形程序，启动 GraphPad Prism 后，用户界面会弹出"欢迎使用 GraphPad Prism"对话框，如图 1-4 所示。

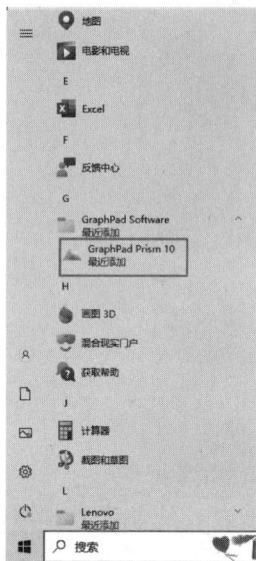

图1-1　启动 GraphPad Prism 10

图1-2 快捷方式

图1-3　启动 GraphPad Prism 10

图1-4　"欢迎使用 GraphPad Prism"对话框

1.1.1 创建空白项目文件

选择指定数据表格式，在"数据表"选项组下选择"输入或导入数据到新表"选项，创建一个空白项目。

单击"创建"按钮，创建项目文件，如图 1-5 所示。项目文件默认名称为项目 *N*.prism。按照创建项目的个数，项目名称中编号 *N* 从 1 开始计数，依次为项目 1、项目 2，以此类推。

GraphPrism 包含下面八种数据表，通过该对话框创建只包含特定格式数据表和图表的项目文件。

- ➢ XY 表是一种每个点均由 X 值和 Y 值定义的图表，此类数据通常适用于线性或非线性回归。
- ➢ 列数据表表示一个分组变量中的分类组，每列均定义一个数据组。
- ➢ 分组数据表类似于列数据表，但设计用于两个分组变量。
- ➢ 列联表类似于分组数据表，专为由两个分组变量描述的数据设计，将属于由行和列定义的每个组受试者（或观察结果）的实际数量制成表格。
- ➢ 生存表用于使用 Kaplan-Meier 方法（简称 KM 法，也叫乘积极限法）进行生存分析。每行代表不同的受试者或个体。X 列用于输入经过的生存时间，Y 列用于输入单个分组变量的不同组的结局（"事件"或"删失"）。
- ➢ 整体分解表经常用于制作饼形图来分析比例问题。
- ➢ 多变量数据表每行均为不同的观察结果或"病例"（实验、动物等）。每列代表一个不同的变量。
- ➢ 嵌套表是某些行的集合，它在主表中表示为其中的一列。对主表中的每一条记录，嵌套表可以包含多个行。存在两级嵌套或分层复制时，使用嵌套表。

其中，创建的空白项目"项目 2"中，默认包含一个空白的数据表"数据 1"、空白的图表"数据 1"。

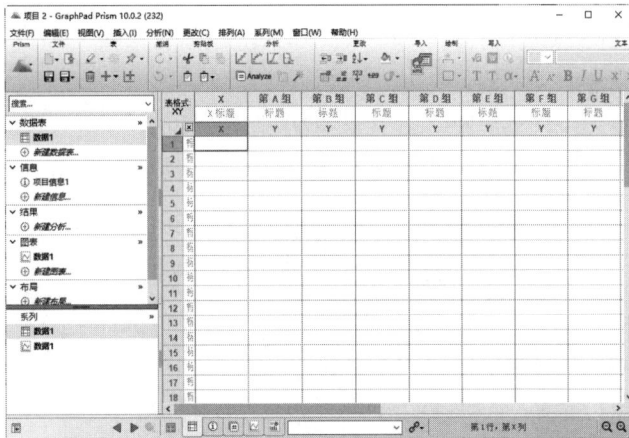

图 1-5　创建项目文件

1.1.2　创建示例项目文件

GraphPad Prism 10 为用户提供了一些系统数据集，如 Entering replicate data（输入复制数据）、Entering mean（or median）and error values［输入平均值（或中位数）和误差值］。

在"数据表"选项组下选择"从示例数据开始，根据教程进行操作"选项，在"选择教程数据集"选项组下选择一个系统数据集，如图 1-6 所示。

单击"创建"按钮，创建使用系统数据集的项目文件，如图 1-7 所示。这些系统数据集是已经设置好数据和格式的项目，打开这些系统数据集便可直接使用模板中设置的各种工作表。

图 1-6　选择一个数据集

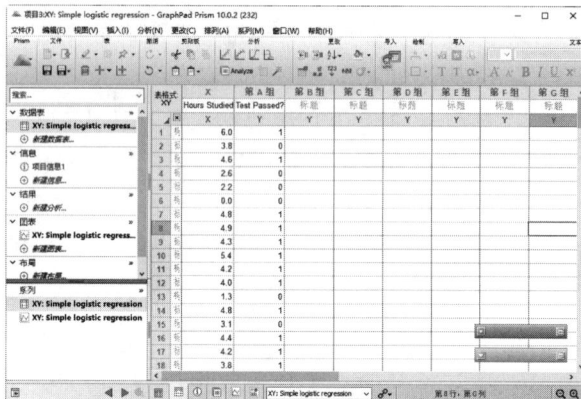

图 1-7　创建系统数据集的项目

1.2　GraphPad Prism 10 的工作界面

启动 GraphPad Prism 10 后，单击"创建"按钮，软件会自动根据模板创建示例模板项目，进入 GraphPad Prism 10 的工作界面，让我们领略到 GraphPad Prism 10 界面的精致、形象和美观，如图 1-8 所示。

从图 1-8 可以看出，GraphPad Prism 10 的工作界面由标题栏、菜单栏、工具栏（主工具栏、底部工具栏）、工作区、导航器、状态栏、注释提示窗口组成。

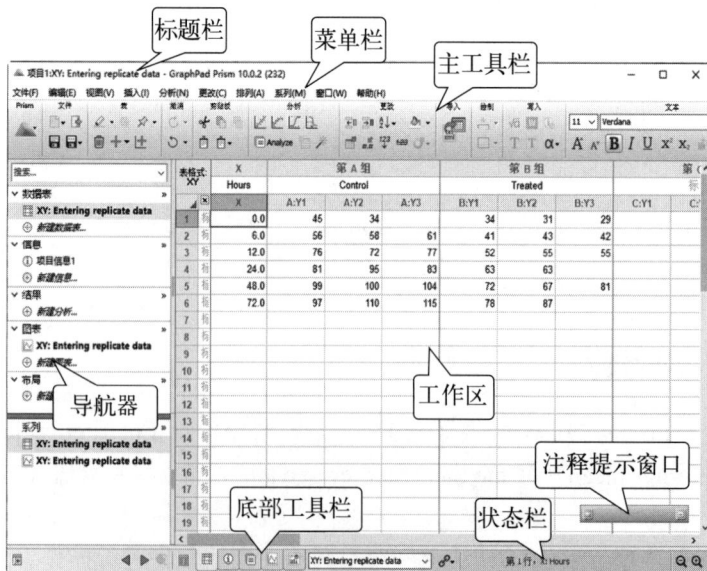

图 1-8　GraphPad Prism 10 工作环境

1.2.1　菜单栏

菜单功能区位于标题栏的下方，使用菜单栏中的命令可以执行 GraphPad Prism 的所有命令。

1.2.2　工具栏

工具栏是许多组具有一定功能的操作按钮的集合。工具栏位于工作区上方、下方，分别为主工具栏和底部工具栏，工具栏中包含大部分常用的菜单命令。有别于其他软件，GraphPad Prism 不能添加或删除工具栏中的按钮，只能控制工具栏的显示和隐藏。

默认情况下，用户界面中显示主工具栏和底部工具栏，下面介绍两种显示或隐藏主工具栏的方法。

① 选择菜单栏中的"视图"→"主工具栏"命令，如图 1-9 所示，选择"主工具栏"命令名称前显示 √ 符号，表示用户界面中显示主工具栏。选择"主工具栏"命令，隐藏该工具栏时，"主工具栏"命令名称前不显示 √ 符号。

② 在任意工具栏单击右键，弹出快捷菜单，如图 1-10 所示。选择"隐藏主工具栏"命令，隐藏该工具栏。

底部工具栏的显示和隐藏方法与主工具栏相同，这里不再赘述。

图 1-9　菜单命令

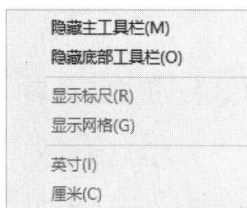

图 1-10　快捷菜单

1.2.3　导航器

在 GraphPad Prism 10 中，为了便于设计过程中文件内容的操作，使用导航器，该导航器在工作区左侧固定显示。

单击底部工具栏中的"显示 / 隐藏导航器面板"按钮，隐藏该导航器，如图 1-11 所示。再次单击该按钮，自动显示该导航器。

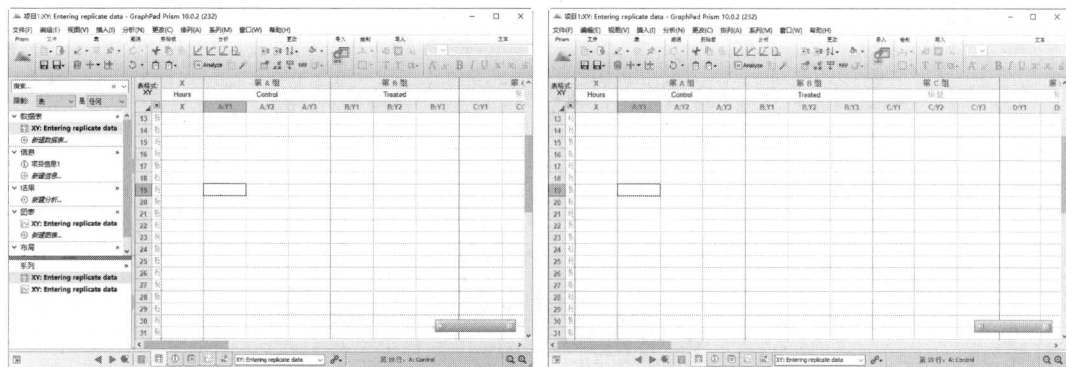

（a）默认显示　　　　　　　　　　　　　　　（b）隐藏

图 1-11　导航器面板的显示 / 隐藏

1.2.4 工作区

工作区是用户编辑各种文件，输入、显示数据的主要工作区域，占据了 GraphPad Prism 窗口的绝大部分区域。

1.2.5 状态栏

状态栏位于应用程序窗口底部，用于显示与当前操作有关的状态信息。在状态栏上默认显示底部工具栏。

1.3 导航器组成

创建项目文件后，进入 GraphPad Prism 10 用户界面，在左侧的导航器中对当前项目中的文件进行管理，如图 1-12 所示。

导航器中包含三部分：第一部分用来搜索工作表，第二部分用来显示、编辑项目中的工作表，第三部分显示项目中相关联的一系列文件。

1.3.1 搜索工作表

在导航器顶端的"搜索"框内输入要搜索的文件关键词，自动在下面的列表框内显示符合条件的文件，同时，在右侧工作区中显示搜索结果对应的文件缩略图，如图 1-13 所示。

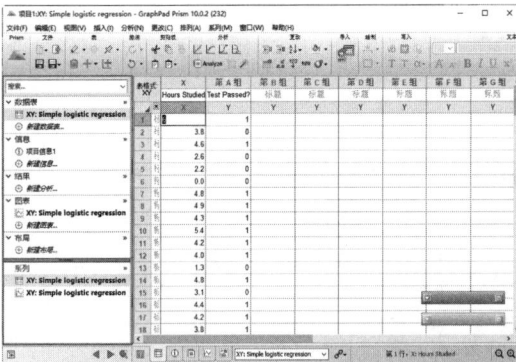

图 1-12 导航器

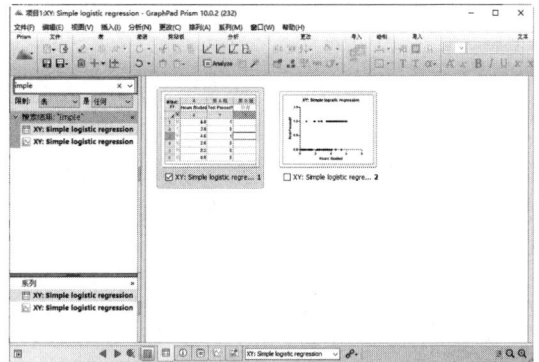

图 1-13 搜索工作表

在"限制"下拉列表中选择搜索对象的范围，如图 1-14 所示。

图 1-14 "限制"下拉选项

①　默认选择"表"，将在工作表中进行搜索，在"是"下拉列表中显示更精确的分类。选择"任何"，表示搜索所有类型的工作表。除此之外，"是"下拉列表中还包括指定的工作表类型（数据表、信息表、结果、图表、布局），表示选择该类型的对象。

②　选择"突出显示"，将在突出显示的工作表中进行搜索。此时，在"是"下拉列表表中显示突出显示的颜色。选择"任何颜色"，表示搜索使用任意颜色突出显示的工作表；选择"无"，表示搜索使用没有突出显示的工作表，作用与直接选择"表"相同。除此之外，"是"下拉列表中还包括具体突出显示的颜色（黄色、红色、蓝色、绿色、紫色、橙色、灰色）。

1.3.2　项目中的工作表

在"搜索"框下显示项目中的工作表，每个 GraphPad Prism 项目都有五个部分：数据表、信息、结果、图表以及布局。

在导航器中包含 5 个选项组，每个选项组对应一个部分（一种工作表），每个选项组类似一个文件夹，在该文件夹下包含一个或多个同类的工作表。

在导航器任意工作表上单击鼠标右键，在弹出的快捷菜单中选择"展开所有的文件夹"命令，展开每个选项组，显示选项组下的所有工作表，如图 1-15 所示。

在导航器任意工作表上单击鼠标右键，在弹出的快捷菜单中选择"折叠所有的文件夹"命令，折叠每个选项组，如图 1-16 所示。

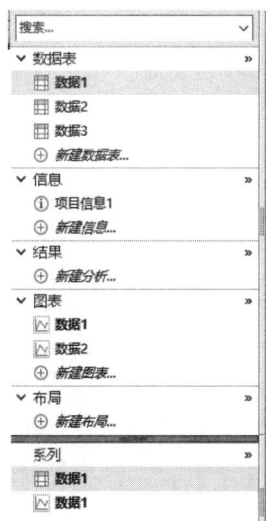

图 1-15　展开所有的文件夹　　　　图 1-16　折叠所有的文件夹

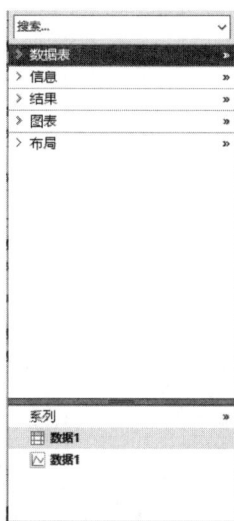

在单个 GraphPad Prism 项目中，每种类型最多可有 500 张工作表（包括数据表）。每张数据表可包含：

➢　任意行数（受 RAM 和硬盘空间限制）。

➢　最多 1024 个数据集列。

➢　最多 512 个子列。

1.3.3 系列文件

系列文件下显示每个项目中相关联的工作表。例如。图 1-17 中的"系列"选项组下包含关联的数据表和图表，图表是根据数据表中的数据进行绘制的，因此，两者是关联的。

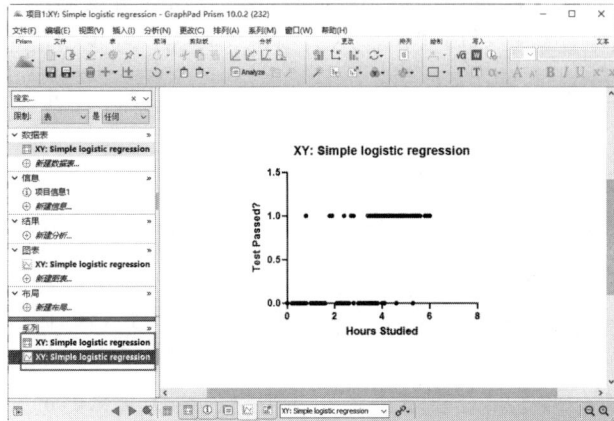

图 1-17 "系列"选项组

1.4 项目、工作表和单元格的关系

在学习 GraphPad Prism 10 之前，有必要先了解 GraphPad Prism 中的一些概念，这些概念是学习使用 GraphPad Prism 的基础。

（1）项目

项目是处理和存储用户资料的文件，能在一个文件中管理多种类型的相关信息。一个项目文件由一个或多个工作表组成。

（2）工作表

在 GraphPad Prism 中，工作表主要用于录入原始资料，存储统计信息、图表等，使用工作表可以显示和分析资料。

数据表是最基本的工作表，用于存储和管理数据的二维表格。数据表是通过系统内部设置的类型和格式进行定义的。在大多数情况下，数据表第一列为 X 值，其余列为 Y 值，且这些列可被分为子列，用于输入误差条。

（3）单元格

每张数据表都是由多个长方形的"存储单元"所构成的，这些长方形的"存储单元"被称为"单元格"，是组成工作表的基本元素。

1.4.1 工作表分类

工作表指一张单独的数据表、信息页、一组结果、图表或页面布局。

（1）数据表

数据表用于输入并整理数据，以备分析或绘制图表，如图 1-18 所示。在该选项卡下显示项目中的数据表列表，名称格式为"数据 N"，编号 N 按照创建数据表的个数依次递增，默认创建数据 1。

默认情况下，创建的每张数据表自动创建一张图表。同时，数据表和图表具有相同的名称。

（2）信息

该选项卡下显示项目中的信息表列表，名称格式为"项目结果 N"。信息表用于记录实验细节，或者在分析中使用的常数，如图 1-19 所示。

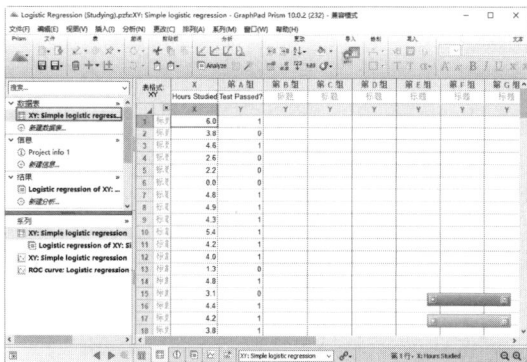

图 1-18 数据表

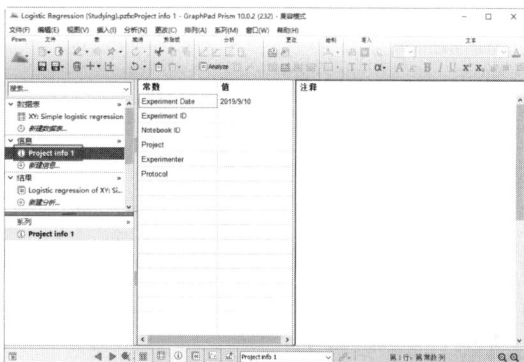

图 1-19 信息

（3）结果

该选项卡下显示项目中的数据表列表，名称格式为"分析 N"。结果表用于显示分析结果，可以从表格中复制并粘贴部分结果到图表上，如图 1-20 所示。

（4）图表

该选项卡下显示项目中的数据表列表，名称格式为"数据 N"，在数据表中输入数据后，Prism 会自动创建一张图表，以图形的方式描绘数据，在图表中可以自定义图表的任何部分，如图 1-21 所示。

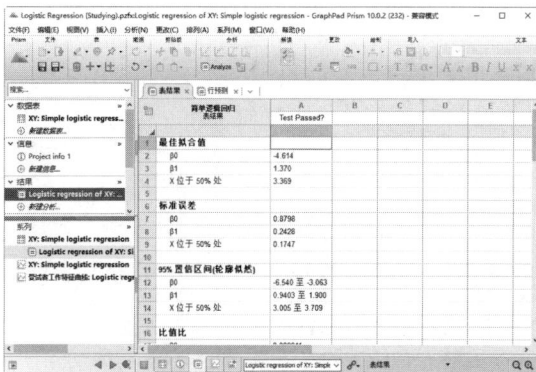

图 1-20 结果

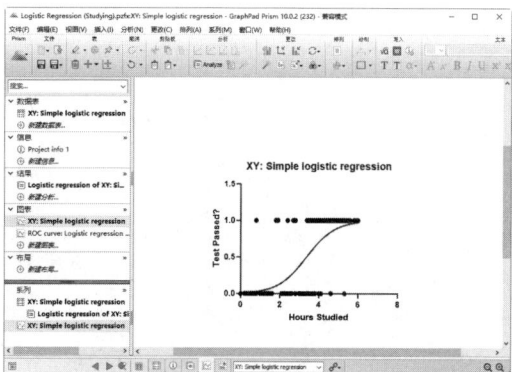

图 1-21 图表

（5）布局

该选项卡下显示项目中的布局表列表，名称格式为"布局 *N*"。将几张图表或其他页面组合在一个布局中，以便打印和发布，如图 1-22 所示。

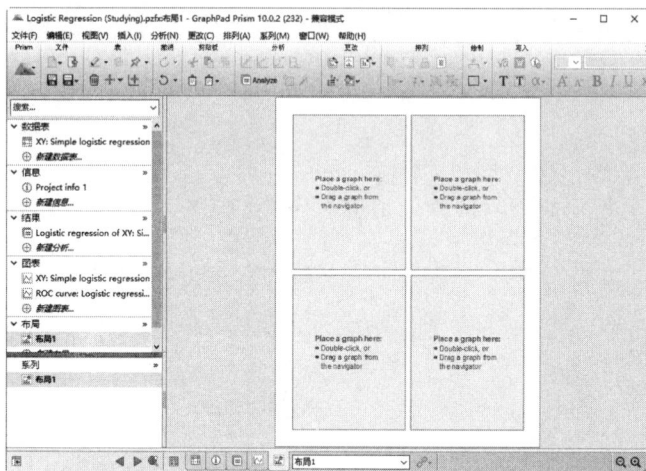

图 1-22　布局

1.4.2　项目管理

项目是 GraphPad Prism 系统进行数据管理、存储的基本文件，掌握项目的基本操作是进行各种数据管理操作的基础。

（1）打开项目

在本地硬盘或网络上打开项目的方法有多种，下面简述打开项目的常用方法。

① 选择菜单栏中的"文件"→"打开"命令，或单击"Prism"功能区中的"打开项目文件"命令，或单击"文件"功能区中的"打开项目文件"按钮 ，或按下 Ctrl+O 键，弹出"打开"对话框，如图 1-23 所示。选择需要打开的文件。定位到需要打开的文件之后，单击"打开"按钮即可。

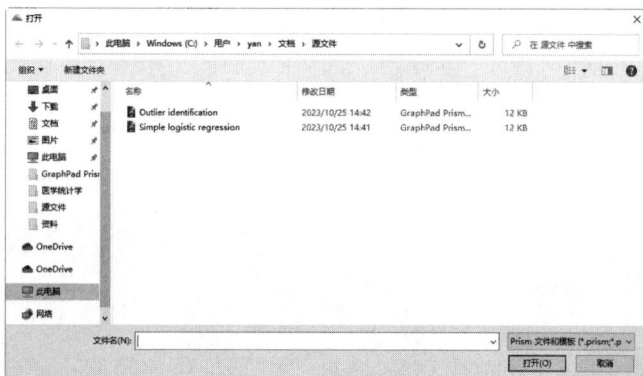

图 1-23　"打开"对话框

②"文件"菜单栏最下方显示最近使用的项目列表，如图1-24所示，单击对应的项目名称，即可打开。

（2）关闭项目

用户完成对一个项目的操作后，应将它关闭，以释放该项目所占用的内存空间。

① 关闭当前项目：选择菜单栏中的"文件"→"关闭"命令，或单击"Prism"功能区中的"关闭"命令，或按下Ctrl+W键，弹出如图1-25所示的"GraphPad Prism"对话框，提示是否需要对要关闭的项目进行保存。

a. 单击"是"按钮，保存并关闭当前项目。弹出"保存"对话框，默认当前项目的名称，保存当前的项目文件，也可以输入新的名称，保存为另外的项目。

b. 单击"否"按钮，取消保存并关闭当前项目。自动弹出"欢迎使用GraphPad Prism"对话框，用来创建新的项目。

c. 单击"取消"按钮，取消关闭当前项目的操作，返回GraphPad Prism用户界面。

图1-24　最近使用的项目列表

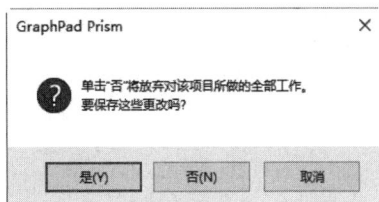

图1-25　"GraphPad Prism"对话框

② 关闭所有项目：选择菜单栏中的"文件"→"全部关闭"命令，或单击"Prism"功能区中的"全部关闭"命令，可以同时关闭所有打开的项目。

（3）保存项目

完成一个项目的数据输入、编辑之后，需要将项目进行保存，以保存工作结果。保存项目的另一个意义在于可以避免由断电等意外事故造成的文档丢失。

（4）直接保存项目

选择菜单栏中的"文件"→"保存"，或单击"文件"功能区中的"保存"按钮🖫，或单击"文件"功能区中保存命令按钮🖫下的"保存"命令，或按下Ctrl+S键，直接保存".prism"格式的项目文件。

（5）另存项目

选择菜单栏中的"文件"→"另存为"命令，或单击"文件"功能区中保存命令按钮🖫下的"另存为"命令，弹出如图1-26所示的"保存"对话框，用户可以指定项目的保存名称和路径。在"保存类型"下拉列表中选择项目类型，除了常用的"Prism文件（*.prism）"，还可以保存为"Prism文件（旧版格式，*.pzfx）"或"Prism文件（旧版格式，*.pzf）"。

图1-26 "保存"对话框

（6）选择性保存

如果项目文件非常大，可考虑细分成更小的项目，将任何工作表保存为指定的文件。

选择菜单栏中的"文件"→"选择性保存"命令，弹出如图1-27所示的子菜单；或单击"文件"功能区中保存命令按钮▤下的下拉命令，如图1-28所示。子菜单和下拉命令中包含多个选择性保存的命令，下面分别进行介绍。

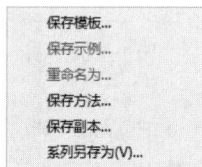

图1-27 子菜单

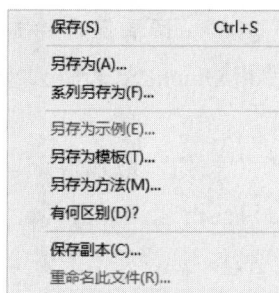

图1-28 下拉命令

① 保存示例：选择该命令，将项目文件以当前名称保存，以便于日后进行克隆文件操作。

② 保存副本：选择该命令，将项目副本以指定的名称保存，Prism不会重命名正在处理的文件。建议备份为 .pzfx 格式（而非 .pzf），该格式提供更安全的备份。即使文件遭到损坏或截断，也可能在不使用 Prism 的情况下从这些文件中提取数据。

③ 保存模板：选择该命令，将项目文件以当前名称保存，自动为添加的新数据创建所有分析和图表。模板文件属于一项旧功能，建议使用示例文件或方法文件。

④ 保存方法：选择该命令，将项目文件以当前名称保存，以便日后应用于已输入的新数据。当应用方法时，将方法文件中的分析和图表应用至已输入的数据表中。

⑤ 系列另存为：选择该命令，从当前项目中的工作表以及所有链接工作表创建一个新文件。

⑥ 另存为示例（E）：选择该命令，将项目文件以指定的名称保存在特殊位置的文件中，以便于日后进行克隆文件操作。

⑦ 另存为模板（T）：选择该命令，将项目文件以指定的名称保存至指定位置，自动为添加的新数据创建所有分析和图表。

⑧ 另存为方法（M）：选择该命令，将项目文件保存在特殊位置的文件中，以便日后应用于已输入的新数据。

（7）合并项目

合并项目是指要将整个 GraphPad Prism 项目合并到另一个项目中，如果想要合并两份文件，步骤则非常简单。

默认打开一个项目文件（项目 1），选择菜单栏中的"文件"→"合并"命令，弹出"合并"对话框，如图 1-29 所示。选择一个未打开的项目文件（项目 2），单击"打开"按钮，直接在当前项目（项目 1）中导入选中项目文件（项目 2）中的所有工作表，结果如图 1-30 所示。

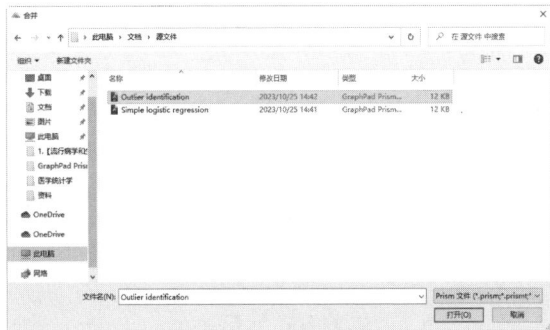

图 1-29　"合并"对话框

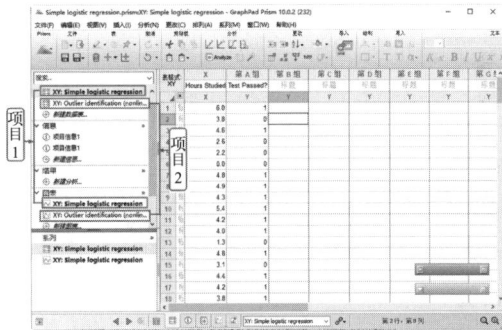

图 1-30　合并项目

1.4.3　工作表管理

默认状态下，每个项目中只有 1 张数据表（数据 1）和与之对应的 1 张图表（数据 1），用户可以根据需要增加更多的工作表。

（1）新建工作表

下面简要介绍新建工作表的 3 种常用方法。

① 利用导航器命令　单击导航器中"数据表"选项组下的"新建工作表"按钮⊕，如图 1-31 所示，弹出"新建数据表和图表"对话框，选择要创建工作表的类型，如图 1-32 所示。该对话框与"欢迎使用 GraphPad Prism"对话框类似，这里不再赘述。

完成选项设置，单击"创建"按钮，即可以在导航器中"数据表"选项组下的工作表列表插入一个新的数据表。新工作表的表名根据项目中工作表的数量自动命名，如数据 2，如图 1-33 所示。同时，导航器中"图表"选项组下自动创建一个名为"数据 2"的图表。

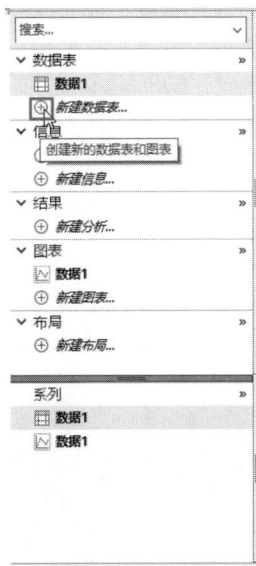

图 1-31　"新建工作表"按钮

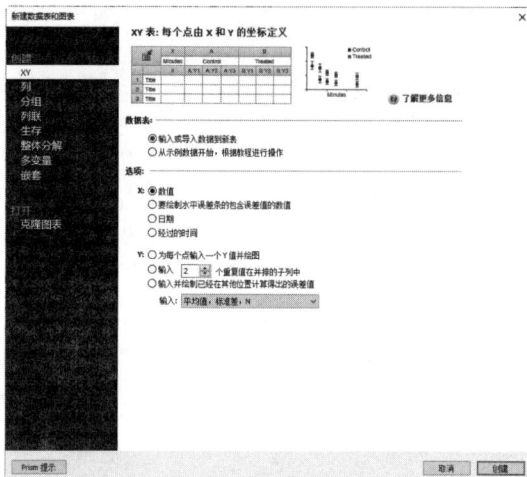

图1-32 "新建数据表和图表"对话框

图1-33 新建一个数据表和图表

② 利用功能区命令 单击"文件"功能区中的"创建新项目"按钮 下的"新建数据表和图表（D）"命令，如图1-34所示，弹出"新建数据表和图表"对话框，选择要创建工作表的类型，单击"创建"按钮，即可以当前"数据表"下的工作表列表插入一个新的数据表"数据2"。同时，导航器中"图表"选项组下自动创建一个名为"数据2"的图表。

单击"表"功能区中的"创建新表"按钮 下的"新建数据表与图表（D）"命令，如图1-35所示。弹出"新建数据表和图表"对话框，选择要创建工作表的类型，单击"创建"按钮，即可以当前"数据表"下的工作表列表插入一个新的数据表"数据2"。同时，导航器中"图表"选项组下自动创建一个名为"数据2"的图表。

选择"新建数据表（无自动图表）（T）"命令，弹出"新建数据表和图表"对话框，选择要创建工作表的类型，单击"创建"按钮，即可以当前"数据表"下的工作表列表插入一个新的数据表"数据3"。此时，导航器中"图表"选项组下不创建图表，如图1-36所示。

选择"新建信息（I）""新建分析（A）""新建现有数据的图表（G）""新建布局（L）"命令，分别可以在当前项目中新建信息表、分析表、图表和布局页面表。

③ 利用菜单栏命令 选择菜单栏中的"插入"命令，在弹出的子菜单中显示一系列新建工作表的命令，如图1-37所示。

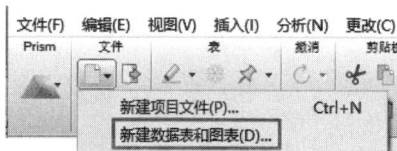

图1-34 "文件"功能区下拉菜单

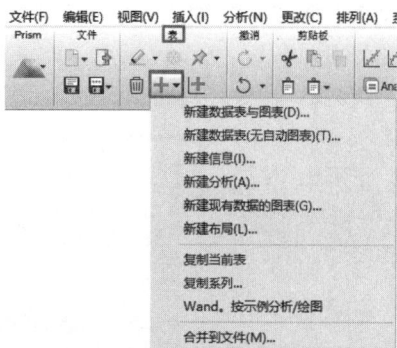

图1-35 "创建新表"按钮下拉菜单

> 新建数据表与图表（D）：新建一个数据表，同时还新建一个与数据表相关联的图表。
> 新建数据表（无自动图表）（T）：单独创建一个新的数据表。
> 新建信息（I）：新建一个信息表。
> 新建分析（A）：新建一个分析结果表。
> 新建现有数据的图表（G）：根据数据表新建一个相关联的图表。
> 新建布局（L）：新建一个布局表。

选择菜单栏中的"文件"→"新建"→"新建数据表和图表（D）"命令，弹出"新建数据表和图表"对话框，选择要创建工作表的类型，单击"创建"按钮，即可以当前"数据表"下的工作表列表插入一个新的数据表"数据2"。同时，导航器中"图表"选项组下自动创建一个名为"数据2"的图表。

（2）删除工作表

若要删除某个不再使用的工作表，可以执行以下操作。

在导航器中选定待删除工作表的名称标签，然后单击鼠标右键，在弹出的快捷菜单中选择"删除表"命令，或单击"表"功能区中的"删除表"按钮🗑，弹出"删除表"对话框，显示当前项目中所有的数据表，如图1-38所示。

勾选数据表名称的复选框，可以选择一个或多个要删除的表。

勾选"同时删除所有关联的表"复选框，删除选中的工作表和一直关联的工作表。

删除多个工作表的方法与删除单个工作表的方法类似，不同的是，在选定工作表时要按住 Ctrl 键或 Shift 键以选择多个工作表。

1.5 设置工作环境

在数据统计分析和曲线拟合过程中，其效率和正确性往往与数据文件工作环境的设置有着十分密切的联系。这一节将详细介绍数据文件工作环境的

图 1-36 新建一个数据表

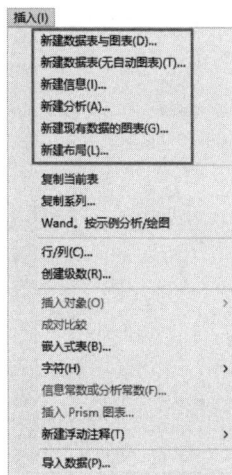

图 1-37 "插入"子菜单

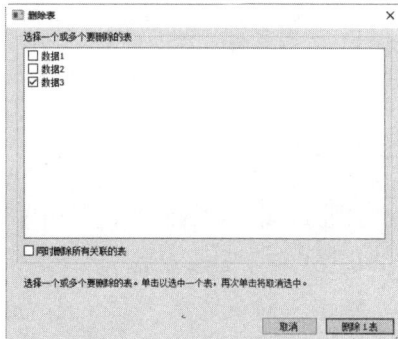

图 1-38 "删除表"对话框

设置，以使读者能熟悉这些设置，为后面数据分析打下一个良好的基础。

选择菜单栏中的"设置"→"选项"命令，或按下 Ctrl+U 键，弹出"选项"对话框，如图 1-39 所示。

在该对话框的有 10 个选项卡页面，即数值格式、文件位置、坐标轴、图形、文本字体、页面、其他、Excel、打开/关闭和系统路径。下面对常用的两个页面进行具体的介绍。

1.5.1　设置工作表数值格式

工作表中数据的参数设置通过"数值格式"标签页来实现，如图 1-40 所示。

图 1-39　"选项"对话框　　　　图 1-40　"数值格式"选项卡

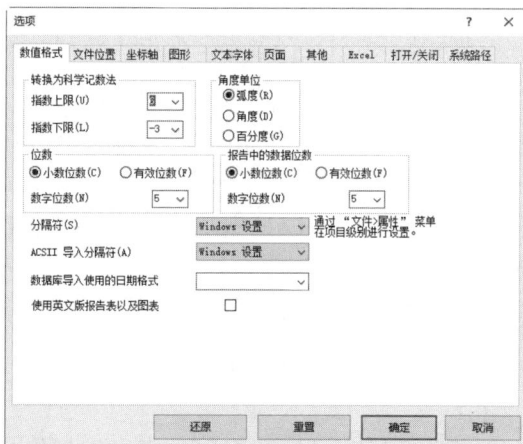

① 转换为科学记数法：当数字为科学记数法格式时，设置指数位数的上下限。

② 位数：设置小数位数或有效位数。

③ 分隔符：选择数字的书写形式是 Windows 设置还是其他。

④ ACSII 导入分隔符（A）：选择 ACSII 数字的书写形式是 Windows 设置还是其他。

⑤ 数据库导入使用的日期格式：在下拉列表中选择导入数据库数据中日期的格式。

⑥ 使用英文版报告表以及图表：选择该复选框，创建的报告表以及图表中的文字为英文；不选择该复选框，输出中文报告表和图表。

⑦ 角度单位：选择角度的单位是弧度、角度或百分度。

⑧ 报告中的数据位数：设置输出报告中小数位数或有效位数。

1.5.2　设置图形编辑环境参数

图形编辑环境的参数设置通过"图形"选项卡来实现，如图 1-41 所示。

（1）"符号"选项组

➢ 符号边框宽度（%）（s）：用于设定图像中点的方框大小，按点的百分比来计算。

➢ 默认符号的填充颜色（T）：用于设置默认点的颜色。

> 线符号间距（%）（L）：设定在线
> 条+符号图像中点与线之间的距离，
> 按点的百分比来计算。

> 符号库中提供字符选项（C）：用于
> 设定在设定数据点样式时是否可选
> 字体。

（2）"Origin 划线"选项组

> 划线定义（D）：设置虚线的格式。
> 选择虚线的种类后，可以在后面设
> 置格式。

> 页面预览时使用 Origin 划线（U）：
> 选择该复选框，在页面视图模式下
> 显示虚线。

图 1-41　"图形"选项卡

> 根据线条宽度调整划线图案（P）：选择该复选框，依据虚线后的空隙按比例缩放
> 虚线。

（3）"条形图 / 柱状图"选项组

> 条形图显示 0 值（B）：选择该复选框，在图像的 Y=0 处显示一条线。

> Log 刻度以 1 为基底（F）：选择该复选框，在坐标轴刻度以 Log 方式显示时，以 1
> 为底数，用于对数值小于 1 的柱形数据图中。

（4）二分搜索点（B）

选择是否以对分法搜索点的标准，以提高搜索速度。当该值大于图像点的数目时，则
使用连续搜索，否则使用对分法搜索。默认值为 500。

（5）"用户自定义符号"选项组

用于自定义图标。其中，Ctrl+X 为剪切，Ctrl+C 为复制，Ctrl+V 为粘贴。可以先把
图标复制到剪贴板，再粘贴到列表中，这些图标可以用来表示数据点。

（6）"2D 抗锯齿"选项组

选择应用消除锯齿效果的对象，包括图形、线条对象，以及轴与网格线。

（7）"默认拖放绘图"选项组

> 快速模式显示水印：选择该复选框，在快速模式下显示水印。

> 通过插值计算百分位数（V）：选择该复选框，在统计分析中，使百分数的分布
> 平滑。

> 启用 OLE 就地编辑（E）：OLE，即对象链接与嵌入。选择该复选框，激活嵌入式
> 修改其他文件的功能（一般不推荐使用）。

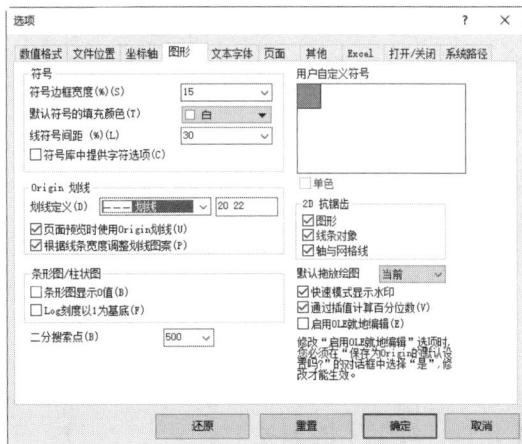

1.6　设置首选项

在"首选项"对话框中可以对一些与项目相关的系统参数进行设置。设置后的系统参

数将用于当前项目的设计环境，并且不会随项目文件的改变而改变。

选择菜单栏中的"编辑"→"首选项"命令，或单击"Prism"功能区中的"首选项"命令，弹出"首选项"对话框，如图 1-42 所示。在该对话框的有 9 个选项卡页面，即信息表、视图、文件位置、文件与打印机（P）、发送到 MS Office、新建图表、服务、分析和账户。

下面对常用的页面进行具体的介绍，服务、发送到 MS Office 以及账户这三个选项卡不常用，本节不再赘述。

1.6.1 "视图"选项卡

打开"视图"选项卡，如图 1-42 所示。下面介绍该选项卡下的选项。

（1）"导航器文件夹"选项组

勾选"显示合并的数据和结果文件夹，不显示两个单独的文件夹"复选框，导航器中"数据表"选项卡自动更名为"包含结果的数据"选项卡，如图 1-43 所示。

（2）"图表和布局"选项组

① 图表。勾选该复选框，选择使用缩放更改图表大小时图表的显示方式，可以查看完整图表，也可以选择按照比例显示（75%、100%、150%、200%）。

② 布局。勾选该复选框，选择使用缩放更改布局图大小时布局图的显示方式，可以查看整页，也可以选择按照比例显示（75%、100%、150%、200%）。

③ 在图表和布局上使用抗锯齿。勾选该复选框，Prism 使用抗锯齿，改善图表在屏幕上的外观。当曲线或线条以黑色绘制在白色背景上时，抗锯齿会在角落处填充灰色像素，以减少锯齿状外观。抗锯齿仅影响以 EMF+ 格式导出或复制的图表和布局在屏幕上的外观，但对打印的图表或以 WMF、EMF（旧）、PDF、EPS、PNG 或 JPG 格式导出的图表外观没有影响。

（3）"默认字体"选项组

单击"字体"按钮，弹出"字体"对话框，分别设置数据表、信息表和结果表，浮动注释，以及导航器的字体、字形和大小，如图 1-44 所示。

（4）"度量单位"选项组

选择 Prism 中使用的单位：英寸（1 英寸 =2.54 厘米）或

图 1-42　"首选项"对话框

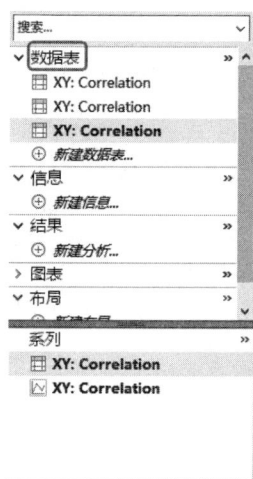

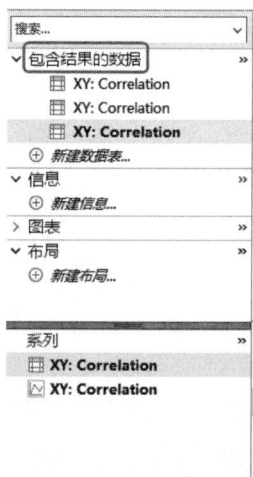

图 1-43　导航器文件夹更名

厘米。

（5）"自动补全"选项组

勾选"键入时自动补全数据表、图表和信息表中的标题"复选框，在键入前几个字符后自动完成标题。

（6）"工具提示和通知"选项组

① 显示工具提示：勾选该复选框，显示工具提示注释栏。

② 显示图表警告（灰色注释）：勾选该复选框，显示图表警告（灰色注释）注释栏。

③ 还原禁用的通知：单击该按钮，将启用通知，Prism 中禁用的所有通知都将再次显示。

（7）"在数据表中输入 "1-2-2030" 这样的日期时，表明日期为"选项组

选择两种日期显示格式。

（8）"坐标轴编号中指示负数的负号"选项组

选择表示坐标轴编号中指示负数的负号符号：普通连字符或长破折号。

图 1-44　"字体"对话框

1.6.2　"文件与打印机（P）"选项卡

打开"文件与打印机（P）"选项卡，如图 1-45 所示。下面介绍该选项卡下的选项。

（1）"自动备份"选项组

GraphPad Prism 提供了"自动备份"的功能，用户可以设置在指定的时间间隔后自动保存项目的内容。

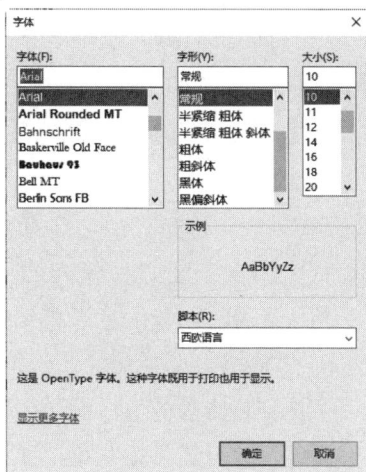

➢ 每次查看不同表时：勾选该复选框，每次切换工作表只能在当前工作窗口中显示一个工作表。在打开下一个工作表的同时，保存上一个查看的工作表。

➢ 每隔 5 分钟（M）：勾选该复选框，正常工作时，每隔 5 分钟保存项目文件，将当前文件中的数据信息自动覆盖在原始文件上。

➢ 允许从"欢迎"对话框中恢复未保存的文件：勾选该复选框，若出现意外关闭软件的情况，在启动时自动打开的"欢迎使用 GraphPad Prism"对话框中显示未保存的文件并进行恢复。

（2）"打印选项"选项组

GraphPad Prism 提供了"自动备份"的功能，用户可以设置在指定的时间间隔后自动保存项目的内容。

图 1-45　"文件与打印机（P）"选项卡

当打印表格时，选择是否打印网格线和行列标签。对于所有打印，选择是否打印标题和文件名、表名日期、时间。

（3）"复制到剪贴板"选项组

① 图表和布局复制为：Prism 提供三种格式的选项，即 WMF、EMF（旧）和 EMF+。在下拉列表中选择三种文件的不同组合方式，默认选择 WMF 和 EMF+。

② 背景色：当复制图表或布局时，选择是否包括背景色。

➤ 复制时包含：当将图表或布局复制到剪贴板时，选择包括背景颜色。

➤ "忽略。粘贴的背景保持透明"：选择不包括背景颜色，将消除背景（通透）。

③ 复制排除的值：复制数字时，选择如何处理缺失值。

➤ 数值：复制数字时，将缺失值粘贴为常规数字。

➤ 数字后面跟随 *：复制数字时，将缺失值粘贴为后跟星号的数字。

➤ 空白（缺少值）：复制数字时，将缺失值留空。

④ 小数点分隔符：使用逗号或句号作为小数点分隔符，也可以选择"系统默认设置（从 " 控制面板 "）"。

⑤ 小数位数：当复制数字时，如果小数位数多于屏幕上显示的小数位数，可以选择粘贴所有数位或只粘贴屏幕上显示的数位。

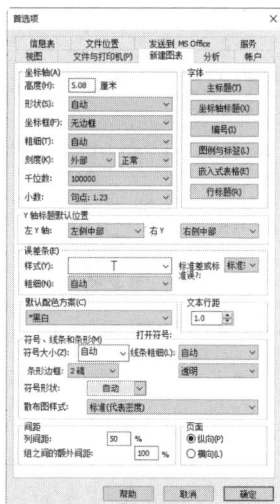

1.6.3 "新建图表"选项卡

打开"新建图表"选项卡，为图表中的坐标轴、误差条、符号和线条、配色方案、图表和数据表字体、图表轴标题位置等设置默认值，如图 1-46 所示。这些默认值适用于新创建的图表，但不会更改现有图表。下面介绍该选项卡下的选项。

（1）"坐标轴"选项组

设置图表中坐标轴的高度（H）、形状（S）、坐标框（F）、粗细（T）、刻度（K）、千位数和小数（样式）。

（2）"字体"选项组

设置图表元素中的字体，包括主标题（T）、坐标轴标题（X）、编号（I）、图例与标签（L）、嵌入式表格（E）、行标题（R）。单击任意按钮（单击"主标题"按钮），弹出"字体"对话框，设置该图表元素的字体、字形和大小，如图 1-47 所示。

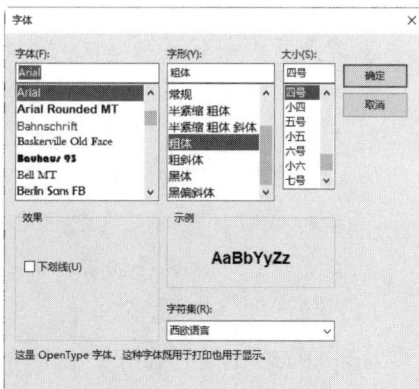

图 1-46 "新建图表"选项卡

图 1-47 "字体"对话框

（3）"Y轴标题默认位置"选项组

设置左Y轴、右Y（轴）的默认位置。

（4）"误差条（E）"选项组

选择图表中误差条的默认样式、粗细和显示值［标准差或标准误（全称为标准误差，SE）］。

（5）"默认配色方案（C）"选项组

在下拉列表中选择内置的配色方案，默认为黑白。

（6）"文本行距"选项组

选择文本行距值，默认为1.0。

（7）"符号、线条和条形（M）"选项组

选择图表中符号大小、线条粗细、条形边框、符号形状、散布图样式。

（8）"间距"选项组

以百分比的形式设置列间距和组之间的额外间距，如图1-48所示。其中，❶、❷之间的间距是列间距，❷、❸之间的间距是组之间的额外间距。

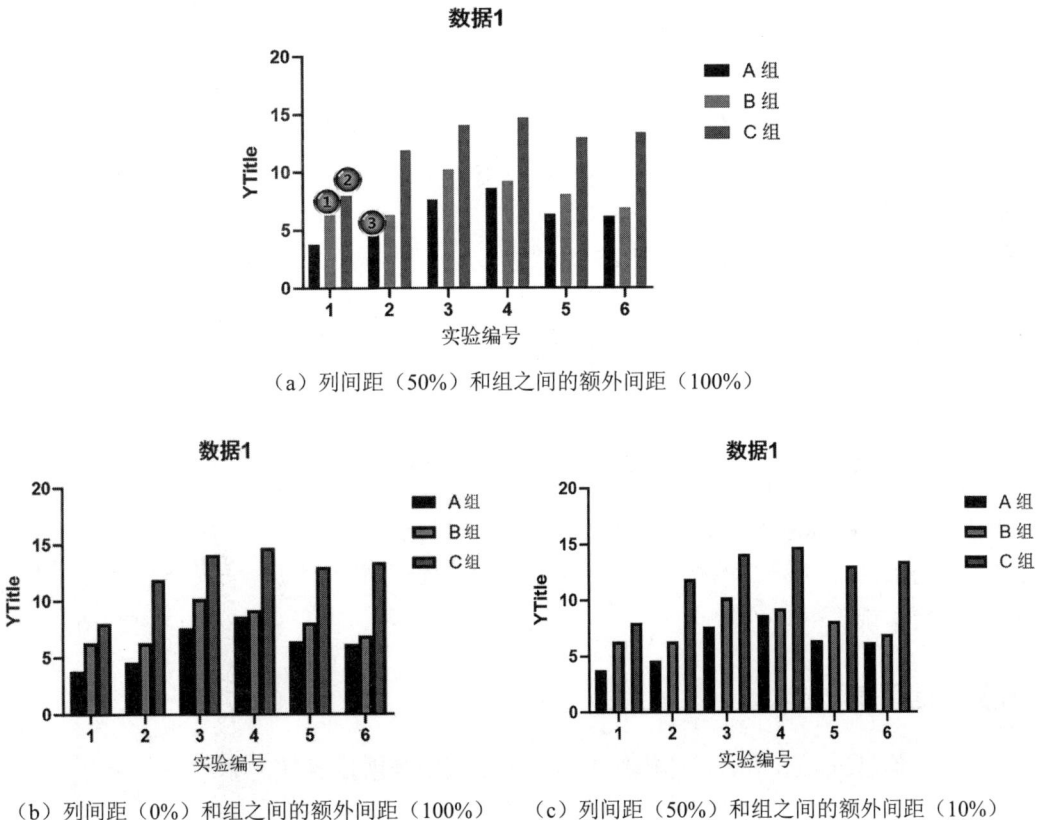

（a）列间距（50%）和组之间的额外间距（100%）

（b）列间距（0%）和组之间的额外间距（100%）　（c）列间距（50%）和组之间的额外间距（10%）

图1-48　设置间距

（Y Title 为自动生成的Y轴标题，可进行修改）

（9）"页面"选项组

选择图表页面为纵向或横向，如图 1-49、图 1-50 所示。

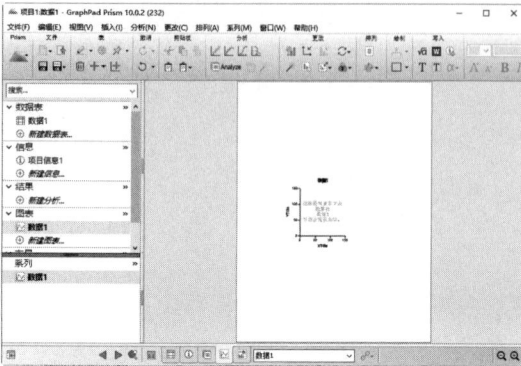

图 1-49　纵向页面显示

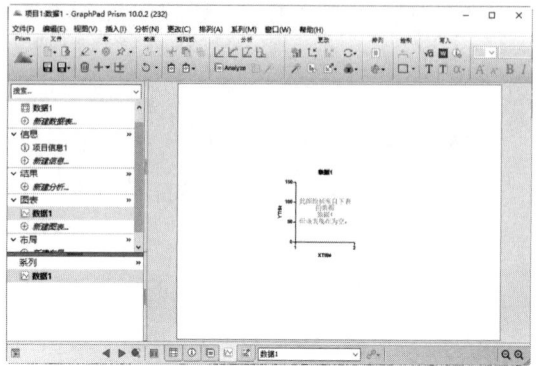

图 1-50　横向页面显示

1.6.4　"分析"选项卡

打开"分析"选项卡，设置分析表选项，如图 1-51 所示。下面介绍该选项卡下的选项。

（1）"P 值报告"选项组

提供了如何设置 P 值格式的选项。

① 报告"完整"P 值时（"在小数点后显示 N 位 ..."）：包括下面 3 种方式。

➤ 始终使用科学记数格式（"1.234e-6"）（S）。

➤ P 值小于此值时使用科学记数格式（U）。

➤ 始终使用小数格式（"0.0000000000345"）（A）。

② 小数点后的默认位数（D）：输入 P 值小数点后的位数，默认显示 6 位。

（2）"报告长行 / 列标题"选项组

调整"行 / 列标题字符数超过此值时缩短标题"选项，选择最长的字符数 30，当一行的行 / 列标题字符数超过此值时，缩短为"第 3 行"或"第 C 列"。

1.6.5　"信息表"选项卡

打开"信息表"选项卡，选择是否为每个新数据表创建信息表，如图 1-52 所示。下面介绍该选项卡下的选项。

（1）为每个新数据表自动创建信息表

勾选该复选框，为每个新数据表创建信息表（对于输入元数

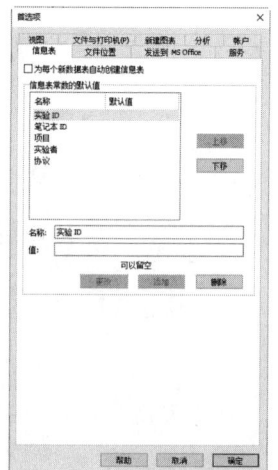

图 1-51　"分析"选项卡

图 1-52　"信息表"选项卡

据和注释）。

（2）信息表常数的默认值

在该列表下显示默认情况下包含的项目，通过"添加""删除"按钮分别添加、删除项目，设置项目的名称和值，还可以通过"上移""下移"按钮，排列项目的顺序。

1.6.6 "文件位置"选项卡

打开"文件位置"选项卡，显示 Prism 项目、手动备份（文件）、导入 / 导出数据（文件）、导入 / 导出图表（文件）、Prism 脚本（文件）、Prism 模板（文件）的默认保存位置，如图 1-53 所示。

在"默认为保存至"下拉列表中选择"定义位置"选项，显示新的文件保存路径文本框，单击"浏览"按钮，弹出"选择文件夹"对话框，选择新的保存位置，如图 1-54 所示。

图 1-53 "文件位置"选项卡

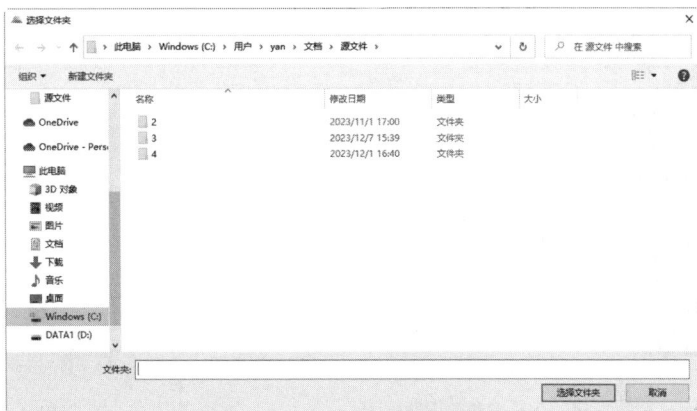

图 1-54 "选择文件夹"对话框

1.7 综合实例——病毒性肝炎数据表文件

现有 2016～2021 年病毒性肝炎发展数据（见表 1-1）。本节根据这些数据创建三个工作表：病例数、增速和占比。

表 1-1　病毒性肝炎发展数据

时间	发病数 / 例	发病率 /%	增速 /%	死亡数 / 人	死亡率 /%	增速 /%
2016 年	1221479	89.108		537	0.0392	
2017 年	1283523	93.0198	5.08	573	0.0415	6.70
2018 年	1280015	92.1473	−0.27	531	0.0382	−7.33
2019 年	1286691	92.1344	0.52	575	0.0412	8.29
2020 年	1138781	81.1188	−11.50	588	0.0419	2.26
2021 年	1226165	86.9757	7.67	520	0.0369	−11.56

1.7.1 创建项目

设计 GraphPad Prism 绘图数据之前，首先需要创建 GraphPad Prism 项目。本例依次创建项目用来记录 2016~2021 年病毒性肝炎发展数据。

① 双击 GraphPad Prism 10 图标，启动 GraphPad Prism，自动弹出"欢迎使用 GraphPad Prism"对话框，设置创建的默认数据表格式。

在"创建"选项组下选择"XY"选项，选择创建 XY 数据表，如图 1-55 所示。此时，在右侧 XY 表参数设置界面设置如下：

➢ 在"数据表"选项组下默认选择"输入或导入数据到新表"选项。

➢ 在"选项"选项组下，"X"选项默认选择"数值"，"Y"选项选择"输入 2 个重复值在并排的子列中"。

② 单击"创建"按钮，创建项目文件，同时该项目下自动创建一个数据表"数据 1"和关联的图表"数据 1"，如图 1-56 所示。

图 1-55　XY 表参数设置界面

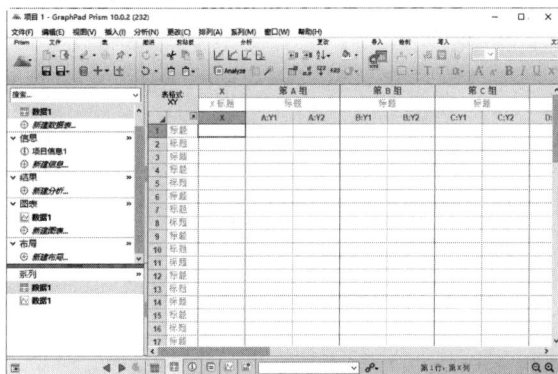

图 1-56　创建项目文件

③ 选择菜单栏中的"文件"→"另存为"命令，或单击"文件"功能区中保存命令按钮📁下的"另存为"命令，弹出"保存"对话框，指定项目的保存名称"病毒性肝炎数据表文件"，在"保存类型"下拉列表中选择项目类型"Prism 文件"，如图 1-57 所示。

④ 单击"保存"按钮，在源文件目录下自动创建项目文件"病毒性肝炎数据表文件 .prism"，如图 1-58 所示。

图 1-57　"保存"对话框

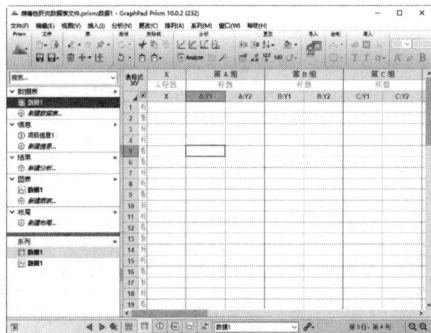

图 1-58　保存项目文件

1.7.2 新建工作表 2

（1）重命名工作表

单击导航器中"数据表"选项组下的"数据 1"，选择菜单栏中的"编辑"→"重命名表"命令，或单击鼠标右键，在弹出的快捷菜单中选择"重命名表"命令，或在导航器中双击要重命名的工作表名称标签，或按下快捷键 F2，工作表名称进入编辑框状态，键入新的名称"病例数"，在空白处单击或按 Enter 键，结束编辑，结果如图 1-59 所示。

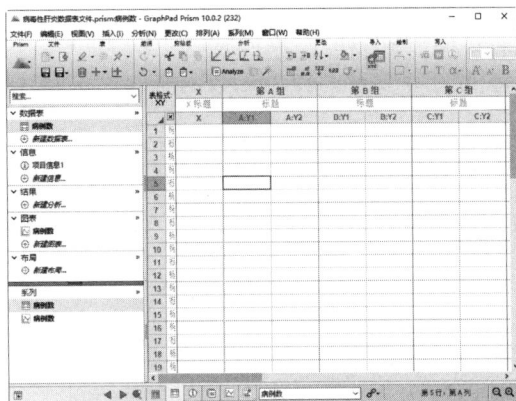

图 1-59　重命名工作表

（2）新建工作表和图表

① 单击导航器中"数据表"选项组下的"新建工作表"按钮⊕，弹出"新建数据表和图表"对话框，在左侧"创建"选项组下选择"列"选项，如图 1-60 所示。此时，在右侧列表参数设置界面设置如下：

➤ 在"数据表"选项组下默认选择"将数据输入或导入到新表"选项。

➤ 在"选项"选项组下选择"输入重复值，并堆叠到列中"。

② 单击"创建"按钮，在该项目下自动创建一个数据表"数据 2"和关联的图表"数据 2"，重命名数据表为"增速"，如图 1-61 所示。

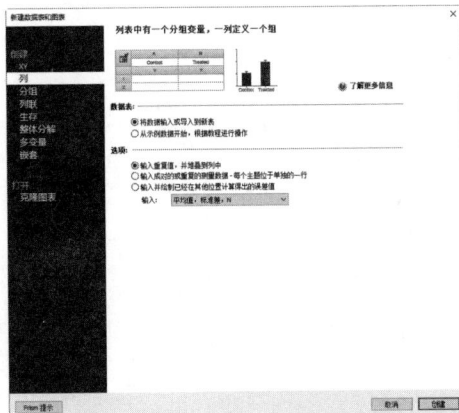

图 1-60　"新建数据表和图表"对话框

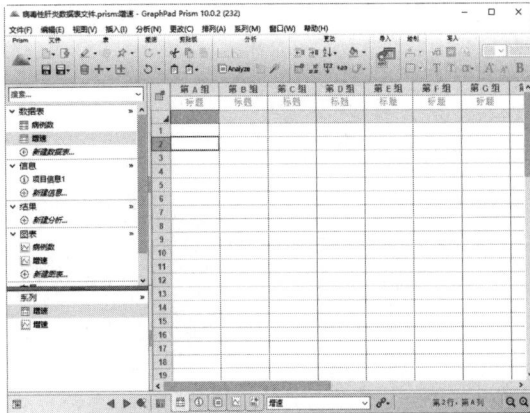

图 1-61　新建一个列数据表和图表

1.7.3　新建工作表 3

①　单击"表"功能区中的"创建新表"按钮 **+** 下的"新建数据表（无图表）"命令，弹出"新建数据表（无自动图表）"对话框，在左侧"新建表"选项组下选择"XY"选项，选择创建 XY 数据表，如图 1-62 所示。在右侧 XY 表参数设置界面设置如下：

> ➤ 在"数据表"选项组下默认选择"输入或导入数据到新表"选项。
> ➤ 在"选项"选项组中，"X"选项默认选择"数值"，"Y"选项选择"为每个点输入一个 Y 值并绘图"。

②　单击"创建"按钮，即可以当前"数据表"下的工作表列表插入一个新的数据表"数据 3"。该命令不创建关联图表文件，重命名数据表为"占比"，如图 1-63 所示。

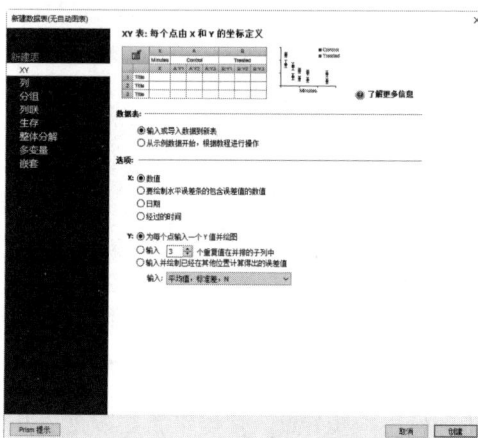

图 1-62　XY 表参数设置界面

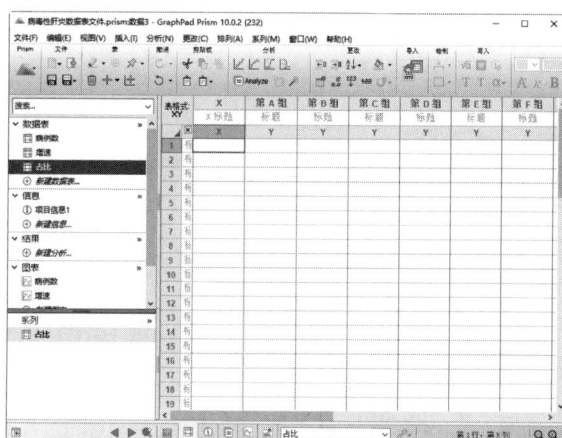

图 1-63　新建一个数据表

Chapter

2

GraphPad
Prism 10

扫码看本章实例
视频讲解

第 2 章
数据管理

GraphPad Prism 具有强大的数据编辑、管理功能，可以对数据进
行多种方式的查看、排序、筛选等操作。本章主要介绍利用 GraphPad
Prism 对数据进行输入、复制和粘贴、导入和导出，还包括设置列宽、
突出显示、小数格式、格式化等规范化操作，为后续的数据可视化奠定
基础。

2.1 统计数据

统计分析方法的选用与统计数据类型有密切的关系。根据分析的需要，不同类型的变量或数据之间可以进行转换。

2.1.1 统计数据的类型

变量是反映实验或观察对象生理、生化、解剖等特征的指标，变量的观测值称为数据。例如，体温是一个变量，它随着时间的变化而变化，也会因个体的差异而不同；身高、体重、性别、年龄、血型、疗效等都是变量，它们的观测值称为数据。具体可分为定量数据、定性数据和有序数据三种类型。

① 定量数据，也称计量资料。变量的观测值是定量的，其特点是能够用数值大小衡量其水平的高低，一般有计量单位。根据变量的取值特征，可分为连续型数据和离散型数据。连续型定量数据具有无限可能的值，例如身高、体重、血压、温度等。离散型定量数据通常只能取正整数，例如家庭成员数、脉搏、白细胞计数等。

② 定性数据，也称计数资料。变量的观测值是定性的，表现为互不相容的类别或属性。通常情况下，定性数据指类别（属性）之间没有程度或顺序上的差别，它可以进一步分为二分类和多分类，如性别分为男和女，血型分为 A、B、O、AB 等。

③ 有序数据，也称半定量数据或等级资料。变量的观测值是定性的，但各类别（属性）之间有程度或顺序上的差别，如尿糖的化验结果分为 −、+、++、+++，药物的治疗效果按照显效、有效、好转、无效分类等。

2.1.2 医学统计学的基本内容

医学统计学的基本内容包括统计设计、数据整理、统计描述和统计推断。这四项基本内容相互联系。

（1）统计设计

医学研究主要包括实验性研究和观察性研究。研究设计有专业设计和统计设计，两者相辅相成。专业设计主要包括选题、根据研究目的确定研究对象、处理因素、实验或观察方法、实验材料和设备、实验效应或观察指标等；统计设计主要包括实验分组或抽样方法、样本含量估计、数据管理与质量控制、拟使用的统计分析方法等。

（2）数据整理

数据整理主要是指对数据质量进行的检查，考虑数据分布及变量转换，检查异常值和数据是否符合特定的统计分析方法要求等。有效数字的使用以同一形式表达，使人容易领会并确信在实验或观察过程中数据的精密度始终保持一致。

医学研究中，当观测到的偏差比合理预期大时，应当仔细考虑，如果没有充分的理由说明它是不合理的，就应当予以保留；随意将那些自认为过大或过小的数据舍弃掉，不仅可能使实验研究的真实性受到破坏，还有可能失去新发现（如基因突变）的机会。

（3）统计描述

统计描述用来描述及总结一组数据的重要特征，其目的是使实验或观察得到的数据表达清楚并便于分析。通常，统计描述给出资料的大致轮廓和进一步分析的方向，结果的表达方式主要是统计指标、统计表和统计图。

统计指标的作用是把大量数据用简单的数字表示它的一些重要特征，帮助形成对总体的看法，如数据的平均水平和变异程度。

统计表是编写统计分析报告和撰写科学论文必不可少的表达形式，其作用是可以代替冗长的文字叙述，便于分析和对比。

统计图能够更生动、形象地表示结果，给人以深刻印象。

统计图表的正确使用对撰写的科学论文的质量有很大影响。如果一组数据是总体的观察结果，统计描述即可得出明确的结论；但更多情况是数据来自随机抽取的样本，这时还需要使用统计推断方法。

（4）统计推断

统计推断指由样本数据的特征推断总体特征的方法，包括参数估计和假设检验。

参数估计分为点估计和区间估计。区间估计的重要性在于可以得出估计不准的概率。例如，在研究某种新药的降压效果时，舒张压治疗前后差值的 95% 可信区间为 10.41～13.05mmHg（1 mmHg=133.32Pa），即真实差值没有被包含在这一区间内的概率只有 5%。

假设检验则是从另一角度去分析数据，重点是比较参数的大小。由于存在生物个体变异和随机测量误差，不能简单地根据样本计算出的结果直接判断总体的情况。如欲比较甲乙两种治疗高血压药物的疗效，试验结果显示甲药平均降压 11mmHg，乙药平均降压 7mmHg，由于抽样误差的影响，并不能说明甲药的降压效果优于乙药，重新再做一次试验，很可能会得到相反的结果。假设检验的作用是能够辨别出由随机波动引起这种差别的概率大小，如果概率很小（如 P 值<0.05），则可以得出甲药优于乙药的结论。不同类型的数据可以用相应的统计方法分析，如 t 检验、方差分析（ANOVA）、χ 检验、相关性分析、多元回归分析等。各种假设检验得到的 P 值是得出结论的主要依据。

2.2 数据输入

数据表中数据单元格（X、Y 列）中只能输入数字，在行标题、列标题单元格中可以输入文本、数字、时间等数据内容。

默认情况下，未输入任何数据的空白数据表中行标题显示灰色颜色的"标题"字样，列标题中显示"X 标题"和"标题"，如图 2-1 所示。

表格式: XY	X	第 A 组	第 B 组	第 C 组
	X 标题	标题	标题	标题
	X	Y	Y	Y
1 标题				
2 标题				
3 标题				
4 标题				

图 2-1 空白数据表

2.2.1　输入文本

行标题、列标题单元格中通常会包含文本，例如汉字、英文字母、数字、空格以及其他键盘能键入的合法符号。

（1）直接键入文本

① 单击要输入文本的单元格（行标题或列标题），然后在单元格编辑状态下输入文本，如图 2-2 所示。

② 单击"换行"按钮$\boxed{\downarrow}$，或按下 Shift+Enter 键，自动进入下一行，如图 2-3 所示。

图 2-2　输入文本　　　　　　　　　　　　　　图 2-3　换行

③ 文本输入完成后，按 Enter 键或单击空白处结束输入，文本在单元格中默认左对齐，如图 2-4 所示。

④ "文本"功能区中包含一系列按钮，用于设置单元格字体格式，即字体、字号、加粗、倾斜、下划线、颜色、居中等等，如图 2-5 所示。

图 2-4　输入多行文本　　　　　　　　　　　　图 2-5　设置字体格式

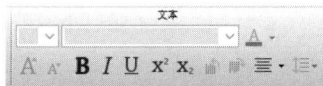

（2）修改输入的文本

如果要修改单元格中的内容，单击单元格，在单元格编辑框中选中要修改的字符后，按 Backspace 键或 Delete 键删除，然后重新输入。

（3）处理超长文本

如果输入的文本超过了列的宽度，将自动进入右侧的单元格显示，如图 2-6 所示。如果右侧相邻的单元格中有内容，则超出列宽的字符自动隐藏，如图 2-7 所示。调整列宽到合适宽度，即可显示全部内容。

图 2-6　文本超宽时自动进入右侧单元格　　　　图 2-7　超出列宽的字符自动隐藏

2.2.2 输入特殊符号

选中单元格，选择菜单栏中的"插入"→"字符"命令，弹出如图 2-8 所示的子菜单，选择插入不同类型的特殊符号。

（1）插入希腊字符（G）

选择该命令，打开"插入字符"对话框中的"希腊"选项卡，如图 2-9 所示，选择对应的符号，单击"选择"按钮，在单元格内插入对应的符号。

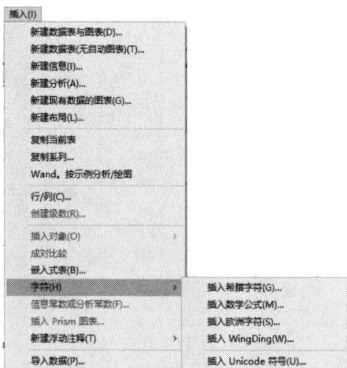

图 2-8 "字符"子菜单

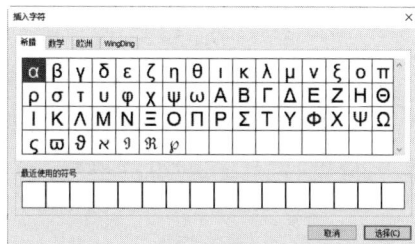

图 2-9 "希腊"选项卡

（2）插入数学公式（M）

选择该命令，打开"插入字符"对话框中的"数学"选项卡，如图 2-10 所示，选择对应的符号，单击"选择"按钮，在单元格内插入对应的符号。

（3）插入欧洲字符（S）

选择该命令，打开"插入字符"对话框中的"欧洲"选项卡，如图 2-11 所示，选择对应的符号，单击"选择"按钮，在单元格内插入对应的符号。

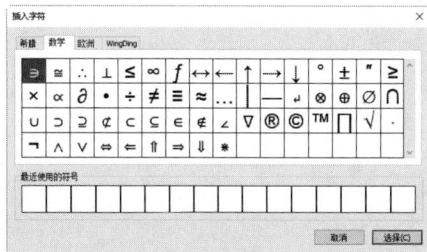

图 2-10 "数学"选项卡

图 2-11 "欧洲"选项卡

（4）插入 WingDing（W）

选择该命令，打开"插入字符"对话框中的"WingDing"选项卡，如图 2-12 所示，选择对应的符号，单击"选择"按钮，在单元格内插入对应的符号。

（5）插入 Unicode 符号（U）

选择该命令，打开"字符映射表"对话框，如图 2-13 所示，显示扩展的符号表，在该表中可设置多种符号类型的格式。选择对应的符号，单击"选择"按钮，在单元格内插入对应的符号。

图 2-12　"WingDing"选项卡

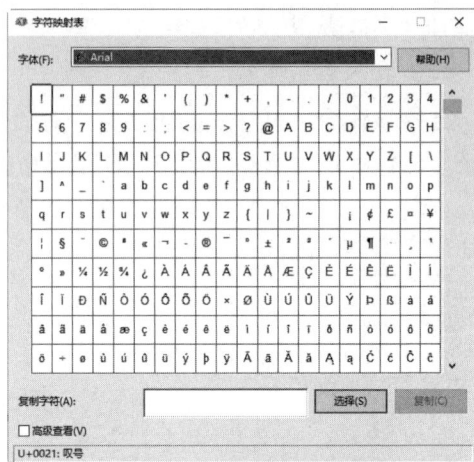

图 2-13　"字符映射表"对话框

2.2.3　输入数字

① 在单元格中输入数字的方法与输入文本相同，不同的是数字默认在单元格中右对齐。GraphPad Prism 把 0～9 的数字以及小数点，看成是数字类型。数字自动沿单元格右对齐，如图 2-14 所示。此时，输入数值的数据单元格中列标题显示为"数据集 A""数据集 B"等。

② 缺失值处理：输入数据时，Prism 不会将空的单元格视为已经输入零，它始终认为空的单元格是一个缺失值。同样地，它不会将 0 视为缺失值。Prism 只需为任何缺失值留一个空白处。排除值与缺失值的处理方式完全相同。

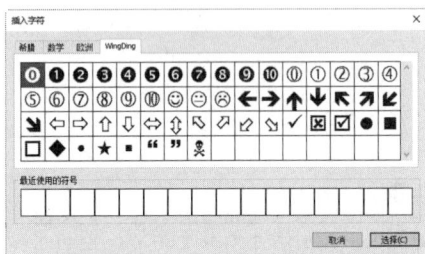

图 2-14　数字自动右对齐

2.2.4　填充序列数据

有时需要填充的数据是具有相关信息的集合，称为一个系列，如行号系列、数字系列等。使用 GraphPad Prism 的序列填充功能，可以很便捷地填充有规律的数据。

选择菜单栏中的"插入"→"创建级数"命令，或在功能区"更改"选项卡单击"插入数字序列"按钮，弹出"创建级数"对话框，如图 2-15 所示。

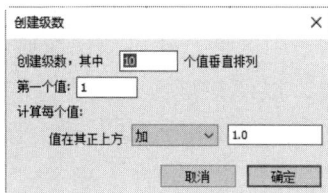

图 2-15　"创建级数"对话框

图 2-16　插入等差序列

① "创建级数，其中 10 个值垂直排列"：输入序列的数据个数。

② 第一个值：输入序列初始值。

③ 计算每个值：选择每个序列的运算符号，包括加、减、乘、除。

单击"确定"按钮，关闭该对话框，在选择的单元格内插入包含 10 个等差数列的序列，如图 2-16 所示。

2.3　复制和粘贴数据

在 GraphPad Prism 中，输入数据只适用于数据量很少的情况，对于大量数据，复制和粘贴数据是最基本的方法。

2.3.1　复制数据到工作表

GraphPad Prism 可以从表格（Excel）或文本数据文件中复制数据到工作表中。下面介绍具体绘制方法。

（1）复制数据

选定要复制的单元格，如图 2-17 所示。选择菜单栏中的"编辑"→"复制"命令，或单击鼠标右键，在弹出的快捷菜单中选择"复制"命令，或按下快捷键 Ctrl+C，即可将选中的数据复制到系统剪贴板中。

图 2-17　选中区域

（2）粘贴数据

复制（剪切）和粘贴是同时出现的一组命令，是指当前内容不变，在另外一个位置生成一个副本，副本的内容随粘贴方式的不同而发生不同。

① 粘贴数据表中的值　选择菜单栏中的"编辑"→"粘贴"→"粘贴数据"命令，或在功能区"剪贴板"选项卡单击"从剪贴板粘贴"按钮 ，或在功能区"剪贴板"选项卡单击"选择性粘贴"按钮 下的"粘贴数据"命令，或按下快捷键 Ctrl+V，在要粘

图 2-18　粘贴数据

图 2-19　嵌入粘贴数据

图 2-20　显示"嵌入式数据对象"

图 2-21　打开链接的文件

贴单元格区域的位置粘贴复制的数据，如图 2-18 所示。

② 嵌入粘贴　当从 Excel 文件或文本文件处复制并粘贴到 Prism 数据表时，不仅粘贴数据表中的值，还可以保留原始文件的有效链接，以便在更改和保存原始文件时，Prism 图表和分析随之更新。

选择菜单栏中的"编辑"→"粘贴"→"嵌入粘贴"命令，或在功能区"剪贴板"选项卡单击"选择性粘贴"按钮 📋▾ 下的"嵌入粘贴"命令，在要粘贴单元格区域的位置粘贴复制的数据（包含链接关系），如图 2-19 所示。

粘贴的数据区域（数据对象）称为"数据对象"，数据对象链接到文本文件或嵌入式电子表格，其外围显示黑色边框。

将鼠标放置在黑色边框内的数据上，显示"嵌入式数据对象"的字样，如图 2-20 所示。单击该字样，在 Prism 中打开链接到文本文件或嵌入式电子表格中的数据文件"工作表在范围 Sheet1！R1C1 R11C6"（打开的不是原本的数据文件），如图 2-21 所示。通过编辑文件中的数据，可以更新 Prism 中的分析和图表。

③ 粘贴链接　粘贴链接是指将复制的数据粘贴到数据表中，但同样创建一个返回到 Excel 文件的链接。链接有两个功能：跟踪（并记录）数据源，从而保持有序；如果在 Excel 中编辑或替换数据，Prism 将更新分析和图表。

选择菜单栏中的"编辑"→"粘贴"→"粘贴链接"命令，或在功能区"剪贴板"选项卡单击"选择性粘贴"按钮 📋▾ 下的"粘贴链接"命令，在要粘贴单元格区域的位置粘贴复制的数据（包含链接关系），如图 2-22 所示。此时，导航器中数据表名称由原来的"数据 3"变为 Excel 文件名称。

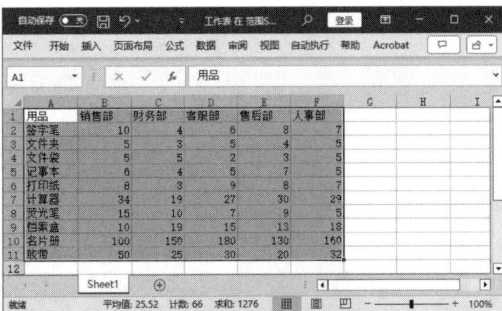

粘贴的数据区域外围显示黑色边框，将鼠标放置在黑色边框内的数据上，显示"数据对象关联至："的字样。单击该字样下的链接路径，在 Prism 中打开链接到文本文件或嵌入式电子表格中的数据（打开的是原本的数据文件），如图 2-23 所示。通过编辑文件中的数据，可以更新 Prism 中的分析和图表。

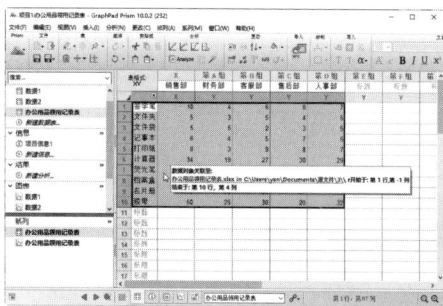

图 2-22　粘贴链接数据　　　　　　图 2-23　打开原本的数据文件

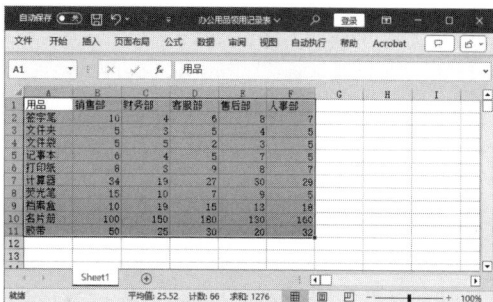

④ 粘贴转置数据　粘贴转置是选择性粘贴中的一种，指在粘贴数据的过程中，将列切换为行，将行切换为列的输入方法。

➤ 粘贴数据转置：将 Excel 行中的数据变换为 Prism 中的列，反之亦然，如图 2-24 所示。

图 2-24　粘贴数据转置

➤ 粘贴嵌入转置：将 Excel 行中的数据变换为 Prism 中的列，反之亦然。该操作可选择仅粘贴数据，并在 Prism 中嵌入 Excel 表的副本，如图 2-25 所示。

图 2-25　粘贴嵌入转置

➤ 粘贴链接转置：将 Excel 行中的数据变换为 Prism 中的列，反之亦然。该操作保留原始 Excel 表的链接，如图 2-26 所示。

图 2-26　粘贴链接转置

2.3.2 剪贴板导出文件

获取 Prism 数据或结果，并将其放入 Excel、Word 或 PowerPoint 的最佳方式是通过复制和粘贴功能来实现。

（1）数据复制和粘贴操作

打开 GraphPad Prism 文件，选中需要复制的数据，按下 Ctrl+C 键，如图 2-27（a）所示。

切换到 Word，单击要输入数据的单元格，按下 Ctrl+V 键，即可在文档中粘贴数据，如图 2-27（b）所示。可以发现，Word（或 PowerPoint）中粘贴的数据不会将其格式设置为表格。

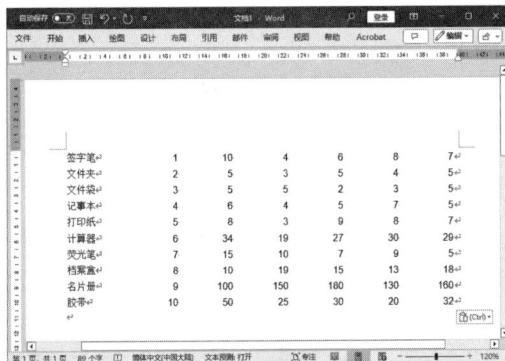

（a）复制　　　　　　　　　　　　　　（b）粘贴

图 2-27　复制粘贴数据到 Word

切换到 Excel，在粘贴 Prism 的表格时，Prism 的表格仍然是表格，如图 2-28 所示。

（2）数据复制和粘贴设置

复制到剪贴板的数据，也可以设置数据格式。

选择菜单栏中的"编辑"→"首选项"命令，弹出"首选项"对话框，打开"文件与打印机"选项卡，如图 2-29 所示。在底部的"复制到

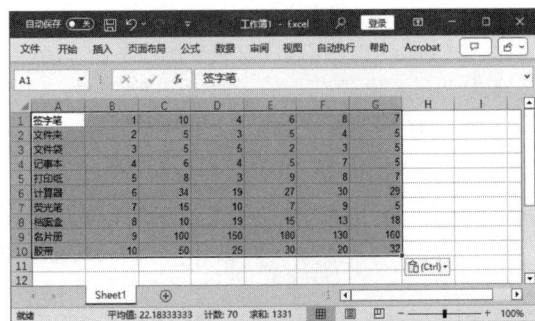

图 2-28　复制粘贴数据到 Excel

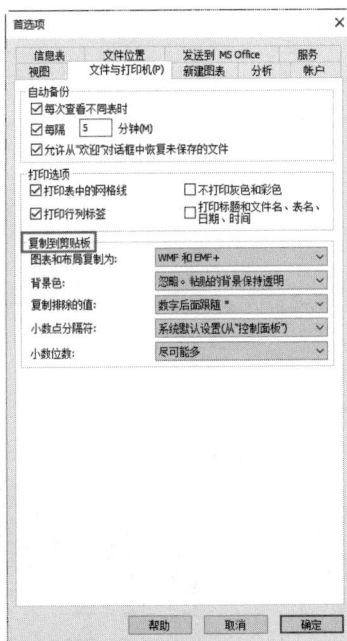

图 2-29　"文件与打印机"选项卡

剪贴板"选项组中设置是否想要复制排除的数值，以及小数点分隔符是句点还是逗号。

① 图表和布局复制为：选择图表和布局复制后的文件格式。

② 背景色：选择是否复制工作表中的背景色，默认忽略背景色。

③ 复制排除的值：选择作为排除值的标准，包括下面三种。

➢ 数值：类似于所有其他数值，忽略将这些数值排除在外。

➢ 数字后面跟随 *：后面跟有一个星号。

➢ 空白（缺少值）：空白作为缺失值。

④ 小数点分隔符：选择复制数据时识别为小数点分隔符的对象。

⑤ 小数位数：设置复制过程中小数点后的位数，默认复制小数点后尽可能多的位数。

2.3.3 操作实例——药物临床研究情况数据表

药物临床试验获得国家药品监督管理局批准才可进行临床实验，本例根据某批准药物临床研究情况创建数据表（表 2-1）。

表 2-1　创建数据表

	第一年	第二年	第三年	第四年	第五年	第六年
药物 1	773	916	621	704	374	880
药物 2	563	862	463	596	368	456

（1）设置工作环境

① 双击 GraphPad Prism 10 图标，启动 GraphPad Prism，自动弹出"欢迎使用 GraphPad Prism"对话框，设置创建的默认数据表格式。

② 在"创建"选项组下选择"XY"选项，选择创建 XY 数据表。此时，在右侧 XY 表参数设置界面设置如下：

➢ 在"数据表"选项组下默认选择"输入或导入数据到新表"选项。

➢ 在"选项"选项组下，"X"选项默认选择"数值"，"Y"选项选择"为每个点输入一个 Y 值并绘图"。

单击"创建"按钮，创建项目文件，同时该项目下自动创建一个数据表"数据 1"和关联的图表"数据 1"，重命名数据表为"临床研究数据"。

③ 选择菜单栏中的"文件"→"另存为"命令，或单击"文件"功能区中保存命令按钮🖫下的"另存为"命令，弹出"另存为"对话框，输入项目名称"药物临床研究情况条形图 .prism"。单击"确定"按钮，保存项目。

（2）复制数据

① 打开 Excel 文件"药物临床研究情况数据表 .xlsx"，如图 2-30 所示。选中单元格中的数据（A1:G3），按下快捷键 Ctrl+C，复制表格数据。

② 打开 Prism 中的"临床研究数据"，单击

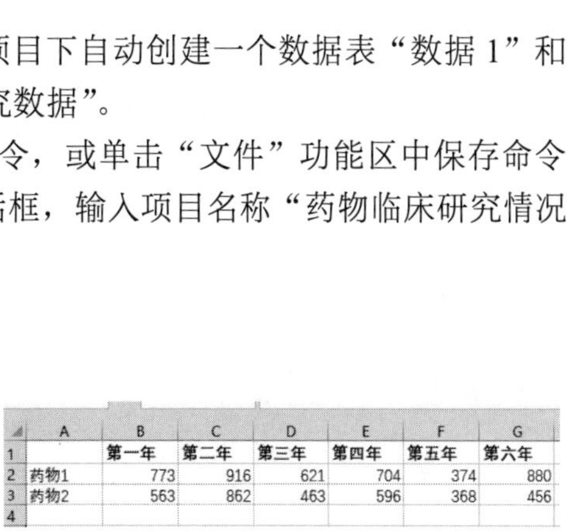

图 2-30　打开 Excel 文件

行标题所在单元格，选择菜单栏中的"编辑"→"粘贴转置"命令，将 Excel 表格中复制的数据进行转置并粘贴，结果如图 2-31 所示。

（3）保存项目

单击"标准"功能区上的"保存项目"按钮，或按下 Ctrl+S 键，直接保存项目文件。

表格式	第 A 组	第 B 组	第
列	药物1	药物2	
✕			
1 第一年	773	563	
2 第二年	916	862	
3 第三年	621	463	
4 第四年	704	596	
5 第五年	374	368	
6 第六年	880	456	

图 2-31　粘贴转置数据

2.4　文件导入和导出

要进行数据分析，首先要有数据。GraphPad Prism 获取数据的方法多种多样，除了支持直接输入数据，从外部复制数据，还可以导入不同类型的数据文件，从而获取数据进行统计分析。

2.4.1　文件导入到工作表

在很多情况下，需要将与文本文件（*txt、*.dat、*.csv）、Excel 文件（*.xls、*.xlsx、*.wk、*.wb）一样具有丰富公式和数据处理功能的数据文件，嵌入到企业管理系统中，比如财务数据模型、风险分析、保险计算、工程应用等。所以需要把 txt/xls/csv 等文件数据导入到 GraphPad Prism 项目中，或者从系统导出到各种格式的数据文件中。

选择菜单栏中的"文件"→"导入"命令，或在功能区"导入"选项卡单击"导入文件"按钮，或单击鼠标右键，在弹出的快捷菜单中选择"导入数据"命令，弹出"导入"对话框，在指定目录下选择要导入的文件，在"文件名"右侧下拉列表中显示可以导入的文件类型，如图 2-32 所示。

单击"打开"按钮，弹出"导入和粘贴选择的特定内容"对话框，用来设置导入文件中数据粘贴过程中格式的定义，如图 2-33 所示。该对话框中包含 5 个选项卡，下面分别进行介绍。

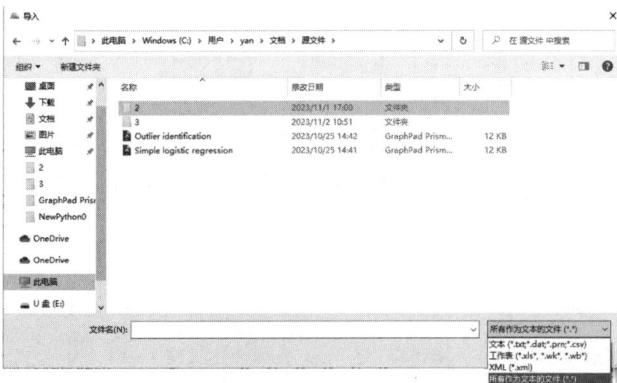

图 2-32　"导入"对话框

图 2-33　"导入和粘贴选择的特定内容"对话框

（1）"源"选项卡

在仅导入或粘贴值、链接到文件或嵌入数据对象之间进行选择。

① 文件　在该选项中显示要导入的文件（路径和名称），单击"浏览"按钮，打开
"导入"对话框，重新选择导入文件。

② 关联与嵌入　设置导入文件中数据关联与数据嵌入的格式。导入 Excel 文件需要
Prism 和 Excel 之间的 OLE（对象链接与嵌入）连接，该过程需要协调 Excel、Prism 和各
种 Windows 组件。

a. 仅插入数据。选择该选项，Prism 只粘贴文件中的数据值，不保留返回到原始文件
（Excel 电子表格或文本文件）的链接。这种方法是最简单的数据导入方法。

b. 插入并保持关联。选择该选项，将文件中的数据值"粘贴"或"导入"到 Prism 数
据表中，但会创建一个返回到原始文件（Excel 电子表格或文本文件）的链接。勾选"更
改数据文件时自动更新 Prism。"复选框，如果编辑或替换原始数据文件中的数据，Prism
将更新分析和图表。每当查看 Prism 数据表、图表、结果工作表或布局时，如果链接的
Excel 文件已被更改，则 Prism 将更新该表格。

c. 作为 OLE 对象嵌入。选择该选项，将所选数据值"粘贴"或"导入"到 Prism 数
据表中，并将整个原始电子表格或文本文件的副本粘贴到 Prism 项目中，这样操作后可在
Prism 中打开 Excel 编辑数据，而不需要单独保存电子表格文件（除作为备份外）。

③ Excel　Excel Windows 2003 和 Excel Mac 2008 能够以两种格式将数据复制到剪贴
板，即纯文本和 HTML。

a. 粘贴旧的基于文本的剪贴板格式。不推荐。

b. 粘贴尽可能多位数字。如果 Excel 舍入到 1.23，则粘贴 1.23456。

④ 逗号　导入 csv/dat 文件时，激活该选项，设置逗号分隔的文本文件的格式与数据
的排列。

➢ 分隔相邻列（"100,000" 表示一列一百个，下一列为零）。

➢ 划定千位数（"100,000" 表示十万）。

➢ 分隔小数（"100,000" 表示一百点零零零）。

⑤ 空间　导入 txt/dat 文件时，激活该选项，设置制表符分隔的文本文件的格式与数
据的排列。

➢ 仅分隔列标题和行标题中的单词。

➢ 分隔相邻列。

（2）"视图"选项卡

在该选项卡下查看所导入或粘贴的文件内容，在列表框内显示导入文件的预览数据，
显示将其分成几列，快速查看可了解列的格式是否正确，如图 2-34 所示。

单击"打开文件"按钮，可直接打开并编辑数据文件。如果是一个 Excel 文件，将打
开 Excel。如果是一个文本文件，将打开文本编辑器。

（3）"筛选器"选项卡

在该选项卡下选择导入数据文件的哪些部分，如图 2-35 所示。

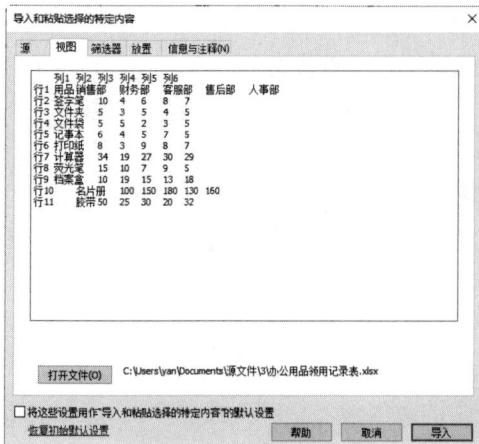

图 2-34　"视图"选项卡　　　　　　　　　　图 2-35　"筛选器"选项卡

① 未知和排除的值　输入数据时，数据表中可能出现留空现象，Prism 会自动计算出如何处理缺失值。Prism 导入文本文件时，其会自动处理缺失值。

a. 缺失值由此对象指示（V）（即 "99" 或 "na"）：勾选该复选框，若一些程序使用一个代码（例如 99）来表示缺失值，从这一程序中导入数据时，需要输入该代码值。

b. 排除前面或后面带有星号的值（即 "45.6*" 或 "*45.6"）：勾选该复选框，在文本文件（或在 Excel 中）中表示排除的值，应在该值后面紧跟一个星号。

② 行　一般情况下，很少将整个 Excel 电子表格导入 Prism，因此可以在该选项组下定义导入的行和列，但在大多数情况下，仅复制和粘贴适当范围的数据更容易。

a. 起始行（S）：选择行数据的起始范围，默认输入行号。其中行"1"是带有数据的第一行，而非文件中的第一行。

b. 结束于（E）：选择行数据的结束范围，可选择末行（L）或指定的行号（W）。

c. 跳过所有行直至到达此列号（K）：勾选该复选框，跳过所有行，直至符合标准。通过检查列中每行的值是否小于或等于（<=）、小于（<）、等于（=）、大于（>）、大于或等于（>=）或不等于（<>），与输入的值进行比较。

d. 跳过此列号后面的所有行（I）：勾选该复选框，符合标准后，跳过所有行。

e. 跳过列号为此值时的每一行（P）：勾选该复选框，跳过符合标准的每一行。

f. "简化（D）：导入一行，跳过 ☐ 行，然后导入另一行，以此类推。"：勾选该复选框，进行特殊的导入格式，导入一行，跳过指定的行数，再进行循环导入。

③ 列

a. 起始列（T）、结束于（N）：选择列数据的范围。

b. 取消堆叠（U）：有时程序以索引格式（堆叠格式）保存数据，如图 2-36 所示。勾选该复选框，可取消堆叠索引数据，指定哪一列包含数据以及哪一列包含组标识符，如图 2-37 所示。组标识符必须是整数（而非文本），但不必从 1 开始，也不必是连续的。

小组	产品种类	产品
1	产品A	35
2	产品A	24
3	产品A	30
4	产品A	33
5	产品A	23
1	产品B	32
2	产品B	36
3	产品B	28
4	产品B	32
5	产品B	29
1	产品C	40
2	产品C	35
3	产品C	38
4	产品C	39
5	产品C	37

图 2-36　堆叠格式数据

（4）"放置"选项卡

在该选项卡下将数据导入/粘贴到 Prism 时重新排列数据，如图 2-38 所示。

小组	产品A	产品B	产品C	评定
1	35	32	40	TRUE
2	24	36	35	FALSE
3	30	28	38	FALSE
4	33	32	39	TRUE
5	23	29	37	FALSE

图2-37 取消堆叠

① 名称

a."重命名数据表（D），使用"：选择数据表的名称。

➢ 导入的文件名（I）：选择该选项，选择使用导入文件的名称作为数据表的名称。

➢ 行中文本（T）：选择该选项，使用从该文件的指定行导入的文本数据表的名称。

b. 列标题：选择 Prism 列标题，包括自动选择、不导入列标题、使用行中的值、使用导入的文件名（仅第一列）。

② Prism 中所插入数据的左上位置

a. 插入点的当前位置：选择该选项，指定插入点的位置为 Prism 中数据对象的左上角。

b. 行□列：选择该选项，根据指定的行列数来定义插入点的位置。

③ 行列排列方式

a. 保持数据源的行列排列方式（M）：选择该选项，根据数据源的顺序排列。

b."转置（S）。每行成为一列"：选择该选项，数据源中的第一行将成为 Prism 中的第一列，数据源中的第二行将成为 Prism 中的第二列，以此类推。

c."按行（R）。放置□个值到每一行"：选择该选项，Prism 可在其导入时重新按行排列数据，可指定在（F）N 行后，开始新的一列。

d."按列（C）。堆叠□个值在每一列中"：选择该选项，Prism 可在其导入时重新按行排列数据，可指定堆叠个数。

注意：如果选择"按行"或"按列"排列数据，则 Prism 会从数据源文件中逐行读取值，但会忽略所有换行符。其将数据视为来自一列或一行。

④ 空行 设置如果一行中的所有值均为空，Prism 的处理方法，即在 Prism 中保留一空行（L）或跳过该行（K）。

（5）"信息与注释（N）"选项卡

在该选项卡下提供将文本文件的部分直接导入 Prism 信息工作表，如图 2-39 所示。

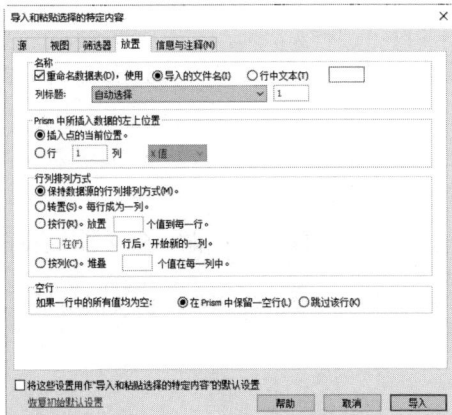

图2-38 "放置"选项卡

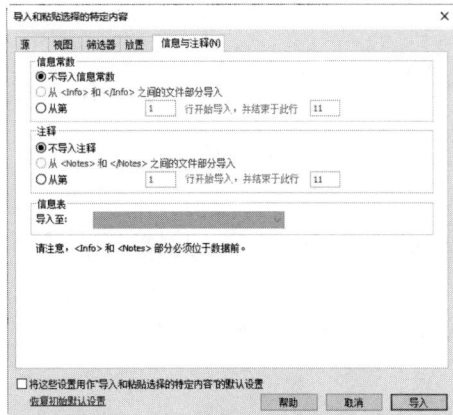

图2-39 "信息与注释"选项卡

文本文件开头的结构化部分包含信息常量和注释，规则如下：

➤ 将任何想要导入到信息工作表中用作常量的值标记为＜Info＞。

➤ 将想要转入信息工作表的自由格式注释区域的部分标记为＜Notes＞。

➤ 将用作信息工作表标题的部分标记为＜Title＞。

如果可以控制文本文件格式，则可在文本文件开头的结构化部分包含信息常量和注释。使用＜＞变量名称，标记文本文件中的部分。

2.4.2 文件导出

在 GraphPad Prism 中还可以将工作表中的数据导出到 TXT、CSV、XML 等数据文件中。

选择菜单栏中的"文件"→"导出"命令，或在功能区"导出"选项卡单击"导出到文件"按钮，弹出"导出"对话框，在指定目录下选择要导出的文件并设置文件格式，如图 2-40 所示。

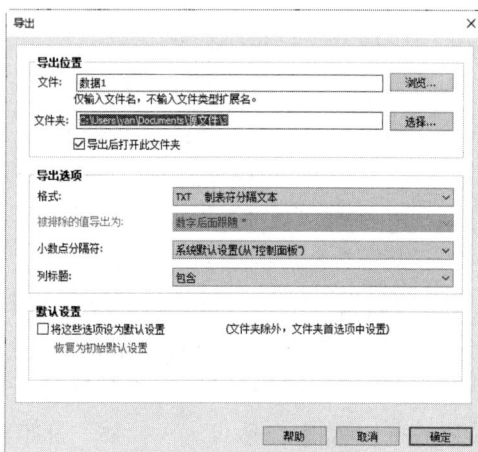

图 2-40 "导出"对话框

（1）导出位置

① 文件：显示 Prism 中导出的数据表名称。

② 文件夹：选择导出文件所在文件夹。

③ 导出后打开此文件夹：勾选该复选框，完成文件导出后，打开导出文件所在文件夹。

（2）导出选项

① 格式：选择导出文件的格式。

➤ TXT 制表符分隔文本：该格式与 CSV 非常相似，唯一不同之处在于使用制表符分隔相邻列。

➤ CSV 逗号分隔文本：是一种非常标准的格式，适用于将数据块移至电子数据表或 Excel 和 Word 等文字处理程序中。Prism 导出到 CSV 文件时，不会区分行标题、X 列、Y 列和子列，只简单地导出所有数值。在列和行标题中会丢失特殊字符（希腊文、下标等）。

➤ XML 此数据表和关联的信息：以 XML 格式导出时，导出的文件包括所有特殊格式设置，包括希腊文字符、下标、上标、子列格式等。

➤ XML 所有数据表和信息表：如果从一台计算机上的 Prism 中导出数据表，然后将该数据表导入另一台计算机上的 Prism，则应选择 XML 格式。

② 被排除的值导出为：排除数值为 Prism 所独有，在导出数据时，需要指定排除值的处理方法。

③ 小数点分隔符：包括三个选项。

➤ 句点：如 1.23。

➤ 逗号：如 1,23。

➢ 系统默认设置（从 " 控制面板 "）：让 Prism 基于 Windows 或 Mac 控制面板决定。

④ 列标题：选择是否导出列标题。

（3）默认设置

将这些选项设为默认设置：勾选该复选框，恢复为初始默认设置。

2.4.3　操作实例——受试者体检数据表分析

现收集 100 名受试者体检数据，具体数据见表 2-2。本实例导入表中的数据，并对导入数据进行整理。

表 2-2　100 名受试者体检数据

名称	地区	年龄	身高	体重	吸烟史	收缩压	舒张压	自我评估的健康状况
Smith	County General Hospital	38	71	176	1	124	93	Excellent
Johnson	VA Hospital	43	69	163	0	109	77	Fair
Williams	St. Mary's Medical Center	38	64	131	0	125	83	Good
Jones	VA Hospital	40	67	133	0	117	75	Fair
Brown	County General Hospital	49	64	119	0	122	80	Good
Davis	St. Mary's Medical Center	46	68	142	0	121	70	Good
Miller	VA Hospital	33	64	142	1	130	88	Good
Wilson	VA Hospital	40	68	180	0	115	82	Good
Moore	St. Mary's Medical Center	28	68	183	0	115	78	Excellent
Taylor	County General Hospital	31	66	132	0	118	86	Excellent
Anderson	County General Hospital	45	68	128	0	114	77	Excellent
Thomas	St. Mary's Medical Center	42	66	137	0	115	68	Poor
Jackson	VA Hospital	25	71	174	0	127	74	Poor
White	VA Hospital	39	72	202	1	130	95	Excellent
Harris	St. Mary's Medical Center	36	65	129	0	114	79	Good
Martin	VA Hospital	48	71	181	1	130	92	Good
Thompson	St. Mary's Medical Center	32	69	191	1	124	95	Excellent

注：篇幅有限，显示部分数据。

（1）设置工作环境

① 双击 GraphPad Prism 10 图标，启动 GraphPad Prism，自动弹出 " 欢迎使用 GraphPad Prism " 对话框，设置创建的默认数据表格式。

② 在 " 创建 " 选项组下选择 " XY " 选项，选择创建 XY 数据表。此时，在右侧 XY 表参数设置界面设置如下：

➢ 在 " 数据表 " 选项组下默认选择 " 输入或导入数据到新表 " 选项。

> 在"选项"选项组下，"X"选项默认选择"数值"，"Y"选项选择"为每个点输入一个Y值并绘图"。

③ 单击"创建"按钮，创建项目文件，同时该项目下自动创建一个数据表"数据1"和关联的图表"数据1"。

④ 选择菜单栏中的"文件"→"另存为"命令，或单击"文件"功能区中保存命令按钮▦下的"另存为"命令，弹出"保存"对话框，输入项目名称"受试者体检数据表分析"。单击"确定"按钮，在源文件目录下自动创建项目文件"受试者体检数据表分析.prism"。

（2）导入xlsx文件1

① 打开数据表"数据1"，激活标题列第1行单元格。

② 选择菜单栏中的"文件"→"导入"命令，或在功能区"导入"选项卡单击"导入文件"按钮▨，或单击鼠标右键，在弹出的快捷菜单中选择"导入数据"命令，弹出"导入"对话框，在"文件名"右侧下拉列表中选择"工作表（*.xls*，*.wk*，*.wb*）"，在指定目录下选择要导入的文件，如图2-41所示。

③ 单击"打开"按钮，弹出"导入和粘贴选择的特定内容"对话框。打开"源"选项卡，在"关联与嵌入"选项组下选择"仅插入数据"选项，如图2-42所示。Prism只粘贴文件中的数据值，不保留返回到Excel电子表格的链接。

图2-41 "导入"对话框

④ 打开"视图"选项卡，在列表框内显示导入文件的预览数据，发现导入的行数据的格式不正确，如图2-43所示。Excel表格第一行为表格名称"100名受试者体检数据"，导入数据过程中自动将标题识别为"行1"，需要跳过该行（第1行）。

⑤ 打开"筛选器"选项卡，选择导入数据文件的哪些部分。在"行"选项组下"起始行（S）"选择行数据的起始范围，输入行号"2"表示从数据的第2行开始导入。XY表中行标题列之外的数据列只可输入顺序变量（数值），因此，Excel文件I列中的分类变量（文本）无法导入，在"列"选项组下"结束于（N）"选择列数据的结束范围，输入列号"7"表示从数据的第7列结束导入，如图2-44所示。

⑥ 打开"放置"选项卡，在"名称"选项组下勾选"重命名数据表"复选框，选择"导入的文件名（I）"选项，选择使用导入文件的名称"自我评估的健康状况"作为数据

表的名称；在"列标题"下拉列表中选择"自动选择"，将导入的第 2 行数据自动识别为列标题。其余选项选择默认值，如图 2-45 所示。

　　⑦ 单击"导入"按钮，在数据表"自我评估的健康状况"中导入 Excel 中的数据，结果如图 2-46 所示。

图 2-42　"导入和粘贴选择的特定内容"对话框

图 2-43　"视图"选项卡

图 2-44　"筛选器"选项卡

图 2-45　"放置"选项卡

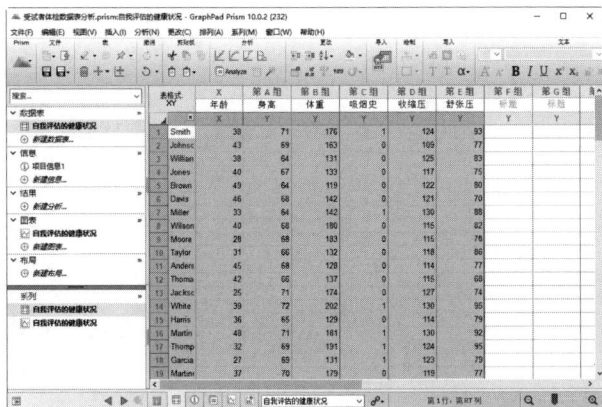

图 2-46　导入 Excel 中的数据

（3）新建工作表和图表

① 单击导航器中"数据表"选项组下的"新建工作表"按钮⊕，弹出"新建数据表和图表"对话框，在左侧"创建"选项组下选择"XY"选项。在"数据表"选项组下默认选择"输入或导入数据到新表"选项；在"选项"选项组下，"X"选项默认选择"数值"，"Y"选项选择"为每个点输入一个 Y 值并绘图"。

② 单击"创建"按钮，在该项目下自动创建一个数据表"数据 2"和关联的图表"数据 2"。

（4）导入 xlsx 文件 2

① 选择菜单栏中的"文件"→"导入"命令，或在功能区"导入"选项卡单击"导入文件"按钮，或单击鼠标右键，在弹出的快捷菜单中选择"导入数据"命令，弹出"导入"对话框，在"文件名"右侧下拉列表中选择"工作表（*.xls*，*.wk*，*.wb*）"，在指定目录下选择要导入的文件。

② 单击"打开"按钮，弹出"导入和粘贴选择的特定内容"对话框。打开"源"选项卡，在"关联与嵌入"选项组下选择"仅插入数据"选项。

③ 打开"筛选器"选项卡，在"行"选项组下"起始行（S）"输入行号"2"，从数据的第 2 行开始导入，勾选"简化（D）：导入一行，跳过 9 行，然后导入另一行，以此类推。"复选框，表示每 10 行导入 1 行；在"列"选项组下"结束于（N）"选择列数据的结束范围，输入列号"7"表示从数据的第 7 列结束导入，如图 2-47 所示。

④ 单击"导入"按钮，在数据表"自我评估的健康状况"中导入 Excel 中的数据，重命名数据表为"自我评估的健康状况（10 组）"，结果如图 2-48 所示。

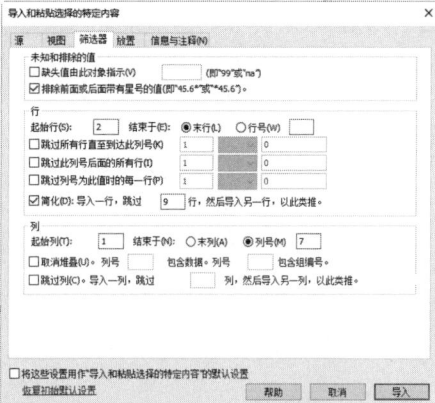

图 2-47 "筛选器"选项卡

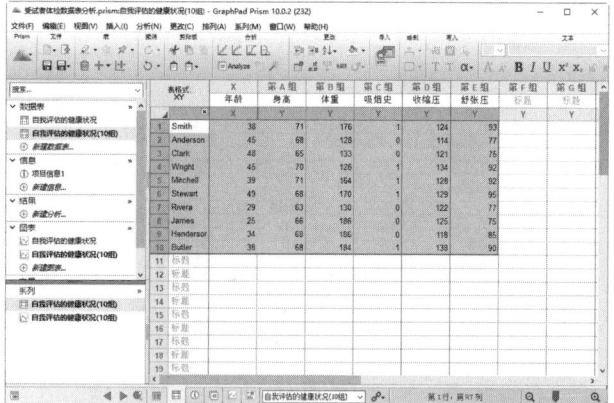

图 2-48 导入 Excel 中的数据

（5）文件导出

① 将数据表"自我评估的健康状况（10 组）"置为当前。

② 选择菜单栏中的"文件"→"导出"命令，或在功能区"导出"选项卡单击"导出到文件"按钮，弹出"导出"对话框，自动在"导出位置"选项组下显示 Prism 中导出的数据表名称和文件所在文件夹；默认勾选"导出后打开此文件夹"复选框，在"格式"下拉列表中默认选择"TXT　制表符分隔文本"选项，如图 2-49 所示。

③ 单击"确定"按钮，自动打开导出文件所在文件夹，在记事本中打开导出文件"自我评估的健康状况（10组）.txt"，如图 2-50 所示。

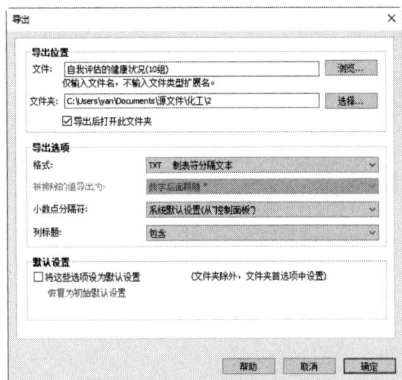

图 2-49　"导出"对话框

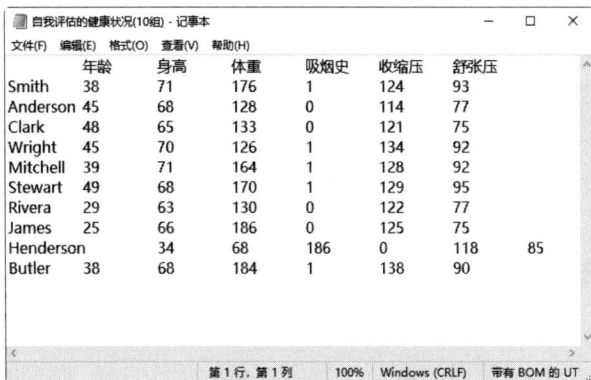

图 2-50　打开 txt 文件

（6）保存项目

单击"标准"功能区上的"保存项目"按钮📷，或按下 Ctrl+S 键，直接保存项目文件。

2.5　数据基本管理

① 数据是 GraphPad Prism 统计分析的根本，单元格是承载数据的最小载体。本节介绍在单元格中正确地输入数字、文本及其他特殊数据的方法；学会定制输入数据的有效性，并能够在输入错误或超出范围的数据时显示错误信息。

② 数据表是一个二维表格，由行和列构成，行和列相交形成的方格称为单元格，如图 2-51 所示。单元格中可以填写数据，单元格是存储数据的基本单位，也是 GraphPad Prism 用来存储信息的最小单位。每一个单元格的名字由该单元格所处工作表的行和列决定。

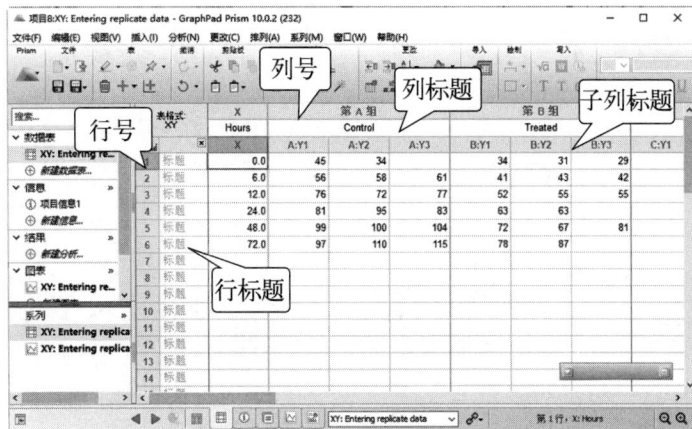

图 2-51　数据表

2.5.1 插入行列

行、列、单元格是组成数据表的基本元素，插入单元格区域可以分为插入单个单元格、一行单元格、一列单元格或嵌入表，这样可以避免覆盖原有的内容。

（1）插入单元格

① 在需要插入单元格的位置选定相应的单元格区域，如图 2-52 所示。

② 选择菜单栏中的"插入"→"行／列"命令，或单击鼠标右键，在弹出的快捷菜单中选择"插入"命令，或单击"更改"功能区中的"插入"按钮，弹出如图 2-53 所示的"插入行和数据集"对话框。

图 2-52　选定单元格

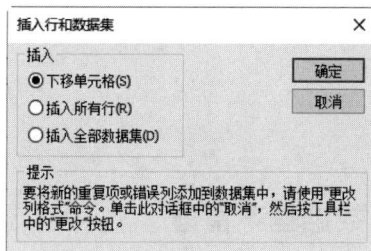

图 2-53　"插入行和数据集"对话框

➤ 下移单元格（S）：默认选择该选项，在该单元格上方插入一个空白单元格，该单元格及下方单元格整体下移一行，效果如图 2-54 所示。

➤ 插入所有行（R）：选择该选项，在该单元格上方插入一行空白单元格，效果如图 2-55 所示。

➤ 插入全部数据集（D）：选择该选项，在该单元格左侧插入一列空白单元格，效果如图 2-56 所示。若选择的是 X 列，则在右侧插入一列空白单元格，如图 2-57 所示。

图 2-54　下移单元格

图 2-55　插入所有行

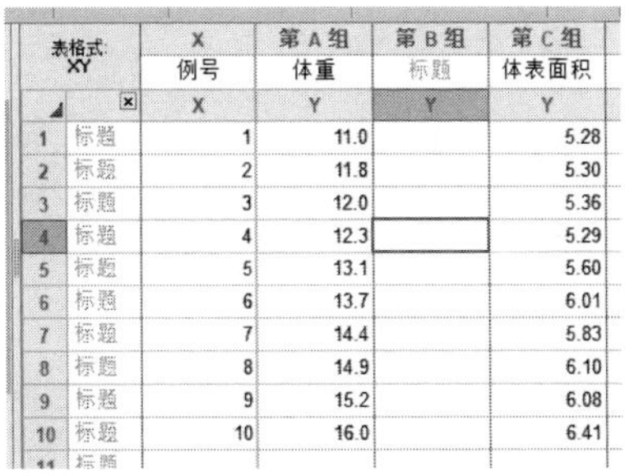

表格式: XY	X 例号	第A组 体重	第B组 标题	第C组 体表面积
	X	Y	Y	Y
1 标题	1	11.0		5.28
2 标题	2	11.8		5.30
3 标题	3	12.0		5.36
4 标题	4	12.3		5.29
5 标题	5	13.1		5.60
6 标题	6	13.7		6.01
7 标题	7	14.4		5.83
8 标题	8	14.9		6.10
9 标题	9	15.2		6.08
10 标题	10	16.0		6.41

图 2-56 插入全部数据集

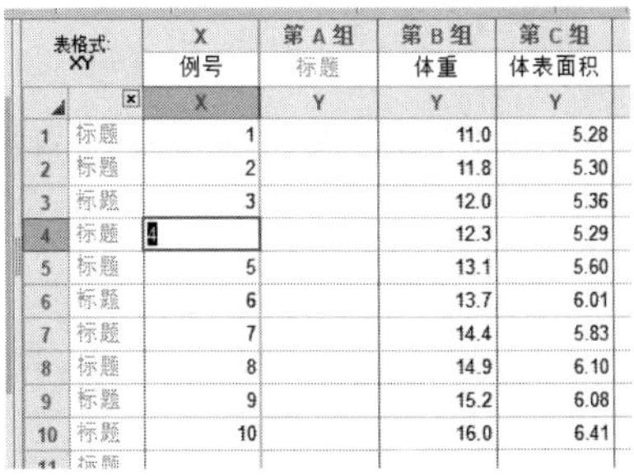

表格式: XY	X 例号	第A组 标题	第B组 体重	第C组 体表面积
	X	Y	Y	Y
1 标题	1		11.0	5.28
2 标题	2		11.8	5.30
3 标题	3		12.0	5.36
4 标题	4		12.3	5.29
5 标题	5		13.1	5.60
6 标题	6		13.7	6.01
7 标题	7		14.4	5.83
8 标题	8		14.9	6.10
9 标题	9		15.2	6.08
10 标题	10		16.0	6.41

图 2-57 X 列右侧插入一列

（2）插入行单元格

① 在需要插入单元格的位置选定相应的一行单元格区域，如图 2-58 所示。

② 选择菜单栏中的“插入”→“行 / 列”命令，或单击鼠标右键，在弹出的快捷菜单中选择“插入”命令，或单击“更改”功能区中的“插入”按钮，直接在活动行单元格上方插入一行空单元格，如图 2-59 所示。

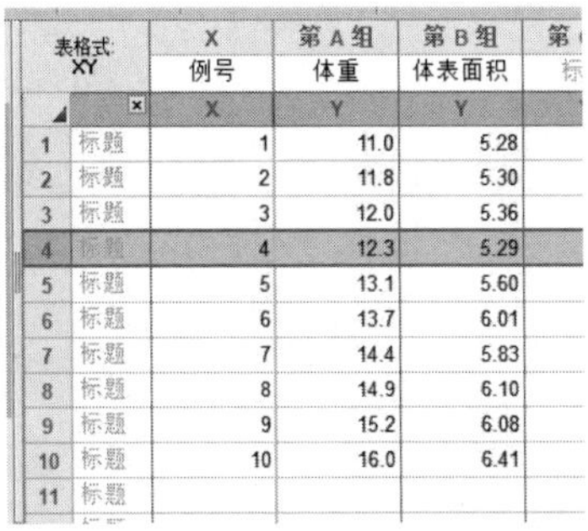

表格式: XY	X 例号	第A组 体重	第B组 体表面积
	X	Y	Y
1 标题	1	11.0	5.28
2 标题	2	11.8	5.30
3 标题	3	12.0	5.36
4 标题	4	12.3	5.29
5 标题	5	13.1	5.60
6 标题	6	13.7	6.01
7 标题	7	14.4	5.83
8 标题	8	14.9	6.10
9 标题	9	15.2	6.08
10 标题	10	16.0	6.41
11 标题			

图 2-58 选定一行单元格

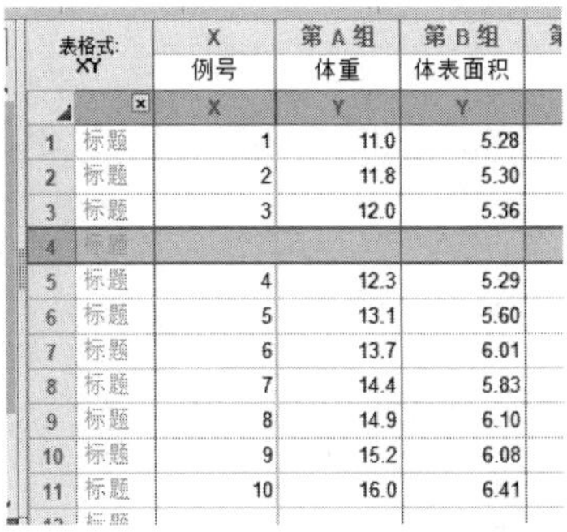

表格式: XY	X 例号	第A组 体重	第B组 体表面积
	X	Y	Y
1 标题	1	11.0	5.28
2 标题	2	11.8	5.30
3 标题	3	12.0	5.36
4 标题			
5 标题	4	12.3	5.29
6 标题	5	13.1	5.60
7 标题	6	13.7	6.01
8 标题	7	14.4	5.83
9 标题	8	14.9	6.10
10 标题	9	15.2	6.08
11 标题	10	16.0	6.41

图 2-59 插入一行单元格

（3）插入列单元格

① 在需要插入单元格的位置选定相应的一列单元格区域，如图 2-60 所示。

② 选择菜单栏中的“插入”→“行 / 列”命令，或单击鼠标右键，在弹出的快捷菜单中选择“插入”命令，或单击“更改”功能区中的“插入”按钮，直接在活动列单元格左侧插入一列空单元格，如图 2-61 所示。

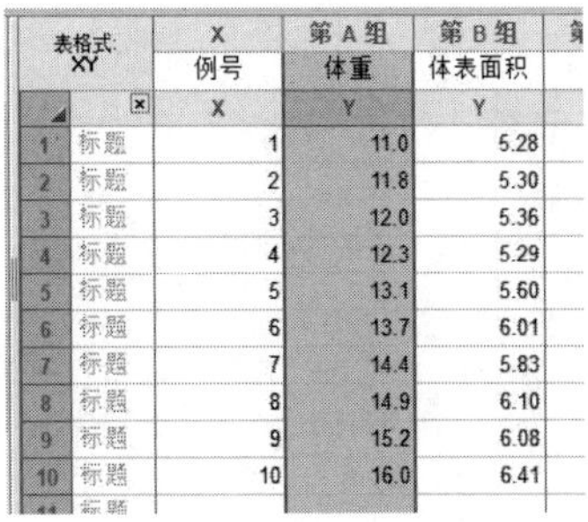

表格式: XY	X 例号	第A组 体重	第B组 体表面积
	X	Y	Y
1 标题	1	11.0	5.28
2 标题	2	11.8	5.30
3 标题	3	12.0	5.36
4 标题	4	12.3	5.29
5 标题	5	13.1	5.60
6 标题	6	13.7	6.01
7 标题	7	14.4	5.83
8 标题	8	14.9	6.10
9 标题	9	15.2	6.08
10 标题	10	16.0	6.41

图 2-60 选定一列单元格

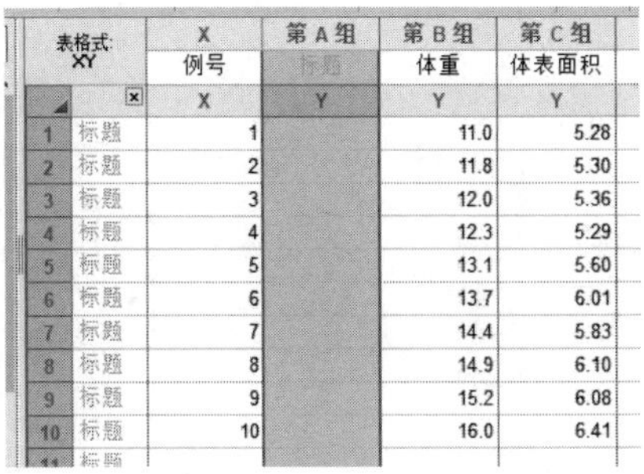

表格式: XY	X 例号	第A组 标题	第B组 体重	第C组 体表面积
	X	Y	Y	Y
1 标题	1		11.0	5.28
2 标题	2		11.8	5.30
3 标题	3		12.0	5.36
4 标题	4		12.3	5.29
5 标题	5		13.1	5.60
6 标题	6		13.7	6.01
7 标题	7		14.4	5.83
8 标题	8		14.9	6.10
9 标题	9		15.2	6.08
10 标题	10		16.0	6.41

图 2-61 插入一列单元格

2.5.2　调整列宽

数据表中的所有单元格默认拥有相同的行高和列宽，如果要在单元格中容纳不同大小和类型的内容，就需要调整列宽。

（1）手动调整

如果对列宽的要求不高，可以利用鼠标拖动进行调整。

将鼠标指针移到列表的右边界上，指针显示为横向双向箭头 ⇼ 时，按下左键拖动到合适位置释放，可改变指定列的宽度，如图 2-62 所示。

（2）自动调整

如果希望精确地指定列宽，可以使用指定命令进行设置。

单击工作区左上角"表格式"单元格，弹出"格式化数据表"对话框，在"表格式"选项卡下勾选"自动列宽"复选框，如图 2-63 所示。单击"确定"按钮，系统自动根据内容将列宽显示为适当值，效果如图 2-64 所示。

需要注意的是，Prism 自动确定子列（重复值）的宽度，无法单独更改子列的宽度。

图 2-62　调整列宽

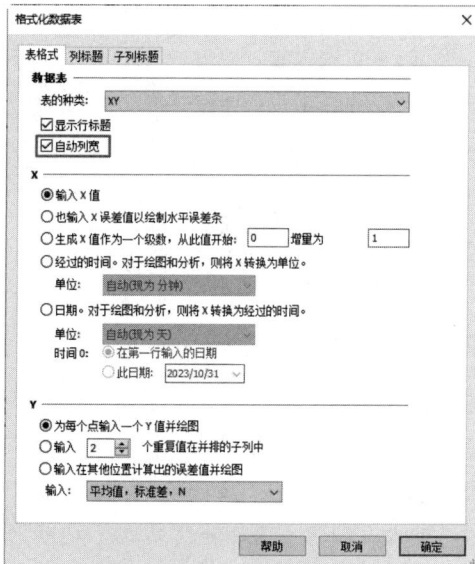

图 2-63　勾选"自动列宽"复选框

（a）调整前

（b）调整后

图 2-64　自动调整列宽

2.5.3　设置数据小数格式

设置数据的格式可以增强数据表的可读性，应用的格式并不会影响 GraphPad Prism 用来进行计算的实际单元格数值。

选中要编辑的单元格，选择菜单栏中的"插入"→"小数格式"命令，或在功能区"更改"选项卡单击"更改小数格式（小数点后的位数）"按钮，或单击鼠标，在弹出的快捷菜单中选择"小数格式"命令，弹出如图 2-65 所示的"小数格式"对话框，显示选中单元格中数据的小数格式。

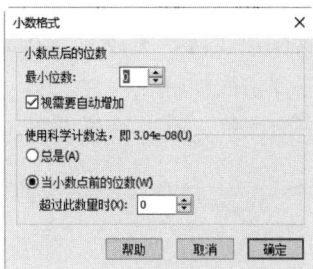

图 2-65　"小数格式"对话框

（1）小数点后的位数

Prism 将自动根据输入的数值选择数据表中显示的小数位数，也可以根据下面的选项进行设置。

> 最小位数：在该选项后输入指定的位数。
> 视需要自动增加：勾选该复选框，若修改单元格中的数据（小数点后的位数变化），忽视上面指定的位数，根据数值自动增加小数点后的位数。若未勾选该复选框，修改后的数据依旧按照指定的位数定义。

（2）数字四舍五入

在"使用科学计数法，即 3.04e-08（U）"选项组下选择数字计数规则：

> 总是（A）：勾选该复选框，按照"3.04e-08（U）"格式进行计数。
> 当小数点前的位数（W）：如果想真正将数值舍入到小数点后的某个位数，需要将数字四舍五入到指定的位数。在"超过此数量时（X）"指定数字四舍五入的位数，默认值为 7，即输入数字的位数超过 7 就使用科学计数法显示。

2.5.4　数据显示处理

对于大量杂乱数据，为了方便数据后期的分析与处理，有时候需要暂时将不需要使用的数据进行排除，有时候需要将重点数据进行突出显示。

（1）数据排除

① 如果有些数值过高或过低且不可信，则可以排除。排除值虽然仍然在数据表上以蓝色斜体显示，但不再参与数据分析，也不在图表上显示。从分析和图表的角度来看，这等同于删除了该值，但该数字仍保留在数据表中以记录其值。

② 选中包含要排除数据所在的单元格，在功能区"更改"选项卡单击"排除所选值"按钮，或单击鼠标右键，在弹出的快捷菜单中选择"排除值"命令，或按下 Ctrl+E 键，将单元格中的数据排除，排除值以蓝色斜体显示，数值右上角显示"*"，如图 2-66 所示。

（2）数据突出显示

选中包含要突出显示的单元格，选择菜单栏中的"更改"→"单元格背景色"命令，或在功能区"更改"选项卡单击"突出显示选定的单元格"按钮，或单击鼠标右键，在弹出的快捷菜单中选择"单元格背景色"命令，弹出如图 2-67 所示的颜色子菜单，将选中的单元格背景色设置为指定的颜色，如图 2-68 所示。

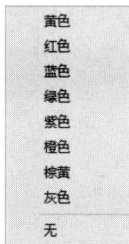

图 2-66 显示排除值　　　　图 2-67 颜色子菜单　　　　图 2-68 数据突出显示

2.5.5 数据排序

使用 GraphPad Prism 的数据排序功能，可以使数据按照用户的需要来排列。在进行排序之前，读者有必要了解 GraphPad Prism 的默认排列顺序。

（1）排序规则

GraphPad Prism 默认根据单元格中数据进行排序，在按升序排序时，遵循以下规则：

➢ 数字从最小的负数到最大的正数进行排序。

➢ 文本以及包含数字的文本按 0～9～a～z～A～Z 的顺序排序，也就是：0 1 2 3 4 5 6 7 8 9（空格）! " # $ % & ( ) * , . / : ; ? @ [\ ] ^ _ ` { | } ～ + < = > A B C D E F G H I J K L M N O P Q R S T U V W X Y Z，撇号（'）和连字符（-）会被忽略。

注意：如果两个文本字符串除了连字符不同，其余都相同，则带连字符的文本排在后面。

➢ 在按字母先后顺序对文本进行排序时，从左到右逐个字符进行排序。例如，如果一个单元格中含有文本"A100"，则这个单元格将排在含有"A1"的单元格后面，含有"A11"的单元格前面。

➢ 在逻辑值中，False 排在 True 前面。

➢ 所有错误值的优先级相同。

➢ 空格始终排在最后。

➢ 排序时不区分大小写。

➢ 在对汉字排序时，既可以根据汉语拼音的字母顺序进行排序，也可以根据汉字的笔画顺序进行排序。

（2）排序方法

在排序时可以使用三种方法，即按 X 值排序、按行标题排序、反转行序，如图 2-69 所示。

选择菜单栏中的“编辑”命令，在功能区“更改”选项卡单击“更改行序”按钮，显示下面三种排序方法。

➢ 按 X 值排序（S）：按数据区域中 X 列的数值进行排序，如图 2-70 所示。该方法是排序中最常用也是最简单的一种排序方法。

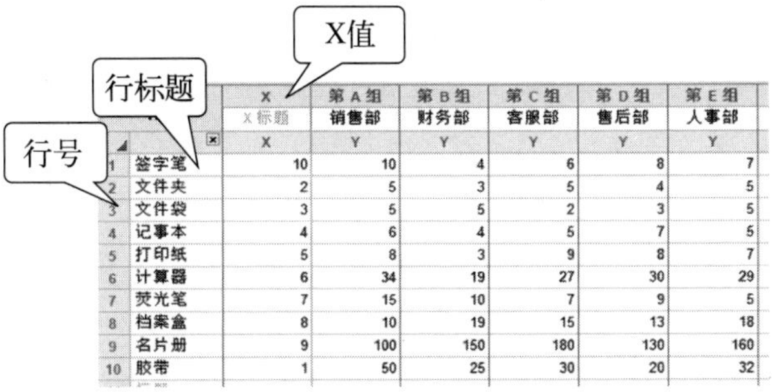

	X	第A组	第B组	第C组	第D组	第E组
	X标题	销售部	财务部	客服部	售后部	人事部
	X	Y	Y	Y	Y	Y
1 签字笔	10	10	4	6	8	7
2 文件夹	2	5	3	5	4	5
3 文件袋	3	5	5	2	3	5
4 记事本	4	6	4	5	7	5
5 打印纸	5	8	3	9	8	7
6 计算器	6	34	19	27	30	29
7 荧光笔	7	15	10	7	9	5
8 档案盒	8	10	19	15	13	18
9 名片册	9	100	150	180	130	160
10 胶带	1	50	25	30	20	32

图 2-69　数据排序分类

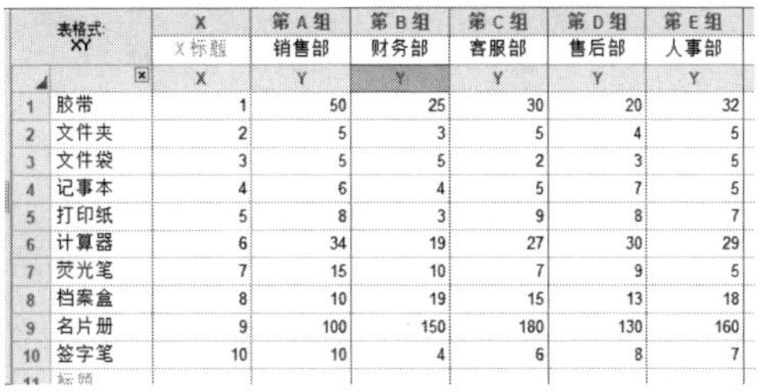

表格式：XY	X	第A组	第B组	第C组	第D组	第E组
	X标题	销售部	财务部	客服部	售后部	人事部
	X	Y	Y	Y	Y	Y
1 胶带	1	50	25	30	20	32
2 文件夹	2	5	3	5	4	5
3 文件袋	3	5	5	2	3	5
4 记事本	4	6	4	5	7	5
5 打印纸	5	8	3	9	8	7
6 计算器	6	34	19	27	30	29
7 荧光笔	7	15	10	7	9	5
8 档案盒	8	10	19	15	13	18
9 名片册	9	100	150	180	130	160
10 签字笔	10	10	4	6	8	7

图 2-70　按 X 值排序

➢ 按行标题排序：按数据区域中行标题列的数值进行排序，如图 2-71 所示。

➢ 反转行序：指按照翻转的行号排序，除了空白单元格总是在最后以外，其他的排列次序反转，如图 2-72 所示。

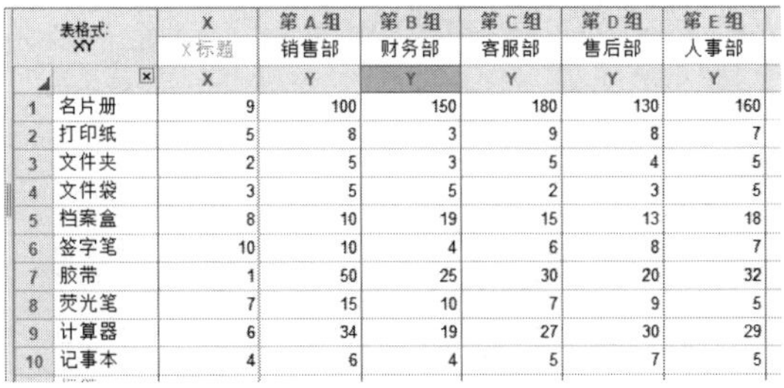

表格式：XY	X	第A组	第B组	第C组	第D组	第E组
	X标题	销售部	财务部	客服部	售后部	人事部
	X	Y	Y	Y	Y	Y
1 名片册	9	100	150	180	130	160
2 打印纸	5	8	3	9	8	7
3 文件夹	2	5	3	5	4	5
4 文件袋	3	5	5	2	3	5
5 档案盒	8	10	19	15	13	18
6 签字笔	10	10	4	6	8	7
7 胶带	1	50	25	30	20	32
8 荧光笔	7	15	10	7	9	5
9 计算器	6	34	19	27	30	29
10 记事本	4	6	4	5	7	5

图 2-71　按行标题排序

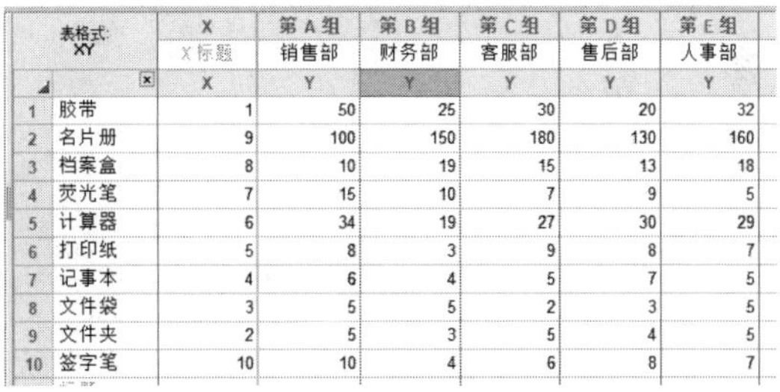

表格式：XY	X	第A组	第B组	第C组	第D组	第E组
	X标题	销售部	财务部	客服部	售后部	人事部
	X	Y	Y	Y	Y	Y
1 胶带	1	50	25	30	20	32
2 名片册	9	100	150	180	130	160
3 档案盒	8	10	19	15	13	18
4 荧光笔	7	15	10	7	9	5
5 计算器	6	34	19	27	30	29
6 打印纸	5	8	3	9	8	7
7 记事本	4	6	4	5	7	5
8 文件袋	3	5	5	2	3	5
9 文件夹	2	5	3	5	4	5
10 签字笔	10	10	4	6	8	7

图 2-72　反转行序

2.6　格式化工作表

格式化工作表是数据表工作中不可或缺的步骤，GraphPad Prism 10 提供了强大的格式化功能。

选择菜单栏中的“编辑”→“格式化工作表”命令，或在功能区“更改”选项卡单击“更改数据表格式（种类、重复项、误差值）”按钮，或单击工作区左上角“表格式”单元格（图 2-73），弹出如图 2-74 所示的“格式化数据表”对话框，其包含三个选项卡，可以对工作表、列标题和子列标题的格式进行设置。

图 2-73 "表格式"单元格

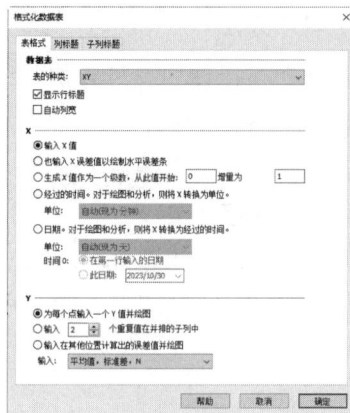

图 2-74 "格式化数据表"对话框

2.6.1 "表格式"选项卡

在该选项卡下可以设置数据表格式，包括数据表的类型、X 列数据的格式和 Y 列数据的格式。

（1）"数据表"选项组

➢ 表的种类：在该下拉列表中有 7 种数据表类型：XY、列、分组、列联表、生存、整体分解、嵌套。其中不包含多变量表。

➢ 显示行标题：勾选该复选框，数据表中默认显示行标题列；取消勾选该复选框，隐藏行标题列，如图 2-75 所示。

➢ 自动列宽：勾选该复选框，单元格自动根据内容设置适当的列宽，以显示所有内容。

（a）显示行标题　　　　　（b）隐藏行标题

图 2-75 显示和隐藏行标题

（2）"X"选项组

设置数据表 X 列中 X 的取值方法，包括下面几种。

① 输入 X 值：选择该选项，通过在 X 列单元格中输入数值来定义 X 值。

② 也输入 X 误差值以绘制水平误差条：选择该选项，在 X 列下添加子数据列，除了

原始的“X”子列，增加了“误差条”子列，如图 2-76 所示。

③“生成 X 值作为一个级数”：选择该选项，定义“从此值开始”和“增量为”，创建一组等差数列。

④“经过的时间。对于绘图和分析，则将 X 转换为单位”：选择该选项，将 X 列定义为经过的时间，如图 2-77 所示。单元格中默认显示“经过的时间”。通过“单位”下拉列表定义时间数据的单位，包括自动（现为分钟）、毫秒、秒、分钟、小时、天、周、年。

表格式: XY	X 例号		第 A 组 体重	第 B 组 体表面积
	X	误差条	Y	Y
1 标题	1		11.0	5.28
2 标题	2		11.8	5.30
3 标题	3		12.0	5.36
4 标题	4		12.3	5.29
5 标题	5		13.1	5.60
6 标题	6		13.7	6.01
7 标题	7		14.4	5.83
8 标题	8		14.9	6.10
9 标题	9		15.2	6.08
10 标题	10		16.0	6.41
11 标题				

图 2-76　添加子数据列（X、误差条）

表格式: XY	X 记录时间	第 A 组 体重	第 B 组 体表面积
	时间 hh:mm:ss	Y	Y
1 标题	经过的时间	11.0	5.28
2 标题	经过的时间	11.8	5.30
3 标题	经过的时间	12.0	5.36
4 标题	经过的时间	12.3	5.29
5 标题	经过的时间	13.1	5.60
6 标题	经过的时间	13.7	6.01
7 标题	经过的时间	14.4	5.83
8 标题	经过的时间	14.9	6.10
9 标题	经过的时间	15.2	6.08
10 标题	经过的时间	16.0	6.41

图 2-77　定义经过的时间

⑤“日期。对于绘图和分析，则将 X 转换为经过的时间”：选择该选项，将 X 列定义为自某天以来的第 1 行中的日期数量经过的时间。通过“单位”下拉列表定义时间数据的单位，包括自动（现为天）、天、周、年，如图 2-78 所示。定义“时间 0”包含两种设置方法。

➢ 在第一行输入的日期：根据输入定义开始的时间“时间 0”。

➢ 此日期：通过在该选项下选择的日期定义开始的时间“时间 0”。

（3）“Y”选项组

① 为每个点输入一个 Y 值并绘图：选择该选项，通过在 X 列之外的单元格中输入数值来定义 Y 值。

② 输入“2”个重复值在并排的子列中：选择该选项，设置在每个 Y 列下添加子列的个数，默认包含 2 列。

③ 输入在其他位置计算出的误差值并绘图：选择该选项，定义 Y 列下添加子列的类型。如在“输入”下拉列表中默认选择“平均值，标准差，N”，则添加 3 个子列，即平均值、标准差、N，如图 2-79 所示。

表格式: XY	X 记录时间	第 A 组 体重	第 B 组 体表面积
	日期	Y	Y
1 标题	日期	11.0	5.28
2 标题	日期	11.8	5.30
3 标题	日期	12.0	5.36
4 标题	日期	12.3	5.29
5 标题	日期	13.1	5.60
6 标题	日期	13.7	6.01
7 标题	日期	14.4	5.83
8 标题	日期	14.9	6.10
9 标题	日期	15.2	6.08
10 标题	日期	16.0	6.41
11 标题	日期		

图 2-78　定义经过的时间（日期）

表格式: XY	X 记录时间	第 A 组 体重			第 B 组 体表面积		
	日期	平均值	标准差	N	平均值	标准差	N
1 标题	日期	11.0			5.28		
2 标题	日期	11.8			5.30		
3 标题	日期	12.0			5.36		
4 标题	日期	12.3			5.29		
5 标题	日期	13.1			5.60		
6 标题	日期	13.7			6.01		
7 标题	日期	14.4			5.83		
8 标题	日期	14.9			6.10		
9 标题	日期	15.2			6.08		
10 标题	日期	16.0			6.41		
11 标题	日期						

图 2-79　添加指定子列

2.6.2 "列标题"选项卡

列标题可用于识别数据表上的数据集、在选择分析和查看结果时识别数据集、标注列图和（有时）分组图的 X 轴、为 XY 图和分组图创建图例。

单击打开"列标题"选项卡，可在列表中一次性查看和编辑多个列标题，如图 2-80 所示。

① 在列表中每一组（A、B……）文本框中单击，进入编辑状态，输入一行文本后，单击"换行"按钮，或按下 Shift+Enter 键，自动进入下一行，如图 2-81 所示。可以为每个列标题输入两行或多行文本，结果如图 2-82 所示。

② 在输入文本作为标题名称后，还可以通过列表上一系列工具栏按钮设置列标题中文本的格式，下面分别进行介绍。

a. α：单击该按钮，弹出"插入符号"对话框，如图 2-83 所示，选择希腊字母，插入到标题名称中。

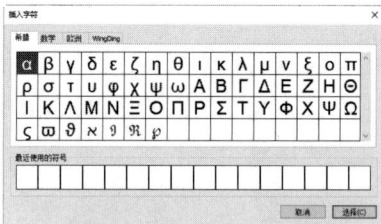

b. B：单击该按钮，选中的标题文本加粗，效果如图 2-84 所示。

c. I：单击该按钮，选中的标题文本斜体，效果如图 2-85 所示。

d. U：单击该按钮，选中的标题文本下加下划线，效果如图 2-86 所示。

e. x^2：单击该按钮，选中

图 2-80 "列标题"选项卡

图 2-81 进入下一行

（a）

（b）

图 2-82 输入多行文本

图 2-83 "插入符号"对话框

图 2-84 文本加粗

图 2-85 文本斜体

图 2-86 文本下划线

的标题文本变为上角标，效果如图 2-87 所示。

　　f. X_2：单击该按钮，选中的标题文本变为下角标，效果如图 2-88 所示。

图 2-87　文本上角标

图 2-88　文本下角标

　　g. ✂：单击该按钮，剪切选中的标题文本。

　　h. ▤：单击该按钮，复制选中的标题文本。

　　i. ▤：单击该按钮，粘贴选中的标题文本。

2.6.3　"子列标题"选项卡

　　如果表格具有许多个子列，则在"子列标题"选项卡中编辑子列标题，在为每个数据集列的每个子列输入一个标题或者只输入一组适用于所有数据集的子列标题之间进行选择，如图 2-89 所示。默认情况下，并排子列分别标记为"Y1""Y2"等。

　　①"使用这些名称标记数据表，不使用 "Y1"、"Y2" 等标记"：勾选该复选框，使用下面列表中输入的文本定义列标题；反之，使用默认的"Y1""Y2"作为子列标题。例如，列标题"第 A 组"下的子标题为"A:Y1""A:Y2"，如图 2-90 所示；其余列标题下的子标题名称，以此类推。

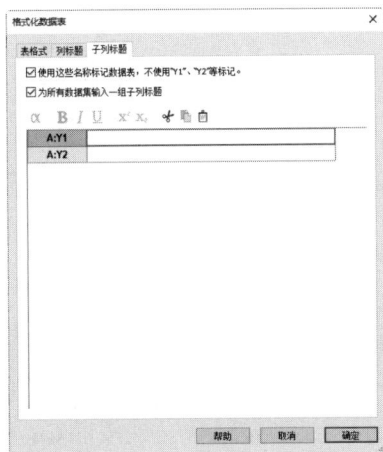

图 2-89　"子列标题"选项卡

图 2-90　默认子列标题名

　　② 为所有数据集输入一组子列标题：勾选该复选框，只需要输入一组子列标题（A:Y1、A:Y2），其余所有列组的子列标题使用相同的子列标题名称，如图 2-91 所示。取消勾选该复选框，显示所有组列标题下子列标题选项，需要一一进行定义，如图 2-92 所示。

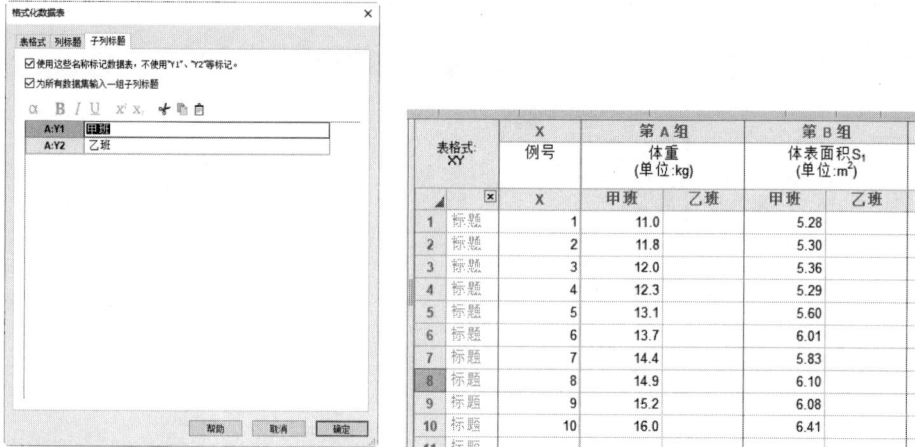

图 2-91　输入一组子列标题

图 2-92　输入多组子列标题

2.6.4　操作实例——受试者体检数据表格式设置

本小节根据受试者体检数据演示数据的排序和显示操作。操作步骤如下。

（1）设置工作环境

① 双击 GraphPad Prism 10 图标，启动 GraphPad Prism。

② 选择菜单栏中的"文件"→"打开"命令，或单击"Prism"功能区中的"打开项目文件"命令，或单击"文件"功能区中的"打开项目文件"按钮 ，或按下 Ctrl+O 键，弹出"打开"对话框，如图 2-93 所示，选择需要打开的文件，单击"打开"按钮，即可打开项目文件。

③ 选择菜单栏中的"文件"→"另存为"命令，或单击"文件"功能区中保存命令按钮 下的"另存为"命令，弹出"保存"对话框，输入项目的保存名称"受试者体检数据表格式设置"，在"保存类型"下拉列表中选择项目类型为 Prism 文件。单击"确定"按钮，在源文件目录下自动创建项目文件。

（2）按照年龄排序

① 打开数据表"自我评估的健康状况"。

② 选择菜单栏中的"编辑"→"按 X 值排序（S）"命令，在功能区"更改"选项卡单击"更改行序"按钮 下的"按 X 值排序"命令，按 X 列的数值从小到大进行排序，结果如图 2-94 所示。

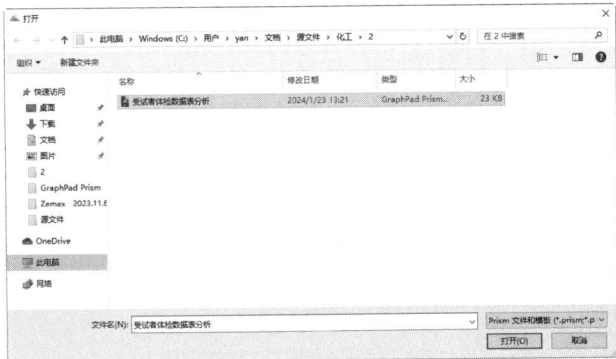

图 2-93 "打开"对话框

图 2-94 按 X 值排序

（3）设置数据显示颜色

① 打开数据表"自我评估的健康状况（10 组）"。

② 选择"吸烟史"列值为 1 的行（如第一行），单击选择菜单栏中的"更改"→"单元格背景色"→"蓝色"命令，将选中的行单元格背景色设置为蓝色，如图 2-95 所示。

③ 以同样的方法，设置其余"吸烟史"列值为 1 的行背景色为蓝色，结果如图 2-96 所示。

图 2-95 设置行背景颜色

图 2-96 设置其余行颜色

（4）保存项目

单击"文件"功能区中的"保存"按钮 ，或按下 Ctrl+S 键，直接保存项目文件。

2.7 综合实例——病毒性肝炎数据设计

本例根据 2016～2021 年病毒性肝炎发展数据（见表 1-1），在工作表（病例数、发病率和增速）中使用不同方法录入数据。

（1）设置工作环境

① 双击 GraphPad Prism 10 图标，启动 GraphPad Prism。

② 选择菜单栏中的"文件"→"打开"命令，或单击"Prism"功能区中的"打开项目文件"命令，或单击"文件"功能区中的"打开项目文件"按钮 ，或按下 Ctrl+O 键，弹出"打开"对话框，选择需要打开的文件"病毒性肝炎数据表文件 .prism"，单击"打开"按钮，即可打开项目文件。

③ 选择菜单栏中的"文件"→"另存为"命令，或单击"文件"功能区中保存命令按钮 下的"另存为"命令，弹出"保存"对话框，输入项目的保存名称"病毒性肝炎数据设计"，在"保存类型"下拉列表中选择项目类型为 Prism 文件。

④ 单击"确定"按钮，在源文件目录下自动创建保存的项目文件。

（2）数据表"病例数"复制数据

① 打开 Excel 文件"病毒性肝炎发展数据 .xlsx"，如图 2-97 所示。选中 A2:C8 和 E2:F8 单元格中的数据，按下快捷键 Ctrl+C，复制表格数据。

图 2-97 Excel 文件

② 打开 Prism 中的"病例数"，单击标题列所在单元格，选择菜单栏中的"编辑"→"粘贴"命令，将 Excel 表格中复制的数据进行粘贴，结果如图 2-98 所示。

图 2-98 粘贴数据

③ 选择菜单栏中的"插入"→"创建级数"命令，或在功能区"更改"选项卡单击"插入数字序列"按钮 ，弹出"创建级数"对话框，在"创建级数"选项中输入 6，如图 2-99 所示。单击"确定"按钮，关闭该对话框，在选择的单元格内插入 6 个序列，如图 2-100 所示。

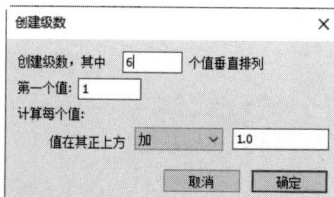

图 2-99 "创建级数"对话框

图 2-100 插入序列

④ 选择菜单栏中的"编辑"→"格式化工作表"命令，或在功能区"更改"选项卡单击"更改数据表格式（种类、重复项、误差值）"按钮，或单击工作区左上角"表格式"单元格，弹出"格式化数据表"对话框。打开"表格式"选项卡，勾选"显示行标题"和"自动列宽"复选框，如图 2-101 所示。

⑤ 打开"列标题"选项卡，在 A 行输入列标题"发病数"，在 B 行输入列标题"发病数"，如图 2-102 所示。

⑥ 打开"子列标题"选项卡，取消勾选"为所有数据集输入一组子列标题"复选框，显示所有列组的子列标题，在 A:Y1、A:Y2、B:Y1、B:Y2 行输入子列标题，如图 2-103 所示。单击"确定"按钮，关闭该对话框，在数据表中显示表格格式设置结果，如图 2-104 所示。

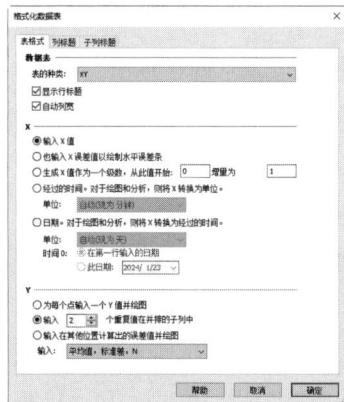

图 2-101 "表格式"选项卡

图 2-102 "列标题"选项卡

图 2-103 "子列标题"选项卡

图 2-104 设置子列标题名

表格式 XY	X X标题	第 A 组 发病数		第 B 组 死亡数	
	X	发病数（例）	发病率（%）	死亡数（人）	死亡率（%）
1	2016年	1	1221479	89.1080	537	0.0392
2	2017年	2	1283523	93.0198	573	0.0415
3	2018年	3	1280015	92.1473	531	0.0382
4	2019年	4	1286691	92.1344	575	0.0412
5	2020年	5	1138781	81.1188	588	0.0419
6	2021年	6	1226165	86.9757	520	0.0369

（a）

表格式 XY	X X标题	第 A 组 发病数		第 B 组 死亡数	
	X	发病数（例）	发病率（%）	死亡数（人）	死亡率（%）
1	2016年	1	1221479	89.1080	537	0.0392
2	2017年	2	1283523	93.0198	573	0.0415
3	2018年	3	1280015	92.1473	531	0.0382
4	2019年	4	1286691	92.1344	575	0.0412
5	2020年	5	1138781	81.1188	588	0.0419
6	2021年	6	1226165	86.9757	520	0.0369
7	标题					

（b）

图 2-105　设置列标题颜色

表格式 XY	X X标题	第 A 组 发病数		第 B 组 死亡数	
	X	发病数（例）	发病率（%）	死亡数（人）	死亡率（%）
1	2016年	1	1221479	89.1080	537	0.0392
2	2017年	2	1283523	93.0198	573	0.0415
3	2018年	3	1280015	92.1473	531	0.0382
4	2019年	4	1286691	92.1344	575	0.0412
5	2020年	5	1138781	81.1188	588	0.0419
6	2021年	6	1226165	86.9757	520	0.0369
7	标题					

图 2-106　设置行数据单元格颜色

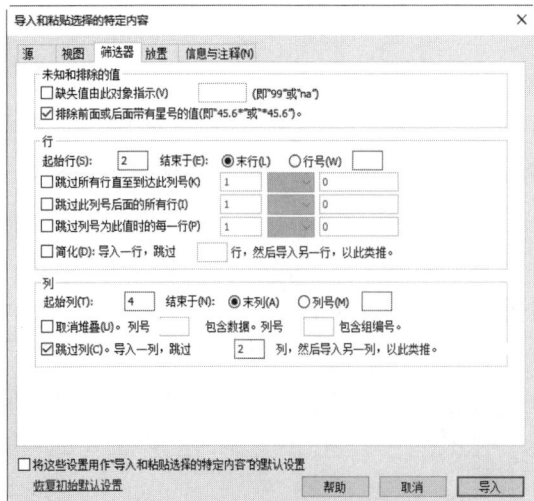

图 2-107　"筛选器"选项卡

（3）设置数据表"病例数"格式

① 按下 Shift 键，选择多个列标题单元格，单击选择菜单栏中的"更改"→"单元格背景色"→"蓝色"命令，将选中的多个列标题单元格背景色设置为蓝色，如图 2-105 所示。

② 按下 Shift 键，选择 1～6 行数据单元格，在功能区"更改"选项卡单击"突出显示选定的单元格"按钮下的"棕黄"命令，将选中的行数据单元格背景色设置为棕黄色，如图 2-106 所示。

（4）数据表"增速"导入 xlsx 文件数据

① 在导航器"数据表"中单击选择"增速"，右侧工作区直接进入该数据表的编辑界面。

② 选择菜单栏中的"文件"→"导入"命令，或在功能区"导入"选项卡单击"导入文件"按钮，或单击鼠标右键，在弹出的快捷菜单中选择"导入数据"命令，弹出"导入"对话框，在"文件名"右侧下拉列表中选择"工作表（*.xls*，*.wk*，*.wb*）"，在指定目录下选择要导入的文件"病毒性肝炎发展数据 .xlsx"。

③ 单击"打开"按钮，弹出"导入和粘贴选择的特定内容"对话框。打开"源"选项卡，在"关联与嵌入"选项组下选择"仅插入数据"选项。

④ 打开"筛选器"选项卡，在"行"选项组下"起始行（S）"输入行号"2"，从数据的第二行开始导入；在"列"选项组下"起始列（T）"输入列号"4"，勾选"跳过列（C）。导入一列，跳过 2 列，然后导入另一列，以此类推"复选框，如图 2-107 所示。

⑤ 单击"导入"按钮，在数据表"增速"中导入 Excel 中的数据，结果如图 2-108 所示。在列标题行中修改第 A 组、第 B 组列标题，结果如图 2-109 所示。

（5）设置数据表"增速"格式

① 按下 Shift 键，选择多个列标题单元格，在功能区"更改"选项卡单击"突出显示选定的单元格"按钮下的"蓝色"命令，将选中的多个列标题单元格背景色设置为蓝色。

② 选择第 1 行数据单元格，在功能区"更改"选项卡单击"突出显示选定的单元格"按钮下的"黄色"命令，将选中的空白行数据单元格背景色设置为黄色。

③ 按下 Shift 键，选择 2～6 行数据单元格，在功能区"更改"选项卡单击"突出显示选定的单元格"按钮下的"棕黄"命令，将选中的行数据单元格背景色设置为棕黄色，如图 2-110 所示。

（6）保存项目

单击"文件"功能区中的"保存"按钮，或按下 Ctrl+S 键，直接保存项目文件。

	第 A 组	第 B 组	第 C 组	第 D 组
	增速	死亡数（人）	死亡率（%）	增速
1				
2	0.0508	0.0670		
3	-0.0027	-0.0733		
4	0.0052	0.0829		
5	-0.1150	0.0226		
6	0.0767	-0.1156		

图 2-108 导入 Excel 中的数据

	第 A 组	第 B 组
	发病人数增速	死亡人数增速
1		
2	0.0508	0.0670
3	-0.0027	-0.0733
4	0.0052	0.0829
5	-0.1150	0.0226
6	0.0767	-0.1156

图 2-109 修改第 A 组、第 B 组列标题

	第 A 组	第 B 组
	发病人数增速	死亡人数增速
1		
2	0.0508	0.0670
3	-0.0027	-0.0733
4	0.0052	0.0829
5	-0.1150	0.0226
6	0.0767	-0.1156

图 2-110 设置数据表"增速"数据颜色

Chapter

3

**GraphPad
Prism 10**

扫码看本章实例
视频讲解

第 3 章
统计图表

统计图是利用点的位置、线段的升降、直条的长短与面积的大小等各种几何图形，将研究对象的内部构成、对比情况、分布特点与相互关系等特征形象而又生动地表达出来，给读者留下深刻而又清晰的印象。本章通过内置的图表模板绘制常用的统计图，并利用图形修饰命令和图标格式设置命令来美化统计图表。

3.1 图表模板绘图

GraphPad Prism 支持多种绘图类型，可应用于不同的技术领域。创建新数据表时，Prism 会自动创建链接图表，在 GraphPad Prism 中根据现有数据创建图表也很方便。

3.1.1 现有图表

① 若打开 Prism 创建数据表时创建的图表，系统不会只显示绘制好的图表，需要选择图表类型。

② 单击导航器"图表"选项组下的图表名称，选择菜单栏中的"更改"→"图表类型"命令，或在导航器"图表"选项组下单击图表名称，或单击"更改"功能区中的"选择其他类型的图表"按钮，打开如图 3-1 所示的"更改图表类型"对话框。

③ 选择需要的图表类型。在"图表系列"下拉列表中显示数据表的 8 个图表系列，对应数据表的 8 种类型（XY、列、分组、列联、生存、整体分解、多变量、嵌套）。每个系列下包含与数据表匹配的图表类型。

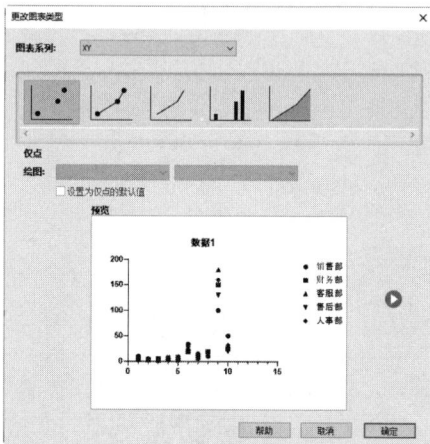

图 3-1 "更改图表类型"对话框

④ 选择一个图表类型后，在对话框底部显示图表的预览图，检查预览图以确保得到想要的图表。

⑤ 单击"确定"按钮完成修改，如图 3-2 所示。该对话框实际上旨在更改图表类型。例如，从带误差条的条形图更改为散点图。

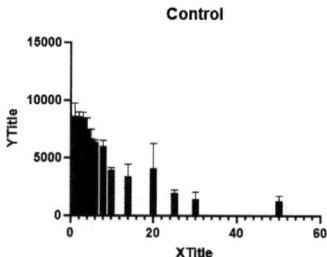

（a）带误差条的峰（带误差条的条形图）　　　　（b）仅点（散点图）

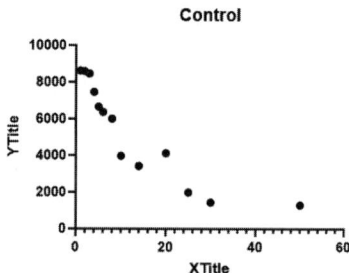

图 3-2 图表类型修改

3.1.2 新建图表

选择菜单栏中的"插入"→"新建现有数据的图表（G）"命令，或在左侧导航器"图表"选项卡下单击"新建图表"命令，弹出"创建新图表"对话框，如图 3-3 所示。

（1）要绘图的数据集

① 表：在该下拉列表中选择要绘制图表的数据文件名称，默认在图表上绘制数据文

件中所有数据。

② 仅绘制选定的数据集（P）：如果不想在图表上绘制所有数据，勾选该复选框，单击"选择"按钮，弹出"选择数据集"对话框，选择需要绘制的数据集，如图3-4所示。需要注意的是，只能选择数据集列，不能选择行。

③ 也绘制关联的曲线（L）：如果已知数据为一个XY表格，并且已经拟合一条直线或曲线，勾选该复选框，则在新图表上绘制已知数据单位曲线或直线。

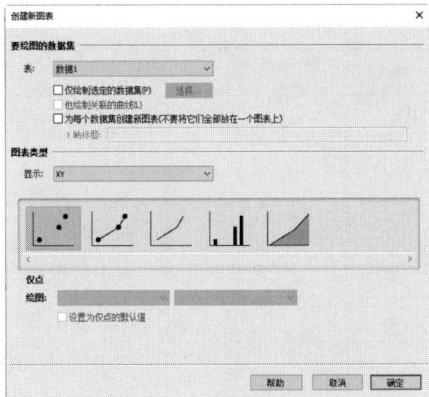

图3-3 "创建新图表"对话框

④ 为每个数据集创建新图表（不要将它们全部放在一个图表上）：默认情况下，Prism会根据整个数据集创建一张图表。勾选该复选框，每个数据集绘制一张图表。如果选择为每个数据集创建一张新图表，还指定Y轴标题。

（2）图表类型

在下拉菜单中选择图表类型，可以在"XY""列""分组"等图表选项之间进行选择，得到与数据表匹配的图表类型。

（3）绘图

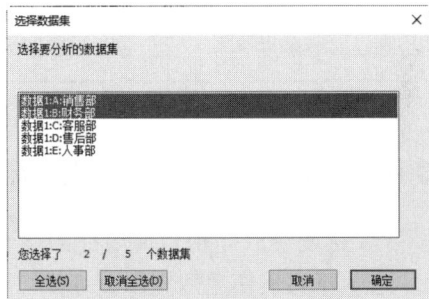

图3-4 "选择数据集"对话框

在下拉列表中选择要绘制的数据集参数值，如平均值、中位数等。

3.1.3 常用的统计图

常用的统计图有条图、百分条图、圆图、线图、半对数线图、箱线图、散点图等。目前很多计算机软件都可以方便地绘制各种统计图，常用的统计图表如表3-1所示。

表3-1 常用的统计图表

编号	统计图	适用情况	举例说明
1	散点图	展示两个变量之间的关系	比较不同年龄段的身高、体重等数据
2	折线图（点线图）	展示随时间而变化的连续数据	分析不同时间的患病人数分布情况
3	直方图	展示连续变量的分布情况	分析不同治疗方式血红蛋白的差异分布情况
4	箱线图	展示一组数据的中位数、四分位数、异常值等信息	分析住院患者使用抗生素的情况，与不用抗生素的住院患者比较
5	误差线图	用于展示多个数据点的误差范围	分析小白鼠实验数据的精度
6	PP图/QQ图	用于分析数据是否呈现正态性特征	分析某医院患病人数是否服从正态分布
7	ROC曲线	用于研究X对Y的预测准确性情况	分析血压检测结果准确率

编号	统计图	适用情况	举例说明
8	象限图	用于展示四个象限中的数据分布情况	分析体重和年龄的变化趋势
9	帕累托图	用于展示数据集中前 20% 的数据占总数据的比例	分析遗传病患病问题的原因
10	簇状图	用于展示数据分组的情况	分析患者年龄划分的特征
11	组合图	用于展示多个变量之间的关系	分析体重与胆固醇的关系
12	气泡图	用于展示多个变量之间的关系，并突出显示每个变量对结果的影响程度	分析患病率的变化趋势
13	核密度图	用于展示概率密度函数的形状和位置	分析某个地区的传染病分布情况
14	小提琴图	用于展示多个变量之间的关系，并突出显示每个变量对结果的影响程度	分析不同实验组数据的变化趋势

3.1.4　操作实例——慢性乙肝临床实验数据图表分析

现有短期治疗和长期治疗的核苷类药物与干扰素慢性乙肝临床实验数据，见表 3-2、表 3-3。本实例使用散点图、点线图和条形图分析药物治疗方法的试验指标。

表 3-2　核苷类药物与干扰素慢性乙肝临床实验数据（短期治疗）

药物治疗方法	HrBeAg 血清学转换率 /%	HBV DNA 转阴 /%	ALT 复常率 /%	HBsAg 转阴率 /%
FG-IFNα-2a	32	14	41	3
PEG4FNα-2b	29	7	32	7
LAM	17	40	56	1
LdT	22	60	77	1
ETV	21	67	68	2
ADV	15	17	56	0
TDF	21	α76	68	3

表 3-3　核苷类药物与干扰素慢性乙肝临床实验数据（长期治疗）

药物治疗方法	HrBeAg 血清学转换率 /%	HBV DNA 转阴 /%	ALT 复常率 /%	HBsAg 转阴率 /%
PEG-IFNα-2b	35	19	0	22
LAM	22	0	58	0
LoT	30	56	70	1
ETV	0	94	80	5
ADV	29	55	7	0
TDF	31	98	0	13

（1）设置工作环境

① 双击 GraphPad Prism 10 图标，启动 GraphPad Prism，自动弹出"欢迎使用 GraphPad Prism"对话框，设置创建的默认数据表格式。

➤ 在"创建"选项组下选择"列"选项。

➤ 在"数据表"选项组下默认选择"将数据输入或导入到新表"选项。

➤ 在"选项"选项组下选择"输入重复值，并堆叠到列中"。

② 单击"创建"按钮，创建项目文件，同时该项目下自动创建一个数据表"数据 1"和关联的图表"数据 1"，重命名数据表为"临床实验数据（短期治疗）"。

③ 单击导航器"数据表"下的"新建数据表"命令，打开"新建数据表和图表"对话框，在"创建"选项组下选择"列"选项，在"数据表"选项组下默认选择"将数据输入或导入到新表"选项，在"选项"选项组下选择"输入重复值，并堆叠到列中"，如图 3-5 所示。

④ 单击"创建"按钮，创建一个数据表"数据 2"和关联的图表"数据 2"，重命名数据表为"临床实验数据（长期治疗）"，如图 3-6 所示。

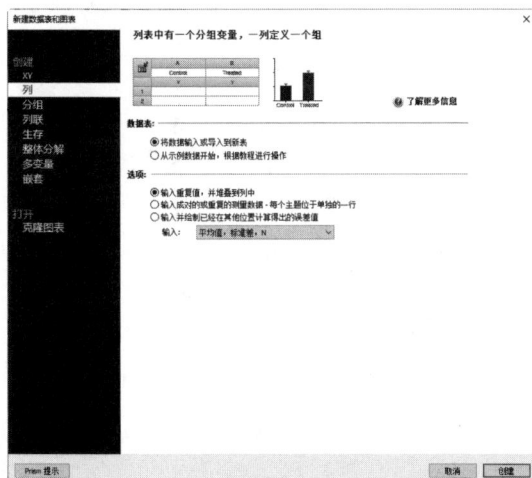

图 3-5 "新建数据表和图表"对话框 　　　　图 3-6 创建数据表和图表

⑤ 选择菜单栏中的"文件"→"另存为"命令，或单击"文件"功能区中保存命令按钮 下的"另存为"命令，弹出"保存"对话框，输入项目名称"慢性乙肝临床实验数据图表分析"。单击"确定"按钮，在源文件目录下自动创建项目文件。

（2）复制数据

① 打开 Excel 文件"核苷类药物与干扰素慢性乙肝临床实验数据 .xlsx"中的"短期治疗"选项卡，如图 3-7 所示。选中单元格中的数据（A1:E8），按下快捷键 Ctrl+C，复制表格数据。

② 打开 Prism 中的"临床实验数据（短期治疗）"，单击行标题所在单元格，选择菜单栏中的"编辑"→"粘贴"命令，粘贴 Excel 表格中复制的数据，手动调整表格的列宽，结果如图 3-8 所示。

图 3-7 打开 Excel 文件"短期治疗"选项卡

图 3-8 "临床实验数据（短期治疗）"粘贴数据

③ 以同样的方法，将 Excel 文件"核苷类药物与干扰素慢性乙肝临床实验数据 .xlsx""长期治疗"选项卡中的数据（图 3-9），复制到 Prism "临床实验数据（长期治疗）"数据表中，如图 3-10 所示。

图 3-9 打开 Excel 文件"长期治疗"选项卡

图 3-10 "临床实验数据（长期治疗）"粘贴数据

（3）点线图分析

① 打开导航器"图表"下的"临床实验数据（短期治疗）"，自动弹出"更改图表类型"对话框，在"图表系列"选项组下选择"XY"下的"点与连接线（C）"，如图 3-11 所示。

② 单击"确定"按钮，关闭该对话框，显示四条曲线发生交叉，不利于图形的显示，需要更换图表类型。

③ 选中"图表"下的"临床实验数据（短期治疗）"，单击鼠标右键选择"重命名"命令，将图表修改为"临床实验数据（短期治疗）：点线图"，如图 3-12 所示。

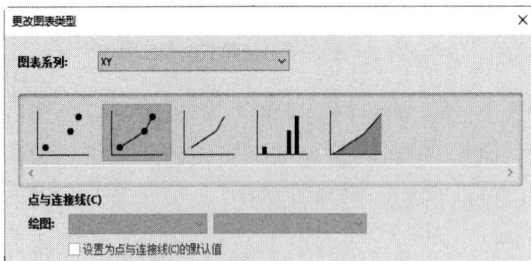

图 3-11 "更改图表类型"对话框

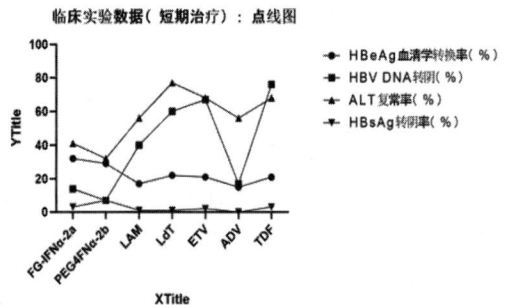

图 3-12 显示点线图

（4）散点图分析

① 单击导航器"图表"下的"新建图表"命令，打开"创建新图表"对话框，在"表"下拉列表中默认选择"临床实验数据（短期治疗）"，在"图表类型"的"显示"下拉列表中选择"XY"下的"仅点"，如图 3-13 所示。

② 单击"确定"按钮，关闭该对话框，显示创建的散点图，如图 3-14 所示。将图表重命名为"临床实验数据（短期治疗）：散点图"。

③ 散点图适合显示两个变量之间的关系，这里包含四个变量，图形显得杂乱无章，需要更换图表类型或显示两个变量。

④ 单击导航器"图表"下的"新建图表"命令，打开"创建新图表"对话框，在"表"下拉列表中默认选择"临床实验数据（长期治疗）"，在"图表类型"的"显示"下拉列表中选择"XY"下的"仅点"。

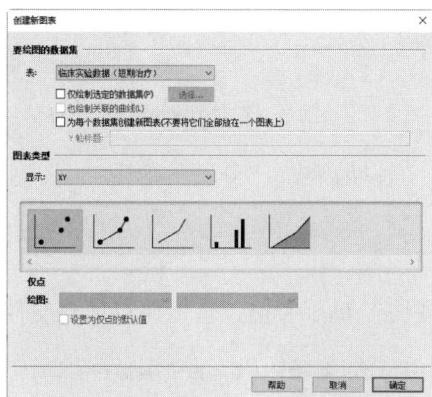

图 3-13 "创建新图表"对话框

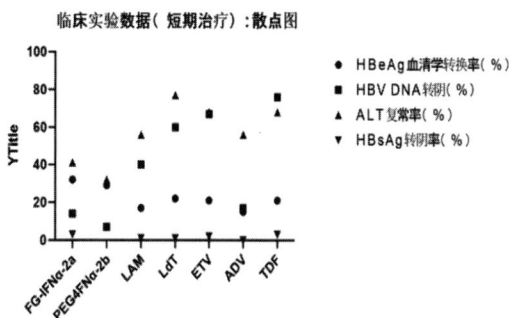

图 3-14 显示散点图

⑤ 勾选"仅绘制选定的数据集（P）"复选框，单击"选择"按钮，弹出"选择数据集"对话框，选择两个数据集，如图 3-15 所示。单击"确定"按钮，关闭该对话框，返回主对话框。单击"确定"按钮，关闭该对话框，显示创建的散点图，将图表重命名为"临床实验数据（长期治疗）：散点图"，如图 3-16 所示。

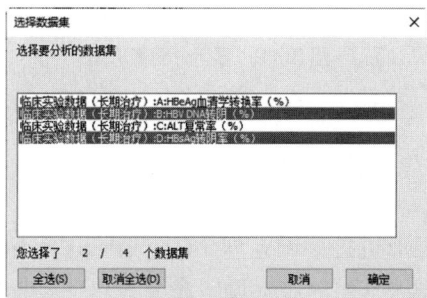

图 3-15 "选择数据集"对话框

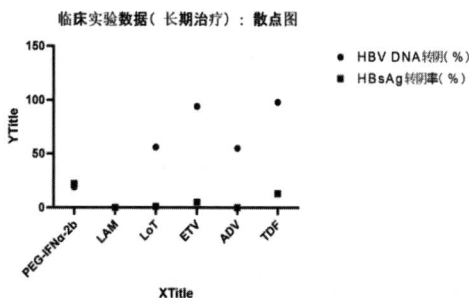

图 3-16 显示散点图

（5）条形图分析

条形图采用长方形的形状和颜色编码数据的属性，可以展示多个分类的数据变化，或者描述同类别各项数据之间的差异，简明、醒目，是一种常用的统计图表，适合对比分类数据。

① 单击导航器"图表"下的"新建图表"命令，打开"创建新图表"对话框，在"表"下拉列表中默认选择"临床实验数据（短期治疗）"，在"图表类型"的"显示"下

拉列表中选择"分组"→"摘要数据"下的"交错条形"，如图 3-17 所示。

② 单击"确定"按钮，关闭该对话框，显示创建的条形图，将图表重命名为"临床实验数据（短期治疗）：交错条形图"，如图 3-18 所示。

③ 单击导航器"图表"下的"新建图表"命令，打开"创建新图表"对话框，在"表"下拉列表中默认选择"临床实验数据（长期治疗）"，在"图表类型"的"显示"下拉列表中选择"分组"→"摘要数据"下的"分割条形"。

④ 单击"确定"按钮，关闭该对话框，显示创建的条形图，将图表重命名为"临床实验数据（长期治疗）：分割条形图"，如图 3-19 所示。

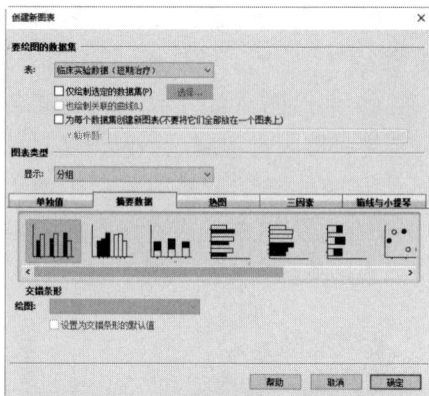

图 3-17　"创建新图表"对话框

（6）保存项目

单击"文件"功能区中的"保存"按钮▉，或按下 Ctrl+S 键，直接保存项目文件。

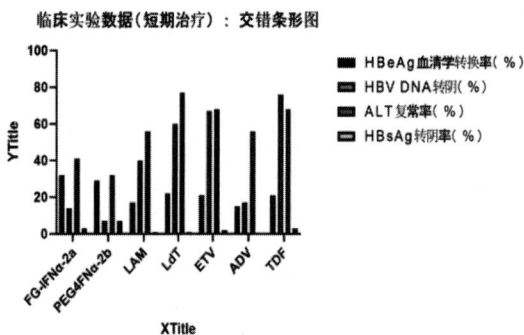

图 3-18　显示交错条形图

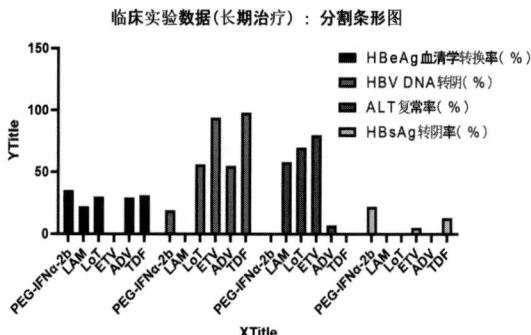

图 3-19　显示分割条形图

3.2　图表图形修饰处理

为了让图表看起来美观、舒服，可以对图表图形进行修饰处理。GraphPad Prism 提供了许多图表图形修饰处理的命令。本章主要介绍一些常用的图形设置命令，包括坐标轴设置、图表数据设置和图表格式设置等。

3.2.1　设置坐标轴格式

图表中的坐标轴通常由带原点的坐标框（水平 X 轴和垂直 Y 轴）、坐标轴标题（水平 X 轴和垂直 Y 轴），以及带刻度的水平 X 轴和垂直 Y 轴来构成。通常情况下，Y 轴显示在坐标框左侧，X 轴显示在坐标框下方。

选择菜单栏中的"更改"→"坐标框与原点（F）"命令，或在坐标轴上单击鼠标右键选择"坐标轴格式"命令，或单击"更改"功能区中的"设置坐标轴格式"按钮↖，弹出"设置坐标轴格式"对话框，如图 3-20 所示。该对话框中包含 5 个选项卡，分别对应设置坐标轴不同的元素：坐标框与原点、X 轴、左 Y 轴、右 Y 轴、标题与字体。

图 3-20 "设置坐标轴格式"对话框

（1）"坐标框与原点"选项卡

在图表区双击坐标原点，即可打开该选项卡。在该选项卡中设置图表的原点、坐标轴框或周围坐标系的颜色和形状的格式。

①"原点"选项组

a. 在"设置原点"下拉列表中选择坐标原点的位置，默认选择"自动"选项，设置为左下角，还可以选择其余位置，即左上、右下、右上，如图 3-21 所示。

b. 选择"自定义"选项，设置在"在 X= 此值处 Y 轴与 X 轴相交""在 Y= 此值处 X 轴与 Y 轴相交"中的值。

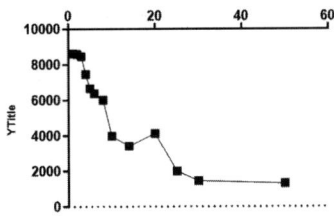
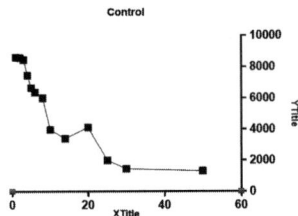
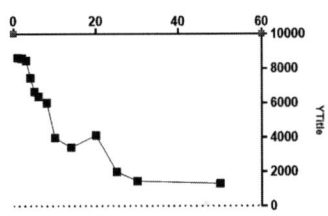

（a）左上 （b）右下 （c）右上

图 3-21 坐标原点位置

②"形状、大小与位置"选项组

➤ 形状：在该下拉列表中选择坐标系的形状，包括自动（宽）、正方形、自定义、高、宽，如图 3-22 所示。若选择"自定义"选项，根据"宽度（X 轴长度）""高度（Y 轴长度）"选项定义坐标系的大小。

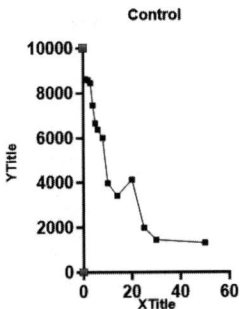
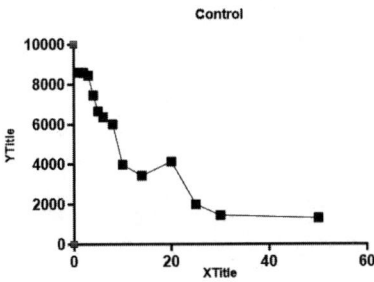
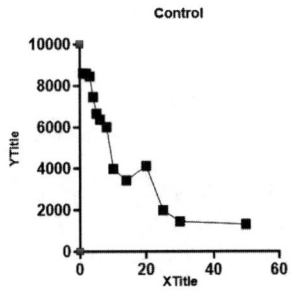

（a）高 （b）宽 （c）正方形

图 3-22 选择坐标系的形状

➤ Y 轴到左边的距离：定义 Y 轴到图表左侧边框的距离。

➤ X 轴到底边的距离：定义 X 轴到图表底部边框的距离。

③"坐标轴与颜色"选项组

➤ 坐标轴粗细：设置坐标轴的线宽，默认值为"自动（1 磅）"。

➤ 绘图区域的颜色：设置坐标轴框架围成的坐标区域（矩形区域）的颜色。

➤ 坐标轴颜色：设置坐标轴的线条颜色。

➤ 页面背景：设置图表页面（全部区域）的颜色。

④"坐标框与网格线"选项组

a. 坐标框样式：选择坐标框的样式，默认为"无边框"，不显示坐标框。图 3-23 显示其余类型的坐标框：X 轴和 Y 轴偏移、普通坐标框、带刻度的坐标框（镜像）、带刻度的坐标框（向内）。

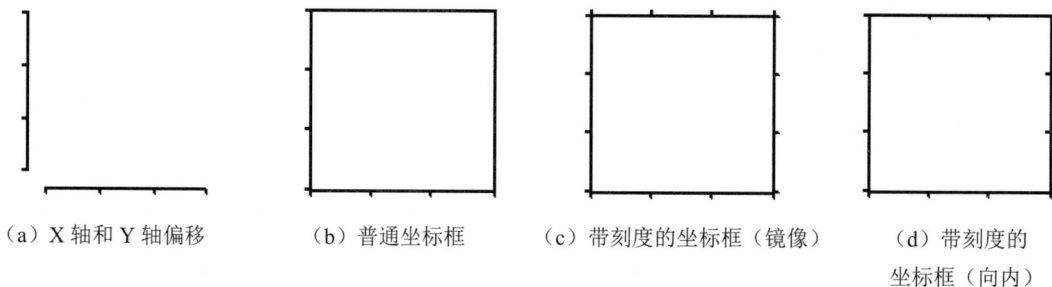

（a）X 轴和 Y 轴偏移　　　（b）普通坐标框　　　（c）带刻度的坐标框（镜像）　　　（d）带刻度的坐标框（向内）

图 3-23　坐标框样式

b. 隐藏坐标轴：选择坐标轴的显示样式，包括"隐藏 X。显示 Y""隐藏 Y。显示 X""X 和 Y 都隐藏""X 和 Y 都显示"，如图 3-24 所示。

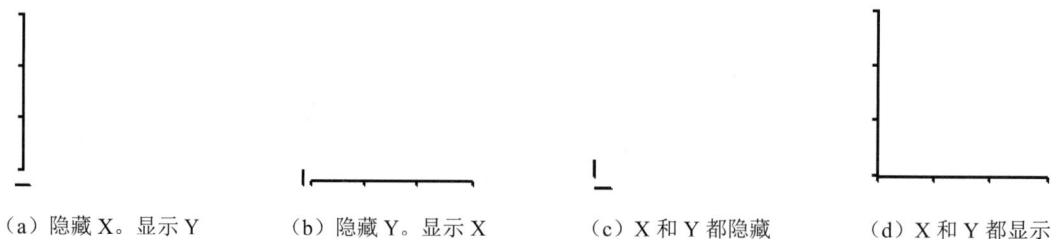

（a）隐藏 X。显示 Y　　　（b）隐藏 Y。显示 X　　　（c）X 和 Y 都隐藏　　　（d）X 和 Y 都显示

图 3-24　坐标轴的显示样式

c. 显示比例尺（B）：隐藏 X 轴或 Y 轴时激活该选项，若同时隐藏 X 轴和 Y 轴时，通过显示比例尺来定义坐标系，如图 3-25 所示。

d. 主网格：在该下拉列表中选择主网格线的类型，包括无、X 轴、Y 轴、X 轴和 Y 轴，如图 3-26 所示。同时，还可以选择主网格线的颜色、粗细和样式。

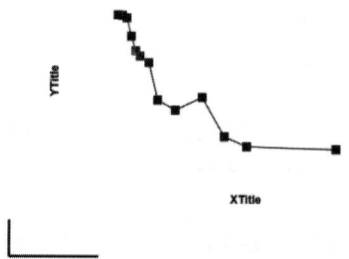

图 3-25　显示比例尺

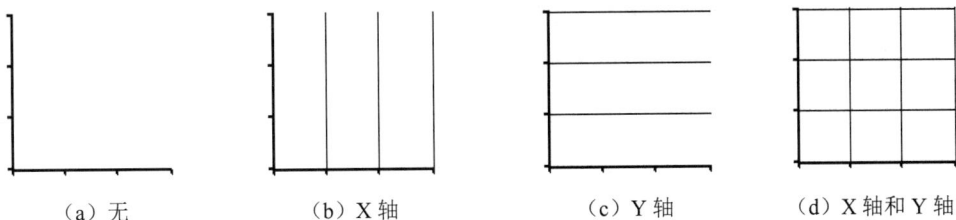

（a）无　　　　　　（b）X 轴　　　　　　（c）Y 轴　　　　　（d）X 轴和 Y 轴

图 3-26　选择主网格线的样式

e. 次网格：在该下拉列表中选择次网格线的类型（默认虚线表示），包括无、X 轴、Y 轴、X 轴和 Y 轴，如图 3-27 所示。同时，还可以选择次网格线的颜色、粗细和样式。

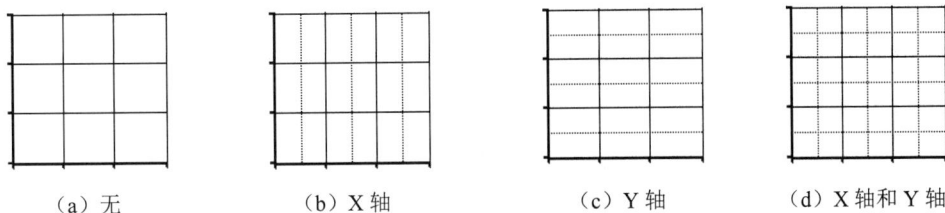

（a）无　　　　　　（b）X 轴　　　　　　（c）Y 轴　　　　　（d）X 轴和 Y 轴

图 3-27　选择次网格线的样式

（2）"X 轴"选项卡

双击图表中的横坐标轴（X 轴），即可打开如图 3-28 所示的"X 轴"选项卡。

① 间距与方向（D）　选择坐标轴刻度间距的样式。

a. 标准：选择该选项，X 轴刻度值从小到大均匀间隔递增（0～60），如图 3-29 所示。

b. 反转（R）：选择该选项，X 轴刻度值从大到小均匀间隔递减（60～0），如图 3-30 所示。

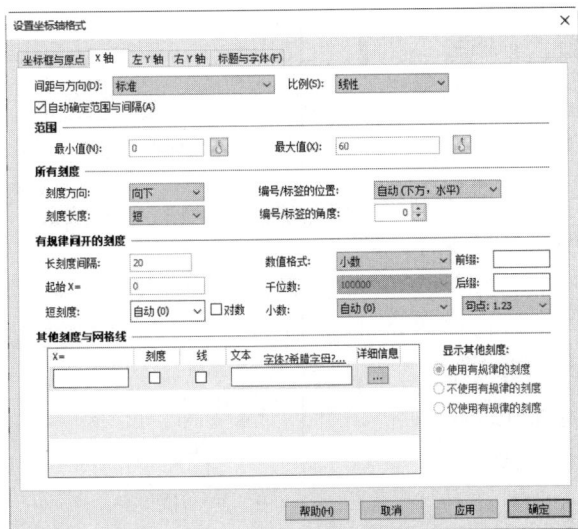

图 3-28　"X 轴"选项卡

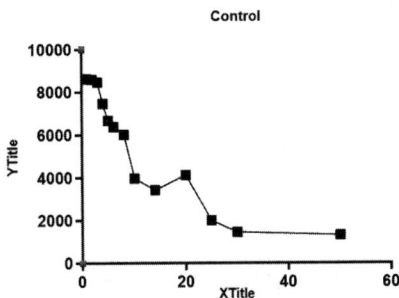

图 3-29　选择"标准"

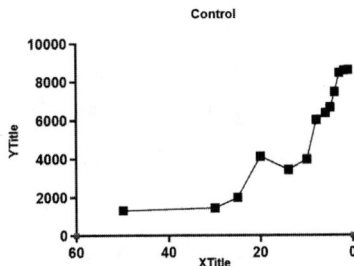

图 3-30　选择"反转（R）"

c. 两段（—||—）：选择该选项，在对话框中增加"段"选项，如图 3-31 所示。将 X 轴分为左、右两个部分，创建一根不连续轴以及具有一个间隙的轴，分割间隙为两条竖直线，如图 3-32 所示。在"段"下拉列表中选择左或右选项，设置每根轴（左段和右段）的范围及其长度设置为轴总长度的百分比，如图 3-33 所示。

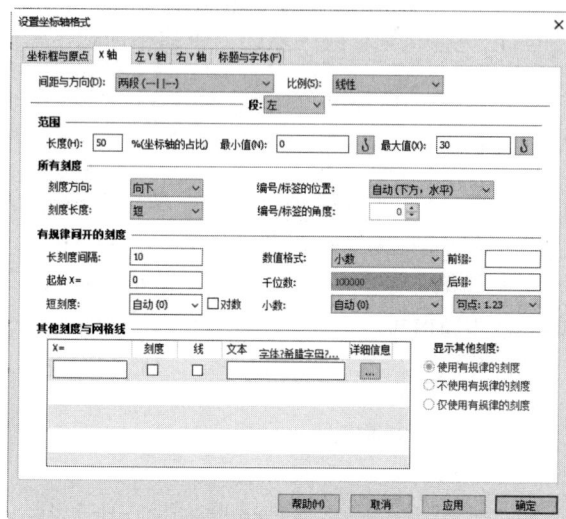

图 3-32　X 轴分为两段

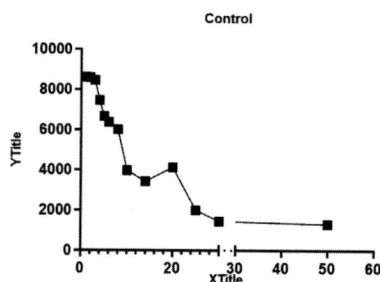

图 3-31　增加"段"选项

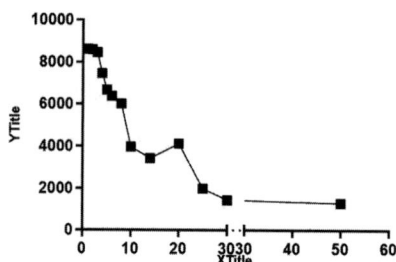

图 3-33　X 轴左、右两段设置结果

d. 两段（—//—）：选择该选项，在对话框中增加"段"选项，将 X 轴分为左、右两个部分，分割线为两条左倾斜的直线，如图 3-34 所示。

e. 两段（—\\—）：选择该选项，在对话框中增加"段"选项，将 X 轴分为左、右两个部分，分割线为两条右倾斜的直线，如图 3-35 所示。

f. 三段（—||—||—）：选择该选项，在对话框中增加"段"选项，将 X 轴分为左、中心、右三个部分，分割线为两条竖直线，如图 3-36 所示。

g. 三段（—//—//—）：选择该选项，在对话框中增加"段"选项，将 X 轴分为左、中心、右三个部分，分割线为两条左倾斜的直线，如图 3-37 所示。

h. 三段（—\\—\\—）：选择该选项，在对话框中增加"段"选项，将 X 轴分为左、中心、右三个部分，分割线为两条右倾斜的直线，如图 3-38 所示。

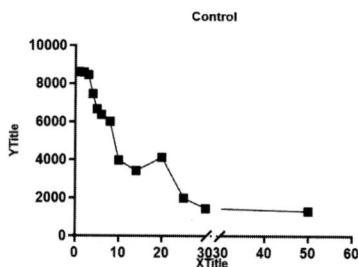

图 3-34　X 轴两段（左倾）分割

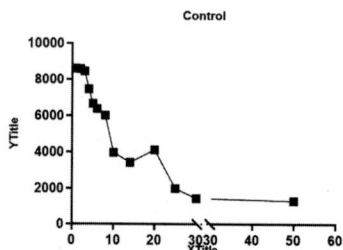

图 3-35　X 轴两段（右倾）分割

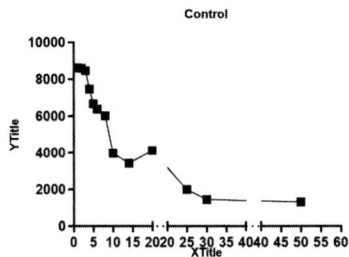

图 3-36　X轴三段
分割

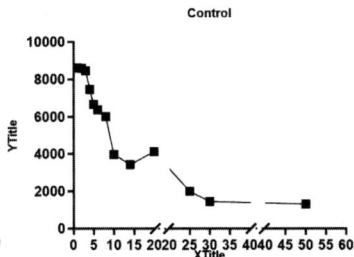

图 3-37　X轴三段
（左倾）分割

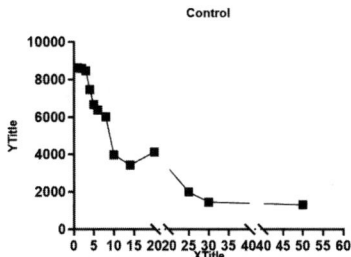

图 3-38　X轴三段
（右倾）分割

②　比例（S）　选择坐标轴刻度值使用的比例，默认选择"线性"选项，在图表上等距分布 0、20、40、60 处的刻度如图 3-39（a）所示。若选择"Log10"选项，表示该轴为对数轴，在图表上等距分布 0.1、1、10、100 处的刻度。0.1、1、10 和 100 的对数是 −1、0、1、2，其为等距值，如图 3-39（b）所示。

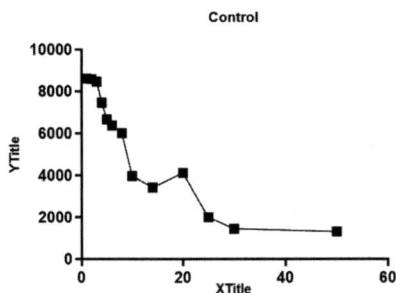

（a）选择"线性"选项

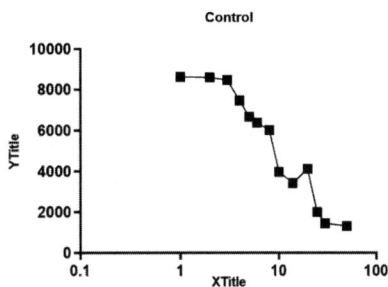

（b）选择"Log10"选项

图 3-39　X轴刻度值比例

③　自动确定范围与间隔（A）　勾选该复选框，Prism 自动选择坐标轴的范围。Prism 在坐标轴上显示主要刻度（长刻度）和次要刻度（短刻度）。默认情况下，Prism 自动设置坐标轴的最小范围和最大范围，以及主要刻度间隔。

④　范围　如取消选中"自动确定范围与间隔（A）"复选框，在"范围"选项组输入在轴上绘制的最小值和最大值。

⑤　所有刻度　设置坐标轴刻度的样式。

a. 刻度方向：选择 X 轴刻度线的方向，默认向下，如图 3-40 所示。

b. 编号 / 标签的位置：选择 X 轴刻度线对应标签值的位置，默认选择"自动（下方，水平）"。

c. 刻度长度：选择刻度线的样式，包括很短、短、正常、长、很长。

d. 编号 / 标签的角度：选择刻度线编号 / 标签的放置角度，一般在编号 / 标签过长的情况下避免压字时应用。

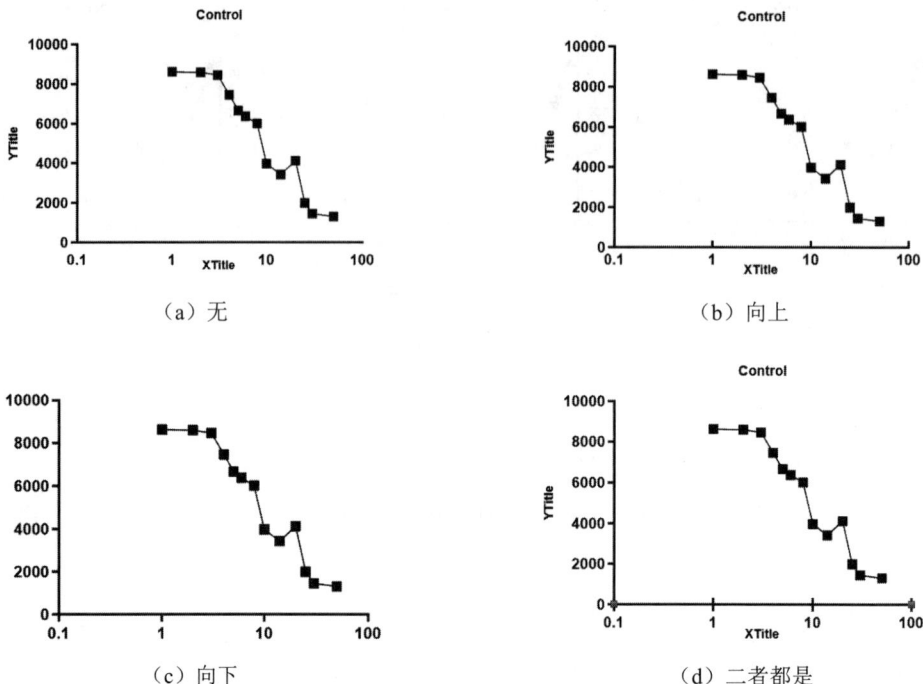

（a）无　　　　　　　　　　　　　　　（b）向上

（c）向下　　　　　　　　　　　　　　（d）二者都是

图 3-40　X 轴刻度线的方向

⑥ 有规律间开的刻度　在"间距与方向（D）"选项中选择标准和翻转之外的分割 X 轴的选项时，激活该选项组下的选项。设置主要刻度（长刻度）和次要刻度（短刻度）的刻度值参数。

> 长刻度间隔：设置主要刻度（长刻度）两个刻度值之间的间隔。
> 数值格式：设置主要刻度值（长刻度）的数值格式，包括小数、科学记数、10 的幂、反对数。
> 前缀：设置主要刻度值（长刻度）中数值的前缀，一般为特殊符号。
> 起始 X=：定义主要刻度值（长刻度）原点的值。
> 千位数：定义主要刻度值（长刻度）千位数的表示方法。
> 后缀：设置主要刻度值（长刻度）中数值的后缀，一般为特殊符号，如 %。
> 短刻度：设置次要刻度（短刻度）两个刻度值之间的间隔。
> 对数：勾选该复选框，次要刻度（短刻度）中刻度值显示为对数。
> 小数：设置次要刻度（短刻度）中刻度值为小数时的显示格式。
> 句点：设置次要刻度（短刻度）中刻度值为小数时，小数点的显示格式。如句点（1.23）、逗号（1,23）、中间点（1·23）。

⑦ 其他刻度与网格线　设置在 X 轴中添加的附加刻度线样式。

a. X=：输入添加附加刻度线的 X 位置。

b. 刻度：勾选该复选框，显示刻度值。

c. 线：勾选该复选框，显示刻度线。

d. 文本：输入附加刻度线的文本标注。

e.详细信息：单击该按钮，弹出"设置其他刻度和网格的格式"对话框，设置刻度或网格线的外观格式，如图 3-41 所示。

➤ X=：显示附加刻度线的 X 位置。

➤ 显示文本：勾选该复选框，设置要添加文本的内容、位置、角度和偏移值。

➤ 显示刻度：勾选该复选框，设置要添加附加刻度线的尺寸、粗细和方向。

➤ 显示网格线：勾选该复选框，显示网格线的粗细、样式、颜色、位置。

➤ 在此刻度与 X 为此值之间的区域填充（阴影）：Prism 可以填充一条附加网格线及其一条相邻网格线之间的间距。如需在网格线两侧创建填充，在同一位置放置两条附加网格线，且从一条网格线向后填充，从另一条网格线向前填充。勾选该复选框，设置填充区域的填充颜色、位置、填充图案和图案颜色，如图 3-42 所示。

➤ 新建刻度（N）：单击该按钮，添加一条新的刻度线。

➤ 删除刻度：单击该按钮，删除选中的刻度线。

⑧ 显示其他刻度　在该选项组下选择使用的刻度线样式，包括使用有规律的刻度、不使用有规律的刻度、仅使用有规律的刻度。

（3）"左 Y 轴"选项卡

双击图表中左侧的纵坐标轴（Y 轴），即可打开如图 3-43 所示的"左 Y 轴"选项卡。该选项卡中的设置与"X 轴"相同，这里不再赘述。

（4）"右 Y 轴"选项卡

若双击图表中右侧的纵坐标轴（Y 轴），即可打开如图 3-44 所示的"右 Y 轴"选项卡。该选项卡中的设置与"X 轴"相同，这里不再赘述。

图 3-41　"设置其他刻度和网格的格式"对话框

（a）

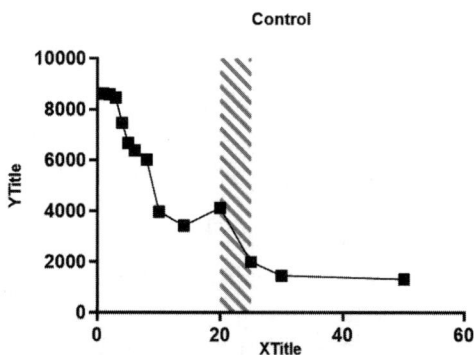

（b）

图 3-42　设置填充区域

图 3-43 "左 Y 轴"选项卡

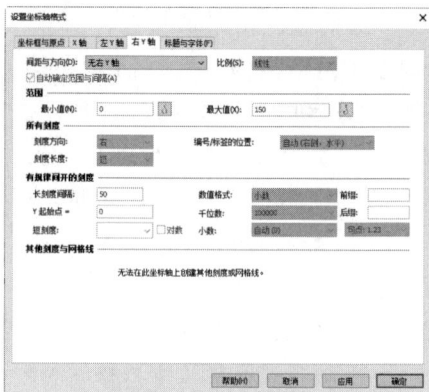

图 3-44 "右 Y 轴"选项卡

（5）"标题与字体"选项卡

如果要设置沿坐标轴的文本格式，可以切换到"标题与字体"选项卡，如图 3-45 所示。在这里可以设置坐标轴文本的字体、对齐方式、位置和旋转方式。例如，旋转坐标轴文本（水平）的效果如图 3-46 所示。

① 图表标题

➤ 显示图表标题：勾选该复选框，在图表中显示图表标题。单击"字体"按钮，弹出"字体"对话框，设置图表标题中文本的字体、字形、大小，如图 3-47所示。

图 3-45 "标题与字体"选项卡

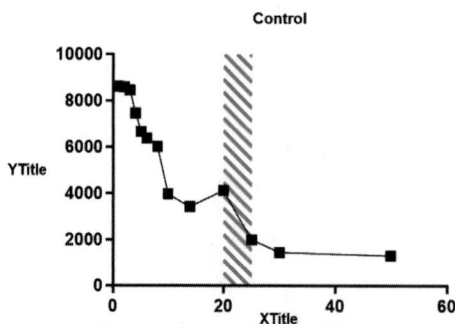

图 3-46 旋转文本后的效果

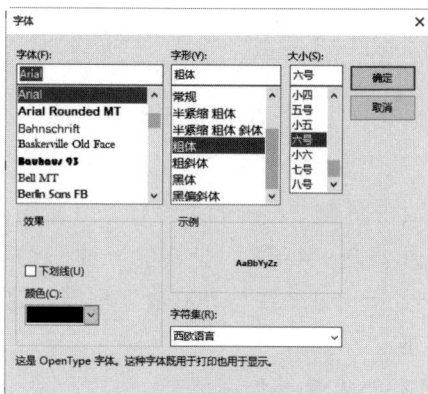

图 3-47 "字体"对话框

➤ 到图表顶部的距离：在该文本框内输入图表标题到图表页面顶部的距离值，单位为厘米。

➤ 图表标题还原为图表表的标题：勾选该复选框，将图表标题定义为图表文件的名称。

② 坐标轴标题　在该选项组下定义 X 轴（左 Y 轴、右 Y 轴）标题的显示、标题文本的字体、到坐标轴的距离、坐标轴标题的旋转方式、坐标轴标题的位置。

③ 编号与标签　在该选项组下定义 X 轴（左 Y 轴、右 Y 轴）编号与标签的字体、到坐标轴的距离。

3.2.2　操作实例——两种疾病死亡率折线图和对数线图

某地 6 年间肺结核与白喉的死亡率（1/10 万）如表 3-4 所示，利用折线图和对数线图比较两种疾病的死亡率有何不同。

表 3-4　肺结核与白喉的死亡率　　　　　　　　单位：1/10 万

第 N 年	1	2	3	4	5	6
肺结核	164.4	135.8	79.9	64.7	74.5	63.0
白喉	18.7	2.5	2.5	1.0	1.2	1.0

（1）设置工作环境

① 双击 GraphPad Prism 10 图标，启动 GraphPad Prism，自动弹出"欢迎使用 GraphPad Prism"对话框，在"创建"选项组下选择"列"选项。

➤ 在"数据表"选项组下默认选择"将数据输入或导入到新表"选项。

➤ 在"选项"选项组下选择"输入重复值，并堆叠到列中"。

② 单击"创建"按钮，创建项目文件，同时该项目下自动创建一个数据表"数据 1"和关联的图表"数据 1"，重命名数据表为"两种疾病死亡率"。

③ 选择菜单栏中的"文件"→"另存为"命令，或单击"文件"功能区中保存命令按钮🖫下的"另存为"命令，弹出"保存"对话框，输入项目名称"两种疾病死亡率折线图和对数线图 .prism"。单击"确定"按钮，在源文件目录下自动创建项目文件。

（2）输入数据

打开数据表，根据表 3-4 在数据区输入肺结核与白喉的死亡率，结果如图 3-48 所示。

（3）绘制折线图

① 打开导航器"图表"下的"两种疾病死亡率"，自动弹出"更改图表类型"对话框，默认选择"仅连接线"，如图 3-49 所示。

② 单击"确定"按钮，关闭该对话框，显示创建的折线图，由于数值数量级差别过大，无法直观地看出展示两种疾病死亡率的差异，如图 3-50 所示。

	第 A 组	第 B 组
	肺结核	白 喉
1	164.4	18.7
2	135.8	2.5
3	79.9	2.5
4	64.7	1.0
5	74.5	1.2
6	63.0	1.0

图 3-48　输入数据

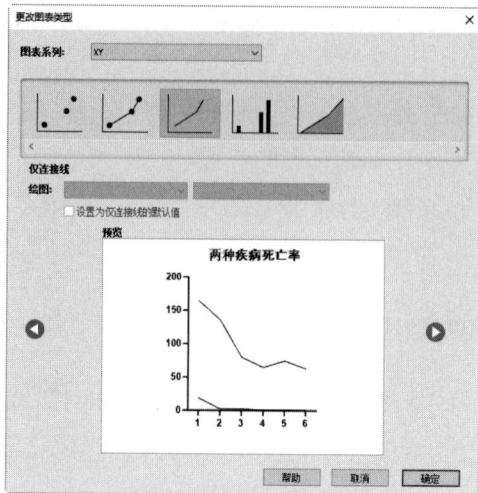

图 3-49 "更改图表类型"对话框

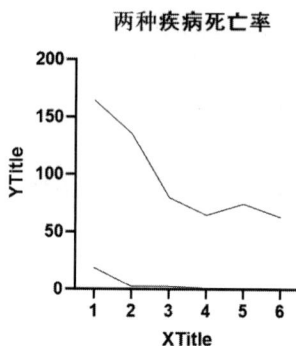

图 3-50 显示折线图

（4）图表坐标轴编辑

双击任意坐标轴，或单击"更改"功能区中的"设置坐标轴格式"按钮，弹出"设置坐标轴格式"对话框，打开"左 Y 轴"选项卡，在"比例（S）"下拉列表下选择"Log 10"，如图 3-51 所示。单击"确定"按钮，关闭对话框，更新图表，如图 3-52 所示。

图 3-51 "左 Y 轴"选项卡

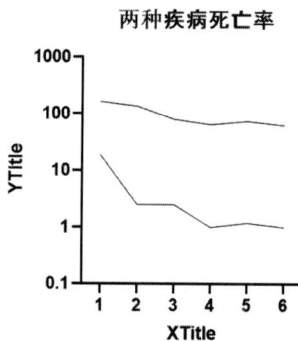

图 3-52 对数线图

（5）保存项目

单击"文件"功能区中的"保存"按钮，或按下 Ctrl+S 键，直接保存项目文件。

3.2.3 更改图表类型

图表类型的选择很重要，选择一个能最佳表现数据的图表类型，有助于更清晰地反映数据的差异和变化。

① 选择菜单栏中的"更改"→"图表类型"命令，或在导航器"图表"选项组下单

击图表名称，或单击"更改"功能区中的"选择其他类型的图表"按钮 📊，打开如图 3-53 所示的"更改图表类型"对话框。

② 选择需要的图表类型。在"图表系列"下拉列表中显示数据表的 8 个图表系列，对应数据表的 8 种类型（XY、列、分组、列联、生存、整体分解、多变量、嵌套）。每个系列下包含与数据表匹配的图表类型。

③ 选择一个图表类型后，在对话框底部显示图表的预览图，检查预览图以确保得到想要的图表。

④ 在统计、分析一些特殊的数据时，会用到误差条，它是代表数据系列中数据与实际值偏差的图形线条。在图表系列的列表框中选择"XY"→"带误差条的点与连接线（C）"，激活"带误差条的点与连接线（C）"选项组，选择要计算的误差，如图 3-54 所示。只有计算出误差数据，才可以绘制误差条。

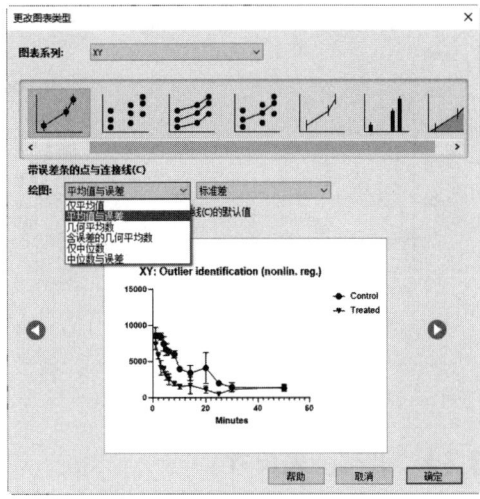

图 3-53 "更改图表类型"对话框

⑤ 在"绘图"下拉列表中选择图表中绘制的数据类型，如图 3-54 所示。选择"平均值与误差""含误差的几何平均数""中位数与误差"选项，才可激活右侧的列表框，在右侧的列表框内选择要添加误差条的数据。若选择其余选项，右侧的列表框不可用。

a. 平均值与误差：选择该选项，在右侧的下拉列表中可选择的误差包含标准差、标准误、95% 置信区间（confidence interval，CI）和范围。

b. 含误差的几何平均数：选择该选项，在右侧的下拉列表中可选择的误差包含标准差、标准误、95% 置信区间和几何标准差。

c. 中位数与误差：选择该选项，在右侧的下拉列表中可选择的误差包含 95% 置信区间和范围。

完成设置后，单击"确定"按钮，即可更新图表类型，添加或不添加误差条效果如图 3-54 所示。

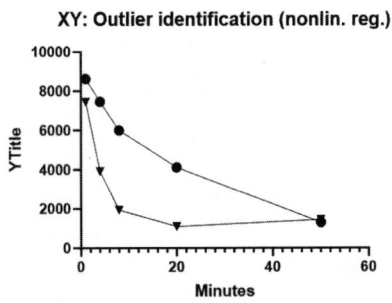

（a）绘制平均值

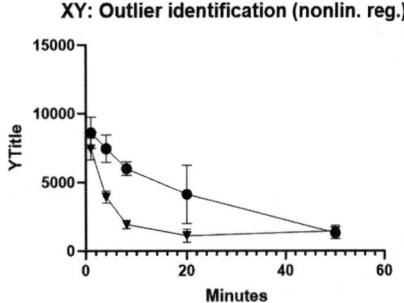

（b）平均值与误差（标准差）

图 3-54

（c）平均值与误差（标准误）　　（d）平均值与误差（95%置信区间）　　（e）平均值与误差（范围）

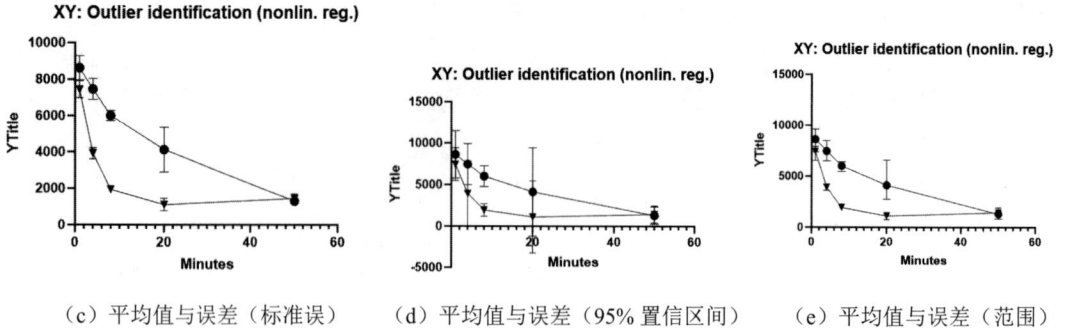

图 3-54　添加误差条

3.2.4　调整图表尺寸

图表实际上是坐标系（坐标轴、刻度、标签和标题）和坐标系内图形的统称，调整图表尺寸实际上是调整坐标系的大小，坐标系的图形随着坐标系一起进行放大和缩小。

选择菜单栏中的"更改"→"调整图表大小"命令，或在图表区单击右键，在弹出的快捷菜单中选择"调整图表大小"命令，或单击"更改"功能区中的"调整图表大小"按钮 ，弹出下拉菜单，显示 4 个命令，如图 3-55 所示。

① 较小：选择该选项，将图表以绘图区中心为基准点，整体缩小一定的大小。

② 较大：选择该选项，将图表以绘图区中心为基准点，整体放大一定的大小。

③ 填充页面：选择该选项，将图表以绘图区中心为基准点，将坐标系图形填充整个图表页面。

④ 更多选择：选择该选项，打开如图 3-56 所示的"调整图表大小"对话框，按照选项设置坐标系中图形的大小。

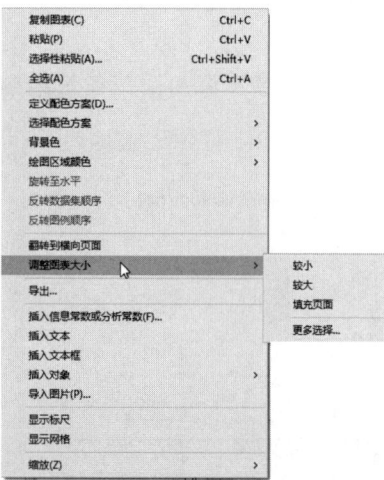

图 3-55　"调整图表大小"命令

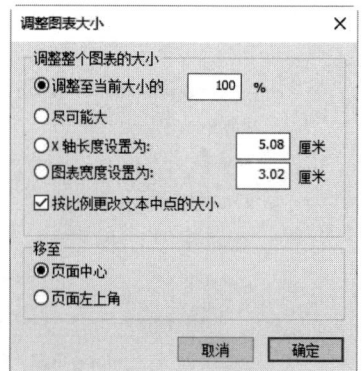

图 3-56　"调整图表大小"对话框

a. 调整整个图表的大小：在该选项组下选择图表大小调整方法，如图 3-57 所示。

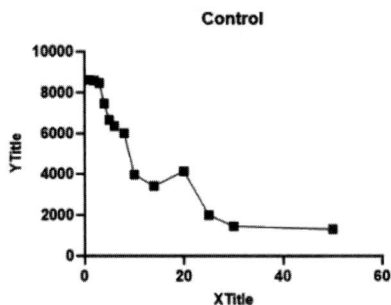

（a）选择"调整至当前大小的100%"

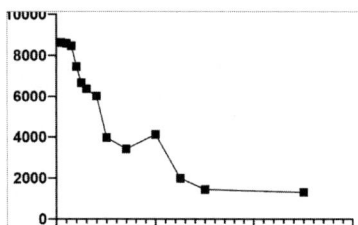

（b）选择"尽可能大"

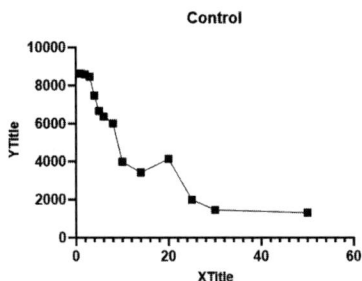

（c）选择"X轴长度设置为10"

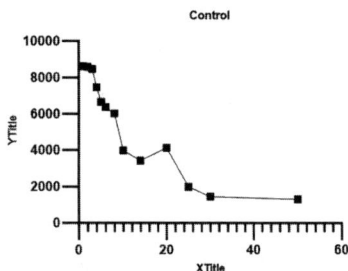

（d）选择"图表宽度设置为10"

图3-57 调整整个图表的大小

➢ 调整至当前大小的100%：选择该选项，设置图表中图形的缩放比例。

➢ 尽可能大：选择该选项，将图表填充整个图表页面。

➢ X轴长度设置为：选择该选项，自定义X轴大小，单位为厘米。更改X轴大小，整个图表随之一起变化。

➢ 图表宽度设置为：选择该选项，自定义图表宽度大小，单位为厘米。

➢ 按比例更改文本中点的大小：勾选该复选框，图表尺寸发生变化后，图表文本中点的大小随之进行变化。

b. 移至：在该选项组下选择图表位置的基准点，包括页面中心和页面左上角。默认选择页面中心。

3.2.5 设置图表数据样式

图表数据样式包括符号的形状、大小、颜色，填充颜色，以及数据点之间线条/曲线的样式、粗细、图案、颜色等。根据选择的对象（数据点、数据集）不同，需要设置的关于图表样式的命令不同。需要注意的是，绘制的图表不同，可以设置的命令也不同。

（1）数据点样式设置

选择单个数据对应的图形（符号或条形），单击鼠标右键，弹出快捷菜单，选择"格式化此点"命令，弹出如图3-58所示的子菜单，下面介绍快捷菜单中的相关命令。

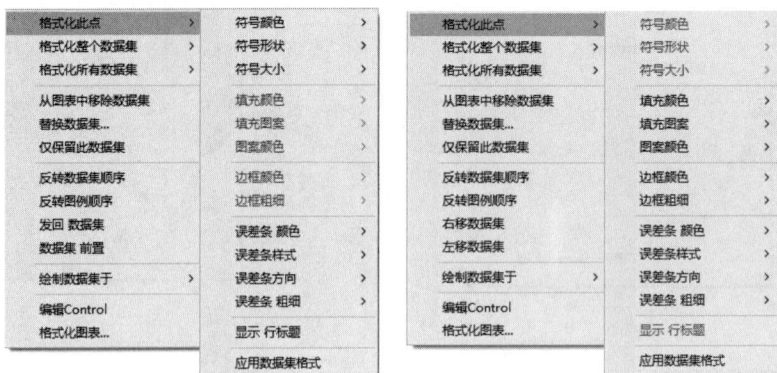

（a）选择符号（点）　　　　　　（b）选择条形

图 3-58　"格式化此点"子菜单

➢ 符号颜色：选择该命令，在弹出的颜色列表中选择符号的颜色。

➢ 符号形状：选择该命令，在弹出的子菜单列表中选择符号的样式。

➢ 符号大小：选择该命令，在弹出的子菜单列表中选择符号的大小（0～10）。

➢ 填充颜色：选择该命令，在弹出的颜色列表中选择条形中的填充颜色。

➢ 填充图案：选择该命令，在弹出的子菜单中选择条形中的填充图案样式，如图 3-59 所示。

➢ 图案颜色：在"填充图案"子菜单中选择带线条的图案后，才可激活该命令。选择该命令，在弹出的颜色列表中选择条形填充图案中图案的颜色。

➢ 边框颜色：选择该命令，在弹出的子菜单中选择边框线的颜色。

➢ 边框粗细：选择该命令，在弹出的子菜单中选择边框线的线宽（0～10）。

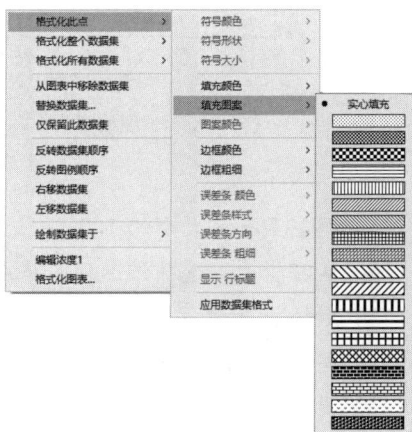

图 3-59　"填充图案"子菜单

➢ 误差条颜色：选择该命令，在弹出的颜色列表中选择误差条的颜色。

➢ 误差条样式：选择该命令，在弹出的子菜单列表中选择误差条的样式，如图 3-60 所示。

➢ 误差条方向：选择该命令，在弹出的子菜单列表中选择误差条的位置，包括无、向上、向下和两者都有。

➢ 误差条粗细：选择该命令，在弹出的子菜单列表中选择误差条的线宽（1/4～6）磅。

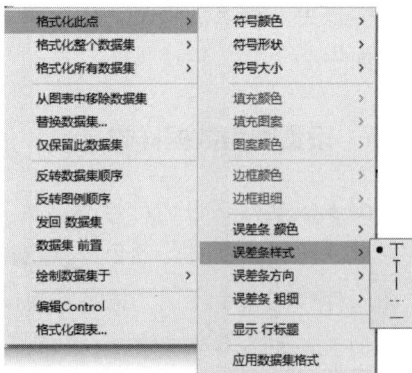

图 3-60　"误差条样式"子菜单

➢ 显示行标题：选择该命令，在选中的数据点符号上添加数据标签，名称为数据表中的行标题，如图 3-61 所示。图 3-61 中，设置符号点"B组"的大小和样式。若行标题为空，则不显示任何值。

➢ 应用数据集格式：选择该命令，在该符号中应用整个数据集使用的格式。

（2）数据集样式设置

选择图表中的图形（点线图或条形图），单击鼠标右键，弹出快捷菜单，选择"格式化整个数据集"命令，弹出如图 3-62 所示的子菜单，下面介绍快捷菜单中的相关命令。前面介绍过的命令这里不再赘述。

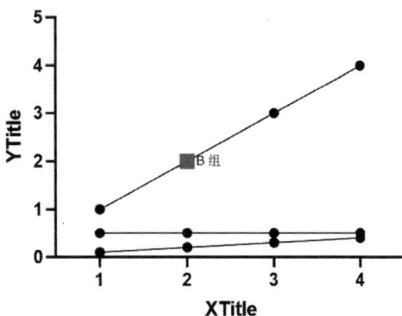

图 3-61 设置单个符号效果

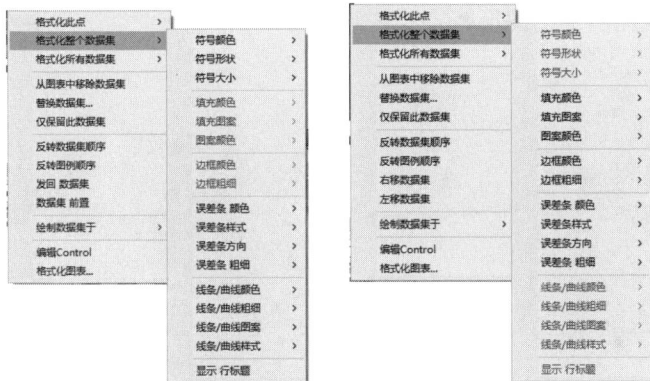

（a）选择符号或线条（点线图）　（b）选择条形（条形图）

图 3-62 "格式化整个数据集"子菜单

➢ 线条/曲线颜色：选择该命令，在弹出的颜色列表中选择线条/曲线的颜色。

➢ 线条/曲线粗细：选择该命令，在弹出的子菜单列表中选择线条/曲线的线宽（1/4～6）磅。

➢ 线条/曲线图案：选择该命令，在弹出的子菜单列表中选择线条/曲线的线型，如图 3-63 所示。

➢ 线条/曲线样式：选择该命令，在弹出的子菜单列表中选择线条/曲线的样式，如图 3-64 所示。

图 3-63 "线条/曲线图案"子菜单　　图 3-64 "线条/曲线样式"子菜单

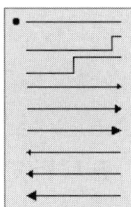

（3）所有数据集样式设置

"格式化所有数据集"命令与"格式化整个数据集"命令类似，这里不再赘述。不同的是，"格式化所有数据集"命令设置的是当前选中图形对应的数据集（工作表中的列），"格式化整个数据集"命令设置的是当前选中图形对应的数据表文件（整个工作表），效果如图 3-65 所示。

（4）工作表数据点设置

图表中的曲线数据点与关联的数据表中数据是一一对应的关系，对于过高或过低的特殊点，可以通过设置点的格式来突出显示图形。

打开工作表编辑窗口，选中单元格，选择菜单栏中的"更改"→"设置点的格式"命令，或在功能区"更改"选项卡单击 按钮，或单击鼠标，在弹出的快捷菜单中选择"设置点的格式"命令，弹出如图 3-66 所示的子菜单，设置选中单元格中数据关联图表中的图形格式。

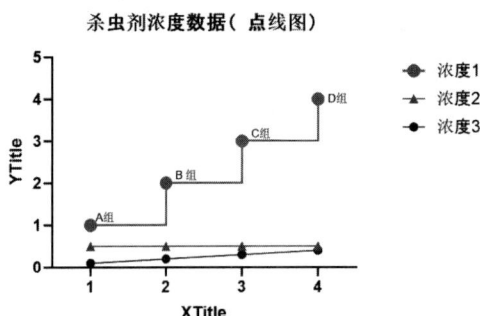

图 3-65　图表设置效果

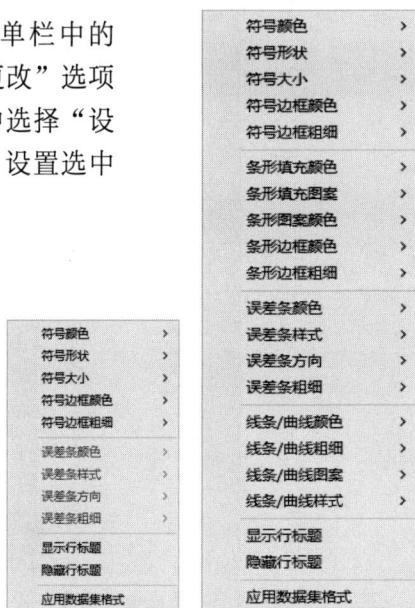

（a）点线图　　（b）条形图

图 3-66　"设置点的格式"子菜单

3.2.6　操作实例——药物临床研究情况条形图

本例利用条形图分析某批准药物临床研究情况。

（1）设置工作环境

① 双击 GraphPad Prism 10 图标，启动 GraphPad Prism。

② 选择菜单栏中的"文件"→"打开"命令，或单击"Prism"功能区中的"打开项目文件"命令，或单击"文件"功能区中的"打开项目文件"按钮 ，或按下 Ctrl+O 键，弹出"打开"对话框，选择需要打开的文件"药物临床研究情况数据表 .prism"，单击"打开"按钮，即可打开项目文件。

③ 选择菜单栏中的"文件"→"另存为"命令，或单击"文件"功能区中保存命令按钮 下的"另存为"命令，弹出"保存"对话框，输入项目名称"药物临床研究情况条

形图 .prism"。单击"确定"按钮，保存项目。

（2）交错条形图分析

① 打开导航器"图表"下的"临床研究数据"，自动弹出"更改图表类型"对话框，默认选择"交错条形"，如图 3-67 所示。

② 单击"确定"按钮，关闭该对话框，显示创建的交错条形图，可以直观地看出药物 1、药物 2 的差异，如图 3-68 所示。

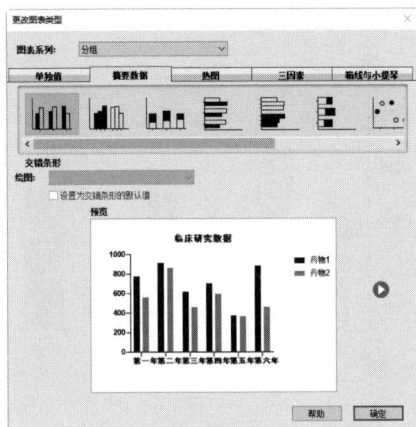

图 3-67　"更改图表类型"对话框

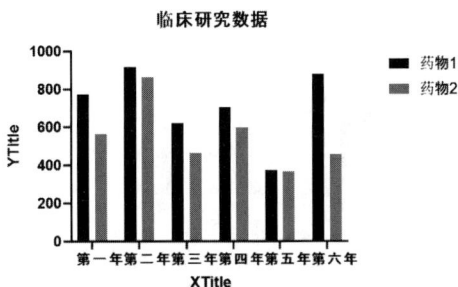

图 3-68　显示交错条形图

（3）更改图表类型

① 选择菜单栏中的"更改"→"图表类型"命令，或在导航器"图表"选项组下单击图表名称，或单击"更改"功能区中的"选择其他类型的图表"按钮，打开"更改图表类型"对话框，在"图表系列"下拉列表中选择"分隔条形图"，如图 3-69 所示。

② 单击"确定"按钮，关闭该对话框，显示创建的条形图，显示不同年份间数据的差异，如图 3-70 所示。

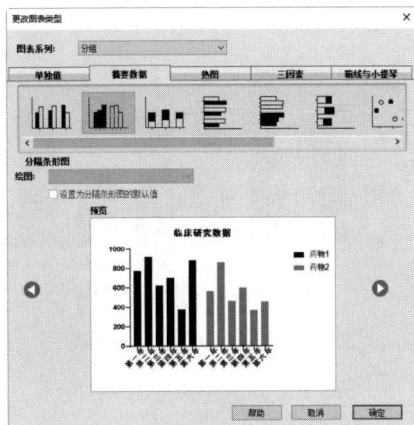

图 3-69　"更改图表类型"对话框

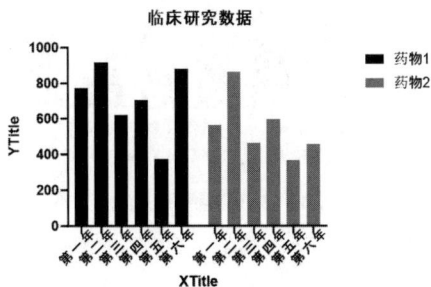

图 3-70　显示分割条形图

③ 选择菜单栏中的"更改"→"图表类型"命令，或在导航器"图表"选项组下单击图表名称，或单击"更改"功能区中的"选择其他类型的图表"按钮 ，打开"更改图表类型"对话框，在"图表系列"下拉列表中选择"堆叠条形图"。

④ 单击"确定"按钮，关闭该对话框，显示创建的堆叠条形图，显示不同药物间数据的差异，如图 3-71 所示。

⑤ 选择 X 轴，向右拖动坐标轴，横向拉伸图表。移动图例位置到 X 轴下方，图表外形调整结果如图 3-72 所示。

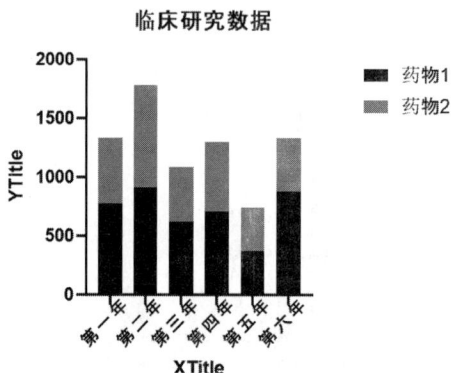

图 3-71　显示堆叠条形图

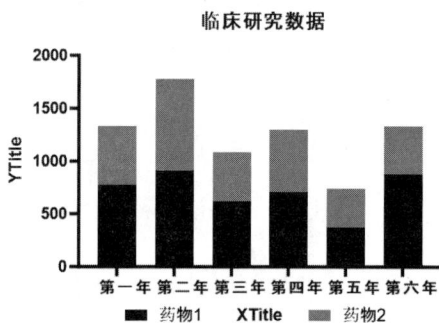

图 3-72　调整图表外观

（4）数据集样式设置

① 选择堆叠条形图中上方的图形（药物2），单击鼠标右键，弹出快捷菜单，选择"格式化整个数据集"→"填充颜色"命令，在弹出的颜色列表中选择条形的颜色为红色，如图 3-73 所示。

② 选择堆叠条形图中上方的图形（药物2），单击鼠标右键，弹出快捷菜单，选择"格式化整个数据集"→"填充图案"命令，在弹出的列表中选择条形的填充图案为第四个，如图 3-74 所示。

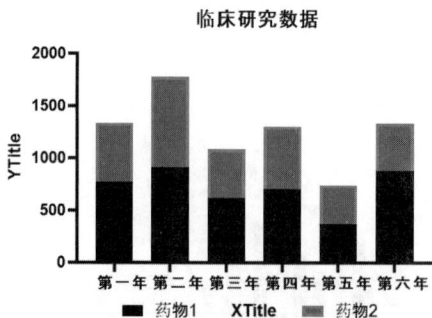

图 3-73　设置条形的颜色

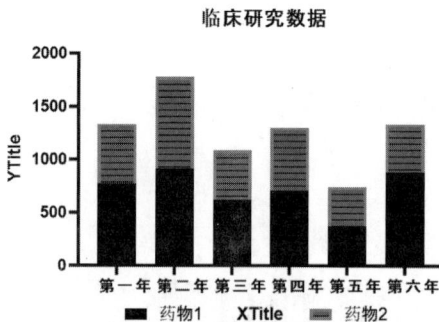

图 3-74　设置条形的填充图案

（5）保存项目

单击"文件"功能区中的"保存"按钮 ，或按下 Ctrl+S 键，直接保存项目文件。

3.2.7 图表的显示设置

图表的显示设置包括图表的缩放、显示网格线和显示标尺。

（1）图表的缩放

在图表编辑器中，提供了图表的缩放功能，以便于用户进行观察。

在图表区单击右键，在弹出的快捷菜单中选择"缩放"命令，弹出子菜单，用于观察并调整整张图表的布局，如图3-75所示。

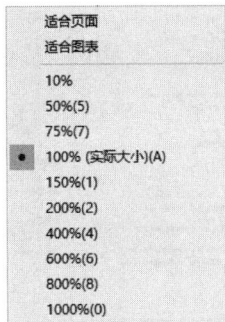

① 适合页面：单击该命令后，在图表编辑窗口中将显示整张图表的内容，包括图表边框、绘图区（图表）等，如图3-76所示。

② 适合图表：单击该命令之后，在编辑窗口中将以最大比例显示整张图表绘图区上的所有元素，用于观察绘图区的组成概况，如图3-77所示。

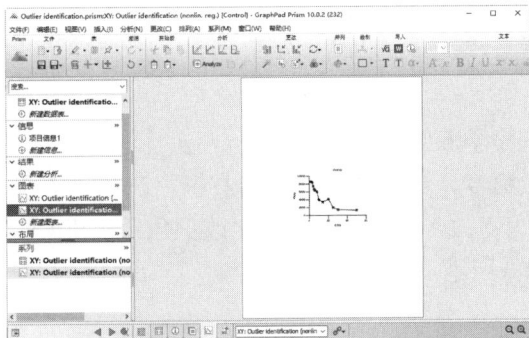

图 3-75 "缩放"子菜单

图 3-76 显示整张图表的内容

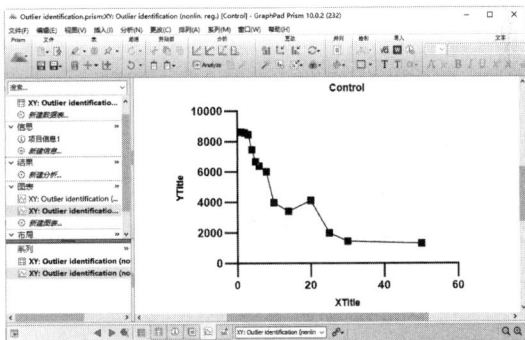

图 3-77 显示整张图表绘图区

③ 10%、50%（5）、75%（7）、100%（实际大小）（A）、150%（1）、200%（2）、400%（4）、600%（6）、800%（8）、1000%（0）：该类操作包括确定图表在页面中的显示比例。

（2）显示网格线

网格线是指添加到图表中以易于查看和计算数据的线条，是坐标轴上刻度线的延伸，并穿过绘图区。主要网格线标出了轴上的主要间距，用户还可在图表上显示次要网格线，用以标示主要间距之间的间隔。

选择菜单栏中的"视图"→"网格"命令，或在图表区单击右键，在弹出的快捷菜单中选择"显示网格"命令，自动在图表页面中添加网格线，包括主要网格线和次要网格线，如图3-78所示。

（3）显示标尺

标尺是一种用于表示图表大小的图形元素，通常包括一个水平刻度线和一个垂直刻度线，分别位于图表上方和左侧，可以显示图表的宽和高。使用标尺可以使表格更加美观和易于阅读，同时也可以更好地控制图表的大小。

选择菜单栏中的"视图"→"标尺"命令，或在图表区单击右键，在弹出的快捷菜单中选择"显示标尺"命令，自动在图表页面中添加标尺，如图3-79所示。

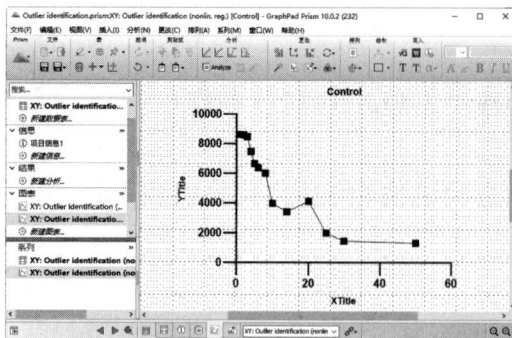

图 3-78　显示网格线

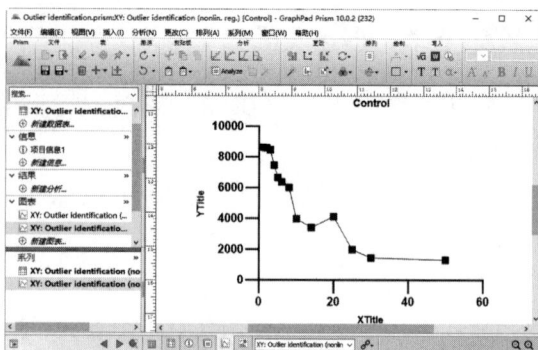

图 3-79　显示标尺

3.2.8　设置图表颜色

为了使所绘制的图形让人看起来舒服，可以对图表进行颜色设计。根据图表的组成部分，图表的颜色设计包括配色方案、页面背景色、绘图区域颜色。

（1）选择配色方案

Prism 内置了众多的配色方案，基本可以满足学术图表的需求。

选择菜单栏中的"更改"→"配色方案"命令，或在图表区单击右键，在弹出的快捷菜单中选择"选择配色方案"命令，或单击"更改"功能区中的"更改颜色"按钮 ，在弹出的子菜单中选择配色方案名称，如图 3-80 所示。

（2）设置图表页面背景色

① 图表页面区域是指整个图表及其包含的元素，具体指窗口中的整个白色区域。Prism 可以根据需要更改图表的背景色，将白色页面区域设置为其他颜色。

② 选择菜单栏中的"更改"→"背景色"命令，或在图表区单击右键，在弹出的快捷菜单中选择"背景色"命令，或单击"更改"功能区中"更改颜色"按钮 下的"背景色"命令，弹出颜色列表如图 3-81 所示。选择单色颜色，即可自动更新图表页面背景色。

③ 颜色列表中包含 12×7 个颜色块，选择任何一个颜色块，即可将背景色切换为选中的颜色。

选择"略透明（25%）""半透明（50%）""几乎透明（75%）"选项下的颜色块，将背景设置为不同透明度的颜色。默认激活"透明，完全透明（100%）"命令，设置前面的 84（12×7）个颜色块列表的透明度为 100%，完全透明。

选择"更多颜色和透明度"命令，弹出"选择颜色"对话框，在该对话框中可以选择 48（6×8）色的基础颜色。

除此之外，还可以在右侧颜色图中任意单击一点拾取，单击

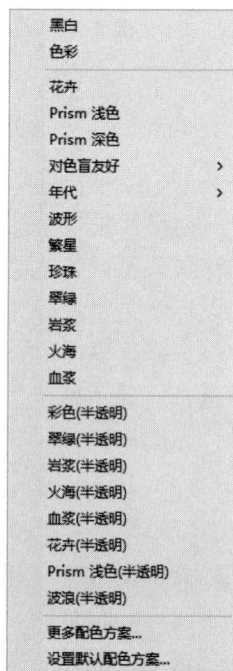

| 黑白 |
| 色彩 |
| 花卉 |
| Prism 浅色 |
| Prism 深色 |
| 对色盲友好 |
| 年代 |
| 波形 |
| 繁星 |
| 珍珠 |
| 翠绿 |
| 岩浆 |
| 火海 |
| 血浆 |
| 彩色(半透明) |
| 翠绿(半透明) |
| 岩浆(半透明) |
| 火海(半透明) |
| 血浆(半透明) |
| 花卉(半透明) |
| Prism 浅色(半透明) |
| 波浪(半透明) |
| 更多配色方案… |
| 设置默认配色方案… |

图 3-80　选择配色方案

"添加至自定义颜色（A）"按钮，将拾取的颜色添加到"选择颜色"的"自定义颜色"选项组下，默认可添加 16（2×8）个自定义颜色，如图 3-82 所示。

通过右下角"透明度"滑块调节线条颜色的透明度，默认值为 0%，表示不透明。

（3）设置图表绘图区域颜色

① 图表绘图区域是以坐标轴为界并包含全部数据系列的矩形框区域。默认的图表背景为白色底。

② 选择菜单栏中的"更改"→"绘图区域颜色"命令，或在图表区单击右键，在弹出的快捷菜单中选择"绘图区域颜色"命令，或单击"更改"功能区中的"更改颜色"按钮⚙▾下的"绘图区域"命令，弹出颜色列表如图 3-83 所示。选择列表中的颜色，即可自动更新图表绘图区域背景色。

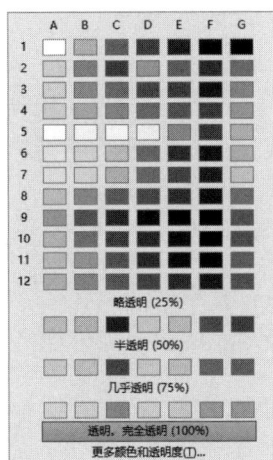

图 3-81　图表页面背景色
颜色列表

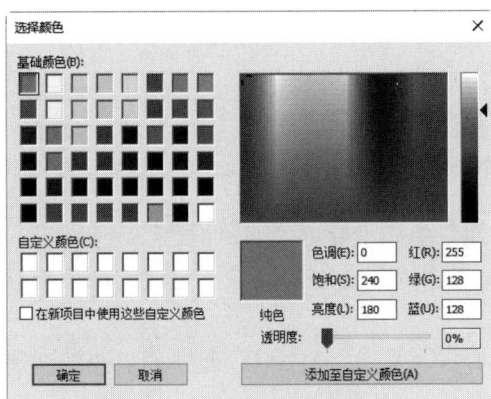

图 3-82　"选择颜色"对话框

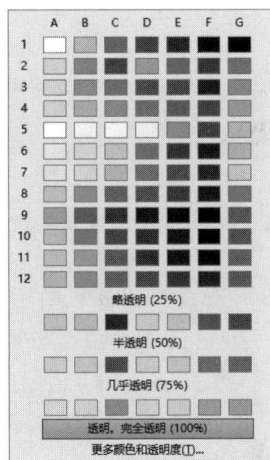

图 3-83　绘图区域背景色
颜色列表

3.2.9　设置图表魔法棒

GraphPad Prism 提供了一种"魔法"功能，使用该功能，可以保持图表格式一致，效果如图 3-84 所示。其中，初始图表图例为垂直排列，根据模板图表的格式（水平排列），将初始图表图例更改为水平排列。另外，图表标题的格式、间距、误差条等格式也发生更改。

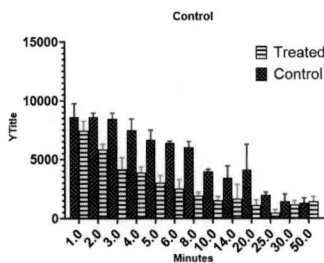

（a）初始图表

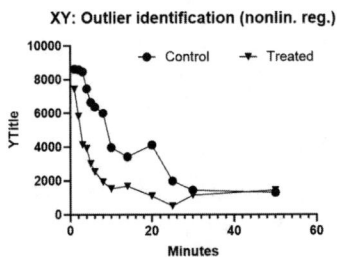

（b）模板图表

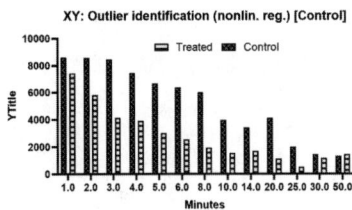

（c）更改图表

图 3-84　魔法棒图表格式效果

打开要修改格式的图表窗口，单击"更改"功能区中的"魔法"按钮 ✳，弹出""魔法"步骤1-选择图表作为示例"对话框，选择模板图表，如图3-85所示。

单击"下一步"按钮，弹出""魔法"步骤2-选择要应用的示例图表的属性"对话框，设置模板图表的属性，如图3-86所示。

图3-85 ""魔法"步骤1-选择图表作为示例"对话框

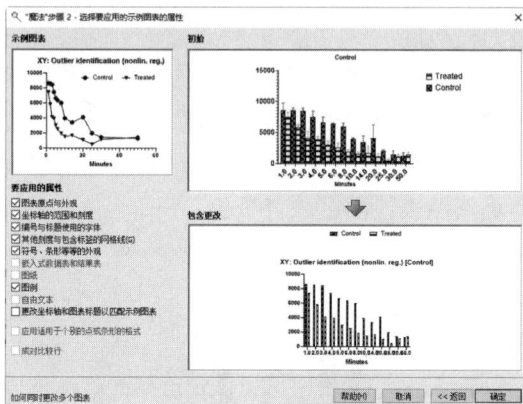

图3-86 ""魔法"步骤2-选择要应用的示例图表的属性"对话框

在左侧"要应用的属性"中显示要更改的属性选项，下面分别进行介绍。

① 图表原点与外观：勾选该复选框，保持要更改的图表与模板图表的原点与外观格式一致，如图3-87所示。

② 坐标轴的范围和刻度：勾选该复选框，保持要更改的图表与模板图表坐标轴的范围和刻度格式一致。

③ 编号与标题使用的字体：勾选该复选框，保持要更改的图表与模板图表的编号与标题使用的字体格式一致。

④ 其他刻度与包含标签的网格线（G）：勾选该复选框，保持要更改的图表与模板图表的其他刻度与包含标签的网格线格式一致。

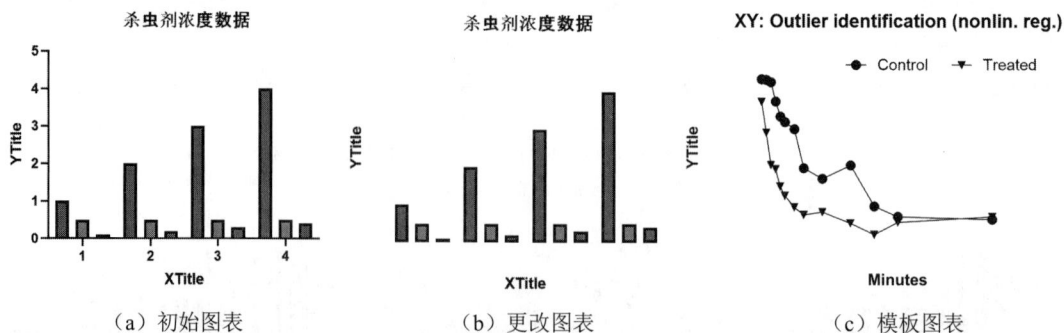

（a）初始图表　　　　　　（b）更改图表　　　　　　（c）模板图表

图3-87 更改图表原点与外观

⑤ 符号、条形等等的外观：勾选该复选框，保持要更改的图表与模板图表的符号、条形等等的外观格式一致。

⑥ 嵌入式数据表和结果表：勾选该复选框，保持要更改的图表与模板图表的嵌入式数据表和结果表格式一致。

⑦ 图纸：勾选该复选框，保持要更改的图表与模板图表的图纸格式一致。

⑧ 图例：勾选该复选框，保持要更改的图表与模板图表的图例格式一致。

⑨ 自由文本：勾选该复选框，保持要更改的图表与模板图表的文本格式一致。

⑩ 更改坐标轴和图表标题以匹配示例图表：勾选该复选框，保持要更改的图表与模板图表的坐标轴和图表标题格式一致。

⑪ 应用适用于个别的点或条形的格式：勾选该复选框，保持要更改的图表与模板图表的点或条形格式一致。

⑫ 成对比较行：勾选该复选框，保持要更改的图表与模板图表中成对行数据对应图形的格式一致。

3.2.10 操作实例——分析药物临床试验 ATC 分类比重

2020 年药物临床试验 ATC 分类占比数据如表 3-5 所示，本实例使用饼图分析不同药物的比重。饼图也称为扇图，适用于展示各个部分之间的比例差别较大，且需要突出某个重要项的数据。

表 3-5　药物临床试验 ATC 分类占比数据

药物分类	ATC 分类占比 /%	药物分类	ATC 分类占比 /%
抗肿瘤药和免疫机能调节药	18.20	消化道及代谢	17.78
心血管系统	16.81	神经系统	13.09
系统用抗感染药	12.25	生殖泌尿系统和性激素	6.20
血液和造血器官	4.84	呼吸系统	3.71
肌肉 - 骨骼系统	3.18	皮肤病用药	2.5
其他（感觉器官等）	1.44		

（1）设置工作环境

① 双击 GraphPad Prism 10 图标，启动 GraphPad Prism，自动弹出"欢迎使用 GraphPad Prism"对话框，在"创建"选项组下选择"整体分解"选项，如图 3-88 所示。

② 单击"创建"按钮，创建项目文件，同时该项目下自动创建一个数据表"数据 1"和关联的图表"数据 1"，重命名数据表为"ATC 分类占比"。

③ 选择菜单栏中的"文件"→"另存

图 3-88　"欢迎使用 GraphPad Prism"对话框

为"命令，或单击"文件"功能区中保存命令按钮🖫下的"另存为"命令，弹出"保存"对话框，输入项目名称"分析药物临床试验 ATC 分类比重"。单击"确定"按钮，在源文件目录下自动创建项目文件。

（2）复制数据

① 打开 Excel 文件"药物临床试验 ATC 分类占比数据 .xlsx"，如图 3-89 所示。选中单元格中的数据，按下快捷键 Ctrl+C，复制表格数据。

② 打开 Prism 中的数据表"ATC 分类占比"，单击行标题所在单元格，选择菜单栏中的"编辑"→"粘贴"命令，粘贴 Excel 表格中复制的数据，手动调整表格的列宽，结果如图 3-90 所示。

（3）饼图分析

① 打开导航器"图表"下的"ATC 分类占比"，自动弹出"更改图表类型"对话框，在"图表系列"选项组下选择"整体分解"下的"饼"，如图 3-91 所示。

② 单击"确定"按钮，关闭该对话框，显示饼图"ATC 分类占比（饼图）"，如图 3-92 所示。使用圆心角不同的扇形显示某一数据系列中每一项数值与总和的比例关系，每个扇形用一种颜色进行填充，各百分比之和是 100%。

③ 单击导航器"图表"下的"新建图表"命令，打开"创建新图表"对话框，在"图表系列"下拉列表中选择"整体分解"下的"甜甜圈"。单击"确定"按钮，关闭该对话框，显示创建的环形图"ATC 分类占比（环图）"，如图 3-93 所示。

④ 单击导航器"图表"下的"新建图表"命令，打开"创建新图表"对话框，在

	A	B
1	药物分类	ATC分类占比（%）
2	抗肿瘤药和免疫机能调节药	18.2
3	心血管系统	16.81
4	系统用抗感染药	12.25
5	血液和造血器官	4.84
6	肌肉-骨骼系统	3.18
7	其他（感觉器官等）	1.44
8	消化道及代谢	17.78
9	神经系统	13.09
10	生殖泌尿系统和性激素	6.2
11	呼吸系统	3.71
12	皮肤病用药	2.5

图 3-89　打开 Excel 文件

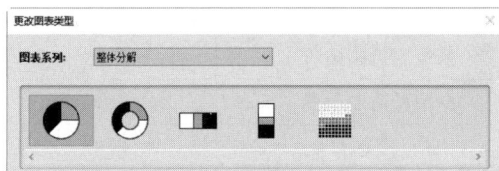

图 3-91　"更改图表类型"对话框

表格式：整体分解	A ATC分类占比（%）
1 抗肿瘤药和免疫机能调节药	18.20
2 心血管系统	16.81
3 系统用抗感染药	12.25
4 血液和造血器官	4.84
5 肌肉-骨骼系统	3.18
6 其他（感觉器官等）	1.44
7 消化道及代谢	17.78
8 神经系统	13.09
9 生殖泌尿系统和性激素	6.20
10 呼吸系统	3.71
11 皮肤病用药	2.50

图 3-90　粘贴数据

ATC分类占比（%）

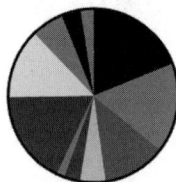

- ■ 抗肿瘤药和免疫机能调节药
- ■ 心血管系统
- ■ 系统用抗感染药
- ■ 血液和造血器官
- ■ 肌肉–骨骼系统
- ■ 其他（感觉器官等）
- ■ 消化道及代谢
- □ 神经系统
- ■ 生殖泌尿系统和性激素
- ■ 呼吸系统
- ▨ 皮肤病用药

总计＝100

图 3-92　显示饼图

"图表系列"下拉列表中选择"整体分解"下的"水平切片"。单击"确定"按钮，关闭该对话框，显示创建的水平切片图"ATC分类占比（水平切片图）"，如图3-94所示。

（4）设置图表颜色

① 单击"更改"功能区中"更改颜色"按钮 下的"花卉（半透明）"命令，即可自动更新图表颜色。选择图表标题，设置字体为"华文楷体"，大小为22，颜色为红色（3E）。结果如图3-95所示。

② 单击"更改"功能区中"更改颜色"按钮 下的"背景"命令，弹出颜色列表，选择"几乎透明（75%）"选项下的颜色块（图3-96），即可自动更新图表页面背景色，如图3-97所示。

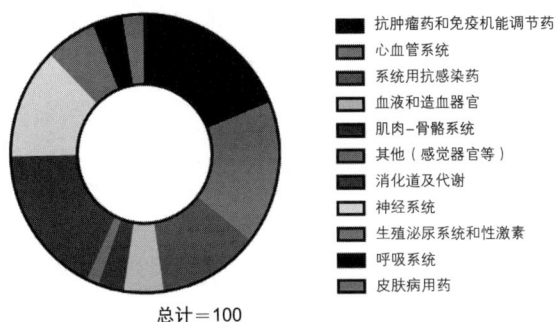

图3-93　显示环形图

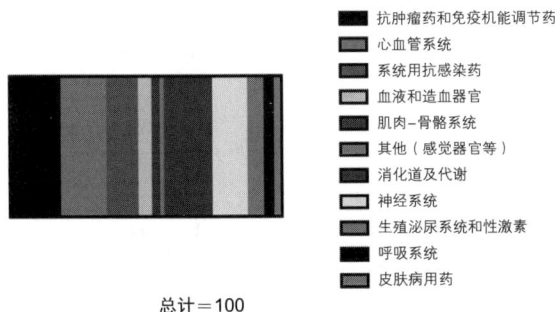

图3-94　显示水平切片图

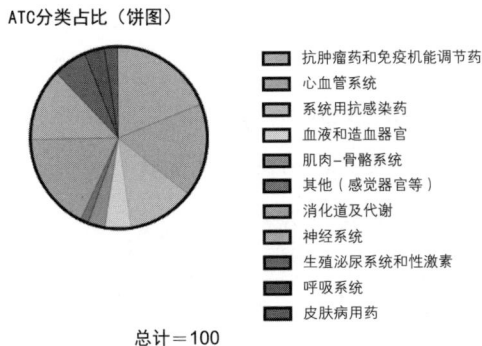

图3-96　选择颜色块

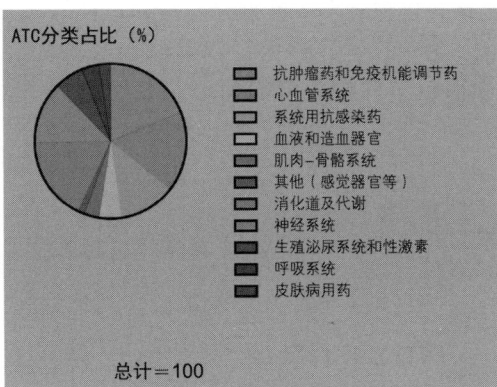

图3-95　更新图表符号颜色

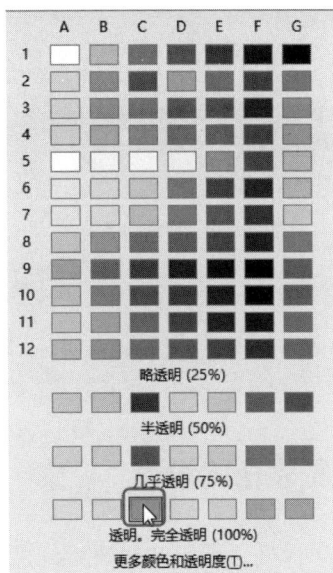

图3-97　设置页面背景颜色

（5）显示网格线

选择菜单栏中的"视图"→"网格"命令，自动在图表页面中添加网格线，包括主要网格线和次要网格线，如图 3-98 所示。

（6）显示标尺

选择菜单栏中的"视图"→"标尺"命令，自动在图表页面中添加标尺，如图 3-99 所示。

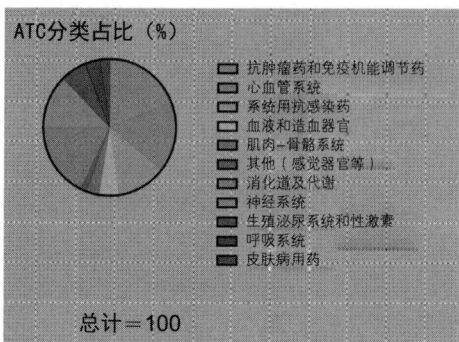

图 3-98　显示网格线

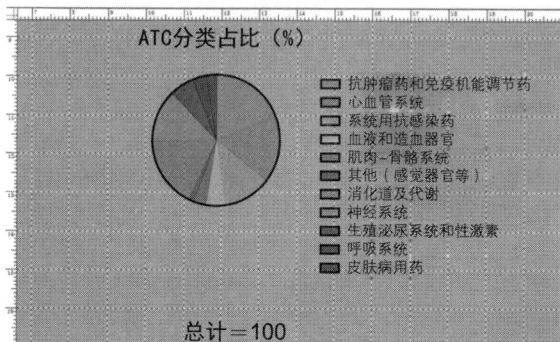

图 3-99　显示标尺

（7）保存项目

单击"标准"功能区上的"保存项目"按钮█，或按下 Ctrl+S 键，直接保存项目文件。

3.3　图表格式设置

为了达到让人满意的效果，通常还需要设置图表的格式，使其更加完善。为了使所绘制的图让人看起来舒服并且易懂，GraphPad Prism 提供了许多格式控制的命令。

双击绘图区中的图形，或选择菜单栏中的"更改"→"符号（S）与线条（L）"命令，或在绘图区中的图形上单击右键，在弹出的快捷菜单中选择"格式化图表"命令，或单击"更改"功能区中的"设置图表格式（符号、条形图、误差条等）"按钮█，弹出"格式化图表"对话框。

3.3.1　"外观"选项卡

打开"外观"选项卡，设置图表曲线符号、条形图、误差条等格式，如图 3-100 所示。

❖ 提示：该对话框包含 4 个选项卡。需要注意的是，不同类型的图形，显示的参数选项不同，这里以条形图为例，对其中的选项进行介绍。

（1）"数据集"选项组

直接在下拉列表中选中选择的曲线对应的数据集，图表中的图形是根据数据表中的数据集绘制的，数据集和图形具有一一对应关系。

① 单击"全局"按钮下的"更改所有数据集"命令，或在下拉列表中选择"更改所有数据集"命令，更改数据集中所有列的外观，将所有曲线设置为相同的修改参数。

② 单击"全局"按钮下的"选择数据集"命令，弹出"选择要格式化的数据集"对话框，选择要编辑的数据集，为该数据集选择符号、线条以及误差条，如图3-101所示。

（2）"样式"选项组

➢ 外观：选择在图表上显示数据集的方式，包括散点图、对齐点图、条形、符号（每行一个符号）。

➢ 绘图：选择图表中绘制误差条的方式，默认为平均值。

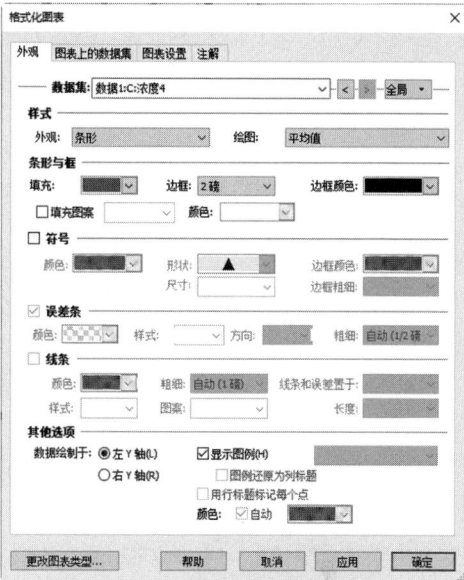

图 3-100　"格式化图表"对话框

（3）条形与框

勾选该复选框，设置条形图中的条形框参数，条形图条形和边框颜色设置效果如图3-102所示。

① 填充：在下拉列表中选择条形图条形中的填充颜色。

② 边框：在下拉列表中选择条形图条形边框的线宽（1/4～6 磅）。

③ 边框颜色：在下拉列表中选择条形图条形边框线的颜色。

④ 填充图案：在下拉列表中选择条形图条形中的填充图案。

⑤ 颜色：在下拉列表中选择条形图条形中填充图案的颜色。

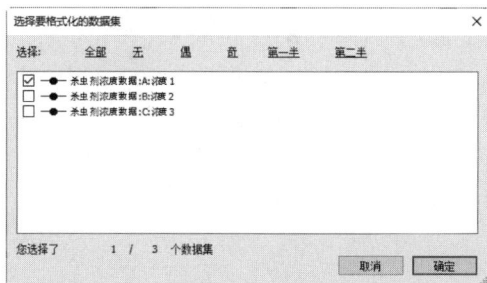

图 3-101　"选择要格式化的数据集"对话框

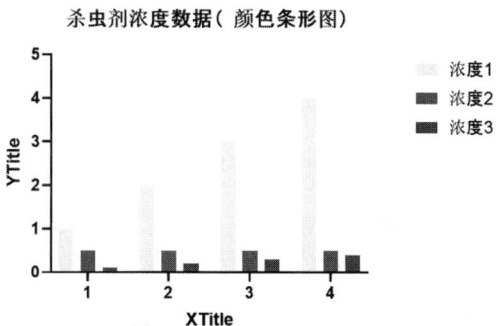

图 3-102　设置条形图条形和边框颜色

（4）符号

勾选该复选框，设置条形图中添加的符号样式。

① 颜色：在下拉列表中选择符号的颜色。

② 形状：在下拉列表中选择符号的样式，如图3-103所示，单击"更多"按钮，弹出"选择符号"对话框，使用任意字体中的任意字符作为一个符号，如图3-104所示。

③ 尺寸：在下拉列表中选择符号的大小（0～10）。

④ 边框颜色：在下拉列表中选择带边框符号（不实心的符号）边框线的颜色。

⑤ 边框粗细：在下拉列表中选择带边框符号（不实心的符号）边框线的线宽。

（5）误差条

勾选该复选框，设置带误差条条形图中的误差条样式。

➢ 颜色：在下拉列表中选择误差条的颜色。

➢ 方向：在下拉列表中选择条形图中误差条的位置，上方、下方或两者都有。

➢ 样式：在下拉列表中选择误差条的样式。

➢ 粗细：在下拉列表中选择误差条的线宽。

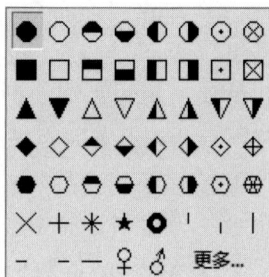

图 3-103　"形状"下拉列表

（6）线条

勾选该复选框，设置带误差线条形图中的误差线样式，包括颜色、粗细、位置（线条和误差置于）、样式、图案和长度。

（7）其他选项

数据绘制于：选择 Y 坐标轴的位置，可以选择左 Y 轴（L）或右 Y 轴（R），如图 3-105 所示。

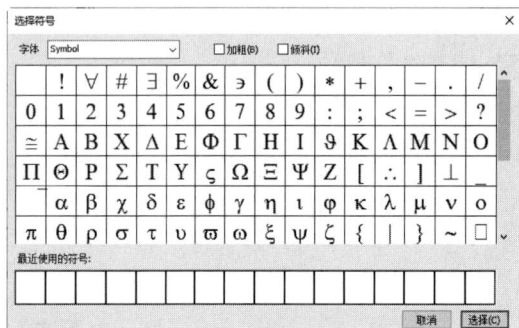

图 3-104　"选择符号"对话框

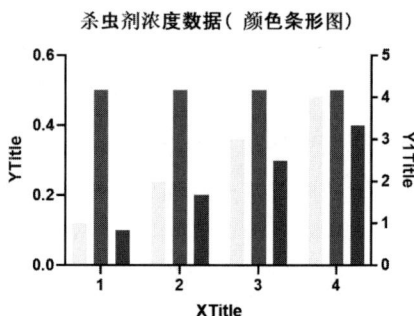

图 3-105　数据绘制于右 Y 轴

❖ 提示：该选项卡中关于"图例"的选项在后面章节进行介绍，这里不再赘述。

3.3.2　"图表上的数据集"选项卡

打开"图表上的数据集"选项卡，根据需要在图表中添加、更改和删除数据，将数据集重新排序等，如图 3-106 所示。

（1）图表上的数据

① 添加：单击该按钮，弹出"向图表中添加数据集"对话框，添加数据集。

② 替换：单击该按钮，弹出"替换数据集"对话框，选择要替换的数据集，替换当前选中的数据集。

③ 移除：单击该按钮，直接删除选中的数据集。

（2）重新排序

在列表中对当前图表中显示的数据集进行排序。列表中数据集的顺序决定了两个数据点重叠时会发生的情况。

① 顶部（T）：选择该选项，将列表中选中数据集移动到列表的第一行。

② 向上（U）：选择该选项，将列表中选中数据集向上移动一行。

③ 反转（R）：选择该选项，将列表中选中数据集顺序对调。

④ 向下（D）：选择该选项，将列表中选中数据集向下移动一行。

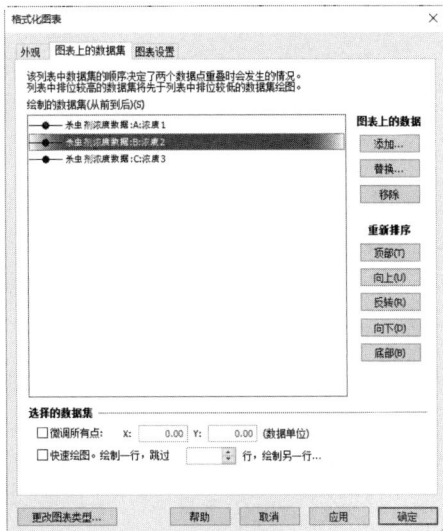

图 3-106 "格式化图表"对话框

⑤ 底部（B）：选择该选项，将列表中选中数据集移动到列表的最后一行。

（3）选择的数据集

① 微调所有点：勾选该复选框，移动数据集中的数据点，在 X、Y 选项中输入 X、Y 方向上移动的相对坐标值，单位为数据集中默认的数据单位。

②"快速绘图。绘制一行，跳过 ▢ 行，绘制另一行"：勾选该复选框，选择各行拾取数据集中的数据点。

（4）更改图表类型

单击该按钮，弹出"更改图表类型"对话框，修改图表的类型，如图 3-107 所示。图 3-107 为将点线图修改为条形图。

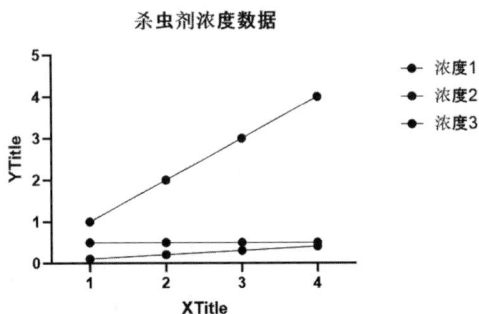

（a）点线图

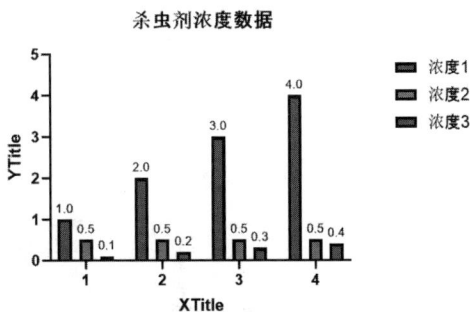

（b）条形图

图 3-107 修改图表的类型

3.3.3 "图表设置"选项卡

在"图表设置"选项卡中可以更改图表中条带方向、图表列的基线以及列之间的间距等，如图 3-108 所示。

（1）方向

图表（条形图）上的条带方向，包括垂直（V）、水平（H），如图 3-109 所示。也可以直接单击"更改"功能区中的"反转数据集顺序、翻转方向或旋转条形"按钮 🔄 下的"旋转至水平"命令，将列从垂直旋转至水平。

（2）基线（B）

更改图表上的条带基线位置，如图 3-110 所示。默认情况下，这些条带从 X 轴（Y=0）开始。

- ➢ 自动：默认设置条形起始于 Y=0。
- ➢ 条形起始于 Y=☐：指定条带起始 Y 值。
- ➢ 隐藏基线：勾选该复选框，条形图浮动显示。

图 3-108 "图表设置"选项卡

（a）垂直

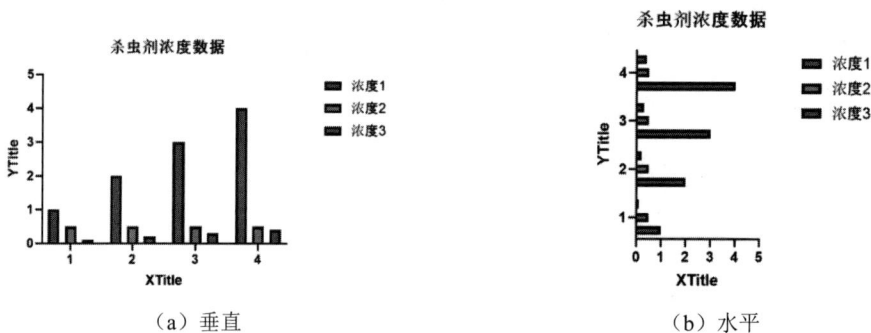

（b）水平

图 3-109 不同条带方向

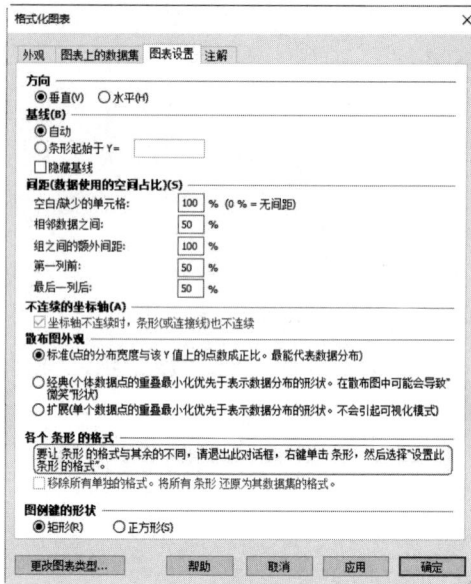

（a）设置 Y=2

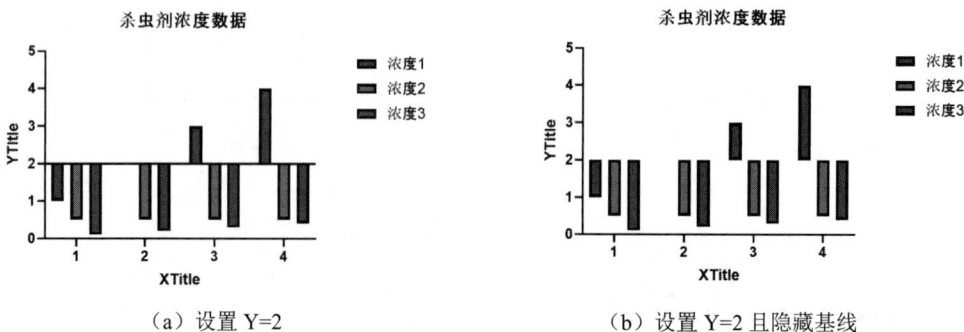

（b）设置 Y=2 且隐藏基线

图 3-110 更改条带基线位置

（3）间距（数据使用的空间占比）（S）

设置调整图表上各列之间、各列组之间以及第一列之前和最后一列之后的间距。设置的间距越小，列宽越大，设置效果如图 3-111 所示。

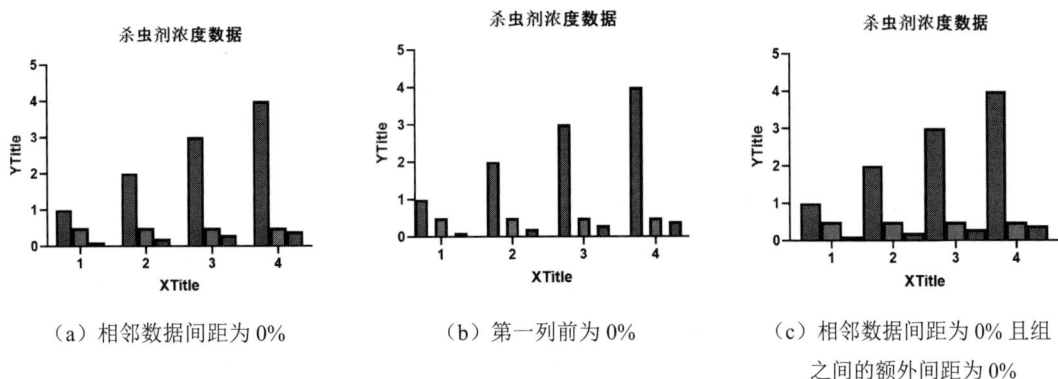

（a）相邻数据间距为 0%　　　　（b）第一列前为 0%　　　　（c）相邻数据间距为 0% 且组
之间的额外间距为 0%

图 3-111　调整图表上间距

① 空白 / 缺少的单元格：选择未输入值的条带（单元格为空）的留存空间，默认值为 100%（0%= 表示无间距）。

② 相邻数据之间：各列之间的间距，默认值为 50%。

③ 组之间的额外间距：各列组之间的间距，默认值为 100%。

④ 第一列前：第一列之前的间距，默认值为 50%。

⑤ 最后一列后：最后一列之后的间距，默认值为 50%。

（4）不连续的坐标轴（A）

坐标轴不连续时，条形（或连接线）也显示不连续。Y 轴出现空白时，选择在跨越该间距的任何列中设置间距。

（5）散布图外观

选择散布图外观的样式。

➢ 标准：点的分布宽度与该 Y 值上的点数成正比，该样式最能代表数据分布。

➢ 经典：个体数据点的重叠最小化优先于表示数据分布的形状。

➢ 扩展：单个数据点的重叠最小化优先于表示数据分布的形状，该样式不会引起可视化模式。

（6）各个条形的格式

"移除所有单独的格式。将所有条形还原为其数据集的格式"：勾选该复选框，让条形的格式与其余的不同。

3.3.4　"注解"选项卡

在默认情况下，图表不显示数据标签。在有些实际应用中，显示数据标签可以增强图表数据的可读性，使其更直观。

双击绘图区中的图形，弹出"格式化图表"对话框，在"注解"选项卡中可显示或隐藏数据标签，还可以设置数据标签的格式，如图 3-112 所示。该选项卡中包含三个子选项卡：在条形与误差条上方（E）、在条形中 - 顶部、在条形中 - 底部。

实际使用时选择三个子选项卡中的其中一个，下面介绍子选项卡中的选项。

① 显示：设置数据标签是否显示，如图 3-113 所示。

➢ 无：选择该选项，不显示数字标签值。

➢ 绘图的值（平均值，中位数 ...）：选择该选项，使用平均值、中位数等显示数字标签值。

➢ 样本大小：选择该选项，使用频数（样本个数）显示数字标签值。

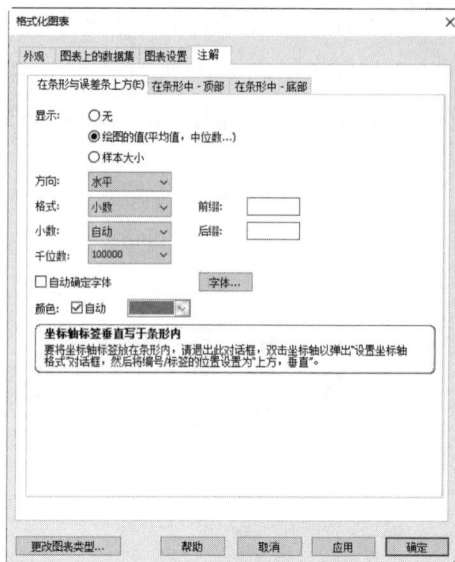

图 3-112 "注解"选项卡

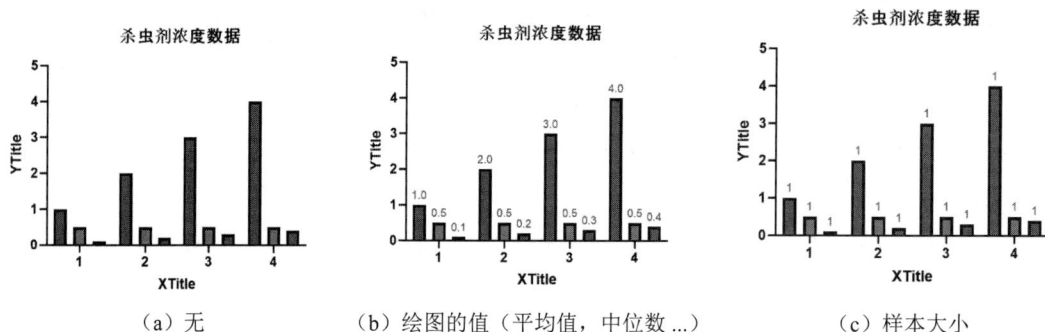

（a）无   （b）绘图的值（平均值，中位数 ...）   （c）样本大小

图 3-113 设置数据标签样式

② 方向：设置数据标签的显示方向，包含垂直、水平两个选项。

③ 格式：设置数据标签的数值显示格式，包含小数、科学记数。

④ 前缀：添加数据标签数值前的符号。

⑤ 小数：设置数据标签中小数的位数。

⑥ 后缀：添加数据标签数值后的符号。

⑦ 千位数：显示千位数（超过三位数）的数值表示方法。

⑧ 自动确定字体：勾选该复选框，自动设置数据标签中文本的字体。不勾选该复选框，单击"字体"按钮，弹出"字体"对话框，设置文本的字体、字形、大小、颜色和下划线等。

⑨ 颜色：勾选该复选框，自动设置数据标签中文本的颜色。不勾选该复选框，在下拉列表中显示颜色列表，设置文本的颜色。该操作与"字体"对话框中颜色的设置相同，二者选择其一。

3.4 综合实例——血尿酸水平对比图

根据患者在不同监测时间（术后）的血尿酸水平（表3-6），本节练习使用图表制作术后血尿酸水平对比图，通过对操作步骤的讲解，读者可掌握在图表中修饰处理的操作方法。

表3-6 术后血尿酸水平　　　　　　　　　　　　　单位：µmol/L

组别	12个月	24个月	36个月	48个月	60个月	72个月	84个月
对照组	308.33	281.29	281.25	292.34	297.45	304.37	300.17
实验组Ⅰ	348.63	351.29	353.24	348.34	354.37	354.37	350.17
实验组Ⅱ	404.33	421.29	431.25	432.34	407.45	409.37	420.17

（1）设置工作环境

① 双击 GraphPad Prism 10 图标，启动 GraphPad Prism，自动弹出"欢迎使用GraphPad Prism"对话框，设置创建的默认数据表格式。

➤ 在"创建"选项组下选择"列"选项。

➤ 在"数据表"选项组下默认选择"将数据输入或导入到新表"选项。

➤ 在"选项"选项组下选择"输入重复值，并堆叠到列中"。

② 单击"创建"按钮，创建项目文件，同时该项目下自动创建一个数据表"数据1"和关联的图表"数据1"。重命名数据表为"血尿酸水平"。

③ 选择菜单栏中的"文件"→"另存为"命令，或单击"文件"功能区中保存命令按钮 ▦ 下的"另存为"命令，弹出"保存"对话框，输入项目名称"术后血尿酸水平"。单击"确定"按钮，在源文件目录下自动创建项目文件。

（2）设置数据表格式

① 选择菜单栏中的"编辑"→"格式化工作表"命令，或在功能区"更改"选项卡单击"更改数据表格式（种类、重复项、误差值）"按钮 ▦，或单击工作区左上角"表格式"单元格，弹出"格式化数据表"对话框。打开"表格式"选项卡，勾选"显示行标题"复选框，如图3-114所示。

② 单击"确定"按钮，关闭该对话框，在数据表中左侧显示行标题列，表格格式设置结果如图3-115所示。

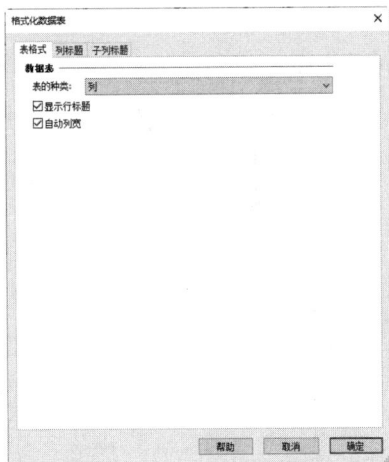

图3-114 "表格式"选项卡

图3-115 设置格式

（3）复制数据

① 打开 Excel 文件"术后血尿酸水平 .xlsx"，如图 3-116 所示。选中 A1:H4 单元格中的数据，按下快捷键 Ctrl+C，复制表格数据。

▲	A	B	C	D	E	F	G	H
1	组别	12个月	24个月	36个月	48个月	60个月	72个月	84个月
2	对照组	308.33	281.29	281.25	292.34	297.45	304.37	300.17
3	实验组 I	348.63	351.29	353.24	348.34	354.37	354.37	350.17
4	实验组 II	404.33	421.29	431.25	432.34	407.45	409.37	420.17
5								

图 3-116　Excel 文件

② 打开 Prism 中的"血尿酸水平"数据表，单击"第 A 组"的列标题所在单元格，选择菜单栏中的"编辑"→"粘贴转置"命令，将 Excel 表格中复制的数据进行转置并粘贴，结果如图 3-117 所示。

（4）绘制点线图

① 在左侧导航器"图表"选项卡下单击"血尿酸水平"标签，弹出"更改图表类型"对话框，在"图表系列"下拉列表中选择"XY"→"点与连接线（C）"，如图 3-118 所示。

② 单击"确定"按钮，关闭对话框，在导航器"图表"选项下更新图表，显示对照组和两个实验组的血尿酸水平点线图，如图 3-119 所示。

表格式：列	第 A 组	第 B 组	第 C 组
	对照组	实验组I	实验组II
▲	×		
1	12个月	308.33	348.63	404.33
2	24个月	281.29	351.29	421.29
3	36个月	281.25	353.24	431.25
4	48个月	292.34	348.34	432.34
5	60个月	297.45	354.37	407.45
6	72个月	304.37	354.37	409.37
7	84个月	300.17	350.17	420.17

图 3-117　粘贴转置数据

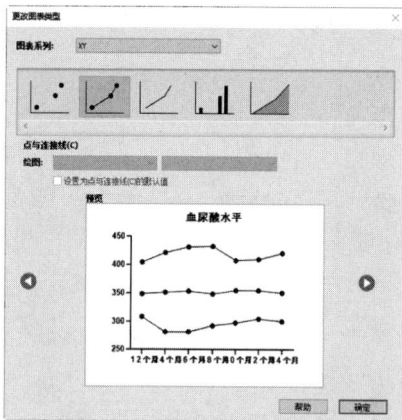

图 3-118　"更改图表类型"对话框

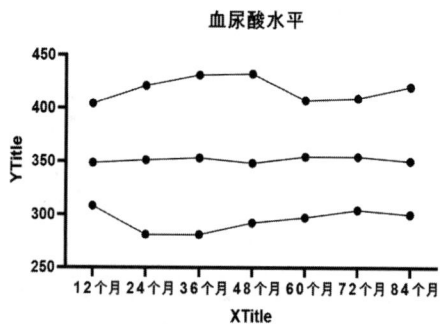

图 3-119　绘制血尿酸水平点线图

（5）编辑图形符号

① 双击绘图区空白处，或单击"更改"功能区中的"设置图表格式（符号、条形图、误差条等）"按钮，弹出"格式化图表"对话框，打开"外观"选项卡，在"数据集"下拉列表中选择"更改所有数据集"，勾选"显示符号"复选框，在"尺寸"选项下选择"10"，勾选"显示连接线 / 曲线"复选框，如图 3-120 所示。

② 单击"确定"按钮，关闭对话框，更新图表，如图 3-121 所示。

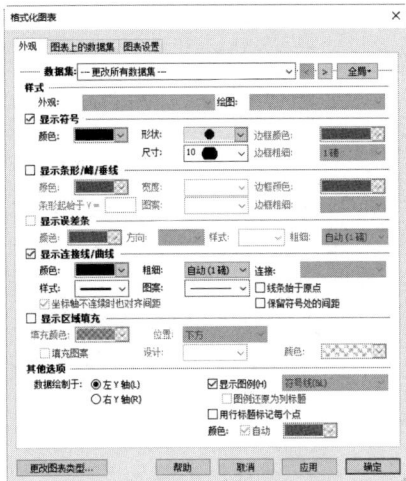

图 3-120　"外观"选项卡

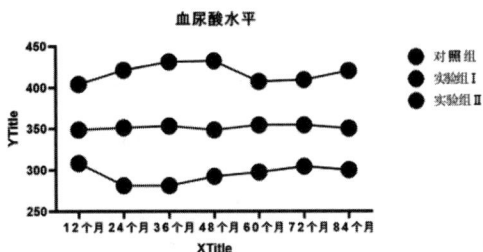

图 3-121　更新图表

③ 单击"更改"功能区中"更改颜色"按钮 下的"色彩"命令，即可自动更新图表颜色，如图 3-122 所示。

④ 单击"更改"功能区中"更改颜色"按钮 下的"背景"命令，弹出颜色列表，选择"略透明（25%）"选项下的第一个颜色块，即可自动更新图表页面背景色，如图 3-123 所示。

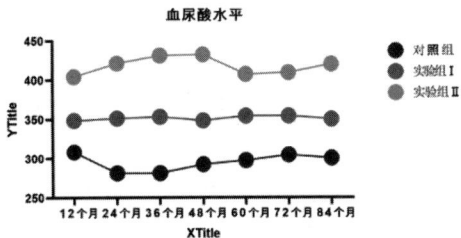

图 3-122　设置图表曲线颜色结果

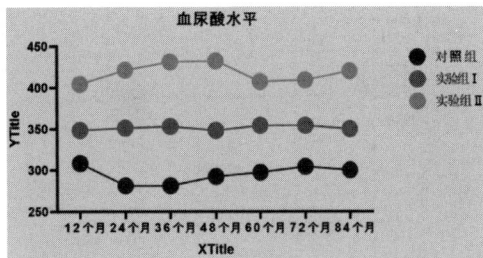

图 3-123　设置图表页面背景颜色

（6）编辑网格线

① 双击任意坐标轴，或单击"更改"功能区中的"设置坐标轴格式"按钮 ，弹出"设置坐标轴格式"对话框，打开"坐标框与原点"选项卡，在"坐标框样式"下拉列表中选择"普通坐标框"，在"坐标框与网格线"选项组下设置"主网格"为 X 轴，颜色为浅灰色（1B），粗细为 1/2 磅，如图 3-124 所示。

② 单击"确定"按钮，关闭对话框，更新图表，如图 3-125 所示。

图 3-124 "坐标框与原点"选项卡

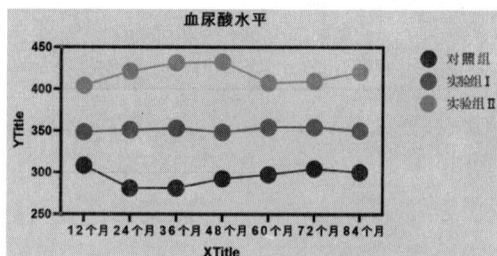

图 3-125 更新图表坐标轴

（7）新建图表

① 单击导航器"图表"下的"新建图表"命令，打开"创建新图表"对话框，在"图表类型"的"显示"下拉列表中选择"列"→"箱线与小提琴"下的"小提琴图"。单击"确定"按钮，关闭该对话框，显示创建小提琴图"血尿酸水平（小提琴图）"，如图 3-126 所示。

② 单击导航器"图表"下的"新建图表"命令，打开"创建新图表"对话框，在"图表类型"的"显示"下拉列表中选择"列"→"箱线与小提琴"下的"箱线图"。单击"确定"按钮，关闭该对话框，显示创建箱线图"血尿酸水平（箱线图）"，如图 3-127 所示。

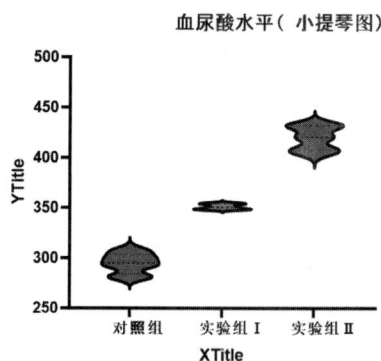

图 3-126 显示小提琴图

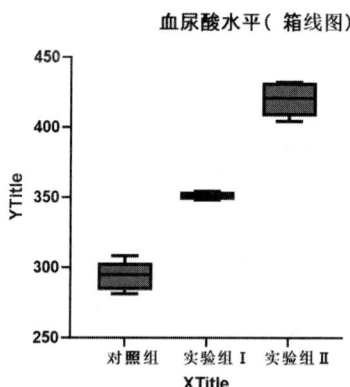

图 3-127 显示箱线图

（8）编辑小提琴图

① 打开图表"血尿酸水平（小提琴图）"。

② 双击绘图区空白处，或单击"更改"功能区中的"设置图表格式（符号、条形图、误差条等）"按钮，弹出"格式化图表"对话框，打开"外观"选项卡，在"数据集"下拉列表中选择"更改所有数据集"，在"边框"选项组下选择"无"，取消柱形的边框，如图 3-128 所示。

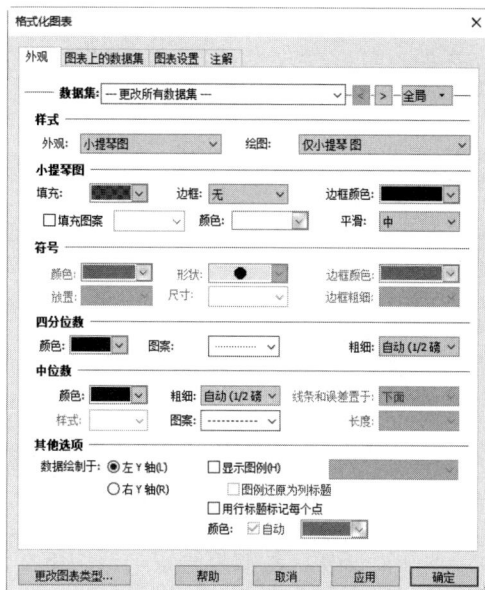

图 3-128 "外观"选项卡

③ 单击"确定"按钮,关闭对话框,更新图表,如图 3-129 所示。

④ 单击"更改"功能区中"更改颜色"按钮 下的"彩色(半透明)"命令,即可自动更新图表颜色。选择图表标题,设置字体为"华文楷体",大小为 18,颜色为红色(3E),如图 3-130 所示。

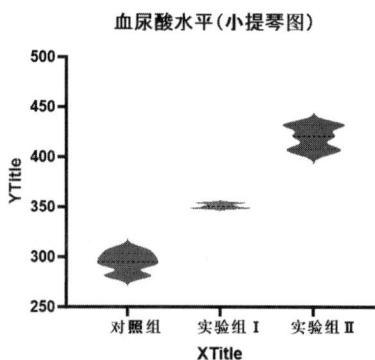

图 3-129 更新图表

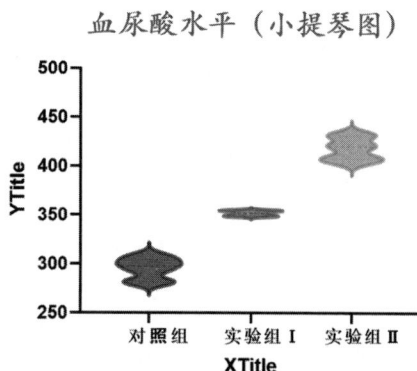

图 3-130 设置图表曲线颜色及标题样式结果

(9)编辑箱线图

① 打开图表"血尿酸水平(箱线图)"。

②单击"更改"功能区中的"魔法"按钮 ,弹出""魔法"步骤 1- 选择图表作为示例"对话框,选择"本项目"下的模板图表"表:血尿酸水平(小提琴图)"。单击"下一步"按钮,弹出""魔法"步骤 2- 选择要应用的示例图表的属性"对话框,设置模板图表的属性,如图 3-131 所示。

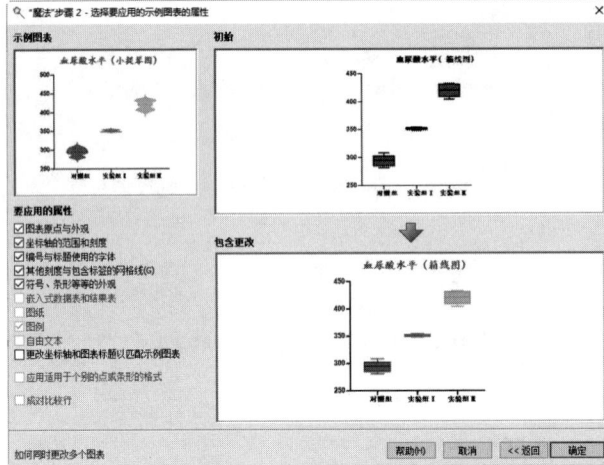

图 3-131　""魔法"步骤 2- 选择要应用的示例图表的属性"对话框

③ 单击"确定"按钮，关闭对话框，按照模板更新图表格式，如图 3-132 所示。

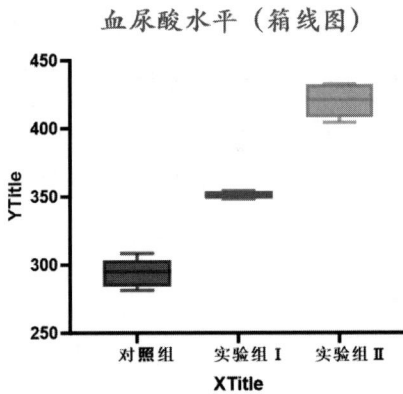

图 3-132　用模板美化图表

（10）保存项目

单击"标准"功能区上的"保存项目"按钮![save],或按下 Ctrl+S 键，直接保存项目文件。

GraphPad
Prism 10

Chapter

4

扫码看本章实例
视频讲解

第 4 章
统计描述

医学研究中实际观测或调查的部分个体称为样本，研究对象的全体称为总体。本章介绍的统计描述是使用均数、率等统计指标对调查或实验结果进行描述，从医学统计学的角度考虑，使调查或实验结果能够科学地回答所研究的问题。

4.1 频数分布

对于一个需要研究的问题，收集到数据后，首先要了解数据的分布范围、集中位置以及分布形态等特征。对于大样本数据，可以通过编制频率（数）分布表了解资料的分布情况，以便根据资料分布情况选择合适的统计方法做进一步统计分析。一般用频率（数）分布表和频率（数）分布图来表示频率（数）分布。

4.1.1 频率分布表

选择菜单栏中的"分析"→"数据探索和摘要"→"频数分布"命令，弹出"分析数据"对话框，在左侧列表中选择指定的分析方法，即频数分布，在右侧显示需要分析的数据集和数据列，如图 4-1 所示。

图 4-1 "分析数据"对话框

单击"确定"按钮，关闭该对话框，弹出"参数：频率分布"对话框，创建频率分布表和频率分布图，如图 4-2 所示。

（1）创建

① 频率分布：选择该选项，绘制频率分布图。数据区间数据出现的频率＝次数 / 数据个数。

② 累积频率分布：选择该选项，绘制累积频率分布图。累积频率＝输出区间数据出现的频率和。

（2）制表

选择频率分布表 / 图的数据来源：值的数量、相对频数（分数）、相对频数（百分比）。

（3）组宽

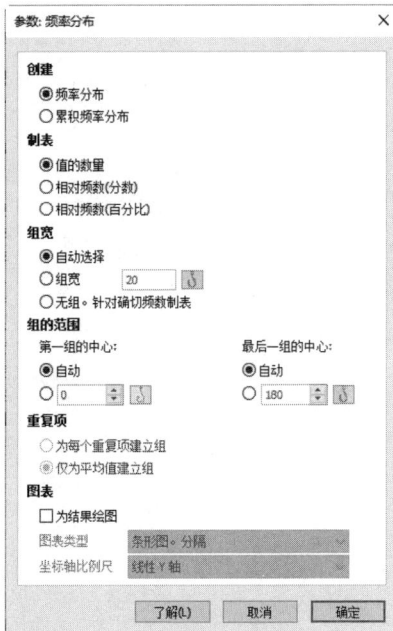

图 4-2 "参数：频率分布"对话框

将一批数据分组，一般数据越多，分的组数也越多。根据分组绘制频率分布图，分组的个数决定频率分布图（一般为条形图）中条柱的个数。

① 自动选择：自动进行分组。

② 组宽：根据指定的组宽进行分组。

③"无组。针对确切频数制表"：不分组。

（4）组的范围

通过定义第一组 / 最后一组的中心设置组的范围。

（5）重复项

① 为每个重复项建立组：若输入重复值，可将每个重复值放入相应分组中。

② 仅为平均值建立组：若输入重复值，可将重复值的平均值放入相应分组中。

4.1.2 频数分布图

将资料编成频数表后，可以看出数据的分布情况，若绘制成直方图则更直观。直方图是以垂直条段代表频数分布的一种图形，条段的高度代表各组的频数，由纵轴标度；各组的组限由横轴标度，条段的宽度表示组距。

在"参数：频率分布"对话框"图表"选项组下选择绘制频数（率）分布图。

① 为结果绘图：勾选该复选框，绘制频数（率）分布图。

② 图表类型：选择频数（率）分布图的类型，包括 XY 图、点条形图、交错条形图、堆叠条形图分隔。

③ 坐标轴比例尺：设置显示坐标轴比例尺的对象，默认选择线性 Y 轴。

4.1.3 操作实例——血浆总胆固醇含量频数分布

抽样调查 200 名长期应用氨茶碱的哮喘患儿血浆总胆固醇含量（mmol/L），数据如表 4-1 所示。本例利用频数表和直方图，揭示数据的分布类型和特征。

表 4-1 200 名哮喘患儿血浆总胆固醇含量 单位：mmol/L

5.02	4.78	5.01	5.04	4.92	4.98	4.97	5.05	5.08	5.12
5.01	5.06	4.87	5.06	5.00	5.04	5.17	4.91	4.97	4.97
4.95	4.94	4.99	4.98	5.07	5.15	5.05	5.10	5.09	4.86
5.00	4.82	4.98	4.93	4.97	4.95	4.90	5.08	4.94	4.97
4.86	5.11	4.95	5.01	5.08	5.04	5.04	5.11	4.99	4.99
4.81	5.10	4.73	5.09	5.03	4.95	4.78	4.96	5.07	5.01
4.88	5.06	4.77	4.87	5.14	5.21	4.81	5.14	4.88	5.08
4.92	4.97	5.01	4.97	4.89	4.99	5.01	5.00	4.99	5.17
4.95	4.92	5.16	5.03	5.23	5.06	5.15	4.84	4.91	4.97
5.07	4.89	5.17	4.99	5.00	5.00	4.89	4.93	4.83	4.97
5.01	5.06	4.87	5.06	5.00	5.04	5.17	4.91	4.97	4.97
4.95	4.94	4.99	4.98	5.07	5.15	5.05	5.10	5.09	4.86
5.00	4.82	4.98	4.93	4.97	4.95	4.90	5.08	4.94	4.97
4.86	5.11	4.95	5.01	5.08	5.04	5.04	5.11	4.99	4.99
4.81	5.10	4.73	5.09	5.03	4.95	4.78	4.96	5.07	5.01
4.81	5.10	4.73	5.09	5.03	4.95	4.78	4.96	5.07	5.01
4.88	5.06	4.77	4.87	5.14	5.21	4.81	5.14	4.88	5.08
4.92	4.97	5.01	4.97	4.89	4.99	5.01	5.00	4.99	5.17
4.95	4.92	5.16	5.03	5.23	5.06	5.15	4.84	4.91	4.97
5.07	4.89	5.17	4.99	5.00	5.00	4.89	4.93	4.83	4.97

（1）设置工作环境

① 双击 GraphPad Prism 10 图标，启动 GraphPad Prism，自动弹出"欢迎使用 GraphPad Prism"对话框，设置创建的数据表格式。

➤ 在"创建"选项组下选择"XY"选项。

➤ 在"数据表"选项组下默认选择"输入或导入数据到新表"选项。

➤ 在"选项"选项组下，"X"选项默认选择"数值"，"Y"选项选择"为每个点输入一个 Y 值并绘图"。

② 单击"创建"按钮，创建项目文件，同时该项目下自动创建一个数据表"数据 1"和关联的图表"数据 1"，重命名数据表为"哮喘患儿血浆总胆固醇含量"。

③ 选择菜单栏中的"文件"→"另存为"命令，或单击"文件"功能区中保存命令按钮🖫下的"另存为"命令，弹出"保存"对话框，输入项目名称"血浆总胆固醇含量频数分布 .prism"。单击"确定"按钮，保存项目。

（2）导入 txt 文件

① 打开数据表，激活 Y 列"第 A 组"第 1 行单元格。

② 选择菜单栏中的"文件"→"导入"命令，或在功能区"导入"选项卡单击"导入文件"按钮🖼，或单击鼠标右键，在弹出的快捷菜单中选择"导入数据"命令，弹出"导入"对话框，在指定目录下选择要导入的文件"哮喘患儿血浆总胆固醇含量 .txt"。

③ 单击"打开"按钮，弹出"导入和粘贴选择的特定内容"对话框。打开"源"选项卡，在"关联与嵌入"选项组下选择"仅插入数据（I）"选项，如图 4-3 所示。

④ 打开"放置"选项卡，在"行列排列方式"选项组下选择"按列（C）。堆叠 200 个值在每一列中"选项，其余选项选择默认值，如图 4-4 所示。

图 4-3　"导入和粘贴选择的特定内容"对话框　　　　图 4-4　"放置"选项卡

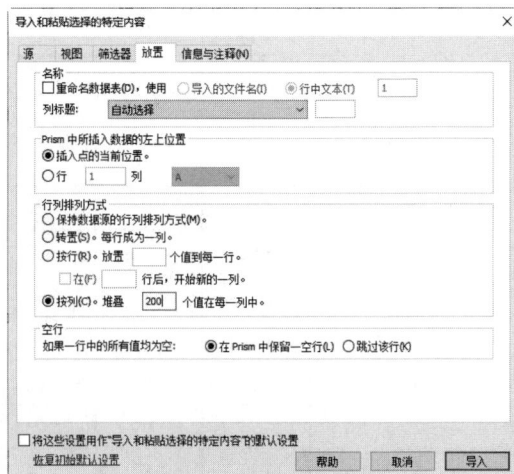

⑤ 单击"导入"按钮，在数据表"哮喘患儿血浆总胆固醇含量"中导入 txt 文件（图 4-5）中的数据，20 行 10 列转换为 200 行 1 列，结果如图 4-6 所示。

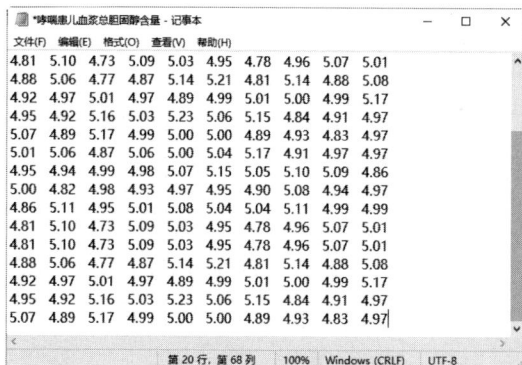

图 4-5　txt 文件

图 4-6　导入数据

（3）绘制频数分布表

① 在自定义编制频数表时，通常列出选定的组，每一组段的起点称下限，终点称上限（上限一般不列出），然后将原始数据归到不同的组段中，最后计算不同组段中数据的个数（100 个），即可得到各组的频数。

② 选择菜单栏中的"分析"→"数据探索和摘要"→"频数分布"命令，弹出"分析数据"对话框。单击"确定"按钮，关闭该对话框，弹出"参数：频率分布"对话框，在"创建"选项组下选择"频率分布"，在"制表"选项组下选择"值的数量"，在"组宽"选项组下选择"组宽"为 0.1，在"图表"选项组下勾选"为结果绘图"复选框，图表类型为"条形图"，如图 4-7 所示。

③ 单击"确定"按钮，关闭该对话框，生成结果表"直方图 / 哮喘患儿血浆总胆固醇含量"，将结果表重命名为"频数分布"。

④ 结果表中包含两个选项卡："频数分布"和"描述性统计"。"频数分布"选项卡中包含不同组段的"组中心"值和"# 值"，A 列标题"# 值"中显示的是不同组段的频数，修改列标题"# 值"为"频数"，结果如图 4-8 所示。

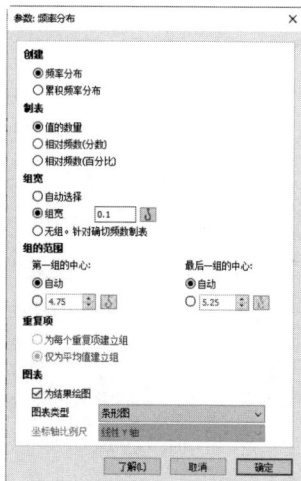

图 4-7　"参数：频率分布"对话框

	X 组中心	A 频数
	X	
1	4.75	5
2	4.80	11
3	4.85	12
4	4.90	21
5	4.95	39
6	5.00	40
7	5.05	30
8	5.10	22
9	5.15	16
10	5.20	2
11	5.25	2

	直方图 描述性统计	A 数据集-A
1	值的总数	200
2	排除的值数	0
3	组值数	200
4		
5	最小值	4.73
6	25% 百分位数	4.93
7	中位数	4.99
8	75% 百分位数	5.06
9	最大值	5.23
10		
11	平均值	4.9896
12	标准差	0.1044047015634
13	平均值标准误	0.00738252724632382

图 4-8　结果表"频数分布"

（4）绘制频率分布表

① 将数据表"哮喘患儿血浆总胆固醇含量"置为当前。

② 选择菜单栏中的"分析"→"数据探索和摘要"→"频数分布"命令，弹出"分析数据"对话框。单击"确定"按钮，关闭该对话框，弹出"参数：频率分布"对话框。

③ 在"创建"选项组下选择"频率分布"，在"制表"选项组下选择"相对频数（百分比)"，在"组宽"选项组下选择"自动选择"。

④ 单击"确定"按钮，关闭该对话框，生成结果表和图表"直方图 / 哮喘患儿血浆总胆固醇含量"，将结果表重命名为"频率分布"，修改列标题"频数 %"为"频率（%）"，结果如图 4-9 所示。

	X 组中心	A 频率（%）
	X	
1	4.75	2.5
2	4.80	5.5
3	4.85	6.0
4	4.90	10.5
5	4.95	19.5
6	5.00	20.0
7	5.05	15.0
8	5.10	11.0
9	5.15	8.0
10	5.20	1.0
11	5.25	1.0

图 4-9 结果表"频率分布"

	X 组中心	A 累计频数
	X	
1	4.75	5
2	4.80	16
3	4.85	28
4	4.90	49
5	4.95	88
6	5.00	128
7	5.05	158
8	5.10	180
9	5.15	196
10	5.20	198
11	5.25	200

图 4-10 结果表"累计频数分布"

	X 组中心	A 累计频率（%）
	X	
1	4.75	2.5
2	4.80	8.0
3	4.85	14.0
4	4.90	24.5
5	4.95	44.0
6	5.00	64.0
7	5.05	79.0
8	5.10	90.0
9	5.15	98.0
10	5.20	99.0
11	5.25	100.0

图 4-11 结果表"累计频率分布"

（5）绘制累计频数分布表

① 将数据表"哮喘患儿血浆总胆固醇含量"置为当前。

② 选择菜单栏中的"分析"→"数据探索和摘要"→"频数分布"命令，弹出"分析数据"对话框。单击"确定"按钮，关闭该对话框，弹出"参数：频率分布"对话框。在"创建"选项组下选择"累积频率分布"，在"制表"选项组下选择"值的数量"，在"组宽"选项组下选择"自动选择"。

③ 单击"确定"按钮，关闭该对话框，生成结果表"直方图 / 哮喘患儿血浆总胆固醇含量"，将结果表重命名为"累计频数分布"，修改列标题"# 值"为"累计频数"，结果如图 4-10 所示。

（6）绘制累计频率分布表

① 将数据表"哮喘患儿血浆总胆固醇含量"置为当前。

② 选择菜单栏中的"分析"→"数据探索和摘要"→"频数分布"命令，弹出"分析数据"对话框。单击"确定"按钮，关闭该对话框，弹出"参数：频率分布"对话框。在"创建"选项组下选择"累积频率分布"，在"制表"选项组下选择"相对频数（百分比）"，在"组宽"选项组下选择"自动选择"。在"图表"选项组下勾选"为结果绘图"复选框，图表类型为"条形图"。

③ 单击"确定"按钮，关闭该对话框，生成结果表"直方图 / 哮喘患儿血浆总胆固醇含量"，将结果表重命名为"累计频率分布"，修改列标题"# 值"为"累计频率（%）"，结果如图 4-11 所示。

（7）编制频数表

① 在导航器"数据表"选项组下单击"新建数据表"命令，弹出"新建数据表和图表"对话框，在"创建"选项组下选择"列"选项，在"数据表"选项组下默认选择"将数据输入或导入到新表"选项；在"选项"选项组下选择"输入重复值，并堆叠到列中"。

② 单击"创建"按钮，创建一个数据表"数据2"和关联的图表"数据2"。重命名数据表为"频数表"。

③ 复制结果表"频数分布"中的数据到数据表，结果如图4-12所示。

（8）绘制频数分布图

① 将表4-1的数据编成频数表后，可以看出数据的分布情况，若绘制成条形图则更直观。

② 打开导航器"图表"下的"频数分布"，显示条形图，如图4-13所示。条形图是以垂直条段代表频数分布的一种图形，条段的高度代表各组的频数，由纵轴标度；各组的组限由横轴标度，条段的宽度表示组距。

（9）编辑频数分布图

① 单击鼠标左键选择X轴，向右拖动X轴，调整X轴与其中图形大小。修改X轴标题为"血浆总胆固醇含量（mmol/L）"，Y轴标题为"频数"，设置字体颜色为红色（3E）。选择图表标题，设置字体为"华文楷体"，大小为18，颜色为红色（3E），如图4-14所示。

② 双击绘图区空白处，或单击"更改"功能区中的"设置图表格式（符号、条形图、误差条等）"按钮，弹出"格式化图表"对话框，打开"注解"选项卡，打开"在条形中-顶部"选项卡，在"显示"选项下选择"绘图的值（平均值，中位数...）"选项，在"方向"选项下选择"水平"，如图4-15所示。

③ 取消勾选"自动确定字体"复选框，单击"字体"按钮，弹出"字体"对话框，设置字体大小为"小四"，单击"确定"按钮，返回主对

| 第A组 | 第B组 | 第C组 | 第D组 | 第E组 |
组中心	频数	频率（%）	累计频数	累计频率（%）
4.75	5	2.5	5	2.5
4.80	11	5.5	16	8.0
4.85	12	6.0	28	14.0
4.90	21	10.5	49	24.5
4.95	39	19.5	88	44.0
5.00	40	20.0	128	64.0
5.05	30	15.0	158	79.0
5.10	22	11.0	180	90.0
5.15	16	8.0	196	98.0
5.20	2	1.0	198	99.0
5.25	2	1.0	200	100.0

图4-12 复制频数表

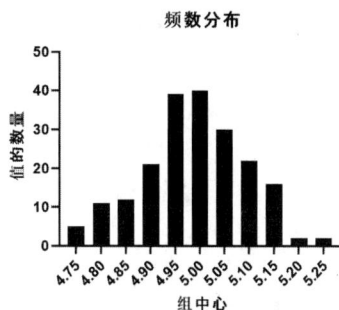

图4-13 显示频数分布图

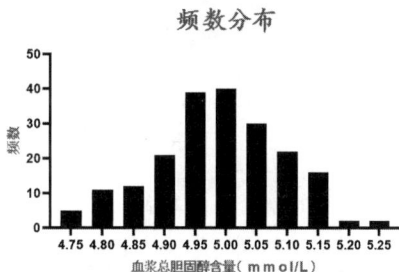

图4-14 设置图表结果

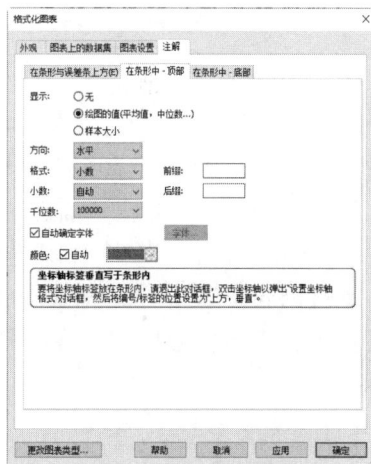

图4-15 "注解"选项卡

话框。

④ 打开"外观"选项卡，在"填充"下拉列表中选择白色，取消柱形的颜色填充。

⑤ 单击"确定"按钮，关闭对话框，更新图表，如图 4-16 所示。

（10）叠加频率图

① 打开图表"频数分布"。

② 双击绘图区空白处，或单击"更改"功能

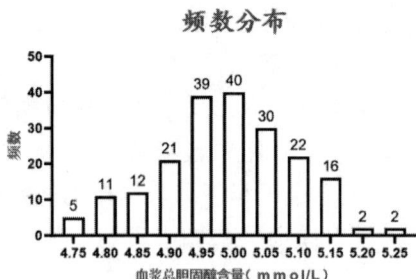

图 4-16　更新图表

区中的"设置图表格式（符号、条形图、误差条等）"按钮 ，弹出"格式化图表"对话框。

③ 打开"图表上的数据集"选项卡，单击"添加"按钮，弹出"向图表中添加数据集"对话框，选择"累计频率分布：频数分布"中的"累计频率分布"，在"在哪条 Y 轴上绘图"选项中选择"右"，如图 4-17 所示。单击"确定"按钮，关闭对话框，添加数据集，在"所选数据集与上一个数据集的关系"选项组下选择"叠加"，如图 4-18 所示。

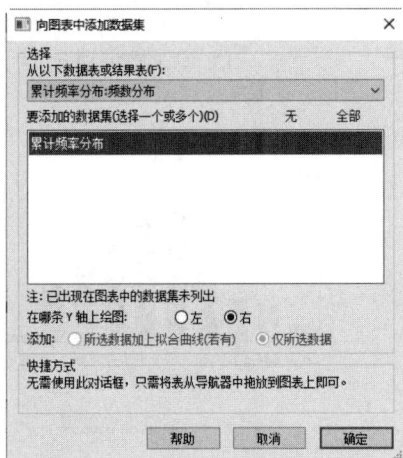

图 4-17　"向图表中添加数据集"对话框

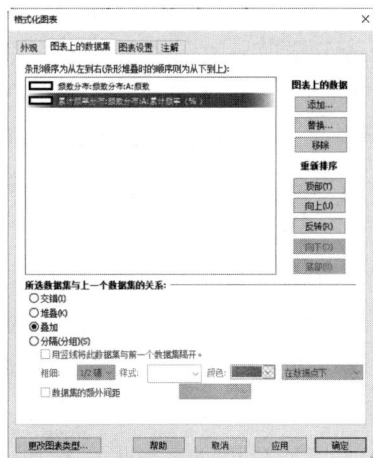

图 4-18　"图表上的数据集"选项卡

④ 打开"外观"选项卡，在"数据集"下拉列表中选择"累计频率分布：频数分布：A：累计频率（%）"，在"样式"选项组下"外观"下拉列表中选择"符号（每行一个符号）"，设置"符号"选项组下"颜色"为红色，"尺寸"为 6，勾选"线条"复选框，"粗细"为 2磅，如图 4-19 所示。单击"确定"按钮，关闭对话框，更新图表，如图 4-20 所示。

⑤ 双击右 Y 轴，弹出"设置坐标轴格式"对话框，打开"右 Y 轴"选项卡，在"比例"下拉列表中选择"概率（0.100%）"，如图 4-21 所示。单击"确定"按钮，关闭对话框，更新图表坐标轴格式。移动图例位置，修改右 Y 轴标题为"累计频率"，如图 4-22所示。

（11）保存项目

单击"文件"功能区中的"保存"按钮 ，或按下 Ctrl+S 键，直接保存项目文件。

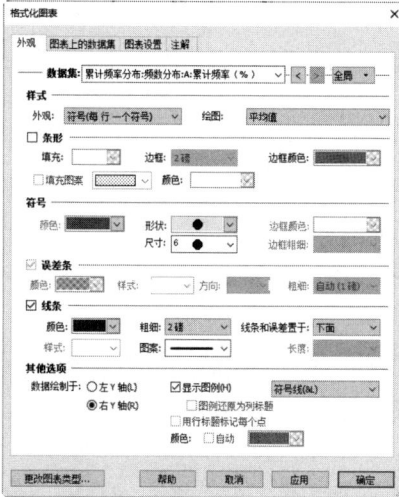

图4-19　"外观"选项卡

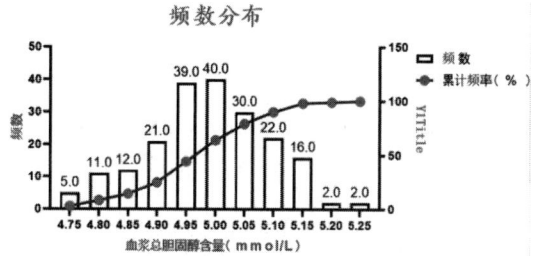

图4-20　更新图表

图4-21　"右Y轴"选项卡

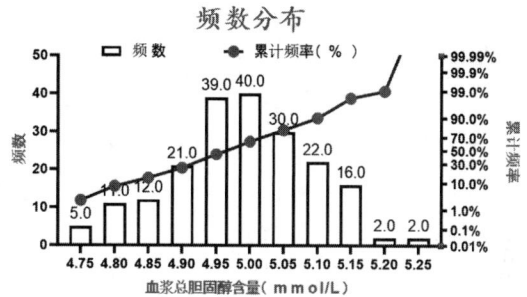

图4-22　坐标轴设置结果

4.2　定量数据的统计描述

从数据的频数分布表和频数分布图可以看出样本观察值的分布情况，但是无法从中得到数据特征的准确信息，为此需要计算相应的统计指标。对计量资料进行统计描述，常从集中趋势（平均水平）和离散趋势（变异程度）两个方面进行描述。

4.2.1　数据分布统计指标

统计指标的作用是把定量数据用简单的数字表达它的一些重要特征，帮助形成对总体的看法，如数据的平均水平和变异程度。

（1）数据的集中趋势

集中趋势只是数据分布的一个特征，它所反映的是各变量值向其中心值聚集的程度。在实际应用中，描述数据集中趋势的统计量包括平均数（也称均值）、中位数等。平均数

是通过计算得到的，因此它会因每一个数据的变化而变化。中位数是通过排序得到的，不受最大、最小两个极端数值的影响。当一组数据中的个别数据变动较大时，常用中位数来描述这组数据的集中趋势。

① 均值　均值是一组数据相加后除以数据的个数所得到的结果。平均数在统计学中具有重要的地位，是集中趋势的最主要测度值，它主要适用于数值型数据，而不适用于分类数据和顺序数据。

根据所掌握数据的不同，平均数有不同的计算形式和计算公式。平均值包含几何平均值、平方平均值（均方根平均值）、调和平均值等。

a. 几何平均值：计算所有值的对数，再计算对数的平均值，然后取平均值的反对数（根据 $b=\log_a N$，计算正数 b 的对数 N）。当数据服从对数正态分布（长尾）时，这是一种优异的中心趋势度量。

b. 调和平均值：计算所有值的倒数，再计算倒数的平均值，然后取平均值的倒数。

c. 平方平均值：计算所有值平方的平均数的算术平方根。

② 中位数　一组数据排序后处于中间位置上的变量值，称为中位数（median），用 M_e 表示。中位数将全部数据等分成两部分，每部分包含 50% 的数据，一部分数据比中位数大，另一部分则比中位数小。中位数主要用于测度顺序数据的集中趋势，当然也适用于作为数值型数据的集中趋势，但不适用于分类数据。

（2）数据的离散程度

数据的离散程度是数据分布的另一个重要特征，它所反映的是各变量值远离其中心值的程度，显示各变量值之间的差异状况。描述数据离散程度采用的测度值，根据所依据数据类型的不同，主要有分位数、方差、标准差和变异系数（离散系数）等。

① 方差　各变量值与其平均数离差平方的平均数，称为方差 S^2。方差不仅仅表达样本偏离均值的程度，更揭示样本内部彼此波动的程度，在许多实际问题中，研究方差即偏离程度有着重要意义。在样本容量相同的情况下，方差越大，说明数据的波动越大，越不稳定。

② 标准差　方差的平方根，称为标准差。S标准差是最常用的反映随机变量分布离散程度的指标。标准差越大，数据波动越大；标准差越小，数据波动越小。

③ 分位数　中位数是从中间点将全部数据等分为两部分。与中位数类似的还有四分位数、十分位数和百分位数等。它们分别是用 3 个点、9 个点和 99 个点将数据 4 等分、10 等分和 100 等分后各分位点上的值。

一组数据排序后处于 25% 和 75% 位置上的值，称为四分位数，也称四分位点。四分位数是通过 3 个点将全部数据等分为 4 部分，其中每部分包含 25% 的数据。很显然，中间的四分位数就是中位数，因此通常所说的四分位数是指处在 25% 位置上的数值（下四分位数）和处在 75% 位置上的数值（上四分位数）。与中位数的计算方法类似，根据未分组数据计算四分位数时，首先对数据进行排序，然后确定四分位数所在的位置。

④ 变异系数（CV）　是测度数据离散程度的相对统计量，通常是用标准差来计算的，因此也称为标准差系数，具体是数据的标准差与其相应的平均数之比。主要是用于比较不

同样本数据的离散程度。系数大的说明数据的离散程度大，系数小的说明数据的离散程度小。

（3）偏态与峰态

集中趋势和离散程度是数据分布的两个重要特征，要全面了解数据分布的特点，还需要知道数据分布的形状是否对称、偏斜的程度以及分布的扁平程度等。偏态和峰态是对分布形状的测度。

① 偏度　偏度系数是描述变量取值分布形态对称性的统计量。如果一组数据的分布是对称的，则偏态系数等于0；如果偏态系数明显不等于0，表明分布是非对称的。

② 峰度　峰度系数是描述变量取值分布形态陡缓程度的统计量。当数据分布与标准正态分布的陡缓程度相比，两者相同时，峰度值等于0；更陡峭则峰度值大于0，称为尖峰分布；更平缓则峰度值小于0，称为平峰分布。

4.2.2　参数估计统计量

参数估计是常用的一种统计推断方法。医学研究中常采用抽样研究的方法，从某总体中随机抽取一个样本来进行研究，并根据样本提供的信息推断总体的特征。

例如欲了解某地 2000 年正常成年男性血清总胆固醇的平均水平，随机抽取该地 200 名正常成年男性血清总胆固醇水平作为样本，算得其血清总胆固醇的样本均数，并以此样本均数估计该地正常成年男性血清总胆固醇总体的平均水平。

由于存在个体差异，抽得的样本均数不太可能恰好等于总体均数，因此通过样本推断总体会有误差。这种由个体变异和抽样造成的样本统计量与总体参数的差异，称为抽样误差。

（1）标准误

统计学中为了区别个体观察值之间变异的标准差与反映样本均数之间变异的标准差，将后者称为均数的标准误（standard error of the mean）。均数的标准误用 $\sigma_{\bar{X}}$ 表示，$\sigma_{\bar{X}} = \dfrac{\sigma}{\sqrt{n}}$。式中，样本含量为 n；均值为 μ；标准差为 σ；方差为 σ^2。

均数的标准误反映了样本均数间的离散程度，也反映了样本均数与总体均数的差异。样本含量 n 越大，标准误越小。标准误小于原始测量值的标准差，标准误越小说明估计越精确，因此可以用均数的标准误表示均数抽样误差的大小。

（2）置信度和置信区间

区间估计是指按预先给定的概率，计算出一个区间，使它能够包含未知的总体参数。事先给定的概率 $1-\alpha$ 称为置信度（通常取 0.95 或 0.99），计算得到的区间称为置信区间，置信区间通常由两个数值界定的置信限构成，其中数值较小的一方称为下限，数值较大的一方称为上限。

总体均数估计的 95% 可信区间表示该区间包括总体均数 μ 的概率为 95%，即若做 100 次抽样算得 100 个可信区间，则平均有 95 个置信区间包括 μ（估计正确），只有 5 个置信区间不包括 μ（估计错误）。

可信区间估计的效果，一是由可信度$1-\alpha$来反映，即计算出的区间包括总体均数μ的概率大小，其值越接近 1 越好；二是由区间的宽度来反映，区间越窄，说明估计越精确。

4.2.3 行统计

行统计是计算并排子列中重复数据的平均值、中位数等，还可以自动绘制平均值和误差条图。

选择菜单栏中的"分析"→"数据探索和摘要"→"描述性统计"命令，弹出"分析数据"对话框，在左侧列表中选择指定的分析方法，即行统计，在右侧显示需要分析的数据集和数据列，如图 4-23 所示。

单击"确定"按钮，关闭该对话框，弹出"参数：行统计"对话框，显示数据集的基本参数统计值，如图 4-24 所示。

图 4-23 "分析数据"对话框

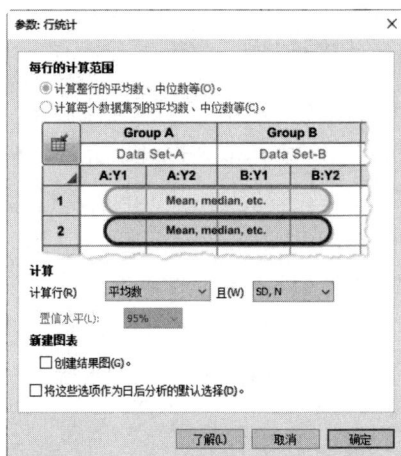

图 4-24 "参数：行统计"对话框

在 XY 表和分组表中，Prism 将重复数输入到并排子列中，若需要得到平均值和误差条，但有时可能也会想看到 SD 值或 SEM 值。本部分解释如何实现这一操作。

（1）每行的计算范围

当数据输入到多个数据集中，同时每个数据集包含多个子列时，Prism 会根据每个数据集的总数 / 平均值 / 中位数等对该行进行汇总计算。

① 计算整行的平均值、中位数等（O）：选择该选项，Prism 将首先计算每个数据集的平均值，然后计算这些平均值的总平均值（以及相应的标准偏差）。

② 计算每个数据集列的平均数、中位数等（C）：选择该选项，Prism 计算每个数据集中每行的单独平均值（或中位数、总数等）。

（2）计算

① 计算行（R）：选择需要计算的值和计算的误差。

➤ 总计：无计算误差。

➤ 平均数：计算误差包括"无误差""SD,N""SEM,N""%CV,N""置信区间（CI）"。

> ➤ 中位数：计算误差包括无误差、四分位数、最小值 / 最大值、百分位数。
> ➤ 几何均值：计算误差包括无误差、几何标准差、置信区间。

② 置信水平（L）：选择置信水平。

4.2.4 操作实例——计算工人不同时间尿氟排出量统计指标

某厂抽查 10 名氟作业工人三次 24h 内不同时间尿氟排出情况见表 4-2，问氟作业工人在工作前、工作中（上班 4h）和工作后（下班 4h）的尿氟排出量是否不同？

表 4-2 不同时间工人尿氟排出量　　　　　　　　　　　　　　　单位：mg/L

工人编号	工作前			工作中			工作后		
	第一天	第二天	第三天	第一天	第二天	第三天	第一天	第二天	第三天
1	1.72	1.83	1.74	2.79	2.72	2.46	1.66	1.46	1.4
2	1.68	1.66	1.62	3.1	3.15	3.12	1.24	1.52	1.22
3	1.4	1.49	1.5	3.2	3.15	3.26	1.3	1.56	1.02
4	2.34	2.29	2.27	2.16	2.67	2.6	3	3.6	3.2
5	1.9	1.89	1.87	2.75	2.63	2.79	3.7	3.79	3.9
6	0.88	0.65	0.76	2.4	2.72	2.51	1.24	1.3	1.51
7	1.4	1.59	1.6	2.64	2.52	2.69	3.8	3.69	3.9
8	2	1.93	1.98	2.4	2.54	2.55	1.9	1.55	1.85
9	1.64	1.67	1.7	2.3	3.7	2.62	2	1.62	2.02
10	1.14	1.01	1.18	1.4	1.7	1.52	1.12	1.52	1.22

（1）设置工作环境

① 双击 GraphPad Prism 10 图标，启动 GraphPad Prism，自动弹出"欢迎使用 GraphPad Prism"对话框，设置创建的默认数据表格式。

② 在"欢迎使用 GraphPad Prism"对话框的"创建"选项组下选择"XY"选项，选择创建 XY 数据表，如图 4-25 所示。

> ➤ 在"数据表"选项组下默认选择"输入或导入数据到新表"选项。
> ➤ 在"选项"选项组下，"X"选项默认选择"数值"，"Y"选项选择"输入 3 个重复值在并排的子列中"。

③ 单击"创建"按钮，创建项目文件，同时该项目下自动创建一个数据表"数据 1"和关联的图表"数据 1"，重命名数据表为"尿氟排出量"。

④ 选择菜单栏中的"文件"→"另

图 4-25 "欢迎使用 GraphPad Prism"对话框

图 4-26　数据表"尿氟排出量"编辑界面

图 4-27　复制"工人 24h 内尿氟排出量 .xlsx"文件数据

图 4-28　粘贴数据

图 4-29　"列标题"
选项卡

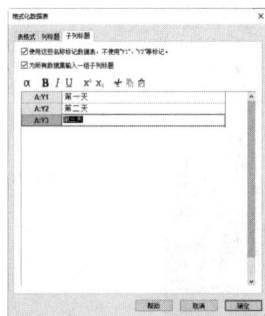

图 4-30　"子列标题"
选项卡

存为"命令，或单击"文件"功能区中
保存命令按钮下的"另存为"命令，
弹出"保存"对话框，指定项目的保存
名称。单击"确定"按钮，在源文件目
录下自动创建项目文件"计算工人不同
时间尿氟排出量统计指标 .prism"。

（2）输入数据表数据

① 在导航器中单击选择数据表"尿
氟排出量"，右侧工作区直接进入该数据
表的编辑界面。该数据表中包含 X 列、
第 A 组（A:Y1、A:Y2、A:Y3）、第 B 组
（B:Y1、B:Y2、B:Y3）、 第 C 组（C:Y1、
C:Y2、C:Y3）等，如图 4-26 所示。

② 打开"工人 24h 内尿氟排出
量 .xlsx"文件，选中数据，按下快捷键
Ctrl+C，复制表格数据，如图 4-27 所示。

③ 打开 GraphPad Prism 中的"尿氟
排出量"数据表，单击列号 X 下的第一
行，选中该单元格，按下快捷键 Ctrl+V，
粘贴数据，如图 4-28 所示。

④ 选择菜单栏中的"编辑"→"格
式化工作表"命令，或在功能区"更改"
选项卡单击"更改数据表格式（种类、
重复项、误差值）"按钮，或单击工作
区左上角"表格式"单元格，弹出"格
式化数据表"对话框。打开"表格式"
选项卡，取消勾选"显示行标题"复选
框。打开"列标题"选项卡，输入列标
题，即工作前、工作中、工作后，如
图 4-29 所示。

⑤ 打开"子列标题"选项卡，勾选
"为所有数据集输入一组子列标题"复选
框，显示所有列组的子列标题，在 A:Y1、
A:Y2、A:Y3 行输入子列标题，如图 4-30
所示。单击"确定"按钮，关闭该对话
框，在数据表中显示表格格式设置结果。

⑥ 在"X"列标题行输入"工人编

号", 结果如图 4-31 所示。

❖ **提示**: 数据表中若出现压字现象, 单击鼠标拖动单元格边界线, 根据列标题名手动调整列宽。本书后面的实例中, 如出现压字现象, 则使用鼠标手动调整列宽。

工人编号	第A组 工作前			第B组 工作中			第C组 工作后		
X	第一天	第二天	第三天	第一天	第二天	第三天	第一天	第二天	第三天
1	1.72	1.83	1.74	2.79	2.72	2.46	1.66	1.46	1.40
2	1.68	1.66	1.62	3.10	3.15	3.12	1.24	1.52	1.22
3	1.40	1.49	1.50	3.20	3.15	3.26	1.30	1.56	1.02
4	2.34	2.29	2.27	2.16	2.67	2.60	3.00	3.60	3.20
5	1.90	1.89	1.87	2.75	2.63	2.79	3.70	3.79	3.90
6	0.88	0.65	0.76	2.40	2.72	2.51	1.24	1.30	1.51
7	1.40	1.59	1.60	2.64	2.52	2.69	3.80	3.69	3.90
8	2.00	1.93	1.98	2.40	2.54	2.55	1.90	1.55	1.85
9	1.64	1.67	1.70	2.30	3.70	2.62	2.00	1.62	2.02
10	1.14	1.01	1.18	1.40	1.70	1.52	1.12	1.52	1.22

图 4-31 设置子列标题名

（3）设置数据表格式

① 按下 Shift 键, 选择多个列标题单元格, 在功能区"更改"选项卡单击"突出显示选定的单元格"按钮下的"蓝色"命令, 将选中的多个列标题单元格背景色设置为蓝色。

② 按下 Shift 键, 选择行标题列数据单元格, 在功能区"更改"选项卡单击"突出显示选定的单元格"按钮下的"棕黄"命令, 将选中的行数据单元格背景色设置为棕黄色。

③ 按下 Shift 键, 选择 1～10 行数据单元格, 在功能区"更改"选项卡单击"突出显示选定的单元格"按钮下的"黄色"命令, 将选中的行数据单元格背景色设置为黄色, 如图 4-32 所示。

工人编号	第A组 工作前			第B组 工作中			第C组 工作后		
X	第一天	第二天	第三天	第一天	第二天	第三天	第一天	第二天	第三天
1	1.72	1.83	1.74	2.79	2.72	2.46	1.66	1.46	1.40
2	1.68	1.66	1.62	3.10	3.15	3.12	1.24	1.52	1.22
3	1.40	1.49	1.50	3.20	3.15	3.26	1.30	1.56	1.02
4	2.34	2.29	2.27	2.16	2.67	2.60	3.00	3.60	3.20
5	1.90	1.89	1.87	2.75	2.63	2.79	3.70	3.79	3.90
6	0.88	0.65	0.76	2.40	2.72	2.51	1.24	1.30	1.51
7	1.40	1.59	1.60	2.64	2.52	2.69	3.80	3.69	3.90
8	2.00	1.93	1.98	2.40	2.54	2.55	1.90	1.55	1.85
9	1.64	1.67	1.70	2.30	3.70	2.62	2.00	1.62	2.02
10	1.14	1.01	1.18	1.40	1.70	1.52	1.12	1.52	1.22

图 4-32 设置数据表单元格背景色颜色

（4）行统计

① 选择菜单栏中的"分析"→"数据探索和摘要"→"行统计"命令, 弹出"分析数据"对话框。单击"确定"按钮, 关闭该对话框, 弹出"参数: 行统计"对话框, 在"每行的计算范围"选项组下选择"计算每个数据集列的平均数、中位数等（C）", 在"计算行（R）"选项中选择"平均数"且"SD, N", 如图 4-33 所示。

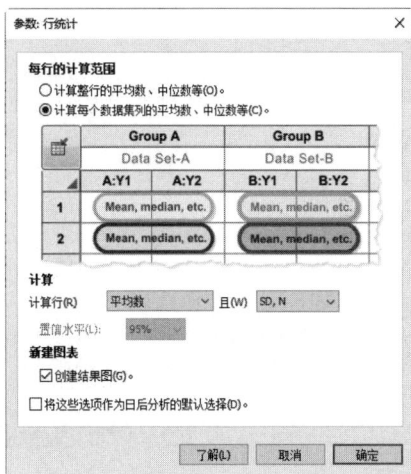

图 4-33 "参数: 行统计"对话框

② 单击"确定"按钮, 关闭该对话框, 生成结果表"行统计 / 尿氟排出量", 计算每个数据集中每行（3 个子列）的单独平均值、标准差和 N（样本数）, 结果如图 4-34 所示。

工人编号	A 工作前			B 工作中			C 工作后		
X	平均值	标准差	N	平均值	标准差	N	平均值	标准差	N
1	1.000	1.763	0.059	3	2.657	0.174	3	1.507	0.136	3
2	2.000	1.653	0.031	3	3.123	0.025	3	1.327	0.168	3
3	3.000	1.463	0.055	3	3.203	0.055	3	1.293	0.270	3
4	4.000	2.300	0.036	3	2.477	0.276	3	3.267	0.306	3
5	5.000	1.887	0.015	3	2.723	0.083	3	3.797	0.100	3
6	6.000	0.763	0.115	3	2.543	0.163	3	1.350	0.142	3
7	7.000	1.530	0.113	3	2.617	0.087	3	3.797	0.105	3
8	8.000	1.970	0.036	3	2.497	0.084	3	1.767	0.189	3
9	9.000	1.670	0.030	3	2.873	0.734	3	1.880	0.225	3
10	10.000	1.110	0.089	3	1.540	0.151	3	1.267	0.208	3

图 4-34 结果表"行统计 / 尿氟排出量"

图 4-35　设置 X 列中的小数格式

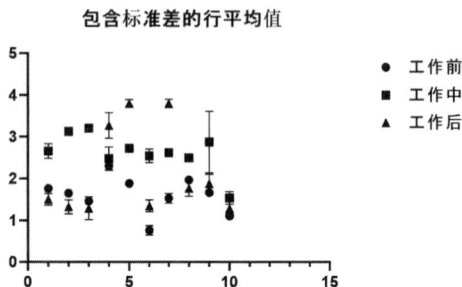

图 4-36　显示带误差条的散点图

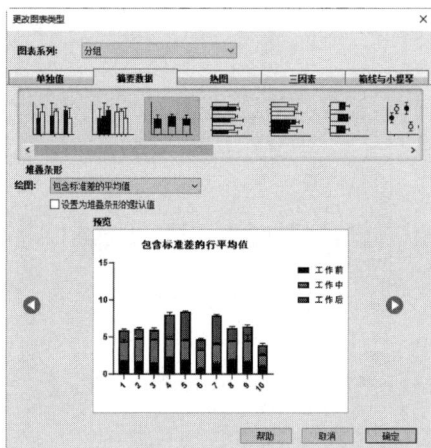

图 4-37　"更改图表类型"对话框

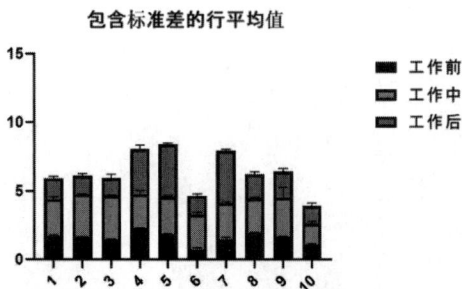

图 4-38　绘制水平堆叠条形图

③ 打开结果表，选中要编辑的列（X列），选择菜单栏中的"插入"→"小数格式"命令，或在功能区"更改"选项卡单击"更改小数格式（小数点后的位数）"按钮，或单击鼠标右键，在弹出的快捷菜单中选择"小数格式"命令，弹出"小数格式"对话框，设置"最小位数"选项为 0。单击"确定"按钮，关闭该对话框，设置 X 列中数据的小数位数为 0，如图 4-35 所示。

（5）绘制图表

① 打开导航器"图表"下的"行统计 / 尿氟排出量"，显示带误差条的散点图，如图 4-36 所示。图形散乱，无法显示数据区分情况，需要修改图表的类型。

② 选择菜单栏中的"更改"→"图表类型"命令，或在导航器"图表"选项组下单击图表名称，或单击"更改"功能区中的"选择其他类型的图表"按钮，打开"更改图表类型"对话框，在"图表系列"选项组"分组"下选择"堆叠条形"，如图 4-37 所示。单击"确定"按钮，关闭对话框，创建水平堆叠条形图，如图 4-38 所示。

③ 双击绘图区空白处，或单击"更改"功能区中的"设置图表格式（符号、条形图、误差条等）"按钮，弹出"格式化图表"对话框，打开"外观"选项卡，在"数据集"下拉列表中选择"更改所有数据集"，在"边框"下拉列表中选择"无"，取消柱形的边框，如图 4-39 所示。

④ 单击"确定"按钮，关闭对话框，更新图表，如图 4-40 所示。

⑤ 单击"更改"功能区中"更改颜色"按钮下的"翠绿（半透明）"命令，即可自动更新图表颜色。移动图例位置到 X 轴上方，如图 4-41 所示。

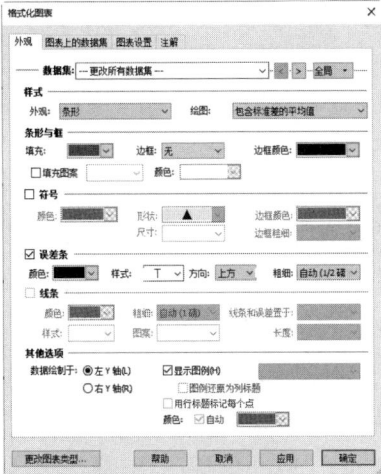

图4-39　"外观"选项卡

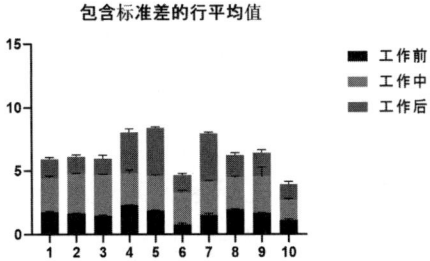

图4-40　更新图表

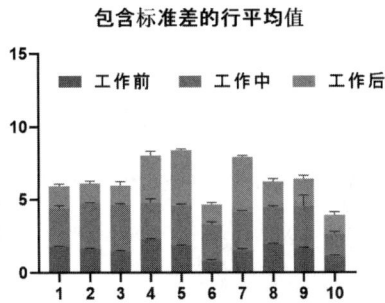

图4-41　图表修饰结果

（6）保存项目

单击"文件"功能区中的"保存"按钮 ▦，或按下 Ctrl+S 键，直接保存项目文件。

4.2.5　列统计

列统计是计算描述每个数据集的分布统计指标，如四分位数、中值、SD 等。

① 选择菜单栏中的"分析"→"数据探索和摘要"→"描述性统计"命令，弹出"分析数据"对话框，在左侧列表中选择指定的分析方法，即描述性统计，在右侧显示需要分析的数据集和数据列，如图4-42所示。

② 单击"确定"按钮，关闭该对话框，弹出"参数：描述性统计"对话框，显示数据集的基本参数统计值，如图4-43所示。

图4-42　"分析数据"对话框

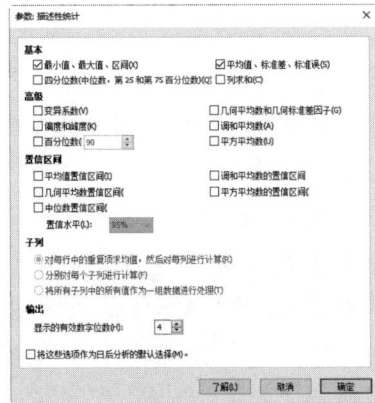

图4-43　"参数：描述性统计"对话框

a.基本。选择要计算并输出的基本描述性统计量：最小值、最大值、区间、平均值、标准差、标准误、四分位数、列求和。

b.高级。选择要计算并输出的高级描述性统计量：变异系数、偏度和峰度、百分位数、几何平均数和几何标准差因子、调和平均数、平方平均数。

c.置信区间。选择要计算并输出描述性统计量的置信区间。

d.子列。如果数据位于为 XY 格式化的表中，或带有子列的分组数据中，需要分别计算每个子列的列统计信息，或计算子列的平均值，并根据平均值计算列统计信息。

如果数据表具有用于输入平均值和 SD（或 SEM）值的子列，则 Prism 会计算平均值的列统计信息，并忽略输入的 SD 值或 SEM 值。

e.输出。定义输出数据的有效数字位数，默认值为 4。

4.2.6 操作实例——计算白细胞计数统计指标

医学研究中有一类比较特殊的资料，如抗体滴度、细菌计数、血清凝集效价、某些物质浓度等，其数据特点是观察值间按倍数关系变化。

某医院测得 10 个某种传染病人的白细胞计数（$\times 10^3$），测量值为 11、9、35、5、9、8、3、10、12、8。计算这 10 个观察值的几何均数。

（1）设置工作环境

① 双击 GraphPad Prism 10 图标，启动 GraphPad Prism，自动弹出"欢迎使用 GraphPad Prism"对话框，在"创建"选项组下选择"列"选项。

➢ 在"数据表"选项组下默认选择"将数据输入或导入到新表"选项。

➢ 在"选项"选项组下选择"输入重复值，并堆叠到列中"。

② 单击"创建"按钮，创建项目文件，同时该项目下自动创建一个数据表"数据 1"和关联的图表"数据 1"，重命名数据表为"白细胞计数"。

③ 选择菜单栏中的"文件"→"另存为"命令，或单击"文件"功能区中保存命令按钮 📇 下的"另存为"命令，弹出"保存"对话框，输入项目名称"计算白细胞计数统计指标 .prism"。单击"确定"按钮，在源文件目录下自动创建项目文件。

（2）输入数据

打开数据表，根据体重数据在数据区输入白细胞计数，结果如图 4-44 所示。

（3）绘制散点图

① 打开导航器"图表"下的"白细胞计数"，自动弹出"更改图表类型"对话框，在"图表系列"选项组下选择"XY"下的"点与连接线（C）"，如图 4-45 所示。

② 单击"确定"按钮，关闭该对话框，显示点线图，如图 4-46 所示。

表格式:列	第 A 组 数据集-A
1	杭	11
2	杭	9
3	杭	35
4	杭	5
5	杭	9
6	杭	8
7	杭	3
8	杭	10
9	杭	12
10	杭	8

图 4-44 输入数据

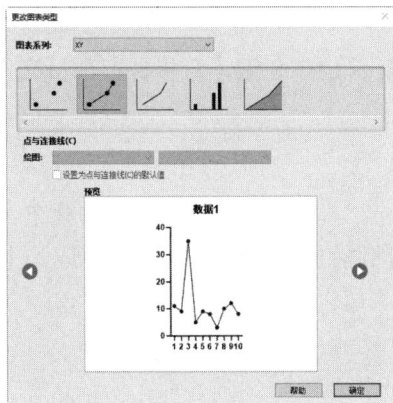

图 4-45 "更改图表类型"对话框

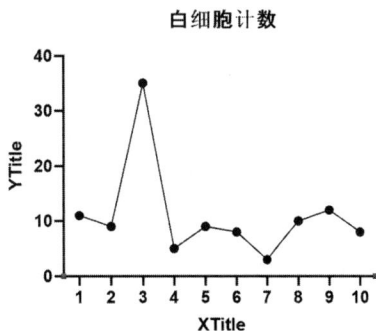

图 4-46 显示点线图

（4）列统计

① 将数据表"白细胞计数"置为当前。

② 选择菜单栏中的"分析"→"数据探索和摘要"→"描述性统计"命令，弹出"分析数据"对话框。单击"确定"按钮，关闭该对话框，弹出"参数：描述性统计"对话框，勾选数据集的基本参数统计值，如图 4-47 所示。

③ 单击"确定"按钮，关闭该对话框，生成结果表"描述性统计 / 白细胞计数"，计算数据集中每行（3 个子列）的平均值、几何平均数等统计指标，结果如图 4-48 所示。

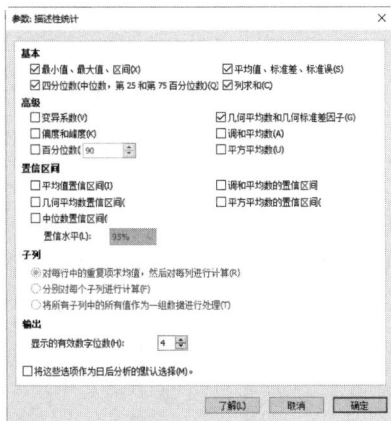

图 4-47 "参数：描述性统计"对话框

图 4-48 结果表"描述性统计 / 白细胞计数"

④ 表中 10 个病人的白细胞计数的几何平均数是 9.027（$\times 10^3$），其平均值是 11（$\times 10^3$），两者有所不同。

⑤ 平均数主要适用于对称分布或偏度不大的资料，尤其适合正态分布资料。在偏度较大的情况下，算出的均值容易受到频数分布尾端极大值或极小值的影响，不能真正地反映分布的集中位置，这时应考虑改用其他方法。几何平均数在医学研究领域多用于血清学和微生物学中。有些明显呈偏态分布的资料经过对数变换后呈对称分布，也可以采用几何平均数描述其平均水平，同一组观察值的几何平均数总是小于它的算术平均数。

（5）保存项目

单击"文件"功能区中的"保存"按钮 🖫，或按下 Ctrl+S 键，直接保存项目文件。

4.2.7 操作实例——正常发育男孩身高参数估计

某市 7 岁正常发育男孩的身高服从均数 μ=120cm、标准差 σ=5cm 的正态分布。现利用计算机从该正态分布 N（120，5^2）总体中重复随机抽样 10000 次，每次抽取一个样本含量 n=9 的样本。表 4-3 列出了其中 10 个样本的观测值。

① 试计算各样本的均数、标准差。

② 估计该地 7 岁正常发育男孩身高总体均数的 95% 置信区间。

表 4-3　在 N（120,5^2）总体中随机抽取 10 个样本的资料（n=9）

样本号	观测值								
1	125.57	124.26	116.81	116.52	124.85	132.06	121.59	116.73	114.56
2	123.82	122.10	124.23	122.99	126.28	120.66	115.44	122.58	125.37
3	125.26	123.08	125.23	116.62	117.62	117.72	125.18	119.86	128.31
4	118.78	129.16	123.01	122.68	114.01	116.08	118.64	120.00	125.78
5	122.53	121.61	114.80	122.66	123.86	119.91	127.32	114.60	122.45
6	114.21	111.93	120.95	124.53	125.27	114.38	119.48	129.54	124.33
7	129.08	114.41	119.19	120.16	126.15	120.63	120.37	123.90	120.78
8	113.11	126.16	116.65	107.58	123.21	113.82	117.38	132.83	118.10
9	118.42	124.45	121.13	116.42	120.71	119.15	122.37	124.76	115.85
10	123.31	125.03	114.80	116.68	116.71	124.91	119.39	119.28	179.77

（1）设置工作环境

① 双击 GraphPad Prism 10 图标，启动 GraphPad Prism，自动弹出"欢迎使用 GraphPad Prism"对话框，设置创建的数据表格式。

➤ 在"创建"选项组下选择"XY"选项。

➤ 在"数据表"选项组下默认选择"输入或导入数据到新表"选项。

➤ 在"选项"选项组下，"X"选项默认选择"数值"，"Y"选项选择"为每个点输入一个 Y 值并绘图"。

② 单击"创建"按钮，创建项目文件，同时该项目下自动创建一个数据表"数据 1"和关联的图表"数据 1"。

③ 选择菜单栏中的"文件"→"另存为"命令，或单击"文件"功能区中保存命令按钮 🖫 下的"另存为"命令，弹出"保存"对话框，输入项目名称"正常发育男孩身高参数估计 .prism"。单击"确定"按钮，保存项目。

（2）导入 txt 文件

① 打开数据表，激活 Y 列"第 A 组"第 1 行单元格。

② 选择菜单栏中的“文件”→“导入”命令，或在功能区“导入”选项卡单击“导入文件”按钮，或单击鼠标右键，在弹出的快捷菜单中选择“导入数据”命令，弹出“导入”对话框，在指定目录下选择要导入的文件“7 岁正常发育男孩身高随机样本 .txt”。

③ 单击“打开”按钮，弹出“导入和粘贴选择的特定内容”对话框。打开“源”选项卡，在“关联与嵌入”选项组下选择“仅插入数据”选项。打开“放置”选项卡，在“行列排列方式”选项组下选择“转置(S)。每行成为一列。”选项，其余选项选择默认值。

④ 单击“导入”按钮，在数据表中导入 txt 文件（图 4-49）中的数据，数据表根据 txt 文件名称重命名为“7 岁正常发育男孩身高随机样本”，结果如图 4-50 所示。

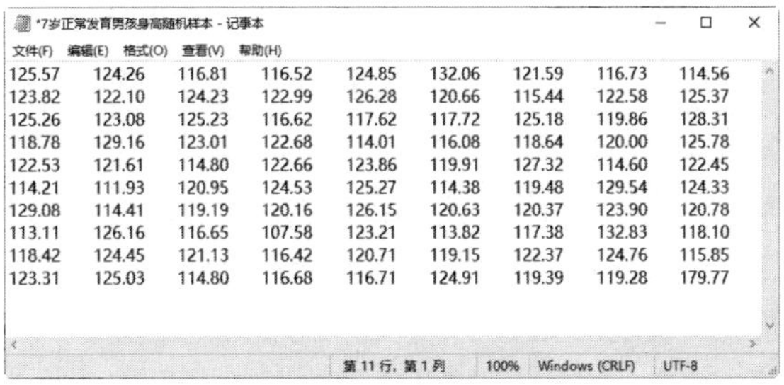

图 4-49　txt 文件

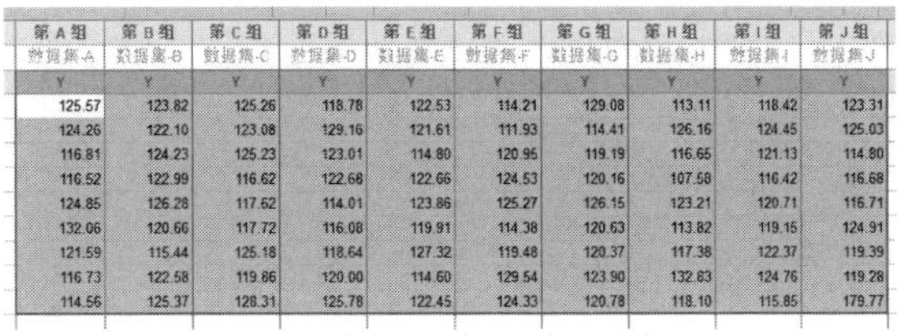

第A组	第B组	第C组	第D组	第E组	第F组	第G组	第H组	第I组	第J组
数据集-A	数据集-B	数据集-C	数据集-D	数据集-E	数据集-F	数据集-G	数据集-H	数据集-I	数据集-J
Y	Y	Y	Y	Y	Y	Y	Y	Y	Y
125.57	123.82	125.26	118.78	122.53	114.21	129.08	113.11	118.42	123.31
124.26	122.10	123.08	129.16	121.61	111.93	114.41	126.16	124.45	125.03
116.81	124.23	125.23	123.01	114.80	120.95	119.19	116.65	121.13	114.80
116.52	122.99	116.62	122.68	122.66	124.53	120.16	107.58	116.42	116.68
124.85	126.28	117.62	114.01	123.86	125.27	126.15	123.21	120.71	116.71
132.06	120.66	117.72	116.08	119.91	114.38	120.63	113.82	119.15	124.91
121.59	115.44	125.18	118.64	127.32	119.48	120.37	117.38	122.37	119.39
116.73	122.58	119.86	120.00	114.60	129.54	123.90	132.83	124.76	119.28
114.56	125.37	128.31	125.78	122.45	124.33	120.78	118.10	115.85	179.77

图 4-50　导入数据

（3）列统计

① 选择菜单栏中的“分析”→“数据探索和摘要”→“描述性统计”命令，弹出“分析数据”对话框。单击“确定”按钮，关闭该对话框，弹出“参数：描述性统计”对话框，勾选数据集的基本参数统计值，如图 4-51 所示。

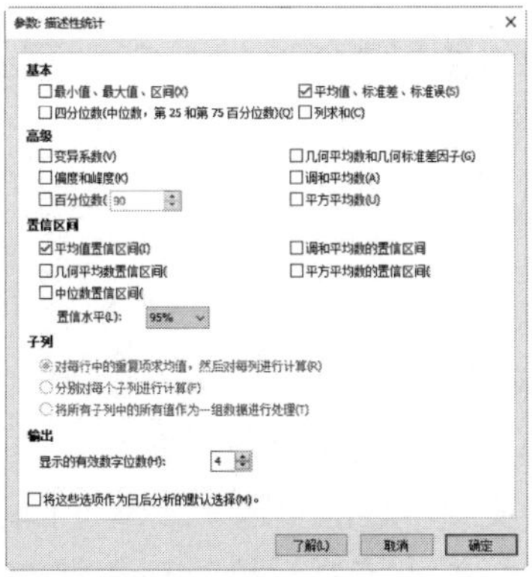

图 4-51　“参数：描述性统计”对话框

② 单击“确定”按钮，关闭该对话框，生成结果表“描述性统计 /7 岁正常发育男孩身高随机样本”，计算数据集中的平均值、标准差、平均值标准误、平均值的 95% 置信区间下限和平均值的 95% 置信区间上限，结果如图 4-52 所示。

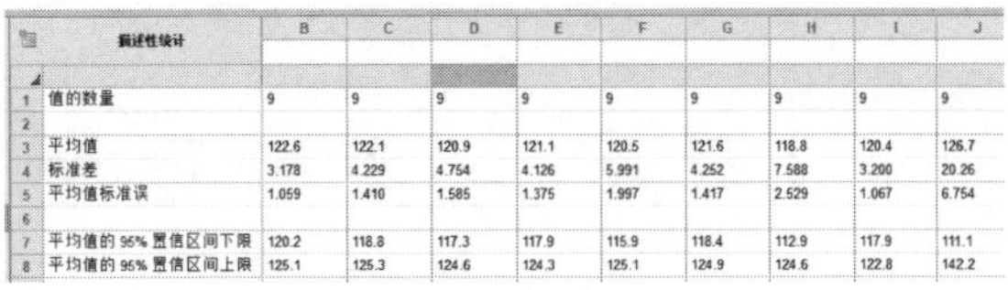

	描述性统计	B	C	D	E	F	G	H	I	J
1	值的数量	9	9	9	9	9	9	9	9	9
2										
3	平均值	122.6	122.1	120.9	121.1	120.5	121.6	118.8	120.4	126.7
4	标准差	3.178	4.229	4.754	4.126	5.991	4.252	7.588	3.200	20.26
5	平均值标准误	1.059	1.410	1.585	1.375	1.997	1.417	2.529	1.067	6.754
6										
7	平均值的 95% 置信区间下限	120.2	118.8	117.3	117.9	115.9	118.4	112.9	117.9	111.1
8	平均值的 95% 置信区间上限	125.1	125.3	124.6	124.3	125.1	124.9	124.6	122.8	142.2

图 4-52　结果表“描述性统计 /7 岁正常发育男孩身高随机样本”

（4）创建数据表“正常发育男孩身高参数估计”

① 单击导航器中“数据表”选项组下的“新建工作表”按钮⊕，弹出“新建数据表和图表”对话框，在左侧“创建”选项组下选择“XY”选项。在“数据表”选项组下默认选择“输入或导入数据到新表”选项；在“选项”选项组下，“X”选项默认选择

"数值"，"Y"选项选择"为每个点输入一个 Y 值并绘图"。

② 单击"创建"按钮，在该项目下自动创建一个数据表"数据 2"和关联的图表"数据 2"。在左侧导航器中选择数据表"数据 2"，修改名称为"正常发育男孩身高参数估计"。

（5）合并数据

① 打开数据表"7 岁正常发育男孩身高随机样本"，选中单元格中的数据，按下快捷键 Ctrl+C，复制表格数据。打开数据表"正常发育男孩身高参数估计"，单击"第 A 组"所在单元格，选择菜单栏中的"编辑"→"粘贴转置"→"粘贴数据"命令，粘贴复制的转置数据，结果如图 4-53 所示。

② 打开结果表"描述性统计 /7 岁正常发育男孩身高随机样本"，选中单元格中的数据，按下快捷键 Ctrl+C，复制表格数据。打开数据表"正常发育男孩身高参数估计"，单击"第 J 组"标题行所在单元格，选择菜单栏中的"编辑"→"粘贴转置"→"粘贴数据"命令，粘贴复制的转置数据，结果如图 4-54 所示。

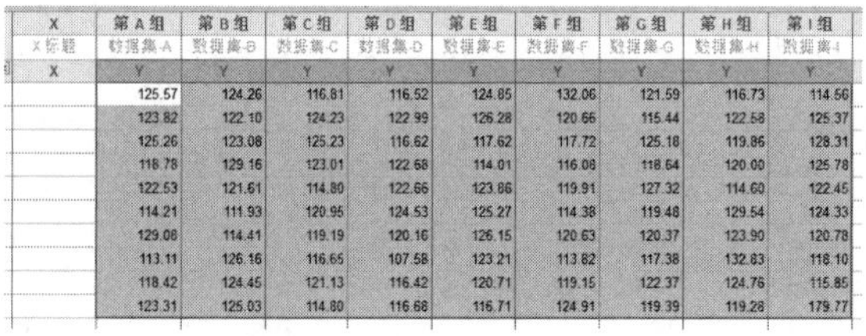

图 4-53　粘贴转置数据

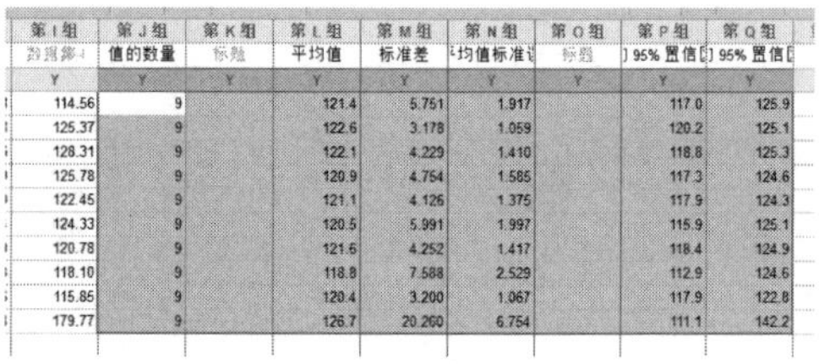

图 4-54　粘贴转置结果数据

（6）设置数据格式

① 打开数据表"正常发育男孩身高参数估计"，选择"第 K 组""第 O 组"，单击鼠标右键，选择"删除"命令，删除空白列。

② 激活 X 列第 1 行单元格，选择菜单栏中的"插入"→"创建级数"命令，或在功能区"更改"选项卡单击"插入数字序列"按钮，弹出"创建级数"对话框，默认设置 10 个值垂直排列，"第一个值"为 1，计算每个值时，值在其正上方"加""1.0"。单击"确定"按钮，关闭该对话框，在选择的单元格内插入 10 个序列。

③ 单击工作区左上角"表格式"单元格，弹出"格式化数据表"对话框，打开"表格式"选项卡，取消勾选"显示行标题"复选框，勾选"自动列宽"复选框。单击"确定"按钮，关闭该对话框，在数据表中取消标题行列的显示，自动调整列宽，结果如图 4-55 所示。

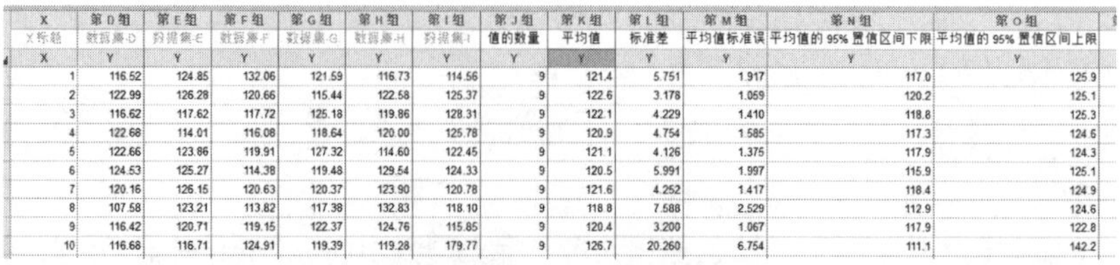

图 4-55　自动调整列宽结果

从数据表中可以看出样本均数的抽样分布具有如下特点：

a. 各样本均数未必等于总体均数。

b. 各样本均数间存在差异。

（7）保存项目

单击"文件"功能区中的"保存"按钮📁，或按下 Ctrl+S 键，直接保存项目文件。

4.3　分类数据的统计描述

在医学研究中，除了定量数据，还有如阴性和阳性、有效和无效、治愈和未治愈、死亡和生存，以及各种疾病分类等类型的定性数据，也称分类数据。

4.3.1　医学常用统计指标

对定性数据的整理往往是先将研究对象按其性质或特征分类，再分别计算每一类的例数。描述定性数据的数据特征，通常需要计算相对数。根据不同的研究目的，利用常用率、构成比、相对比等指标来对分类数据进行统计描述。

（1）常用相对数

相对数是两个有关的绝对数之比，也可以是两个有关联统计指标之比。相对数的性质取决于其分子和分母的意义，不同类型的相对数具有不同的性质。计算相对数的意义主要是把基数化作相等，便于相互比较。例如，对于某病，用 A 法治疗 100 人，其中 75 人有效，用 B 法治疗 150 人，100 人有效，若仅比较两组有效的绝对人数是不恰当的，而通过分别计算有效率（75/100）×100%=75% 与（100/150）×100%=66.7% 来比较两法的疗效才有实际意义。

常用的相对数指标有率、构成比、相对比和标准化率。

① 率表示在一定空间或时间范围内某现象的发生数与可能发生的总数之比，说明某现象出现的强度或频率，通常以百分率（%）、千分率（‰）、万分率（1/10000）或十万分率（1/100000）等来表示。

② 构成比表示某事物内部各组成部分在整体中所占的比重，常以百分数表示。

③ 相对比是 A、B 两个有关联指标值之比，用以描述两者的对比水平，说明 A 是 B 的若干倍或百分之几，通常用倍数或百分数表示。这两个指标可以性质相同，如不同时期的患病人数之比；也可以性质不同，如体重与身高的平方之比（体重指数，BMI）。

④ 标准化率：在比较两个不同人群的患病率、发病率、死亡率等资料时，为消除其内部构成（如年龄、性别、工龄、病程长短、病情轻重等）对率的影响，可以使用标准化率。

（2）常用的相对数指标

① 死亡率又称粗死亡率，表示某年某地每 1000 人中的死亡人数，反映当地居民总的死亡水平，计算公式为

$$死亡率 = \frac{某年某地死亡人口总数}{同年该地年平均人口数} \times 1000‰$$

② 年龄别死亡率表示某年某地每 1000 人中的死亡数，它消除了人口年龄构成不同对死亡水平的影响，计算公式为

$$年龄别死亡率 = \frac{某年某地某年龄组死亡人数}{同年该地同年龄别平均人口数} \times 1000‰$$

③ 死因别死亡率表示某年某地每 10 万人中因某种疾病死亡的人数，它反映各类病伤死亡对居民生命的危害程度，是死因分析的重要指标，计算公式为

$$某病死亡率 = \frac{某年某地某病死亡人数}{同年该地平均人口数} \times 100000/100000$$

④ 死因构成比也称相对死亡比，指全部死亡人数中，死于某死因者占总死亡数的百分比，反映各种死因的相对重要性，计算公式为

$$某种死因的构成比 = \frac{因某种原因死亡的人数}{总死亡人数} \times 100\%$$

（3）疾病统计指标

① 发病率表示在一定时间内，一定人群中某病新发生的病例出现的频率，是反映疾病对人群健康影响和描述疾病分布状态的一项测量指标。其计算公式为

$$某病发病率 = \frac{某时期某病新病例数}{同期间内平均人口数} \times 比例基数$$

② 患病率也称现患率，表示某时点某人群中患某病的频率，通常用来表示病程较长慢性病的发生或流行情况，计算公式为

$$某病患病率 = \frac{某地某时点某病患病例数}{该地同期内平均人口数} \times 比例基数$$

③ 病死率表示某时间内，某病患者中因该病死亡的频率，表明该疾病的严重程度和医疗水平等，多用于急性传染病，计算公式为

$$某病病死率 = \frac{某期间因某病死亡人数}{同期该病的患病人数} \times 100\%$$

④ 治愈率表示接受治疗的病人中治愈的频率，计算公式为

$$治愈率 = \frac{治愈病人数}{接受治疗病人数} \times 100\%$$

4.3.2 变换数据

在绘制或分析数据之前，首先可能需要通过计算，将数据变换成适当形式。

① 当使用 Prism 变换数据时，数据表不会更改，而是使用变换后的值创建一张新的结果表，数学变换函数见表 4-4。

② 选择菜单栏中的"分析"→"数据处理"→"变换"命令，弹出"分析数据"对话框，在左侧列表中选择指定的分析方法，即变换。

③ 单击"确定"按钮，关闭该对话框，弹出"参数：变换"对话框，将数据集根据指定的数学变换函数对 Y 值进行变换，如图 4-56 所示。

图 4-56 "参数：变换"对话框

表 4-4 数学变换函数

函数	说明
Y=Y*K	在所提供的方框中输入 K
Y=Y+K	在所提供的方框中输入 K
Y=Y−K	在所提供的方框中输入 K
Y=Y/K	在所提供的方框中输入 K
$Y=Y^2$	
Y=Y^K	在所提供的方框中输入 K
Y=log(Y)	Y 的对数（以 10 为底）
Y=−1*log(Y)	
Y=ln(Y)	Y 的自然对数（以 e 为底）
Y=10^Y	10 的 Y 次方（以 10 为底的对数的倒数）
Y=exp(Y)	e^Y（自然对数的倒数）
Y=1/Y	
Y=sqrt(Y)	Y 的平方根
Y=logit(y)	ln(Y/1−Y)
Y=probit(Y)	Y 必须介于 0.0 ～ 1.0 之间
Y=rank(Y)	列秩。指定等级为 1 的最小 Y 值
Y=zscore(Y)	列平均值中的 SD 数
Y=sin(Y)	Y 以弧度表示
Y=cos(Y)	Y 以弧度表示
Y=tan(Y)	Y 以弧度表示
Y=arcsin(Y)	Y 以弧度表示
Y=ABS(Y)	Y 的绝对值
Y=Y+Random	从平均值为零且 SD=K 的高斯（正态）分布中选择的随机值（输入所提供的方框中）

函数	说明
Y=X/Y	
Y=Y/X	
Y=Y-X	
Y=Y+X	
Y=Y*X	
Y=X-Y	
Y=K-Y	在所提供的方框中输入 K
Y=K/Y	在所提供的方框中输入 K
Y=log2(Y)	Y 的对数（以 2 为底）
Y=2^Y	2 的 Y 次方（以 2 为底的对数的倒数）
Y=Y	四舍五入到小数，在所提供的方框中输入 K 点后的 K 位

注：函数的形式与软件中的一致。

（1）函数列表

① 标准函数（S） 选择该选项，通过表 4-5 中的标准函数进行计算。

a. "交换 X 和 Y（然后按以下指定的说明进行变换）（C）。"：勾选该复选框，"X"变换会应用至原来在"Y"列中的数据，而"Y"变换会应用至原来在"X"列中的数据。

b. 以此变换 X 值（F）：勾选该复选框，使用函数计算 X 值，得到 X 变换值。

c. 以此变换 Y 值（M）：勾选该复选框，使用函数计算 Y 值，得到 Y 变换值。

d. 所有数据集的 K 相同（K）：许多函数包含变量"K"，输入一个 K 值。

e. 每个数据集的 K 不同（D）：为每个数据集输入一个单独的 K 值。在"数据集"下拉列表中选择 Y 列。

f. 无法变换标准差或标准误时：如果输入的数据是平均值、SD（或 SEM）和 N，则 Prism 可以变换误差条与平均值。当变换值在本质上不对等（即对数）时，从数学上来说无法变换 SD 并以 SD 结束。可以有两种处理方法：

> 擦除标准差或标准误（E）：只变换平均值，也可以删除误差条。

> 转换为不对称的 95% 置信区间（N）：将误差条变换为 95% 置信区间，然后变换置信区间的两端。由此产生的 95% 置信区间是不对等区间。

② 药理学和生物化学变换（P） 选择该选项，显示药理学和生物化学的变换函数，如图 4-57所示。

图 4-57　选择"药理学和生物化学变换（P）"

表 4-5　标准函数

函数	X 变换	Y 变换
Eadie-Hofstee	Y/X	无变化
Hanes-Woolf	无变化	X/Y
Hill	如果将数据作为对数（集合）输入，则不会有任何变化	$\log_{10}[Y/(Y_{max}-Y)]$
Lineweaver-Burk	1/X	1/Y
Log-log	$\log_{10}X$	$\log_{10}Y$
Scatchard	Y	Y/X

图 4-58　选择"用户定义的 X 函数（X）"

③ 用户定义的 X 函数（X）　除了上面的标准函数外，Prism 还可以通过编写程序代码自定义一个 X 函数，如图 4-58 所示。

单击"添加"按钮，弹出"方程式"对话框，在"名称（N）"选项中输入函数名称，在"方程式"列表中输入函数表达式（见表 4-6），如图 4-59 所示。

图 4-59　"方程式"对话框

表 4-6　函数表达式

函数	说明
abs(k)	绝对值
arccos(k)	反余弦，结果以弧度表示
arccosh(k)	反双曲余弦
arcsin(k)	反正弦，结果以弧度表示
arcsinh(k)	反双曲正弦，结果以弧度表示
arctan(k)	反正切，结果以弧度表示
arctanh(k)	反双曲正切，k 以弧度表示
arctan2(x,y)	y/x 的反正切，结果以弧度表示
besselj(n,x)	整数阶 J Bessel，$n=0$, ±1, ±2, $\cdots$
bessely(n,x)	整数阶 Y Bessel，$n=0$, ±1, ±2, $\cdots$
besseli(n,x)	整数阶 I 修改 Bessel，$n=0$, ±1, ±2, $\cdots$

函数	说明
besselk(n,x)	整数阶 K 修改 Bessel，$n = 0$，± 1，± 2，…
beta(j,k)	β 函数
binomial(k,n,p)	Binomial n 次试验中，获得 k 次或更多次"成功"的概率，每次试验均有"成功"的概率 p
chidist(x2,v)	卡方 P 值 =v 自由度 x2
chiinv(p,v)	具有 v 自由度的指定 P 值（p）的卡方值
ceil(k)	不小于 k 的最近整数。ceil(2.5)=3.0，ceil(−2.5)=−2.0
cos(k)	余弦，k 以弧度表示
cosh(k)	双曲余弦，k 以弧度表示
deg(k)	将 k 弧度转换为角度
erf(k)	误差函数
erfc(k)	误差函数，补数
exp(k)	e 的 k 次幂
floor(k)	k 以下的下一个整数。floor(2.5)=2.0，floor(−2.5)=−3.0
fdist(f,v1,v2)	分子为 v1 自由度，分母为 v2 的 F 分布的 P 值
finv(p,v1,v2)	F 比率对应于具有 v1 和 v2 自由度的 P 值（p）
gamma(k)	γ 函数
gammaln(k)	γ 函数的自然对数
hypgeometricm(a,b,x)	超几何 M
hypgeometricu(a,b,x)	超几何 U
hypgeometricf(a,b,c,x)	超几何 F
ibeta(j,k,m)	不完整 β
if(condition,j,k)	如果条件为真，则结果为 j，否则结果为 k
igamma(j,k)	不完整 γ
igammac(j,k)	不完整 γ，补数
int(k)	截断分数。int(3.5)=3，int(−2.3)=−2
ln(k)	自然对数
log(k)	以 10 为底的对数
max(j,k)	最多两个值
min(j,k)	至少两个值
j mod k	j 除以 k 后的余数（模数）
normdist(x,m,sd)	P 值（单尾）对应于 x 的指定值。均值等于 m 且标准差等于 sd 的正态（高斯）分布
norminv(p,m,sd)	分位数（逆累积分布函数），对应于均值等于 m 且标准差等于 sd 的正态（高斯）分布的单尾 P 值（p）

函数	说明
psi(k)	psi（Ψ）函数。y 函数的导数
rad(k)	将 k 转换为弧度
round(k,j)	将数字 k 四舍五入，在小数点后显示 j 位数字
sgn(k)	k 符号。如果 k > 0，sgn(k)=1。如果 k < 0，sgn(k)=−1。如果 k=0，sgn(k)=0
sin(k)	正弦，k 以弧度表示
sinh(k)	双曲正弦，k 以弧度表示
sqr(k)	平方
sqrt(k)	平方根
tan(k)	正切，k 以弧度表示
tanh(k)	双曲正切，k 表示弧度
tdist(t,v)	P 值（单尾），对应于具有 v 自由度的 t 的特异性值。T 分布
tinv(p,v)	比率对应于具有 v 个自由度的双尾 P 值（p）
zdist(z)	P 值（单尾）对应于 z 的特异性值。高斯分布
zinv(p)	z 比率对应于单尾 P 值

下面介绍输入用户定义方程时使用的语法：

➢ 变量和参数名称不得超过 13 个字符。

➢ 如需用两个词来命名一个变量，需要用下划线分隔，不使用空格、连字符或句号。例如 Half_Life。

➢ 不区分变量、参数或函数名称中的大小写字母。

➢ 用星号（*）表示乘法。如需将 A 乘以 B，应输入"A*B"，而非"AB"。

➢ 使用 caret（A）表示幂。例如，"A^B"是 A 的 B 次幂。必要时使用圆括号来显示运算顺序。为增加可读性，可用方括号 [] 或大括号 {}。

➢ 使用一个等号给变量赋值。

➢ 无需在语句的结尾使用任何特殊的标点符号。

➢ 如需输入长行，请在第一行末尾键入反斜杠（\），然后按下 Return 键并继续，Prism 会将两行视为一行。

➢ 如需输入注释，键入分号（；），然后键入文本，注释可从一行的任何地方开始。

➢ 可以使用许多函数，其中大部分与 Excel 中内置的函数相似。需要注意的是，不要将内置函数的名称用作参数名称。例如，由于 β 是函数名称，因此无法给参数 β 命名。

④ 用户定义的 Y 函数（Y） Prism 还可以通过编写程序代码自定义一个 Y 函数，其具体方法与定义 X 函数类似，这里不再赘述。

（2）重复项

① 变换单个 Y 值（I） 选择该选项，如果输入重复 Y 值，则 Prism 可以变换每个重复值。

② 变换重复项的均值（A） 选择该选项，如果输入重复 Y 值，则 Prism 可以变换每个重复值的平均值。

（3）新建图表

为结果创建新图表（G）：勾选该复选框，在为变换的数据创建新数据表的同时，创建关联的图表。

4.3.3 变换浓度

对于使用浓度数据作为 X 值的统计问题，需要对 X 值进行特殊处理，方便后期进行统计分析。

选择菜单栏中的"分析"→"数据处理"→"变换浓度"命令，弹出"分析数据"对话框。单击"确定"按钮，关闭该对话框，弹出"参数：变换浓度（X）"对话框，将数据集中 X 值进行特殊处理，如图 4-60 所示。

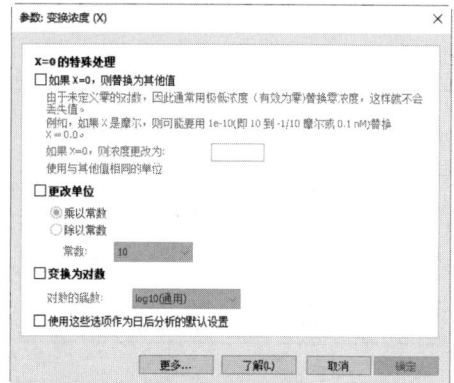

（1）X=0 的特殊处理

由于将 X 值变换成其对数是一种很常见的做法，因此在将一些模型拟合到数据之前，必须在 X=0 时进行特殊处理。

图 4-60 "参数：变换浓度（X）"对话框

图中 0.1nM 表示 0.1nmol

① 如果 X=0，则替换为其他值：勾选该复选框，通常用极低浓度（有效为零）替换零浓度，这样就不会丢失值。

② 如果 X=0，则浓度更改为：如果输入 X=0，则该值在变换后将为空（缺失）。因此需要在取对数之前用其他值（极小的浓度数据）来代替零。例如，如果数据从 $10^{-9} \sim 10^{-3}$ mol 开始，且计划取其对数，则考虑将其值由 0 更改为 10^{-11}。

（2）更改单位

通过将所有 X 值乘以或除以选择的常数来更改单位。

（3）变换为对数

选择使用自然对数或以 10 为底的常见对数对数据进行变换。

（4）使用这些选项作为日后分析的默认设置

勾选该复选框，将修改的参数设置应用到其他数据表中。

4.3.4 操作实例——血小板凝集试验测定分析

凝集试验是临床诊断、实验室研究和细菌学鉴定的重要手段之一。为试验某种新型抗血小板聚集药物，选三家医院作为试验中心，为考核各医院血小板凝集试验测定方法的准确性和稳定性，取出 9 个标准血清试样，分别测得如下数据（表 4-7），试对测试结果进行评价。

表 4-7　三家医院血小板凝集试验的测试结果　　　单位：Ω

编号	标准含量	甲医院	乙医院	丙医院
1	4	4.1	3.8	4.3
2	5	4.8	5.3	5.6
3	6	6.5	6.2	6.5
4	7	7.2	6.8	8.1
5	8	7.8	8.1	8.8
6	9	9.3	8.8	9.4
7	10	10.6	10.6	11.2
8	11	11.2	11.7	12.6
9	12	12.1	11.9	12.8

（1）设置工作环境

① 双击 GraphPad Prism 10 图标，启动 GraphPad Prism，自动弹出“欢迎使用 GraphPad Prism”对话框，设置创建的默认数据表格式。

- 在“创建”选项组下选择“XY”选项。
- 在“数据表”选项组下默认选择“输入或导入数据到新表”选项。
- 在“选项”选项组下，“X”选项默认选择“数值”，“Y”选项选择“为每个点输入一个 Y 值并绘图”。

② 单击“创建”按钮，创建项目文件，同时该项目下自动创建一个数据表“数据 1”和关联的图表“数据 1”，重命名数据表为“试验测试结果”。

③ 选择菜单栏中的“文件”→“另存为”命令，或单击“文件”功能区中保存命令按钮下的“另存为”命令，弹出“保存”对话框，指定项目的保存名称。单击“确定”按钮，在源文件目录下自动创建项目文件“计算工人不同时间尿氟排出量统计指标 .prism”。

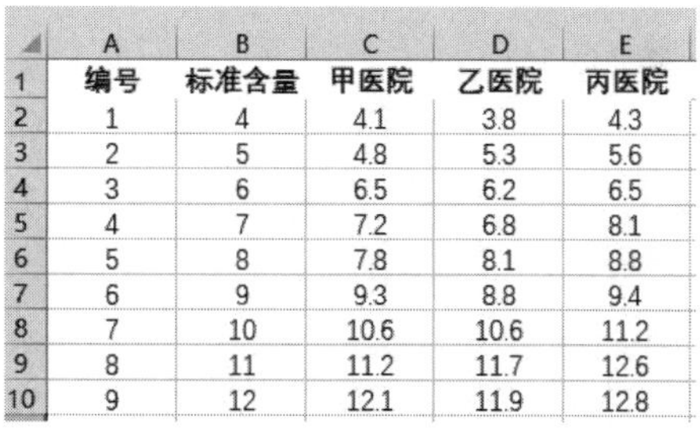

	A	B	C	D	E
1	编号	标准含量	甲医院	乙医院	丙医院
2	1	4	4.1	3.8	4.3
3	2	5	4.8	5.3	5.6
4	3	6	6.5	6.2	6.5
5	4	7	7.2	6.8	8.1
6	5	8	7.8	8.1	8.8
7	6	9	9.3	8.8	9.4
8	7	10	10.6	10.6	11.2
9	8	11	11.2	11.7	12.6
10	9	12	12.1	11.9	12.8

图 4-61　复制文件数据

（2）输入数据表数据

① 在导航器中单击选择数据表“尿氟排出量”，右侧工作区直接进入该数据表的编辑界面。

② 打开“三家医院血小板凝集试验的测试结果 .xlsx”文件，如图 4-61 所示。选中所有数据，按下快捷键 Ctrl+C，复制表格数据。

③ 打开 GraphPad Prism 中的“试验测试结果”数据表，单击标题列下的第一行，选中该单元格，按下快捷键 Ctrl+V，粘贴数据，如图 4-62 所示。

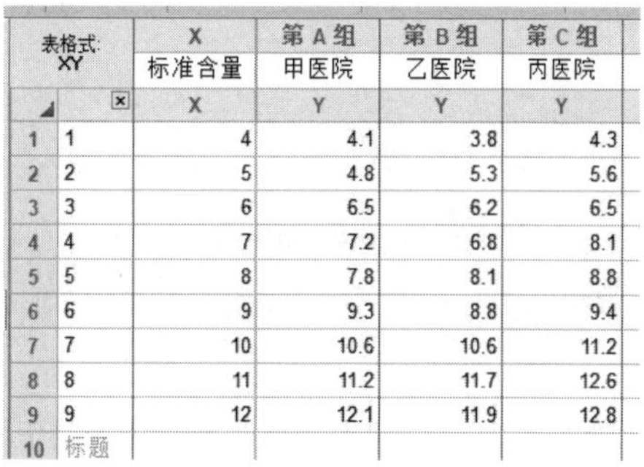

表格式: XY	X 标准含量	第 A 组 甲医院	第 B 组 乙医院	第 C 组 丙医院
	X	Y	Y	Y
1 1	4	4.1	3.8	4.3
2 2	5	4.8	5.3	5.6
3 3	6	6.5	6.2	6.5
4 4	7	7.2	6.8	8.1
5 5	8	7.8	8.1	8.8
6 6	9	9.3	8.8	9.4
7 7	10	10.6	10.6	11.2
8 8	11	11.2	11.7	12.6
9 9	12	12.1	11.9	12.8
10 标题				

图 4-62　粘贴数据

（3）变换"标准含量"浓度值

① 选择菜单栏中的"分析"→"数据处理"→"变换浓度"命令，弹出"分析数据"对话框。单击"确定"按钮，关闭该对话框，弹出"参数：变换浓度（X）"对话框，勾选"变换为对数"复选框，如图 4-63 所示。

② 单击"确定"按钮，关闭该对话框，生成结果表"变换 X/ 试验测试结果"，结果表如图 4-64 所示。将数据集中 X 值使用以 10 为底的常见对数进行变换，其余数据保持不变。

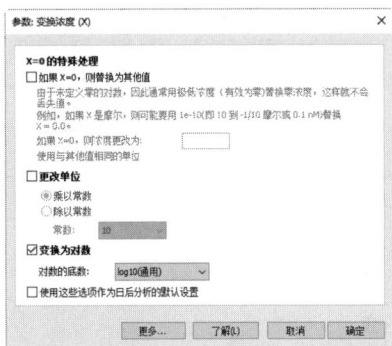

图 4-63　"参数：变换浓度（X）"对话框

	X 标准含量	A 甲医院	B 乙医院	C 丙医院
	X			
1	0.602	4.100	3.800	4.300
2	0.699	4.800	5.300	5.600
3	0.778	6.500	6.200	6.500
4	0.845	7.200	6.800	8.100
5	0.903	7.800	8.100	8.800
6	0.954	9.300	8.800	9.400
7	1.000	10.600	10.600	11.200
8	1.041	11.200	11.700	12.600
9	1.079	12.100	11.900	12.800
10				

图 4-64　结果表"变换 X/ 试验测试结果"

（4）新建点线图

① 在左侧导航器"图表"选项卡下单击"新建图表"命令，弹出"创建新图表"对话框，在"要绘图的数据集"选项组"表"下拉列表中默认选择"变换 X/ 试验测试结果"。在"图表系列"下拉列表中选中"XY"，选择"点与连接线（C）"选项。勾选"为每个数据集创建新图表（不要将它们全部放在一个图表上）"复选框。

② 单击"确定"按钮，关闭对话框，在导航器"图表"下创建 3 个图表，其中包含 3 家医院的测试结果，如图 4-65 所示。根据图表得出结论：检测结果随着新型抗血小板聚集药物含量的增加而升高。

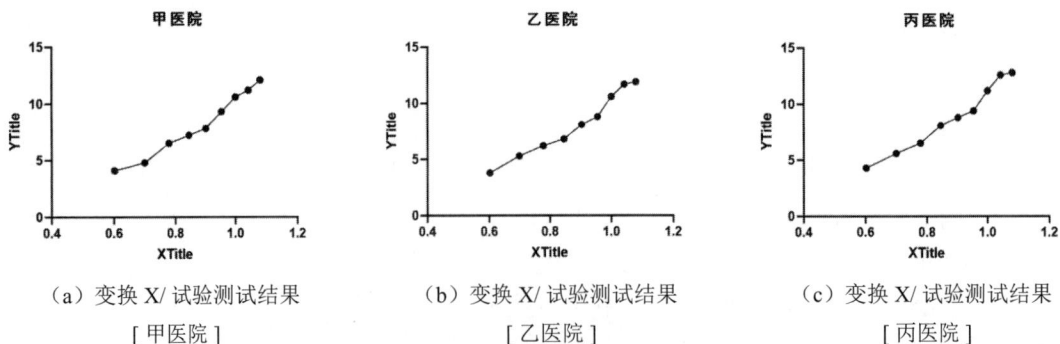

（a）变换 X/ 试验测试结果　　　（b）变换 X/ 试验测试结果　　　（c）变换 X/ 试验测试结果

　　　[甲医院]　　　　　　　　　　　[乙医院]　　　　　　　　　　　[丙医院]

图 4-65　绘制点线图

（5）新建箱线图

① 在左侧导航器"图表"选项卡下单击"新建图表"命令，弹出"创建新图表"对

话框，在"要绘图的数据集"选项组"表"下拉列表中默认选择"变换 X/ 试验测试结果"。在"图表类型"的"显示"下拉列表中选中"列"，在"箱线与小提琴"选项卡下选择"箱线图"选项。

② 单击"确定"按钮，关闭对话框，在导航器"图表"下创建"试验测试结果"图表，包含甲医院、乙医院、丙医院三家医院的箱线图，如图 4-66 所示。

③ 在导航器"图表"下选择"试验测试结果"图表，重命名该图表为"试验测试结果（箱线图）"。此时，图表标题自动更新为图表文件名称"试验测试结果（箱线图）"。

④ 单击"更改"功能区中"更改颜色"按钮 下的"色彩"命令，即可自动更新图表散点颜色。

⑤ 选择标题，设置字体为"华文楷体"，大小为 22，颜色为红色（3E），如图 4-67 所示。

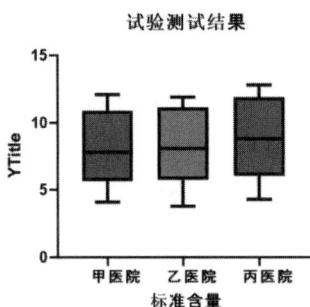

图 4-66 绘制箱线图

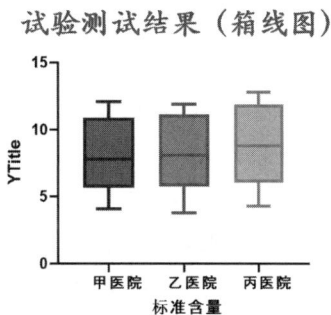

图 4-67 设置散点颜色

⑥ 箱线图可以用来观察数据整体的分布情况，其中包含六个数据节点，从上到下分别为上边缘、上四分位数 Q3、中位数、下四分位数 Q1、下边缘、异常值（图 4-66～图 4-67 中没有异常值）。

⑦ 箱线图中箱子的大小为四分位距。箱线图箱子中的横线表示中位数，从图 4-66～图 4-67 中可以看出：丙医院的中位数最大，甲医院的中位数最小。

（6）保存项目

单击"文件"功能区中的"保存"按钮 ，或按下 Ctrl+S 键，直接保存项目文件。

4.3.5 选择与变换

选择与变换命令用来在现有的多变量表创建一份新的多变量表，可以只选择表的一部分，并可以通过变换来生成新变量。这样，就可以对新创建的表进行多元回归（或者显示相关矩阵）。

选择菜单栏中的"分析"→"数据处理"→"选择与变换"命令，弹出"分析数据"对话框，在左侧列表中选择指定的分析方法：选择与变换。单击"确定"按钮，关闭该对话框，弹出"参数：选择与变换"对话框，其包含三个选项卡，如图 4-68 所示。

| （a）"变换"选项卡 | （b）"选择行"选项卡 | （c）"选择列"选项卡 |

图 4-68　"参数：选择与变换"对话框

（1）"变换"选项卡

① 标准变换：指定变量（列）的变换（例如，对数或倒数或更改单位，定义参数 K 和标题名），将结果放置在新列中。

② 自定义变换：通过在"变换"列输入新列的方程，组合两列或多列。

（2）"选择行"选项卡

根据下面的条件进行设置，新表中只会出现符合指定的所有条件的行。

① 所有行：选择该选项，即选择所有的数据行。

② 行：选择该选项，指定行号范围。

③ 变量 vs 值：选择该选项，输出特定列（变量列）中的值大于（或小于或等于）指定值的行。

④ 变量 vs 变量：选择该选项，输出某列（变量列）中的值大于（小于）另一列（变量列）中值的行。

（3）"选择列"选项卡

在列表中选择需包含在新表中的变量（列）。

4.3.6　操作实例——受试者体检数据统计描述

本小节根据 100 名受试者体检数据中的数据进行变换，对不吸烟的受试者编制频数分布表，概括其分布特征。

（1）设置工作环境

① 双击 GraphPad Prism 10 图标，启动 GraphPad Prism。

② 选择菜单栏中的"文件"→"打开"命令，或单击"Prism"功能区中的"打开项目文件"命令，或单击"文件"功能区中的"打开项目文件"按钮 🗁，或按下 Ctrl+O 键，弹出"打开"对话框，选择需要打开的文件"受试者体检数据表格式设置 .prism"，单击"打开"按钮，即可打开项目文件。

③ 选择菜单栏中的"文件"→"另存为"命令，或单击"文件"功能区中保存命

令按钮▣下的"另存为"命令，弹出"保存"对话框，输入项目的保存名称。单击"确定"按钮，在源文件目录下自动创建项目文件"受试者体检数据统计描述.prism"。

（2）数据变换

① 打开数据表"自我评估的健康状况"，根据100名受试者的吸烟史变换其体检数据。

② 选择菜单栏中的"分析"→"数据处理"→"选择与变换"命令，弹出"分析数据"对话框。单击"确定"按钮，关闭该对话框，弹出"参数：选择与变换"对话框，打开"选择行"选项卡，勾选"变量vs值"复选框，输出"吸烟史"中值"="0"的值，如图4-69所示。打开"选择列"选项卡，取消"变量""[C]吸烟史"复选框的勾选。

③ 单击"确定"按钮，关闭该对话框，生成结果表"选择与变换/自我评估的健康状况"，显示不吸烟的受试者数据（吸烟史=0），结果如图4-70所示。

结果表中包含66例数据（篇幅有限，只显示部分数据），通过图形无法直观地描述数据的分布，下面通过频数分布表对收缩压数据进行分析。

图4-69 "参数：选择与变换"对话框

图4-70 结果表"选择与变换/自我评估的健康状况"

（3）绘制频数分布表

① 选择菜单栏中的"分析"→"数据探索和摘要"→"频数分布"命令，弹出"分析数据"对话框，选择分析的数据集为"收缩压"。单击"确定"按钮，关闭该对话框，弹出"参数：频率分布"对话框，在"创建"选项组下选择"频率分布"，在"制表"选项组下选择"值的数量"，在"组宽"选项组下选择"自动选择"，在"图表"选项组下勾选"为结果绘图"复选框，图表类型为"条形图"。

② 单击"确定"按钮，关闭该对话框，生成结果表和图表"直方图/选择与变换/自我评估的健康状况"，结果如图4-71所示。

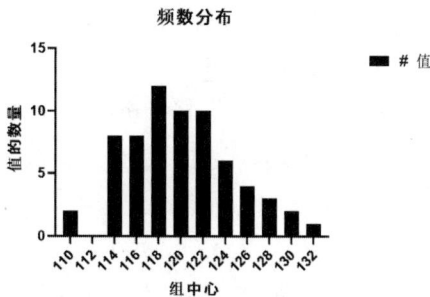

图4-71 结果表"直方图/选择与变换/自我评估的健康状况"

（4）结果分析

① 频数表中的舒张压分为 12 组，平均值用于分析数据的集中趋势，标准差用来分析数据的离散程度。

② 本例中观察值中有等于零的数据，不能计算几何平均数。

③ 平均数接近中位数，所以数据呈对称分布。

（5）保存项目

单击"文件"功能区中的"保存"按钮🖫，或按下 Ctrl+S 键，直接保存项目文件。

4.4 综合实例——分析尿氟排出量数据分布特征

本节根据工人工作前尿氟排出量数据，使用不同的指标分析其三天内的测量数据分布。

① 试编制频数分布表，概括其分布特征。

② 计算均数、标准差。

③ 计算中位数、四分位间距。

④ 比较均数、中位数和分位数，并说明用哪一个指标比较合适。

（1）设置工作环境

① 双击 GraphPad Prism 10 图标，启动 GraphPad Prism。

② 选择菜单栏中的"文件"→"打开"命令，或单击"Prism"功能区中的"打开项目文件"命令，或单击"文件"功能区中的"打开项目文件"按钮🗁，或按下 Ctrl+O 键，弹出"打开"对话框，选择需要打开的文件"计算工人不同时间尿氟排出量统计指标 .prism"，单击"打开"按钮，即可打开项目文件。

③ 选择菜单栏中的"文件"→"另存为"命令，或单击"文件"功能区中保存命令按钮🖫下的"另存为"命令，弹出"保存"对话框，输入项目的保存名称"分析尿氟排出量数据分布特征"，在"保存类型"下拉列表中选择项目类型为 Prism 文件。单击"确定"按钮，在源文件目录下自动创建项目文件。

（2）列统计

① 将数据表"尿氟排出量"置为当前。

② 选择菜单栏中的"分析"→"数据探索和摘要"→"描述性统计"命令，弹出"分析数据"对话框，选择分析的数据集为"A：工作前"，如图 4-72（a）所示。单击"确定"按钮，关闭该对话框，弹出"参数：描述性统计"对话框，勾选数据集的基本参数统计值，如图 4-72（b）所示。

③ 单击"确定"按钮，关闭该对话框，生成结果表"描述性统计 / 尿氟排出量"，计算"工作前"数据集中 3 个子列的平均值、四分位数、变异系数、偏度和峰度等统计指标，结果如图 4-73 所示。

（a）"分析数据"对话框　　（b）"参数：描述性统计"对话框

图4-72　"分析数据"对话框和"参数：描述性统计"对话框

图4-73　结果表"描述性统计/
尿氟排出量"

（3）结果分析

① 平均值用于分析数据的集中趋势。本例结果表中 A:3（第三天）平均值最大，数据最集中，A:2（第二天）平均值最小。

② 标准差用来分析数据的离散程度。本例结果表中 A:2（第二天）标准差最大，说明第二天数据的波动最大，最不稳定；A:3（第三天）标准差最小，说明第三天数据的波动最小，最稳定。

③ 几何平均数和几何标准差的分析结果和算术平均值、标准差相同，这里不再赘述。结果表中 10 个工人三天间的尿氟排出量的平均数均小于中位数，所以数据呈左偏态分布。因此平均数和几何平均数都不能很好地描述该数据的集中趋势，中位数则是最合适的度量指标。中位数指的是在按大小顺序排列的一个变量所有观察值中，位于正中间的那个数值或位于正中间的两个数值的平均数。本例结果表中 A:2（第二天）中位数最大，数据最集中。

④ 全距即范围，等于一个变量所有观察值中的最大值与最小值之间的差值。对于计量单位相同的变量，全距越大，变量的观察值越发散，表明变异度越大。本例结果表中 A:2（第二天）范围为 1.640，数据变异度最大。

⑤ 变异系数（CV）是一个度量相对离散程度的指标，CV 值越大，表示离散程度越大。本例结果表中 A:2（第二天）变异系数值为 29.39%，数据离散程度最大。

⑥ 三组偏度系数均小于 0，分布左偏；第一天偏度系数绝对数值最小，数据偏倚的程度最小。

⑦ 第一天峰度系数小于 0，相较于后两天数据分布更平稳。

（4）计算四分位间距

① 分位数是介于变量最大值和最小值之间的一个数值。四分位间距为 75% 百分位数与 25% 百分位数的差。对于计量单位相同的变量，四分位间距越大，观察值的离散程度就越大。

② 单击导航器中"数据表"选项组下的"新建工作表"按钮⊕，弹出"新建数据表和图表"对话框，在左侧"创建"选项组下选择"列"选项，在"数据表"选项组下默认选

择"输入或导入数据到新表"选项，在"选项"选项组下默认选择"输入重复值，并堆叠到列中"。单击"创建"按钮，在该项目下自动创建一个数据表"数据 2"和关联的图表"数据 2"。在左侧导航器中选择数据表"数据 2"，修改其名称为"四分位间距"，则关联的图表"数据 2"自动更名为"四分位间距"。

③ 打开结果表"描述性统计 / 尿氟排出量"，选中单元格中的数据（3～8 行），按下快捷键 Ctrl+C，复制数据。打开数据表"四分位间距"，单击"第 A 组"第一行所在单元格，选择菜单栏中的"编辑"→"粘贴转置"→"粘贴数据"命令，粘贴复制的数据，手动调整表格的列宽，结果如图 4-74 所示。

表格式: 列		第 A 组 最小值	第 B 组 25% 百分位数	第 C 组 中位数	第 D 组 75% 百分位数	第 E 组 最大值	第 F 组 范围	第
	✖							
1	标	0.8800	1.335	1.660	1.925	2.340	1.460	
2	标	0.6500	1.370	1.665	1.900	2.290	1.640	
3	标	0.7600	1.420	1.660	1.898	2.270	1.510	
4	标							

图 4-74 复制粘贴数据

④ 选择菜单栏中的"分析"→"数据处理"→"选择与变换"命令，弹出"分析数据"对话框。单击"确定"按钮，关闭该对话框，弹出"参数：选择与变换"对话框，在"自定义变换"选项组下输入"D-B"，在"标题"栏输入"四分位间距"，如图 4-75 所示。

⑤ 单击"确定"按钮，关闭该对话框，生成结果表"选择与变换 / 四分位间距"，计算"工作前"数据集中 3 个子列的四分位间距，结果如图 4-76 所示。

本例中，第一行（第一天）四分位间距最大，表示第一天尿氟排出量观察值的离散程度最大。

图 4-75 "参数：选择与变换"对话框

		A 最小值	B 25% 百分位数	C 中位数	D 75% 百分位	E 最大值	F 范围	G 四分位间距
选择与变换	✖							
1		0.880	1.335	1.660	1.925	2.340	1.460	0.590
2		0.650	1.370	1.665	1.900	2.290	1.640	0.530
3		0.760	1.420	1.660	1.898	2.270	1.510	0.478

图 4-76 结果表"选择与变换 / 四分位间距"

（5）保存项目

单击"文件"功能区中的"保存"按钮，或按下 Ctrl+S 键，直接保存项目文件。

Chapter

5

**GraphPad
Prism 10**

扫码看本章实例
视频讲解

第 5 章
图形布局

"一图胜万言",图是形象、直观表达信息的强有力方式。图形的输出与布局是 GraphPad Prism 计算机绘图的最后一个环节,正确的绘图设计需要正确的布局设置。

本章介绍布局表的创建,图形布局、对齐等功能,支持智能图形和图表等对象。通过设置图文布局,可以创建美观、图文并茂的版面。

5.1 布局表

布局表可以在一张页面上组合多张图表，以及数据或结果表、文本、绘图和导入的图像，再进行页面布局。

5.1.1 创建布局表

在 GraphPad Prism 中，有一类特定的版面布局设计窗口，即布局窗口，可以将多个图形或表格在上面随意地排列。

选择菜单栏中的"插入"→"新建布局"命令，或单击导航器"布局"选项卡下的"新建布局"命令⊕，或单击"表"功能区中的"新建布局"按钮，弹出"创建新布局"对话框，如图 5-1 所示。

（1）"页面选项"选项组

① 方向：设置页面是横向显示还是纵向显示。

② 背景色：单击按钮，弹出颜色列表，选择布局表的页面颜色。

③ 页面顶部包含主标题（M）：勾选该复选框，在新建的布局页面上显示标题。

（2）"图表排列"选项组

① 向页面中添加图表：选择该选项，向页面中添加一个图表。

② 用于图纸和图像布局的空白布局：选择该选项，创建一个空白布局表。

③ 图表数组：输入布局表中包含的行、列数。

④ 标准排列：在列表中选择指定格式的排列模板（8 个）。

（3）"图表或占位符"选项组

①"仅占位符。以后一次添加一个图表。"：首次创建布局页面时，需要选择占位符排列，以后一次添加一个图表。

②"填充包含图表的布局，从下面开始"：在列表中选择包含布局的模板。

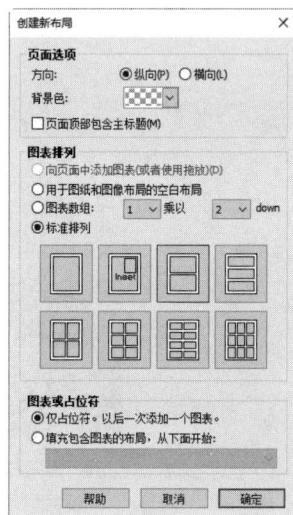

图 5-1 "创建新布局"对话框

5.1.2 添加布局对象

因为页面布局是基于图形的，整个布局窗口可以当成一张白纸，布局的第一步是添加指定的对象，除了图表外，还可以插入图片和文本等。

选择菜单栏中的"插入"→"插入 Prism 图表"命令，或在图表占位符上单击鼠标右键，选择"格式化图表"命令，或双击图表占位符，弹出"在布局中放置图表"对话框，如图 5-2 所示。

（1）"指派图表"选项卡

① 选择图表：可从任意项目中选择一张图表。

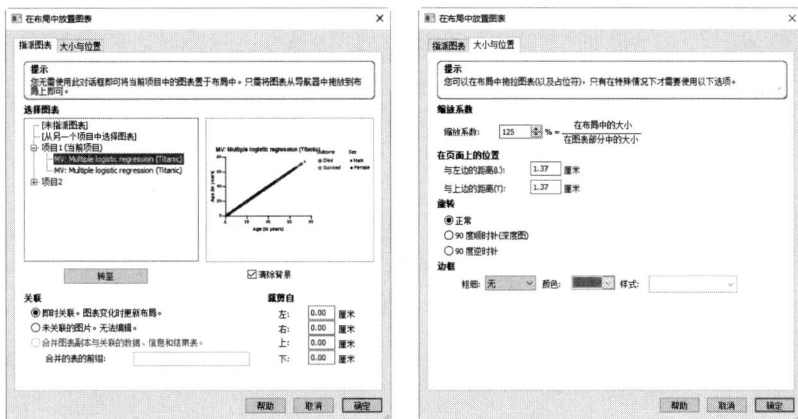

（a）"指派图表"选项卡　　　　　　（b）"大小与位置"选项卡

图 5-2　"在布局中放置图表"对话框

② 关联：

➤ "即时关联"：选择该选项，布局图中导入的图表与图表文件关联，图表变化时更新布局。

➤ "未关联的图片"：选择该选项，布局图中导入的图片与图片文件不关联，图片无法编辑。

➤ 合并图表副本与关联的数据、信息和结果表：选择该选项，布局图中导入图表时，合并图表副本与关联的数据、信息和结果表，还可以为合并的表添加前缀。

③ 裁剪自：设置页边距，包括调整上、下、左、右边距。

（2）"大小与位置"选项卡

① 缩放系数：输入布局图与图表大小的比值。

② 在页面上的位置：输入放置的图表与布局图页面左边的距离（L）、与上边的距离（T）。

③ 旋转：在布局图中放置图表后，可进行 90°顺时针旋转、90°逆时针旋转。

④ 边框：

➤ 粗细：在下拉列表中选择边框粗细。

➤ 颜色：在下拉列表中选择边框颜色。

➤ 样式：在下拉列表中选择边框线型。

5.1.3　操作实例——血小板凝集试验图表分析

本实例根据三家医院 9 个标准血清试样数据绘制的多个图表，在布局中绘制组合图。

（1）设置工作环境

① 双击 GraphPad Prism 10 图标，启动 GraphPad Prism。

② 选择菜单栏中的"文件"→"打开"命令，或单击"Prism"功能区中的"打开项目文件"命令，或单击"文件"功能区中的"打开项目文件"按钮 ，或按下 Ctrl+O 键，弹出"打开"对话框，选择需要打开的文件"血小板凝集试验测定分析 .prism"，单击

图5-3 "创建新布局"
对话框

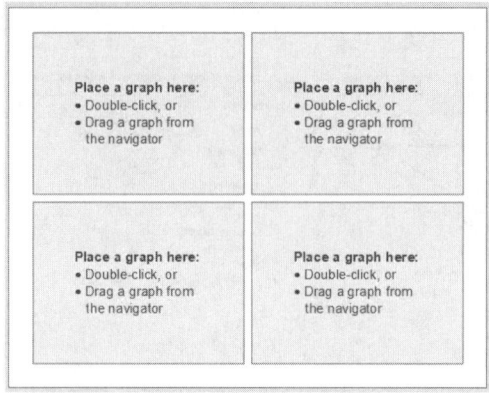

图5-4 创建布局图

"打开"按钮，即可打开项目文件。

③ 选择菜单栏中的"文件"→"另存为"命令，或单击"文件"功能区中保存命令按钮 🖫 下的"另存为"命令，弹出"保存"对话框，输入项目名称"血小板凝集试验组合图.prism"。单击"确定"按钮，保存项目。

（2）创建布局表

① 单击导航器"布局"下的"新建布局"按钮，弹出"创建新布局"对话框，在"页面选项"选项组下选择"横向"，在"图表排列"选项组下选择两行两列的图表排列，如图 5-3 所示。

② 单击"确定"按钮，关闭该对话框，创建两行两列的图表占位符布局图，如图 5-4 所示。

（3）添加图表

① 单击选中导航器"图表"下的"变换 X/ 试验测试结果 [甲医院]"按钮，将其拖动到布局表左上角第一个图表占位符上。松开鼠标左键后，自动将选中图表放置到布局表中，结果如图 5-5 所示。

② 用同样的方法，将图表变换 X/ 试验测试结果 [乙医院]、变换 X/ 试验测试结果 [丙医院]、试验测试结果（箱线图）拖动到布局表其余占位符，完成图表的导入，结果如图 5-6 所示。

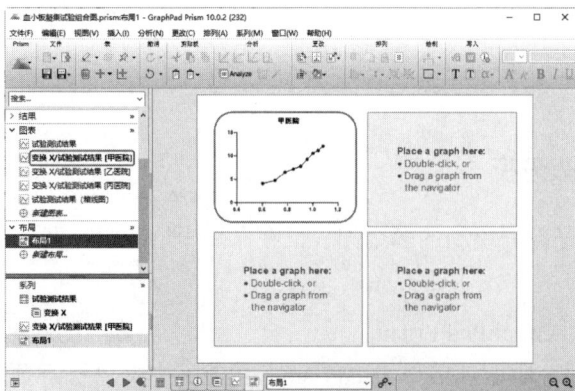

图5-5 放置图表

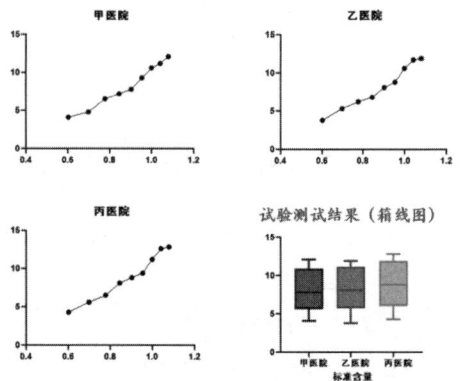

图5-6 导入其余 3 个图表

（4）保存项目

单击"文件"功能区中的"保存"按钮▣，或按下 Ctrl+S 键，直接保存项目文件。

5.2 设置布局格式

布局格式用于设置页面中对象排列的方向、行数、列数等内容。

5.2.1 图表排列

选择菜单栏中的"更改"→"图表排列"命令，或单击"更改"功能区中的"更改图表或占位符的数量或排列"按钮▦，弹出"设置布局格式"对话框，如图 5-7 所示。该对话框与"在布局中放置图表"类似，这里不再赘述。

5.2.2 对齐坐标轴

为了使图形看起来更加整齐，可以对齐 X 轴、Y 轴，对布局图中的图表位置进行重新调整。

① 按住 Ctrl 或 Shift 键选中要对齐的多个图表对象。

② 选择菜单栏中的"排列"→"对齐 X 轴（X）""对齐 Y 轴（Y）"命令，直接根据坐标轴对齐图表。

5.2.3 均衡缩放系数

缩放系数定义为图表在布局上的尺寸与布局在图表上的尺寸之比，通过将图表和布局经过不同比例的缩放，得到适当的尺寸。

选择菜单栏中的"排列"→"均衡缩放系数"命令，或单击"更改"功能区中的"均衡缩放系数"按钮▦，弹出"均衡缩放系数"对话框，如图 5-8 所示。

（1）"均衡以下对象的缩放系数"选项组

① 布局中的所有图表（A）：选择该选项，将布局中的所有图表应用设置的缩放系数。

② 仅选定的图表（S）：选择该选项，只对当前选中的图表应用设置的缩放系数。

（2）"缩放系数更改为"选项组

① 减小缩放系数以匹配最小尺寸（100%）（R）：选择该选项，减小比其他图表大的图表的比例因子。

② 增大缩放系数以匹配最大尺寸（100%）（I）：选择该选项，增加过小图表的比例因子。

图 5-7 "设置布局格式"对话框

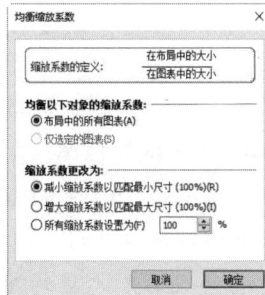

图 5-8 "均衡缩放系数"对话框

③ 所有缩放系数设置为（F）：选择该选项，使用同样尺寸的字体制成同样尺寸。

5.3 插入图形对象

在 GraphPad Prism 中，图表中的图形对象除了包括常见的文本、文本框、形状和图片外，还包括嵌入式对象，如 Word 对象、Excel 对象和方程式等。

5.3.1 插入绘图工具

在 GraphPad Prism 中，可以很方便地绘制形状、线条、文本等图形符号，还能设置绘制图形的箭头、边框和填充效果。

（1）图形符号

① 单击"绘制"功能区中的"绘图工具"按钮□·，打开绘图工具列表，在形状、线条选项中选择绘图工具，如图 5-9 所示。

② 单击选择需要的绘图工具，鼠标指针变为画笔 ✎。

③ 将十字光标移到要绘制的位置单击，即可绘制指定的图形，如图 5-10 所示。

④ 按住 Shift 键并单击，即可绘制一系列图形。

（2）编辑图形对象

在 GraphPad Prism 中，不仅可以修饰图形对象的外观，还可以改变图形对象形状，创建新的图形对象形状。

① 双击绘制的图形，或选择菜单栏中的"更改"→"选定的对象"命令，弹出"设置对象格式"对话框，设置选中图形对象的"箭头""边框""线条、箭头与弧形"，还可以设置对象的填充效果，如图 5-11 所示。

② 选中绘制的形状，单击鼠标右键，弹出如图 5-12 所示的快捷菜单，可以对图形的外观进行修饰。需要注意的是，选择不同的图形对象，快捷菜单中可以设置的属性命令不同。

> 填充颜色：选择该命令，在弹出的颜色列表中选择图形对象的填充颜色。

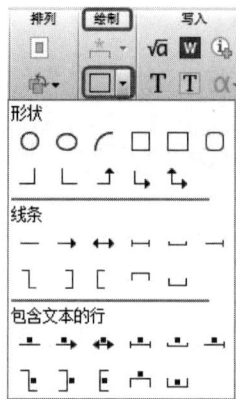

图 5-9　绘图工具列表

图 5-10　绘制图形

图 5-11　"设置对象格式"对话框

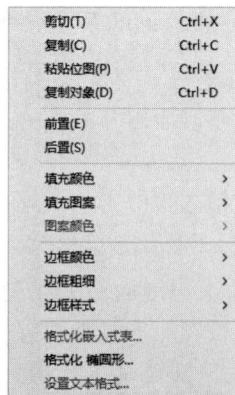

图 5-12　快捷菜单

> 填充图案：选择该命令，在弹出的图案列表中选择图形对象的填充样式。
> 图案颜色：若选择实心之外的填充图案，激活该命令。选择该命令，在弹出的颜色列表中选择图形对象填充图案的颜色。
> 边框颜色：选择该命令，在弹出的颜色列表中选择图形对象边框线的颜色。
> 边框粗细：选择该命令，在弹出的列表中选择图形对象边框线的大小。
> 边框样式：选择该命令，在弹出的颜色列表中选择图形对象边框线的线型。
> 格式化嵌入式表：选择该命令，弹出"设置对象格式"对话框，设置选中嵌入式表的格式。
> 格式化椭圆形：选择该命令，弹出"设置对象格式"对话框，设置选中图形对象（椭圆）的格式。
> 设置文本格式：选择该命令，弹出"设置对象格式"对话框，设置选中文本的格式。

③ 单击要修改的形状，此时图形形状各个顶点上将显示蓝色矩形控制点■，如图5-13（a）所示。将鼠标指针移到矩形控制点上，当指针变为白色的控制手柄⟷时，按下鼠标左键拖动。拖动过程中，形状的轮廓线上会显示白色的控制手柄，如图5-13（b）所示。拖动白色手柄可以调整轮廓线的大小。释放鼠标，即可调整形状，如图5-13（c）所示。

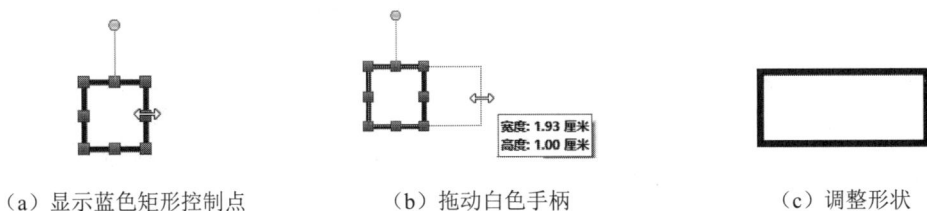

（a）显示蓝色矩形控制点　　　　　（b）拖动白色手柄　　　　　（c）调整形状

图5-13　改变图形形状

④ 单击要修改的形状，此时图形形状的蓝色矩形控制点上方显示绿色圆形控制手柄◉，如图5-14（a）所示。将鼠标指针移到矩形控制点上，当指针变为旋转手柄↻时，按下鼠标左键左右拖动。拖动过程中，形状的轮廓线以图形对象中心为基准点进行旋转，如图5-14（b）所示。释放鼠标，即可旋转图形形状，如图5-14（c）所示。

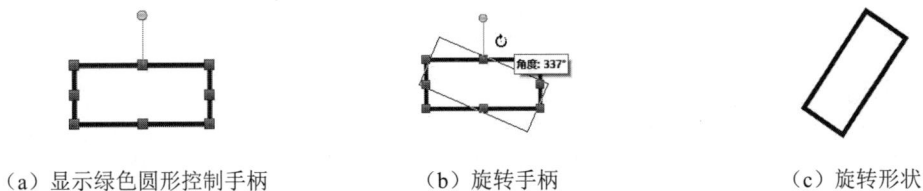

（a）显示绿色圆形控制手柄　　　　（b）旋转手柄　　　　　（c）旋转形状

图5-14　旋转图形

（3）在图形中添加文本

GraphPad Prism 提供一系列带文本的图形，在指定的图形中添加文本，添加的文字将与形状组成一个整体，该操作简化了在图形中添加文本的步骤。

① 单击"绘制"功能区中的"绘图工具"按钮□·，打开绘图工具列表，单击"包含

文本的行"选项下的 ▬ 按钮，绘制带文本的线条。

② 在空白位置上单击鼠标，在弹出的下拉菜单中选择文本样式，如图5-15所示。在空白位置上单击鼠标，结束放置操作，如图5-16所示。

③ 单击选中文本，单击鼠标右键，弹出如图5-17所示的快捷菜单，可以对图形和文本的外观进行修饰。

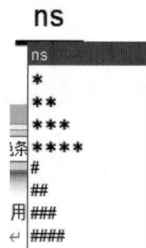

图 5-15　选择文本样式

> 文本设置：选择该命令，在弹出的子菜单中选择命令，设置文本的字体、大小、颜色，还可以设置加粗、倾斜、下划线效果。

> 线条设置：选择该命令，在弹出的子菜单中选择命令，设置线条颜色、线条粗细、线条样式、箭头方向、箭头样式、箭头大小。

图 5-16　输入文本

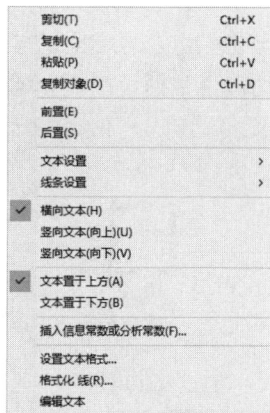

> 横向文本（H）：显示文本排列方向为水平。

> 竖向文本（向上）（U）：显示文本排列方向为竖直，从下到上。

> 竖向文本（向下）（V）：显示文本排列方向为竖直，从上到下。

> 文本置于上方（A）：选择该命令，将文本放置在图形的上方。

> 文本置于下方（B）：选择该命令，将文本放置在图形的下方。

> 设置文本格式：选择该命令，弹出"设置文本格式"对话框，设置文本的字体、字型、字号、颜色，还可以设置上标、下标、下划线效果。

图 5-17　快捷菜单

> 格式化线：选择该命令，弹出"设置对象格式"对话框，设置选中图形线条的格式。

> 编辑文本：选择该命令，激活文本样式下拉菜单，选择文本样式。

5.3.2　文本和文本框

在绘制图形的过程中，文本和文本框中的文字传递了很多设计信息，它可能是一个很复杂的说明，也可能是一个简短的文字信息。实际上，文本框可以看作添加矩形边框的文本。

（1）插入文本

在图表页面空白处，单击鼠标右键，在弹出的快捷菜单中选择"插入文本"命令，或单击"写入"功能区中的T按钮，在指定位置输入文本文字，输入后按Enter键，文本文字另起一行，可继续输入文字，待全部输入完后，在空白处单击鼠标左键，退出文本输入命令，如图 5-18 所示。

（2）插入文本框

在图表页面空白处，单击鼠标右键，在弹出的快捷菜单中选择"插入文本框"命令，或单击"写入"功能区中的 **T** 按钮，在指定位置输入文本文字，输入后按 Enter 键，文本文字另起一行，可继续输入文字，待全部输入完后，在空白处单击鼠标左键，退出文本输入命令，如图 5-19 所示。

（3）编辑文本和文本框

在 GraphPad Prism 中，既可以插入文本，又可以插入文本框。插入文本或文本框时，有时候可以编辑文本框的外观，得到如图 5-20 所示的效果。

选中文本或文本框，单击鼠标右键，弹出如图 5-21 所示的快捷菜单，下面介绍关于文本或文本框外观显示的设置命令。

➢ 字体：选择该命令下的"其他字体"命令，弹出"设置文本格式"对话框，设置文本的字体、字型、字号、颜色，还可以设置上标、下标、下划线效果。

➢ 大小（Z）：选择该命令，在弹出的列表中选择文本字体大小（8～72）。

➢ 文本颜色：选择该命令，在弹出的颜色列表中选择文本颜色。

➢ 加粗（B）：选择该命令，将文本加粗，也可以按下 Ctrl+B 键。

➢ 倾斜（I）：选择该命令，文本倾斜显示，也可以按下 Ctrl+I 键。

➢ 下划线（U）：选择该命令，在文本下面添加下划线，也可以按下 Ctrl+U 键。

➢ 旋转：选择该命令，设置文本的旋转方向，包括水平、垂直（向上）、垂直（向下）。垂直（向上）表示将文本逆时针旋转 90°，垂直（向下）表示将文本顺时针旋转 90°，如图 5-22 所示。

➢ 两端对齐：选择该命令，设置文本的对齐方式，

图 5-18　插入文本

图 5-19　插入文本框

图 5-20　编辑文本框的外观

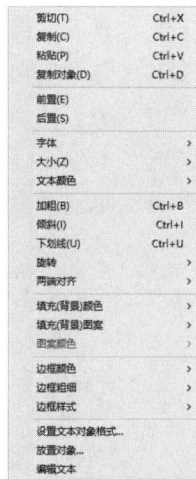

图 5-21　快捷菜单

（a）水平

（b）垂直
（向上）　　（c）垂直
（向下）

图 5-22　文本旋转

包括左、居中、右，如图 5-23 所示。

➤ 填充（背景）颜色：选择该命令，在弹出的列表中选择文本编辑框的背景色。

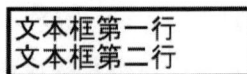

（a）左

➤ 填充（背景）图案：选择该命令，在弹出的列表中选择文本编辑框的填充图案。

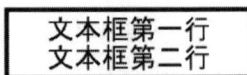

（b）居中

➤ 图案颜色：选择该命令，在弹出的列表中选择文本编辑框的填充图案颜色。

➤ 边框颜色：选择该命令，在弹出的列表中选择文本编辑框的线条颜色。

（c）右

图 5-23　文本对齐方式

➤ 边框粗细：选择该命令，在弹出的列表中选择文本编辑框的线宽。

➤ 边框样式：选择该命令，在弹出的列表中选择文本编辑框的线型。

➤ 设置文本对象格式：选择该命令，弹出"设置文本格式"对话框，设置文本的字体、字型、字号、颜色、上标、下标、下划线，还可以设置两端对齐、旋转方式、旋转角度，如图 5-24 所示。

➤ 放置对象：选择该命令，弹出"文本位置：厘米"对话框，设置文本的位置（左上角点和宽度、高度）和旋转角度（逆时针），如图 5-25 所示。

➤ 编辑文本：选择该命令，进入文本编辑状态，如图 5-26 所示。

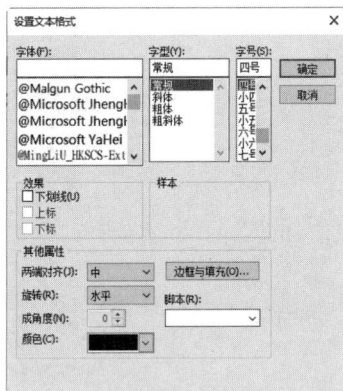

图 5-24　"设置文本格式"对话框

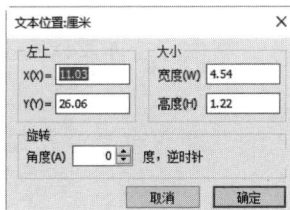

图 5-25　"文本位置：厘米"对话框

图 5-26　文本编辑状态

5.3.3　使用图像

为了使图表更加美观、生动，可以在其中插入图像对象。在 GraphPad Prism 中，不仅可以插入图像，还可以利用相应的命令调整图像大小、样式、色彩等格式。

（1）插入图像

① 将光标插入点定位到需要插入图片的位置。

图 5-27　插入图像

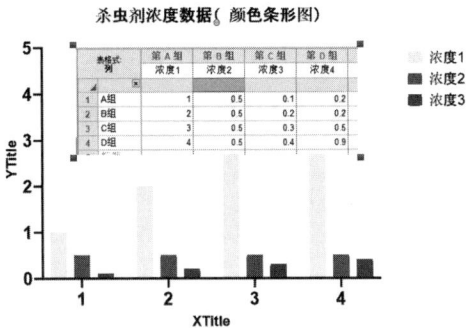

图 5-28　插入的图片

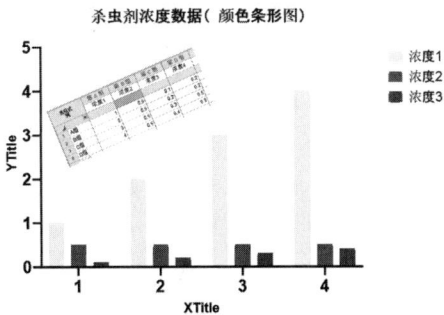

图 5-29　图像设置效果

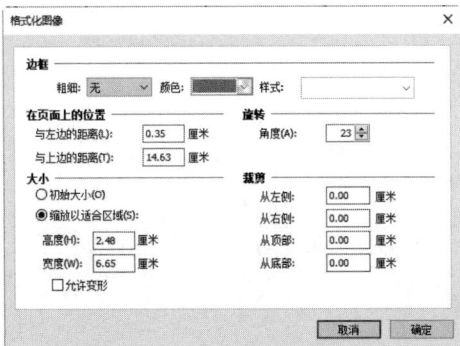

图 5-30　"格式化图像"对话框

② 选择菜单栏中的"插入"→"导入图片"命令，或在图表中单击右键，在弹出的快捷菜单中选择"导入"命令，弹出"导入"对话框，如图 5-27 所示。

③ 选择要插入的图片，单击"打开"按钮，即可在当前图表中插入指定的图片，如图 5-28 所示。

（2）编辑图像外观

插入的图像四周显示矩形控制点■和圆形旋转手柄◎。按下鼠标左键，指针变为✥，用户可以在图表上随意拖动图像位置；将鼠标指针移到图像四周的矩形控制手柄上，指针变为↖，按下鼠标左键拖动，可以调整图像的大小；移到图像顶部的圆形旋转手柄上，指针变为↻，按下鼠标左键拖动，可以旋转图像，效果如图 5-29 所示。

（3）设置图像属性

① 选中插入的图像，单击鼠标右键，在弹出的快捷菜单中选择"格式化图像"命令，弹出"格式化图像"对话框，如图 5-30 所示。

② 在该对话框中可以设置图像对象的边框线（粗细、颜色和样式）、与页面的位置距离、旋转角度、图像大小和裁剪尺寸，效果如图 5-31 所示。

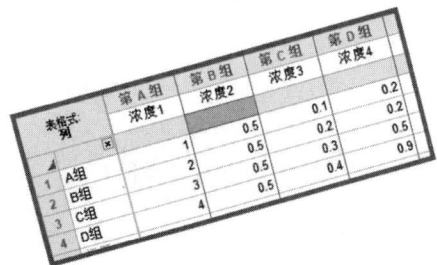

图 5-31　设置图像属性效果

5.3.4 使用嵌入式对象

嵌入式对象也是一种图形对象，可以将文字和其他各种外部软件对象链接在一起，这种操作在丰富图表内容的同时，还能保证图表页面的简洁美观，非常方便。

（1）插入 Word 对象

在图表中插入 Word 对象，从而使图表中的图形更具视觉冲击和趣味性。

① 将光标插入点定位到需要插入对象的位置。

选择菜单栏中的"插入"→"插入对象（O）"→"Word 对象（W）"命令，或在图表中单击右键，在弹出的快捷菜单中选择"插入对象（O）"→"Word 对象（W）"命令，或单击"写入"功能区中的 W 按钮，在图表插入点处显示嵌入式空白区域，如图 5-32 所示。同时自动创建一个名为"未命名中的文档"的空白 Word 文件，如图 5-33 所示。

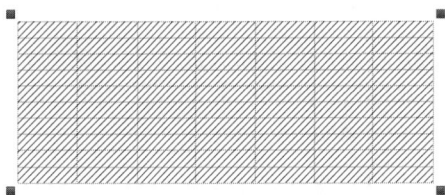

图 5-32　嵌入式空白区域

图 5-33　打开空白 Word 文件

② 在新建的 Word 文档中，输入和处理好信息，如图 5-34 所示，单击右上角的"×"关闭文档。

③ 返回 GraphPad Prism 图表文件，选择的 Word 对象即可插入到光标插入点所在位置，如图 5-35 所示。

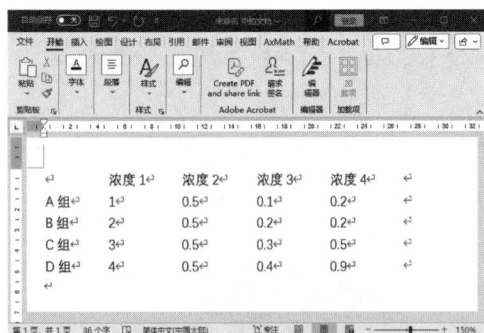

图 5-34　输入文本信息

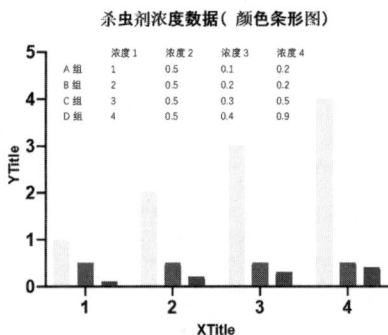

图 5-35　插入 Word 对象效果

④ 插入 Excel 对象和方程式与插入 Word 对象步骤类似，这里不再赘述。

（2）插入信息常数

GraphPad Prism 经常需要将信息常数插入图表标题、图例或文本对象中，在编辑信息表时更新文本。

① 将光标插入点定位到需要插入对象的位置。

② 选择菜单栏中的"插入"→"信息常数或分析常数（F）"命令，或在图表中单击右键，在弹出的快捷菜单中选择"插入对象（O）"→"信息常数或分析常数"命令，或单击"写入"功能区中的"插入信息常数或分析常数"按钮，弹出"挂接常数"对话框，选择项目文件中的信息常数或文件常数，如图 5-36 所示。

③ 完成选择"实验日期 -2023/10/25"后，单击"确定"按钮，关闭该对话框，在图表插入点插入信息常数（实验日期），即"2023/10/25"，如图 5-37 所示。

（3）插入其他对象

目前支持的嵌入式对象包括为 Microsoft 系列（Word、Excel）、方程式（WPS 公式）、写字板等。

将光标插入点定位到需要插入对象的位置。

选择菜单栏中的"插入"→"插入对象（O）"→"其他对象（O）"命令，或在图表中单击右键，在弹出的快捷菜单中选择"插入对象（O）"→"其他对象（O）"命令，弹出"插入对象"对话框，其中包含两种插入对象的方法。

① 选择"新建（N）"选项，如图 5-38 所示。

a. 在"对象类型"列表中显示当前可插入的对象类型"Microsoft Excel Worksheet"，在图表插入点处显示嵌入式空白区域，同时自动创建一个名为"Object"的空白 Excel 文件，如图 5-38 所示。

b. 在新建的 Excel 文档中，输入数据信息，如图 5-39 所示，单击右上角的"×"关闭文档。

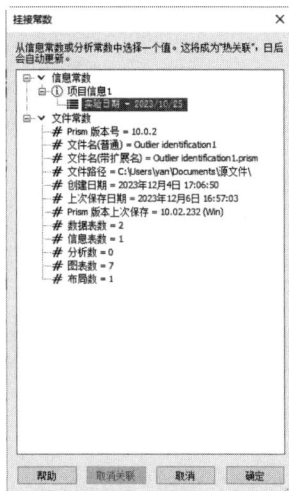

图 5-36　"挂接常数"对话框

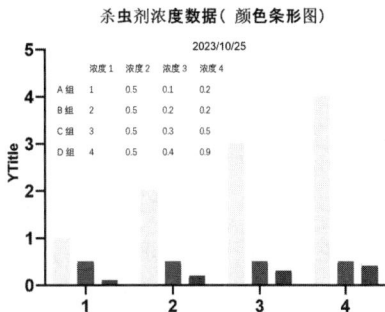

图 5-37　插入实验日期

图 5-38　选择"新建（N）"选项

图 5-39　输入数据信息

c. 返回 GraphPad Prism 图表文件，选择的 Excel 对象即可插入到光标插入点所在位置，如图 5-40 所示。

② 选择"由文件创建（F）"选项，如图 5-41 所示。

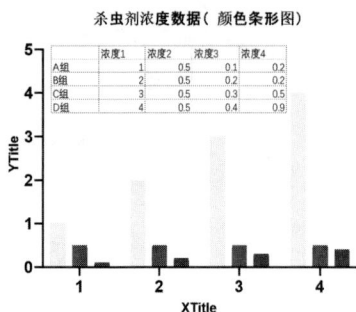

图 5-40　插入 Excel 对象效果

图 5-41　选择"由文件创建（F）"选项

单击"浏览"按钮，在弹出的对话框中选择要打开的文件，单击"确定"按钮，即可在图表插入点处显示选择文件中的数据，结果如图 5-42 所示。

（4）设置对象属性

在 GraphPad Prism 中，嵌入式对象用来建立特殊的文本，并且可以对其进行一些特殊的处理，例如设置数据值和对象格式。

选中插入的嵌入式对象（Excel 对象），单击鼠标右键，在弹出的快捷菜单中选择"Worksheet 对象"命令，显示下面三个对象编辑命令。

➤ Edit：选择该命令，打开嵌入式对象编辑器窗口，可修改编辑器中的数据。

➤ Open：选择该命令，打开嵌入式对象编辑器窗口，可显示编辑器中的数据。

➤ 转换（V）：选择该命令，打开"转换"对话框，如图 5-43 所示。在该对话框中可以将当前对象类型转化为其他格式。如将插入的 Word 对象转换为 Excel 对象。

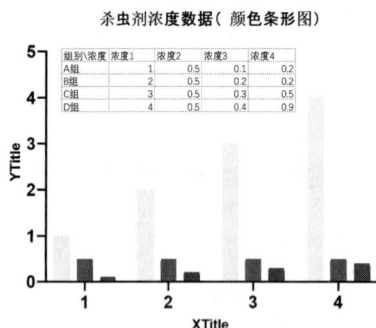

图 5-42　插入选择文件中的数据

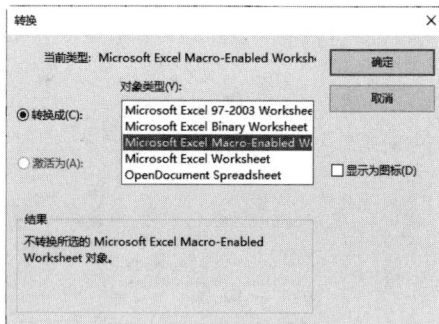

图 5-43　"转换"对话框

5.3.5　操作实例——药物临床研究情况正负柱状图

本例利用正负柱状图比较两种某批准药物临床研究情况。

（1）设置工作环境

① 双击 GraphPad Prism 10 图标，启动 GraphPad Prism。

② 选择菜单栏中的"文件"→"打开"命令，或单击"Prism"功能区中的"打开项目文件"命令，或单击"文件"功能区中的"打开项目文件"按钮 ，或按下Ctrl+O 键，弹出"打开"对话框，选择需要打开的文件"药物临床研究情况条形图 .prism"，单击"打开"按钮，即可打开项目文件。

③ 选择菜单栏中的"文件"→"另存为"命令，或单击"文件"功能区中保存命令按钮 下的"另存为"命令，弹出"保存"对话框，输入项目名称"药物临床研究情况正负柱状图 .prism"。单击"确定"按钮，保存项目。

（2）数据转换

① 将数据表"临床研究数据"置为当前。

② 选择菜单栏中的"分析"→"数据处理"→"变换"命令，弹出"分析数据"对话框，在左侧列表中选择指定的分析方法，即变换。单击"确定"按钮，关闭该对话框，弹出"参数：变换"对话框，在"函数列表"下选择"标准函数"，勾选"以此变换 Y 值（V）"复选框，在下拉列表中选择"Y=K*Y"，选择"每个数据集的 K 不同"选项，"药物 1"中 K=1，"药物 2"中 K=−1。取消勾选"为结果创建图表"复选框。

③ 单击"确定"按钮，关闭该对话框，在结果表"变换 / 血催乳素浓度"中创建标准函数计算的数据，自动根据变换数据创建分组散点图，如图 5-44 所示。

（3）绘制堆叠图

① 在左侧导航器"图表"选项卡下单击"新建图表"命令，弹出"创建新图表"对话框，在"图表类型"的"显示"下拉列表中选择"分组"，在"摘要数据"选项卡下选择垂直方向"堆叠条形"，如图 5-45 所示。

② 单击"确定"按钮，关闭对话框，创建图表，将其重命名为"临床研究数据（正负柱形图）"，如图 5-46 所示。

（4）编辑图表

① 在导航器"图表"下选择"临床研究数据（正负柱形图）"图表。

② 向左移动左 Y 轴数字标签，避免文字压线。移动图例位置到 X 轴下方，删除 X 轴、Y 轴标题，结果如图 5-47 所示。

③ 双击任意坐标轴，或单击"更改"功能区中的

图 5-44　结果表

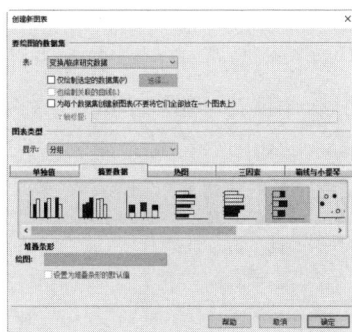

图 5-45　"创建新图表"对话框

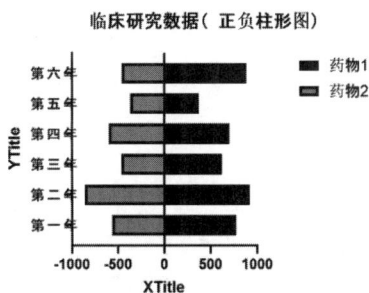

图 5-46　正负柱形图

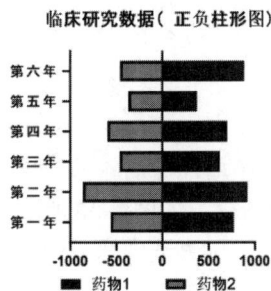

图 5-47　设置图表

"设置坐标轴格式"按钮，弹出"设置坐标轴格式"对话框，打开"坐标框与原点"选项卡，在"坐标框与网格线"选项组"隐藏坐标轴"下拉列表中选择"X和Y都隐藏"，取消"显示比例尺"复选框，如图5-48所示。单击"确定"按钮，关闭对话框，更新图表坐标轴设置，如图5-49所示。

④ 双击绘图区空白处，或单击"更改"功能区中的"设置图表格式（符号、条形图、误差条等）"按钮，弹出"格式化图表"对话框，打开"注解"选项卡，打开"在条形与误差条上方（E）"选项卡，在"显示"选项下选择"绘图的值（平均值，中位数 ...）"选项。

⑤ 打开"外观"选项卡，在"数据集"下拉列表中选择"变换／临床研究数据：A：药物1"，在"填充"下拉列表中选择蓝色（8D），在"条形与框"选项组下选择"无"。在"数据集"下拉列表中选择"变换／临床研究数据：B：药物2"，在"填充"下拉列表中选择蓝色（8B），在"条形与框"选项组下选择"无"。单击"确定"按钮，关闭对话框，更新图表符号，如图5-50所示。

图 5-48 "坐标框与原点"选项卡

图 5-49 更新图表坐标轴设置

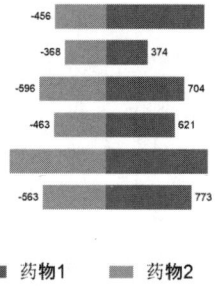

图 5-50 更新图表符号

（5）创建布局表

① 单击导航器"布局"下的"新建布局"按钮，弹出"创建新布局"对话框，在"页面选项"选项组下选择"横向"，在"图表排列"选项组下选择1行2列的图表排列，如图5-51（a）所示。单击"确定"按钮，关闭该对话框，创建1行2列图表占位符的布局图。

② 单击选中导航器"图表"下的"临床研究数据""临床研究数据（正负柱形图）"，将其拖动到布局表图表占位符上，如图5-51（b）所示。

（6）插入图片

① 选择菜单栏中的"插入"→"导入图像"命令，或在图表中单击右键，在弹出的快捷菜单中选择"导入图像"命令，弹出"导入"对话框。

② 选择要插入的图片"背景图1.jpg"，单击"打开"按钮，即可在当前图表中插入指定的图片，如图5-52所示。

③ 单击选中插入的图片，单击"排列"功能区中的"将选定对象置于其他对象后面"按钮，将图片置于图表后面。调整图片位置，并将其调整到适当大小，结果如图5-53所示。

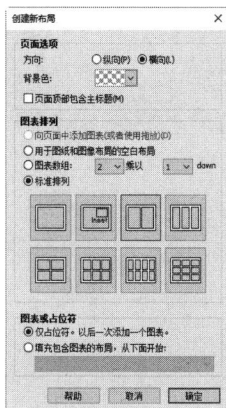

（a）"创建新布局"对话框　　　　　　（b）效果图

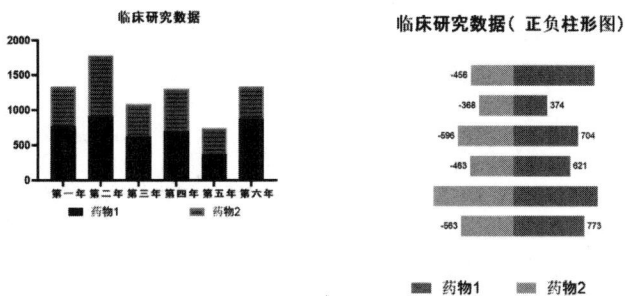

图 5-51　放置图表

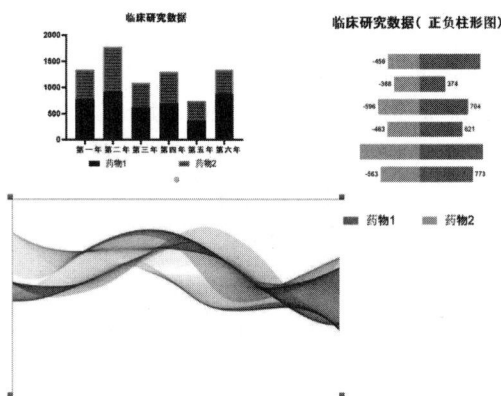

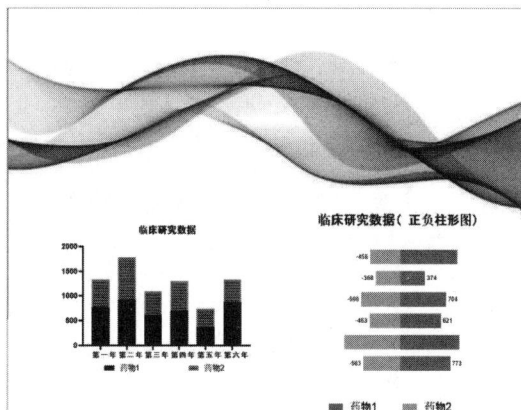

图 5-52　插入的图片　　　　　　　　图 5-53　将选定对象置于其他对象后面

（7）保存项目

单击"文件"功能区中的"保存"按钮💾，或按下 Ctrl+S 键，直接保存项目文件。

5.4　排列图形

在图表中插入多个图形对象之后，往往还需要对插入的对象进行微调、对齐、分布、叠放次序以及组合等操作。

5.4.1　改变位置

改变位置命令是指按照指定要求改变当前图形或图形中某部分的位置。

① 按住 Ctrl 或 Shift 键选中要对齐的多个图形对象。

② 将鼠标放置在选中对象上，指针变为✛，用户可以在图表上随意拖动选中对象。

③ 按下↑、↓、←、→键，在图表中将选中对象向指定方向移动一个单位的距离。

④ 在对象移动过程中，显示水平和垂直辅助线，自动进行对齐捕捉，如图 5-54 所示。其中按住 Alt 键关闭对齐捕捉，按住 Ctrl 键只进行水平移动，按住 Shift 键只进行垂直移动。

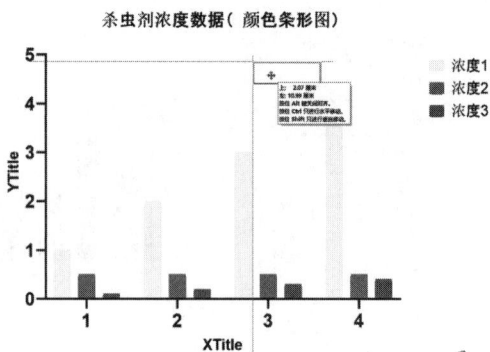

图 5-54　对齐捕捉

5.4.2　对齐与分布

为了使图形看起来更加整齐，可以将它们的位置进行重新分布或对齐调整。

（1）对齐对象

① 按住 Ctrl 键或 Shift 键选中要对齐的多个图形对象。

② 选择菜单栏中的"排列"→"对齐对象"命令，或在图表中单击右键，在弹出的快捷菜单中选择"对齐对象"命令，或单击"排列"功能区 ⬚▾ 按钮下的"对齐对象"命令，弹出如图 5-55 所示的子菜单。对齐效果如图 5-56 所示。

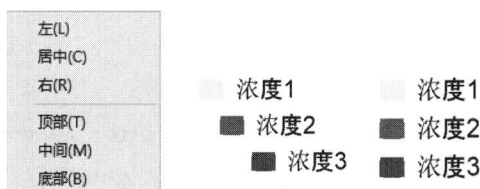

图 5-55　对齐子菜单　　图 5-56　对齐对象效果

（2）分布对象

① 按住 Ctrl 键或 Shift 键选中要分布的多个图形对象。

② 选择菜单栏中的"排列"→"分布对象"命令，或在图表中单击右键，在弹出的快捷菜单中选择"分布对象"命令，或单击"排列"功能区 ⬚▾ 按钮下的"分布对象"命令，弹出如图 5-57 所示的子菜单。分布效果如图 5-58 所示。

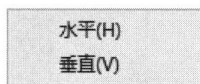

图 5-57　分布子菜单

➤ 水平：图形对象水平方向均匀分布，相邻对象间距相同。

➤ 垂直：图形对象竖直方向均匀分布，相邻对象间距相同。

③ 单击需要的对齐或分布命令。

5.4.3　叠放图形对象

在默认情况下，图表中的图形对象发生重叠时，后添加的图形总是在先添加的

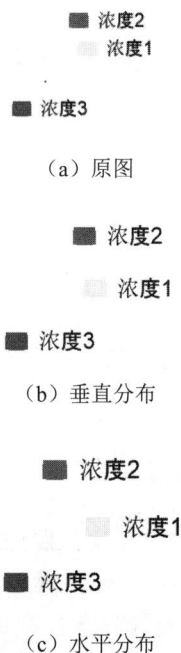

（a）原图

（b）垂直分布

（c）水平分布

图 5-58　分布对象效果

图形之上，从而挡住下方图形。用户可以根据需要改变它们的层次关系。

① 选择要改变层次的绘图对象。

② 选择菜单栏中的"排列"→"前置""后置"命令，或在图表中单击右键，在弹出的快捷菜单中选择"前置""后置"命令，或单击"排列"功能区 📋▾ 按钮下的"前置""后置"命令，选择一种叠放次序命令，即可完成操作。改变层次后的效果如图 5-59 所示。

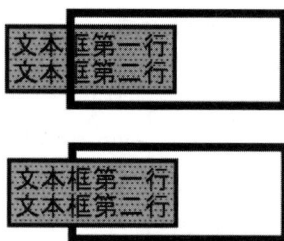

图 5-59　改变叠放层次后的效果

5.4.4　组合图形对象

将多个对象组合在一起，就可以对它们进行统一的操作，也可以同时更改对象组合中所有对象的属性。

① 按住 Shift 键或 Ctrl 键单击要组合的对象，同时选中工作表中的多个对象。

② 选择菜单栏中的"排列"→"分组"命令，或在图表中单击右键，在弹出的快捷菜单中选择"分组"命令，或单击"排列"功能区 📋▾ 按钮下的"分组"命令，按下 Ctrl+G 键，组合选中的对象，如图 5-60 所示。

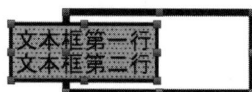

（a）组合前

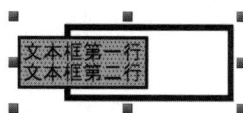

（b）组合后

图 5-60　组合对象

如果要撤销组合，选择菜单栏中的"排列"→"取消分组"命令，或在图表中单击右键，在弹出的快捷菜单中选择"取消分组"命令，或单击"排列"功能区 📋▾ 按钮下的"取消分组"命令，按下 Shift+Ctrl+G 键即可。

5.5　综合实例——子宫重量重叠组合图

为研究雌激素对子宫发育的作用，将 12 只未成年雌性大白鼠按种系相同、体重相近划分为 4 个区组，每个区组 3 只，随机安排注射 0.2μg/100g、0.4μg/100g 和 0.8μg/100g 三种不同剂量的雌激素，一段时间后取出其子宫并称重，数据如表 5-1 所示，通过使用前后图和浮动图、箱线图、小提琴图的重叠组合图，展现数据的相关性。

表 5-1　未成年雌性大白鼠的子宫重量　　　　　　　　　　　　　单位：mg

种系	0.2ug	0.4ug	0.8ug
甲	106	116	145
乙	42	68	115
丙	70	111	133
丁	42	63	87

注：表中用"ug"表示"μg"，下同。

5.5.1 数据准备

（1）设置工作环境

① 双击 GraphPad Prism 10 图标，启动 GraphPad Prism，自动弹出"欢迎使用 GraphPad Prism"对话框。在左侧"创建"选项组下选择"列"选项，在"数据表"选项组下默认选择"输入或导入数据到新表"选项，在"选项"选项组下默认选择"输入重复值，并堆叠到列中"。

② 单击"创建"按钮，创建项目文件，同时该项目下自动创建一个数据表"数据 1"，重命名数据表为"子宫重量"。

③ 选择菜单栏中的"文件"→"另存为"命令，或单击"文件"功能区中保存命令按钮💾下的"另存为"命令，弹出"保存"对话框，输入项目名称"子宫重量重叠组合图 .prism"。单击"确定"按钮，在源文件目录下自动创建项目文件。

（2）数据录入

打开"雌激素含量对子宫发育的作用 .xlsx"文件，复制数据粘贴到"子宫重量"数据表中，结果如图 5-61 所示。

5.5.2 图表绘制

通过 3 种不同剂量雌激素注射的子宫称重数据，绘制前后图、浮动图、箱线图和小提琴图。

（1）绘制"前后图"图表

① 打开导航器"图表"下的"收缩压"，自动弹出"更改图表类型"对话框，在"图表系列"选项组"列"→"单独值"选项卡下选择"之前 - 之后"，如图 5-62 所示。单击"确定"按钮，关闭该对话框，创建图表，重命名为"前后图"，如图 5-63 所示。

② 双击 Y 轴，弹出"设置坐标轴格式"对话框，打开"标题与字体"选项卡，取消勾选"显示图表标题"复选框。打开"坐标框与原点"选项卡，设置"宽度（X 轴长度）"为 7cm，"高度（Y 轴长度）"为 5cm，如图 5-64 所示。单击"确定"按钮，关闭对话框。

③ 单击"更改"功能区中"更改颜色"按钮🔴▾下的"色彩"命令，即可自动更新图表颜色，结果如

图 5-61　粘贴数据

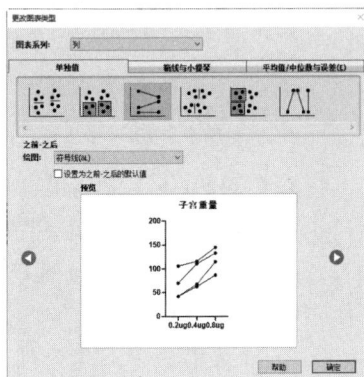

图 5-62　"更改图表类型"对话框

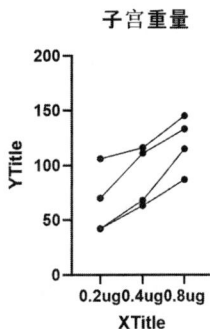

图 5-63　绘制之前 - 之后图

图 5-64　"坐标框与原点"选项卡

图 5-65 所示。

（2）绘制"浮动图"图表

① 在左侧导航器"图表"选项卡下单击"新建图表"命令，弹出"创建新图表"对话框，在"要绘图的数据集"选项组"表"下拉列表中默认选择"子宫重量"。在"图表类型"的"显示"下拉列表中选中"列"，在"箱线与小提琴"选项卡下选择"浮动条（最小到最大）"选项，在"绘图"下拉列表中选择"线条位于中位数处"，如图 5-66 所示。

② 单击"确定"按钮，关闭对话框，在导航器"图表"下创建图表，重命名为"浮动图"，如图 5-67 所示。

③ 双击 Y 轴，弹出"设置坐标轴格式"对话框，打开"坐标框与原点"选项卡，设置"宽度（X 轴长度）"为 7cm，"高度（Y 轴长度）"为 5cm。单击"确定"按钮，关闭对话框。浮动图坐标轴大小设置结果如图 5-68 所示。

（3）绘制"箱线图"图表

① 在左侧导航器"图表"选项卡下单击"新建图表"命令，弹出"创建新图表"对话框，在"图表类型"的"显示"下拉列表中选中"列"，在"箱线与小提琴"选项卡下选择"箱线图"选项，在"绘图"下拉列表中选择"Tukey"。单击"确定"按钮，关闭对话框，在导航器"图表"下创建图表，重命名为"箱线图"，如图 5-69 所示。

② 双击 Y 轴，弹出"设置坐标轴格式"对话框，打开"坐标框与原点"选项卡，设置"宽度（X 轴长度）"为 7cm，"高度（Y 轴长度）"为 5cm。单击"确定"按钮，关闭对话框。

③ 单击"更改"功能区中"更改颜色"按钮 下的"彩色（半透明）"命令，即可自动更新图表颜色。图表设置结果如图 5-70 所示。

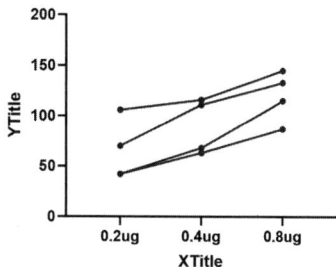

图 5-65　"前后图"图表编辑结果

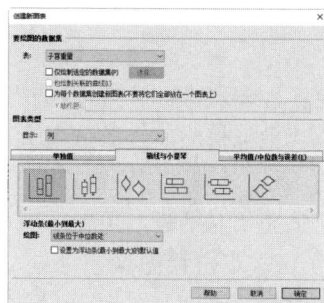

图 5-66　"创建新图表"对话框

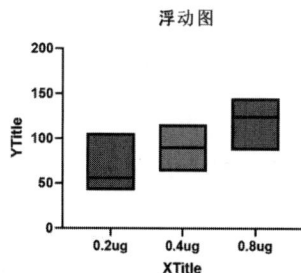

图 5-67　绘制浮动图

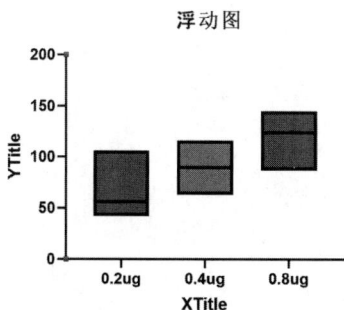

图 5-68　设置坐标轴大小结果

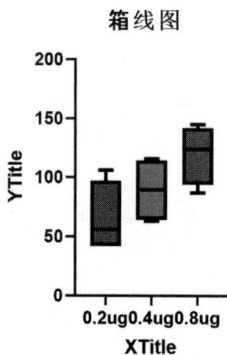

图 5-69　绘制箱线图

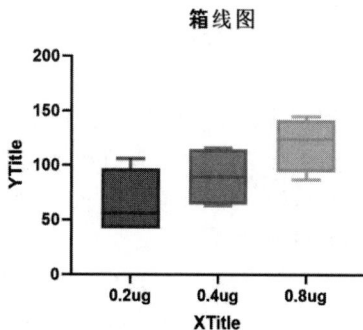

图 5-70　更新箱线图

（4）绘制"小提琴图"图表

① 在左侧导航器"图表"选项卡下单击"新建图表"命令，弹出"创建新图表"对话框，在"图表类型"的"显示"下拉列表中选中"列"，在"箱线与小提琴"选项卡下选择"小提琴图"选项，在"绘图"下拉列表中选择"仅小提琴图"。单击"确定"按钮，关闭对话框，在导航器"图表"下创建图表，重命名为"小提琴图"，如图 5-71 所示。

② 双击任意坐标轴，或单击"更改"功能区中的"设置坐标轴格式"按钮，弹出"设置坐标轴格式"对话框。打开"左 Y 轴"选项卡，取消勾选"自动确定范围与间隔（A）"复选框，"最小值"设置为 0。打开"坐标框与原点"选项卡，设置"宽度（X 轴长度）"为 7cm，"高度（Y 轴长度）"为 5cm。单击"确定"按钮，关闭对话框，更新图表坐标轴。

③ 双击绘图区空白处，或单击"更改"功能区中的"设置图表格式（符号、条形图、误差条等）"按钮，弹出"格式化图表"对话框。打开"外观"选项卡，在"数据集"下拉列表中选择"更改所有数据集"，在"边框"选项组下选择"无"，取消柱形的边框。单击"确定"按钮，关闭对话框，更新图表，如图 5-72 所示。

5.5.3 布局图设计

通过前后图、浮动图、箱线图、小提琴图创建组合的重叠图（前后图 - 浮动图、前后图 - 箱线图、前后图 - 小提琴图），分析不同剂量的雌激素测量数据的分布情况。

（1）创建布局表

① 单击导航器"布局"下的"新建布局"按钮，弹出"创建新布局"对话框，在"页面选项"选项组下选择"纵向"，在"图表排列"选项组"标准排列"下选择 3 行 2 列的图表排列，如图 5-73 所示。单击"确定"按钮，关闭该对话框，创建布局图"布局 1"，如图 5-74 所示。

② 单击选中导航器"图表"下的前后图、浮动图、箱线图、小提琴图，将其拖动到布局表图表占位符上，如图 5-75 所示。

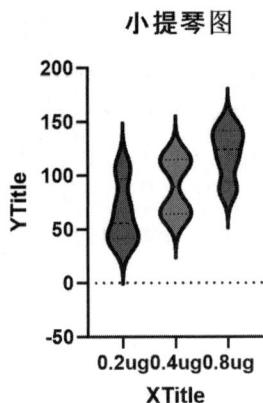

图 5-71 绘制小提琴图

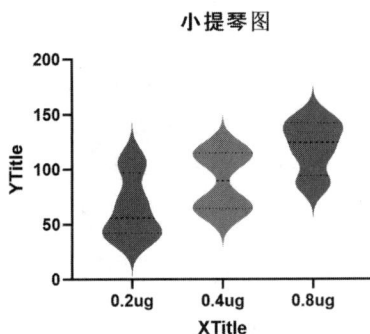

图 5-72 更新小提琴图

图 5-73 "创建新布局"对话框

图 5-74　创建布局图

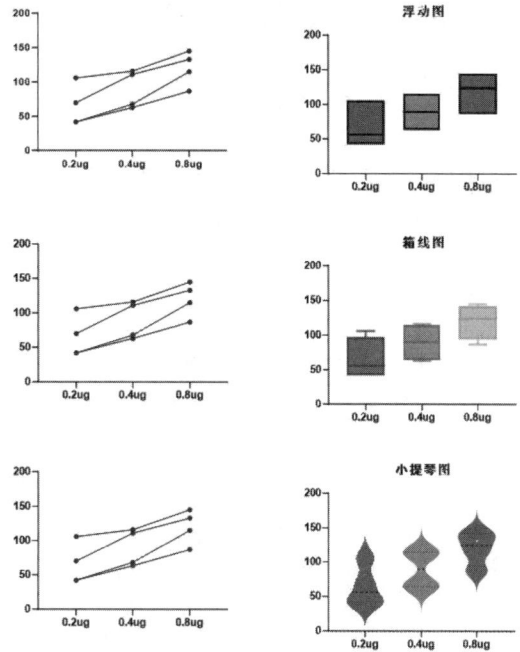

图 5-75　布局图添加图表

（2）布局图对齐

① 选中最上方两个图表（前后图、浮动图），选择菜单栏中的"排列"→"对齐 Y 轴"，对齐垂直排列的图表 Y 轴。选择菜单栏中的"排列"→"对齐 X 轴"，对齐垂直排列的图表 X 轴，结果如图 5-76 所示。

② 同样地，选择中间两个图表（前后图、箱线图），对齐 X 轴、Y 轴，结果如图 5-77 所示。

③ 同样地，选择最下方两个图表（前后图、小提琴图），对齐 X 轴、Y 轴，结果如图 5-78 所示。

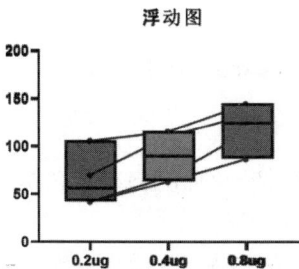

图 5-76　对齐图表 1

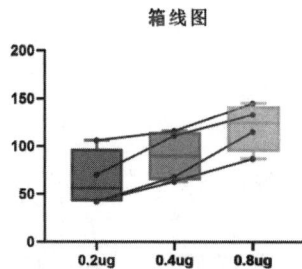

图 5-77　对齐图表 2

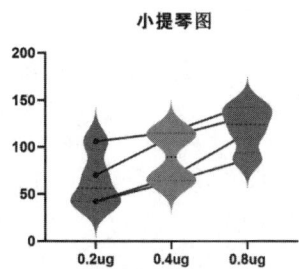

图 5-78　对齐图表 3

（3）布局图编辑

① 将鼠标放置在浮动图上，显示重叠在一起的浮动图（图 5-79），单击选中该图表，单击"排列"功能区"将选定对象置于其他对象后面"按钮 ，将图表"浮动图"切换到

"前后图"后面，结果如图 5-79 所示。

② 利用鼠标框选重叠在一起的两个图表，单击"排列"功能区"对所选对象分组，以便它们像一个对象一样操作"按钮▦，组合两个图表。用同样的方法组合其余两组重叠图。

③ 此时，布局图中水平移动三个重叠组合图，如图 5-80 所示。

（4）插入 Excel 对象

① 打开"布局 1"，将光标插入点定位到需要插入对象的位置。

② 选择菜单栏中的"插入"→"插入对象（O）"→"Excel 对象"命令，在图表插入点处显示嵌入式空白区域。同时自动创建一个名为"工作簿 1"的空白 Excel 文件。

③ 打开数据表"雌激素含量对子宫发育的作用 .xlsx"，单击左上角的▦按钮，选中整个数据表中的内容，按下 Ctrl+C 键，复制数据。打开布局图"布局 1"，打开名为"工作簿 1"的空白 Excel 文件，按下 Ctrl+V 键，粘贴数据，单击右上角的"×"关闭文档。返回 GraphPad Prism 下的"布局 1"，选择的 Excel 对象即可插入到光标插入点所在位置，如图 5-81 所示。

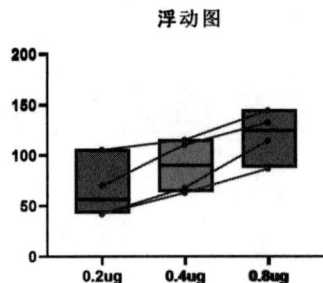

图 5-79　将选定对象置于其他对象后面

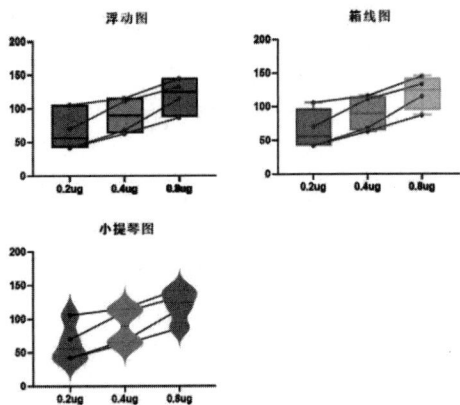

图 5-80　重叠组合图

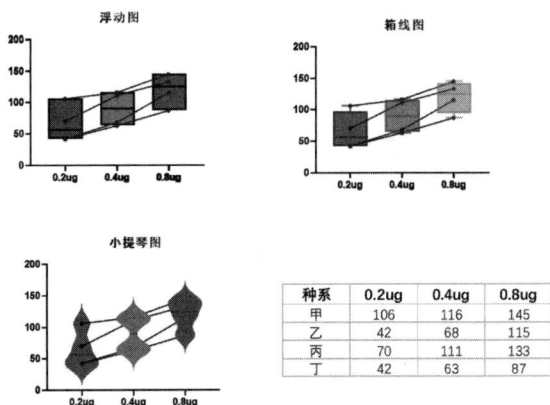

种系	0.2ug	0.4ug	0.8ug
甲	106	116	145
乙	42	68	115
丙	70	111	133
丁	42	63	87

图 5-81　插入 Excel 对象效果

（5）图表页面设置

① 单击"更改"功能区下的"翻转到横向页面"按钮▦，自动将页面纵向布局转换为横向布局。

② 单击"更改"功能区下的"将页面上的所有内容居中"按钮▦，自动将页面上的所有内容居中排列。

③ 单击"更改"功能区"调整布局大小"按钮▦▾下的"填充页面"命令，自动将页面上的所有图表内容放大以适应页面。

④ 修改布局表标题名称为"子宫重量重叠组合图"，结果如图 5-82 所示。

⑤ 按住 Ctrl 键或 Shift 键选中要对齐的图形对象，选择菜单栏中的"排列"→"对齐对象"→"顶部""左"命令，对齐上方两个图表和左侧两个图表，效果如图 5-83 所示。

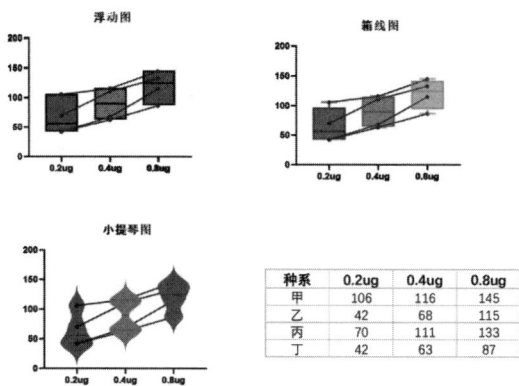

图 5-82　图表页面设置结果

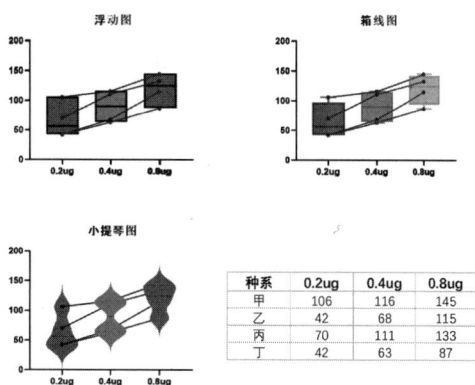

图 5-83　对齐对象效果

（6）保存项目

单击"文件"功能区中的"保存"按钮，或按下 Ctrl+S 键，直接保存项目。

扫码看本章实例
视频讲解

第 6 章
两样本均数比较的假设检验

传统的关于特征分布分析描述量，如样本均数与标准差，基本只是对单变量分布的描述，而对两组变量或处理效应的描述，则需要使用均值分析。两样本均数比较的假设检验是一种比较常见的分析方法，最常见的方法是 t 检验。

6.1 正态性检验

正态分布是自然界中最常见、最重要的一种连续型分布，是后面将要学习的各种统计推断方法的理论基础。

6.1.1 正态分布检验

在医学中，有很多生理生化指标服从或近似服从正态分布，如同性别健康成年人的身高、体重，红细胞计数和血红蛋白含量等。若随机变量 X 服从一个数学期望（均值）为 μ、方差为 σ^2 的正态分布，记为 $N(\mu, \sigma^2)$。

① 选择菜单栏中的"分析"→"数据探索和摘要"→"正态性与对数正态性检验"命令，弹出"分析数据"对话框，在左侧列表中选择指定的分析方法，即正态性与对数正态性检验，在右侧显示需要分析的数据集和数据列，如图 6-1 所示。

② 单击"确定"按钮，关闭该对话框，弹出"参数：正态性和对数正态性检验"对话框，设置基本参数，如图 6-2 所示。

（1）要检验哪些分布

选择检验数据是否服从正态（高斯）分布（G）、对数正态分布（L）或者服从两者中任意一种。对数正态分布仅包含正数，在对数正态分布中，不可能存在负值和零。如果存在任意值为零或负值，则 Prism 不需要检验对数正态性。

（2）检验分布的方法

① D'Agostino-Pearson 综合正态性检验（S）：也称为 D'Agostino 和 Pearson（皮尔逊）正态性检验，是一种用于检验数据是否符合正态分布的统计检验方法，通常用于中小样本量的情况。

② Anderson-Darling 检验（A）：简称 AD 检验，是一种拟合检验，此检验是将样本数据的经验累积分布函数与假设数据呈正态分布时期望的分布进行比较，如果差异足够大，该检验将否定总体呈正态分布的原假设。

③ Shapiro-Wilk 正态性检验（W）：夏皮罗 - 维尔克检验法。

④ 包含 Dallal-Wilkinson-Lilliefor P 值的 Kolmogorov-Smirnov 正态性检验（k）：进行两种正态检验。

（3）绘图选项

创建 QQ 图（Q）：勾选该复选框，创建 QQ 图表。QQ 图是常见的正态概率图，用来考察数据资料是否服从某种分布类型。QQ 图（Q 代表分位数）用概率分布的分位数进行正态性考察，如果样本数对应的总体分布确为正态分布，则 QQ 图中样本数据对应的散点

图 6-1 "分析数据"对话框

图 6-2 "参数：正态性和对数正态性检验"对话框

应基本落在原点出发的45°线附近。

（4）子列

选择对包含子列的数据表进行特殊处理后再进行分析。

（5）计算

置信水平：置信度区间百分比α，默认值为5%。表示在指定水平下，样本平均值与指定的检验值之差的置信区间。

6.1.2　操作实例——血浆总胆固醇含量正态分布

抽样调查200名长期应用氨茶碱的哮喘患儿血浆总胆固醇含量（mmol/L）和频数表，揭示数据的分布类型和特征。

（1）设置工作环境

① 双击 GraphPad Prism 10 图标，启动 GraphPad Prism。

② 选择菜单栏中的"文件"→"打开"命令，或单击"Prism"功能区中的"打开项目文件"命令，或单击"文件"功能区中的"打开项目文件"按钮，或按下 Ctrl+O 键，弹出"打开"对话框，选择需要打开的文件"血浆总胆固醇含量频数分布 .prism"，单击"打开"按钮，即可打开项目文件。

③ 选择菜单栏中的"文件"→"另存为"命令，或单击"文件"功能区中保存命令按钮下的"另存为"命令，弹出"保存"对话框，输入项目名称"血浆总胆固醇含量正态分布 .prism"。单击"确定"按钮，保存项目。

（2）血浆总胆固醇含量正态性检验

① 将数据表"哮喘患儿血浆总胆固醇含量"置为当前。

② 选择菜单栏中的"分析"→"数据探索和摘要"→"正态性与对数正态性检验"命令，弹出"分析数据"对话框。单击"确定"按钮，关闭该对话框，弹出"参数：正态性和对数正态性检验"对话框，在"要检验哪些分布？"选项组下勾选"正态（高斯）分布（G）"和"对数正态分布（L）"复选框，在"检验分布的方法"选项组下勾选"D'Agostino-Pearson 综合正态性检验（S）"复选框，如图6-3所示。

③ 单击"确定"按钮，关闭该对话框，生成结果表"正态性与对数正态性检验 / 哮喘患儿血浆总胆固醇含量"，结果如图6-4所示。其显示正态分布检验和对数正态分布检验结果，即"P 值"＞0.05，说明检测数据服从正态性

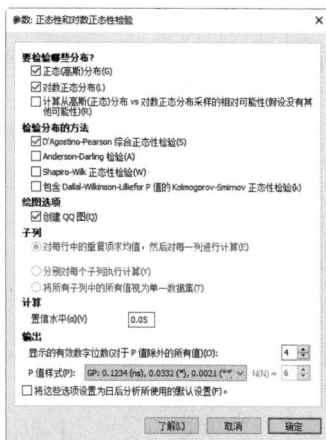

图 6-3　"参数：正态性和对数正态性检验"对话框

图 6-4　结果表"正态性与对数正态性检验 / 哮喘患儿血浆总胆固醇含量"

分布。

④ 打开导航器"图表"下的"正态 QQ 图：正态性与对数正态性检验／哮喘患儿血浆总胆固醇含量""对数正态 QQ 图：正态性与对数正态性检验／哮喘患儿血浆总胆固醇含量"，显示实际残差 - 预测残差图，如图 6-5、图 6-6 所示。可以发现，图 6-5、图 6-6 中点的大致趋势明显地在从原点出发的一条 45°直线上，所以认为误差的正态性假设是合理的。

（3）保存项目

单击"文件"功能区中的"保存"按钮■，或按下 Ctrl+S 键，直接保存项目文件。

6.2　t 检验

t 检验是用 t 分布理论来推断差异发生的概率，从而判定两总体均数的差异是否有统计学意义，主要用于样本含量较小（如 $n<60$），总体标准差 σ 未知，呈正态分布的计量数据。在 GraphPad Prism 中，t 检验根据样本的分布情况和检验目的可以分为单样本 t 检验、Wilcoxon 检验、双样本 t 检验、多重 t 检验。

6.2.1　单样本 t 检验和 Wilcoxon 检验

单样本 t 检验又称单样本均数 t 检验，适用于样本均数 $\bar{X}$ 与已知总体均数 μ_0 的比较，其比较目的是检验样本均数 $\bar{X}$ 所代表的总体均数 μ 是否与已知总体均数 μ_0 有差别。已知总体均数 μ_0，一般为标准值、理论值或经大量观察得到的较稳定的指标值。

GraphPad Prism 中有单样本 t 检验和 Wilcoxon 检验。

选择菜单栏中的"分析"→"群组比较"→"单样本 t 检验和 Wilcoxon 检验"命令，弹出"分析数据"对话框，在左侧列表中选择指定的分析方法，即单样本 t 检验和 Wilcoxon 检验，在右侧显示要分析的数据集和数据列。

单击"确定"按钮，关闭该对话框，弹出"参数：单样本 t 检验和 Wilcoxon 检验"对话框，其中包含 2 个选项卡，如图 6-7 所示。

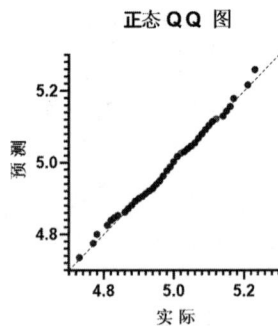

正态 QQ 图

图 6-5　正态 QQ 图

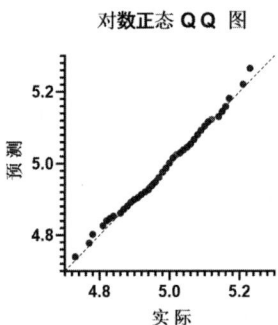

对数正态 QQ 图

图 6-6　对数正态 QQ 图

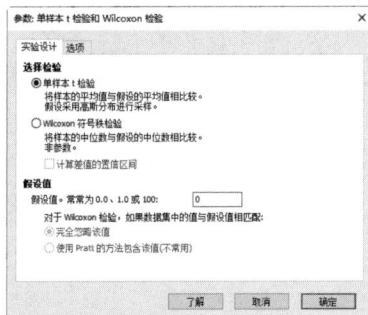

（a）"实验设计"选项卡

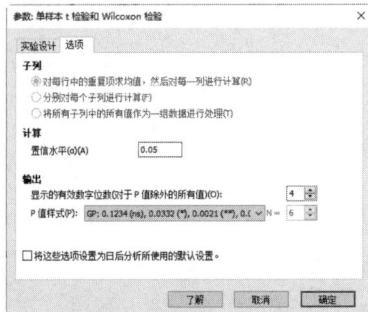

（b）"选项"选项卡

图 6-7　"参数：单样本 t 检验和
Wilcoxon 检验"对话框

（1）"实验设计"选项卡

① 选择检验

a. 单样本 t 检验：将样本的平均值与假设的平均值相比较，假设采用高斯分布进行采样。

b.Wilcoxon 符号秩检验：将样本的中位数与假设的中位数相比较，属于非参数检验。勾选"计算差值的置信区间"复选框，计算样本的中位数与假设的中位数差值的置信区间。

② 假设值

a. 假设值：输入与平均值（t 检验）或中值（Wilcoxon 检验）进行比较的假设值。该值通常为 0 或 100（当为百分比时），或 1.0（值为比率时）。

b. "对于 Wilcoxon 检验，如果数据集中的值与假设值相匹配"：对于 Wilcoxon 检验，还需指定当某数据值完全等于假设值时的下一个步骤。

➢ 完全忽略该值：忽略与假设值完全相等的值。

➢ 使用 Pratt 的方法包含该值（不常用）：Pratt 方法是一种用于拟合圆的数学算法，通过最小二乘法和梯度下降法来优化圆的拟合结果。

（2）"选项"选项卡

① 子列　在带有子列的分组表上输入数据，Prism 提供三种选择：

➢ 对每行中的重复项求均值，然后对每一列进行计算（R）。

➢ 分别对每个子列进行计算（F）。

➢ 将所有子列中的所有值作为一组数据进行处理（T）。

② 计算　输入计算输出结果时使用的置信水平，默认为 0.05。该值用于定义统计学显著性的阈值 P 值。

③ 输出

a. 显示的有效数字位数（对于 P 值除外的所有值）（O）：选择在显示结果时使用的数据位数，P 值的数据格式与位数在该选项下面的选项中设置。

b.P 值样式（P）：选择在显示结果时使用的 P 值格式和位数。

6.2.2　操作实例——骨质疏松症的患病率单样本 t 检验

某地 50 岁以上中老年妇女骨质疏松症的患病率为 40%。现随机抽样 10000 次，每次抽取一个样本含量 $n=10$ 人的样本，见表 6-1。本实例使用单样本 t 检验方法判断样本数据患病率与总体患病率数据是否有差异。

表 6-1　中老年妇女骨质疏松症患病率数据

样本号	患病人数	未患病人数	样本患病率	样本号	患病人数	未患病人数	样本患病率
1	13	17	0.43	6	13	17	0.43
2	15	15	0.50	7	11	19	0.37
3	18	12	0.60	8	12	18	0.40
4	18	12	0.60	9	11	19	0.37
5	11	19	0.37	10	13	17	0.43

提出假设如下：

① $H_0 : \mu_1 = \mu_2$，此次随机样本的患病率与该地中老年妇女骨质疏松症的患病率相同。

② $H_1 : \mu_1 \neq \mu_2$，此次随机样本的患病率与该地中老年妇女骨质疏松症的患病率不同。

（1）设置工作环境

① 双击 GraphPad Prism 10 图标，启动 GraphPad Prism，自动弹出"欢迎使用 GraphPad Prism"对话框。在左侧"创建"选项组下选择"列"选项，在"数据表"选项组下默认选择"输入或导入数据到新表"选项，在"选项"选项组下默认选择"输入重复值，并堆叠到列中"。

② 单击"创建"按钮，创建项目文件，同时该项目下自动创建一个数据表"数据 1"和关联的图表"数据 1"，将其重命名为"患病率"。

③ 选择菜单栏中的"文件"→"另存为"命令，或单击"文件"功能区中保存命令按钮 💾 下的"另存为"命令，弹出"保存"对话框，输入项目名称"骨质疏松症的患病率单样本 T 检验 .prism"。单击"确定"按钮，在源文件目录下自动创建项目文件。

（2）复制数据

① 打开 Excel 文件"中老年妇女骨质疏松症的患病率 .xlsx"，选中单元格中的数据，按下快捷键 Ctrl+C，复制表格数据，如图 6-8 所示。

② 打开 Prism 中的数据表"患病率"，单击行标题所在单元格，选择菜单栏中的"编辑"→"粘贴"命令，粘贴 Excel 表格中复制的数据，手动调整表格的列宽，结果如图 6-9 所示。

（3）单样本 t 检验

① 单样本 t 检验通过比较数据的平均值来进行假设检验。

② 选择菜单栏中的"分析"→"群组比较"→"单样本 t 检验和 Wilcoxon 检验"命令，弹出"分析数据"对话框，选择分析"C：样本患病率"。单击"确定"按钮，关闭该对话框，弹出"参数：单样本 t 检验和 Wilcoxon 检验"对话框。选择"单样本 t 检验"，假设值为 0.4，如图 6-10 所示；打开"选项"选项卡，置信水平默认为 0.05。

③ 单击"确定"按钮，关闭该对话框，输出结果表

图 6-8　打开 Excel 文件

图 6-9　粘贴数据

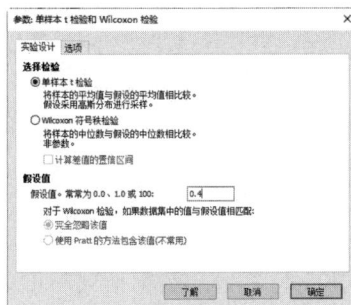

图 6-10　"参数：单样本 t 检验和 Wilcoxon 检验"对话框

图 6-11　结果表"单样本 t 检验 / 患病率"

"单样本 t 检验 / 患病率"，显示单样本 t 检验结果，如图 6-11 所示。

④ 从单样本 t 检验表中看到，"P 值（双尾）"＞0.05，样本均值与备选假设值的差异没有超过参考值（即"t"值），接受原假设。由此得出结论：此次随机样本的患病率与该地中老年妇女骨质疏松症的患病率相同。

（4）Wilcoxon 检验

Wilcoxon 检验是将数据集（服从正态分布）中值与理论（或零假设）比较，若结果没有显著差异，接受零假设，即数据集平均值与理论值相等。

① 选择菜单栏中的"分析"→"群组比较"→"单样本 t 检验和 Wilcoxon 检验"命令，弹出"分析数据"对话框，选择分析"C：样本患病率"。单击"确定"按钮，关闭该对话框，弹出"参数：单样本 t 检验和 Wilcoxon 检验"对话框。选择"Wilcoxon 符号秩检验"，假设值为 0.4，勾选"计算差值的置信区间"复选框，如图 6-12 所示；打开"选项"选项卡，置信水平默认为 0.05。

② 单击"确定"按钮，关闭该对话框，输出结果表"单样本 Wilcoxon 检验 / 患病率"，显示 Wilcoxon 检验结果，如图 6-13 所示。

图 6-12　"参数：单样本 t 检验和 Wilcoxon 检验"对话框

图 6-13　结果表"单样本 Wilcoxon 检验 / 患病率"

③ 结果分析：从单样本 Wilcoxon 检验表中看到，"P 值（双尾）"＞0.05，接受原假设，认为在 $\alpha = 0.05$ 的置信水平下，该检测样本的实际中位数（0.43）与理论值（中位数 0.4）不存在显著性差异，95% 置信区间为 −0.03～0.20。

（5）保存项目

单击"文件"功能区中的"保存"按钮■，或按下 Ctrl+S 键，直接保存项目文件。

6.2.3　双样本 t 检验

根据数据的特征，双样本 t 检验分为配对样本均数 t 检验和两独立样本均数 t 检验；根据使用的检验方法，双样本 t 检验分为参数检验和非参数检验。

选择菜单栏中的"分析"→"群组比较"→"t 检验（和非参数检验）"命令，弹出"分析数据"对话框，在左侧列表中选择指定的分析方法，即 t 检验（和非参数检验），在右侧显示要分析的数据集和数据列。

单击"确定"按钮，关闭该对话框，弹出"参数：t 检验（和非参数检验）"对话框，其中包含 3 个选项卡，如图 6-14 所示。

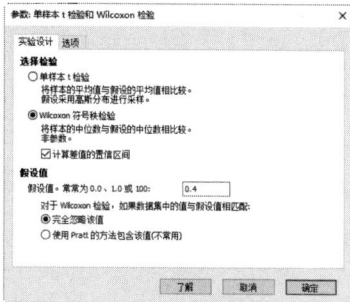

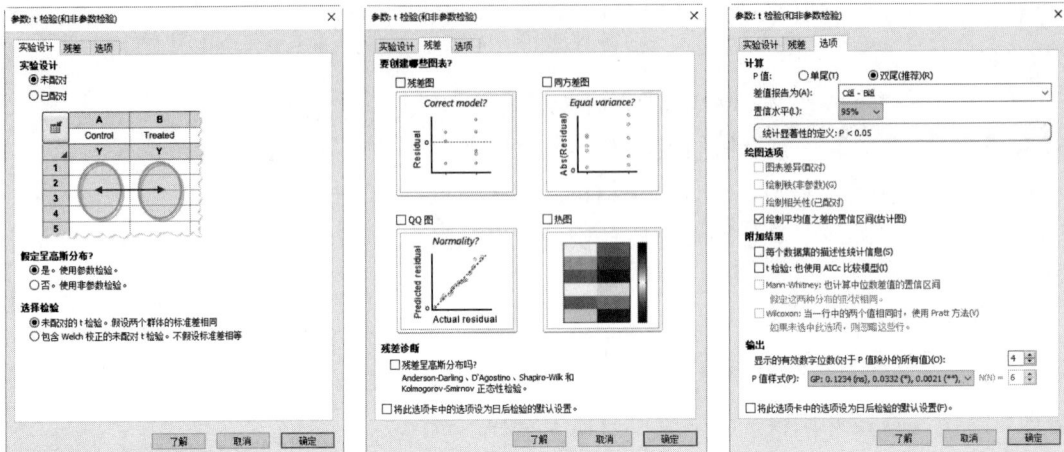

（a）"实验设计"选项卡　　　　　（b）"残差"选项卡　　　　　（c）"选项"选项卡

图 6-14　"参数：t 检验（和非参数检验）"对话框

（1）"实验设计"选项卡

① 实验设计　由实验设计决定数据集中正在比较的变量是否匹配（未配对、已配对）。如正在比较两组的体重，则可以根据年龄或性别进行匹配，但不能根据体重进行匹配。

② 假定呈高斯分布　直接指定使用参数检验或非参数检验。

③ 选择检验　根据数据集是否匹配选择、参数检验或非参数检验，显示不同的检验方法，具体见表 6-2。

表 6-2　选择检验

实验设计	高斯分布	选择检验	说明
未配对	参数检验	未配对的 t 检验	假设两个群体的标准差相同
		包含 Welch（韦尔奇）校正的未配对 t 检验	不假设标准差相等
	非参数检验	Mann-Whitney 检验	比较秩，检验中值变化的检验力
		Kolmogorov-Smirnov 检验	比较累积分布，检验分布形状差异的检验力
已配对	参数检验	配对 t 检验	配对值之间的差异一致
		比值配对 t 检验	配对值的比值一致
	非参数检验	Wilcoxon 配对符号秩检验	对配对资料的差值采用符号秩方法来检验

（2）"残差"选项卡

① 要创建哪些图表　t 检验的一个假设是：该模型的残差是从高斯分布中抽样。残差图有助于评估该假设，Prism 提供了四种基于 t 检验绘制残差的图表方式，QQ 图是最有帮助的绘制残差的方法。

② 残差呈高斯分布吗？

勾选该复选框，Prism 对残差进行四次正态性检验。汇总两组的残差，然后进入一组正态性检验。

（3）"选项"选项卡

① 计算

a.P 值：选择 P 值的计算方法。

➤ 单尾（T）：强调某一方向的检验叫单尾检验，也称单侧检验。如当要检验的是样本所取自的总体参数值大于或小于某个特定值时，采用单侧检验方法。

➤ 双尾（R）：只强调差异不强调方向性（比如大小、多少）的检验叫双尾检验。如检验样本和总体均值有无差异，或样本数之间有没有差异，采取双侧检验。对于双尾检验，它的目的是检测 A、B 两组是否有差异，而不管是 A 大于 B 还是 B 大于 A。

b. 差值报告为（A）：选择 Prism 报告均值或中间值之间差异的符号，即用第一个均值减去第二个均值，还是用第二个均值减去第一个均值。

c. 置信水平：选择置信水平，默认值为 95%。

② 绘图选项　根据在"实验设计"选项卡上选择的检验显示可用的选项，此类选项可用于更深入查看数据。

a. 图表差异（配对）：该选项用来创建显示该差异列表的表格和图表。配对 t 检验和Wilcoxon 配对符号秩检验首先计算每行上两个值之间的差异。

b. 绘制秩（非参数）：该选项用来创建显示这些等级的表格和图表。Mann-Whitney 检验首先从低到高排列所有值，然后比较两组的平均等级。Wilcoxon 检验首先计算每对之间的差异，然后排列这些差异的绝对值，差异为负数时，赋予负值。

c. 绘制相关性（已配对）：绘制一个变量与另一个变量的图表，直观地评估它们之间的相关性。

d. 绘制平均值之差的置信区间（估计图）：该选项生成的图形包括原始数据的散点图（或小提琴图）。此外，该图表还包括绘制了平均值与 95%CI（对于非配对检验）之间差异或平均值与 95%CI（对于配对检验）之间差异的第三个数据集。估计图对直观评估 t 检验结果非常有用。

③ 附加结果

a. 每个数据集的描述性统计信息（S）：勾选该复选框，Prism 将为每个数据集创建一个新的描述性统计表。

b. "t 检验：也使用 AICc 比较模型（I）"：勾选该复选框，Prism 将报告通常的 t 检验结果，但也会使用 AICc 来比较两个模型的拟合度，并报告每个模型均正确的概率。

c. "Mann-Whitney：也计算中位数差值的置信区间（假定这两种分布的形状相同）"：勾选该复选框，计算中间值（Mann-Whitney）或配对差异的中间值（Wilcoxon）之间差异的 95% CI。对于 Mann-Whitney 检验，假设这两个总体的形状相同。对于 Wilcoxon 检验，假设差异分布是对称的。

d. "Wilcoxon：当一行中的两个值相同时，使用 Pratt 方法（V）"：勾选该复选框，按照 Wilcoxon 在创建检验时所述的方式处理该问题。Prism 提供改用 Pratt 方法的选项。

6.2.4 操作实例——空腹血糖检测数据配对 t 检验

对 10 名糖尿病患者在同一时间分别采用两种方法检测 24 小时空腹血糖，数据如表 6-3 所示。本实例录入表 6-3 中数据，计算描述性统计量，并判断两种方法检测空腹血糖数据是否有差异。

表 6-3　10 名糖尿病患者采用两种方法检测血糖结果　　　　单位：mmol/L

患者序号	常规检测法	皮下检测法	患者序号	常规检测法	皮下检测法
1	5.4	8.2	6	5.5	6.1
2	7.3	10.3	7	14	10
3	10	11.6	8	6	4.7
4	11.6	9.8	9	9.3	9.6
5	8.9	9.2	10	11.2	10.2

（1）启动软件

双击开始菜单的 GraphPad Prism 10 图标，启动 GraphPad Prism 10，自动弹出"欢迎使用 GraphPad Prism"对话框。

（2）创建项目

① 在"创建"选项组下默认选择"列"，在右侧界面"数据表"选项组下选择"输入或导入数据到新表"这种方法，在"选项"选项组下选择"输入重复值，并堆叠到列中"。单击"创建"按钮，创建项目文件，同时该项目下自动创建一个数据表"数据 1"和关联的图表"数据 1"，重命名数据表为"空腹血糖检测数据"。

② 选择菜单栏中的"文件"→"另存为"命令，或单击"文件"功能区中保存命令按钮 下的"另存为"命令，弹出"保存"对话框，输入项目名称"空腹血糖检测数据配对 T 检验 .prism"。单击"确定"按钮，保存项目。

（3）输入数据

① 在导航器中单击选择"空腹血糖检测数据"，右侧工作区直接进入该数据表的编辑界面。该数据表中包含第 A 组、第 B 组、第 C 组等。

② 打开"空腹血糖检测数据表 .xlsx"，复制表中数据到数据区，结果如图 6-15 所示。

（4）计算统计量

① 选择菜单栏中的"分析"→"数据探索和摘要"→"描述性统计"命令，弹出"分析数据"对话框。单击"确定"按钮，关闭该对话框，弹出"参数：描述性统计"对话框，在"高级"选项组下选择要计算并输出的高级描述性统计量，即"变异系数""偏度和峰度""百分位数""几何平均数和几何标准差因子""调和平均数""平方平均数"，如图 6-16 所示。

② 单击"确定"按钮，关闭该对话框，生成结果表"描述性统计 / 空腹血糖检测数据"，如图 6-17 所示。

	第A组 常规检测法	第B组 皮下检测法
1	5.4	8.2
2	7.3	10.3
3	10.0	11.6
4	11.6	9.8
5	8.9	9.2
6	5.5	6.1
7	14.0	10.0
8	6.0	4.7
9	9.3	9.6
10	11.2	10.2

图6-15 复制数据

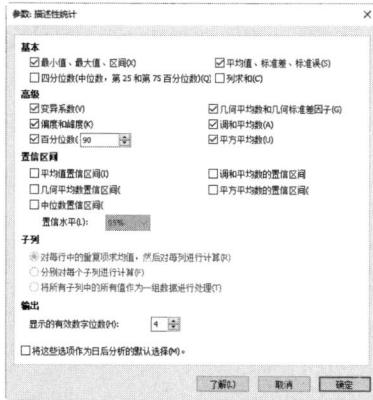

图6-16 "参数：描述性统计"对话框

描述性统计	常规检测法 A	皮下检测法 B
值的数量	10	10
最小值	5.400	4.700
最大值	14.00	11.60
范围	8.600	6.900
10% 百分位数	5.410	4.840
90% 百分位数	13.76	11.47
平均值	8.920	8.970
标准差	2.882	2.094
平均值标准误	0.9113	0.6622
变异系数	32.31%	23.34%
几何平均数	8.496	8.698
几何标准差	1.395	1.319
调和平均数	8.081	8.369
平方平均数	9.330	9.187
偏度	0.2945	-1.174
峰度	-0.8074	0.8338

图6-17 结果表"描述性统计/空腹血糖检测数据"

（5）配对 t 检验（参数检验）

① 采用常规检测法、皮下检测法检测的血糖数据属于配对数据，选择配对 t 检验，假定两组数据服从正态分布，使用参数检验进行分析。

建立检验假设如下：

a. $H_0: \mu_1 = \mu_2$，两种方法对空腹血糖检测结果无影响。

b. $H_1: \mu_1 \neq \mu_2$，两种方法对空腹血糖检测结果有影响。

将数据表"空腹血糖检测数据"置为当前。

② 单击"分析"功能区上的"比较两组：t 检验、Mann-Whitney、Wilcoxon#"按钮，弹出"参数：t 检验（和非参数检验）"对话框，打开"实验设计"选项卡，在"实验设计"选项组下选择"已配对"，在"假定呈高斯分布？"选项组下选择"是。使用参数检验"，在"选择检验"选项组下选择"配对 t 检验"，如图 6-18（a）所示。

③ 打开"残差"选项卡，勾选"残差图""残差呈高斯分布吗？"复选框，如图 6-18（b）所示。

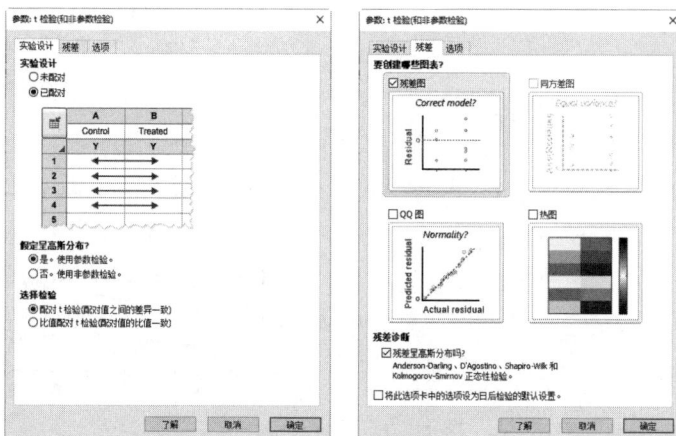

（a） （b）

图6-18 "参数：t 检验（和非参数检验）"对话框

④ 单击"确定"按钮，在结果表"配对 t 检验 / 空腹血糖检测数据"中显示配对 t 检验结果，如图 6-19 所示。

（6）结果分析

① 进行参数检验，首要条件是数据服从正态分布，在"残差正态性"选项组下显示四种数据正态检验。本例中，数据样本数属于小样本，查看 Shapiro-Wilk（W）检验结果，P 值＞0.05，通过了正态性检验（α=0.05），假设差值与高斯分布一致。

② "配对效果如何？"选项组中通过计算皮尔逊相关系数 r 和相应的 P 值来检验配对的有效性。P 值＜0.05，认为两组之间存在显著相关性。这证明了使用配对检验的合理性。

③ 在"配对 t 检验"选项组中，P 值＞0.05，认为两种方法差异不显著。

④ "差异有多大？"选项组：t 检验研究了两组平均值之间的差值可能是由偶然因素造成的可能性。该选项组显示该差值和 P 值的 95% 置信区间。

⑤ 图表"残差图 : 配对 t 检验 / 空腹血糖检测数据"中显示"皮下检测法 - 常规检测法"的残差图，如图 6-20（a）所示。

⑥ 图表"估计图 : 配对 t 检验 / 空腹血糖检测数据"中显示配对 t 检验默认生成的估计图。数据以配对方式存在，因此左侧图显示数据的最佳方式是前后图，右侧图显示两组之间的均差值以及该均差值的 95% 置信区间，如图 6-20（b）所示。

（7）保存项目

单击"文件"功能区中的"保存"按钮，或按下 Ctrl+S 键，直接保存项目文件。

4	vs		vs	
5	列 A		常规检测法	
6				
7	配对 t 检验			
8	P 值		0.9431	
9	P 值摘要		ns	
10	显著不同 (P < 0.05)?		否	
11	单尾或双尾 P 值?		双尾	
12	t, df		t=0.07333, df=9	
13	对数		10	
14				
15	差异有多大？			
16	差异平均值 (B - A)		0.05000	
17	差值的标准差		2.156	
18	差值标准误		0.6819	
19	95% 置信区间		-1.492 到 1.592	
20	R 平方(部分 eta 平方)		0.0005971	
21				
22	配对效果如何？			
23	相关系数 (r)		0.6661	
24	P 值(单尾)		0.0177	
25	P 值摘要		*	
26	配对显著有效吗?		是	

（a）

22	配对效果如何？				
23	相关系数 (r)	0.6661			
24	P 值(单尾)	0.0177			
25	P 值摘要	*			
26	配对显著有效吗?	是			
27					
28	残差正态性				
29	检验名称	统计	P 值	通过了正态性检验 (α=0.05)?	P 值摘要
30	Anderson-Darling (A2*)	0.1999	0.8369	是	ns
31	D'Agostino-Pearson 综合	0.3168	0.8535	是	ns
32	Shapiro-Wilk (W)	0.9628	0.8174	是	ns
33	Kolmogorov-Smimov(距离	0.1462	>0.1000	是	ns

（b）

图 6-19　结果表"配对 t 检验 / 空腹血糖检测数据"

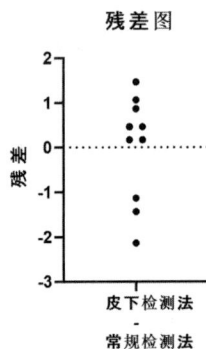

（a）

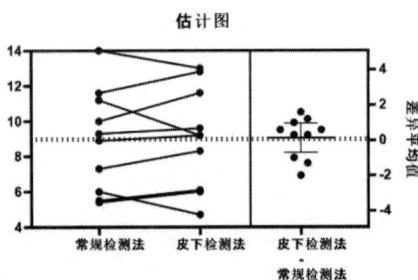

（b）

图 6-20　残差图和估计图

6.2.5　多重 t 检验

在 Prism 中，多重 t 检验可一次性执行多项 t 检验，每项检验比较两组数据。

选择菜单栏中的"分析"→"群组比较"→"多重 t 检验（和非参数检验）"命令，弹出"分析数据"对话框，在左侧列表中选择指定的分析方法，即多重 t 检验（和非参数检验），在右侧显示要分析的数据集和数据列。

单击"确定"按钮，关闭该对话框，弹出"参数：多重 t 检验（和非参数检验）"对话框，其中包含 3 个选项卡，如图 6-21 所示。

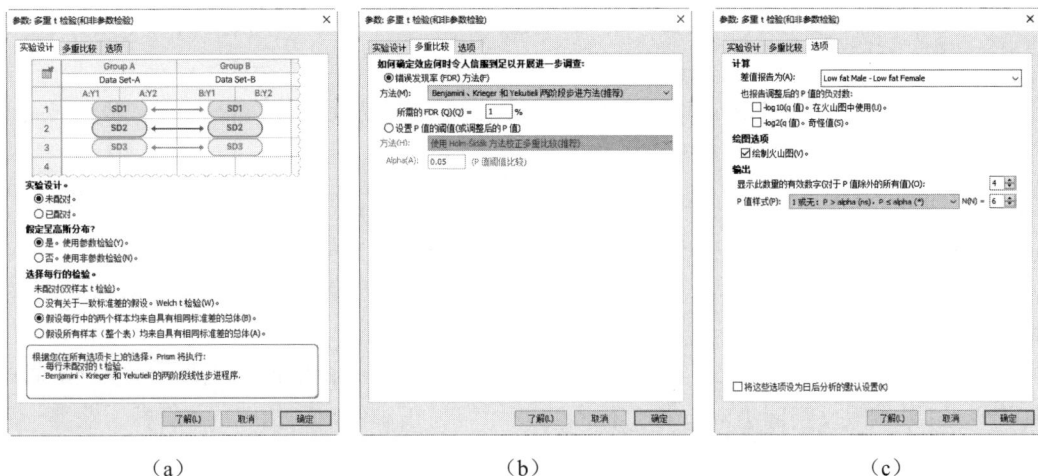

（a）　　　　　　　　　　（b）　　　　　　　　　　（c）

图 6-21　"参数：多重 t 检验（和非参数检验）"对话框

（1）"实验设计"选项卡

① 实验设计　决定数据集中正在比较的变量是否匹配（未配对、已配对）。

② 假定呈高斯分布　直接指定使用参数检验或非参数检验。

③ 选择每行的检验　根据数据集是否匹配选择、参数检验或非参数检验，显示不同的检验方法，具体见表 6-4。

表 6-4　选择每行的检验

实验设计	高斯分布	选择检验	说明
未配对	参数检验	未配对的 t 检验	没有关于一致标准差的假设。Welch t 检验（W）
			假设每行中的两个样本均来自具有相同标准差的总体（B）
			假设所有样本（整个表）均来自具有相同标准差的总体（A）
	非参数检验	Mann-Whitney 检验	比较秩，检验中值变化的检验力
		Kolmogorov-Smirnov 检验	比较累积分布，检验分布形状差异的检验力
已配对	参数检验	配对 t 检验	配对值之间的差异一致
		比值配对 t 检验	配对值的比值一致
	非参数检验	Wilcoxon 配对符号秩检验	对配对资料的差值采用符号秩方法来检验

（2）"多重比较"选项卡

在该选项卡下，Prism 提供了两种方法来确定双尾 P 值何时足够小，使得该比较值得在进行多次 t 检验（和非参数）分析之后进一步研究。

① 错误发现率（FDR）方法（F） 通过控制错误发现率（FDR）纠正多重比较。在"方法"下拉列表中显示可选择的检验方法。

> Benjamini、Krieger 和 Yekutieli 两阶段步进方法（推荐）：该方法取决于与 Benjamini 和 Hochberg 方法相同的假设。首先考察 P 值的分布，以估计实际为真的零假设的分数。然后，决定一个 P 值何时低到足以称为一个发现时，它使用该信息来获得更多的检验力。其缺点是数学计算有点复杂。该方法比 Benjamini 和 Hochberg 方法检验力更强，同时做出同样的假设，因此推荐这一方法。

> Benjamini 和 Hochberg 的原始 FDR 方法：该方法是最先开发出来的，现在仍是标准。其假设"检验统计独立或正相关"。

> Benjamini 和 Yekutieli 校正方法（低次幂）：该方法无须假设各种比较如何相互关联。但这样做的代价是其检验力更小，因此将更少的比较视为一个发现。

② 设置 P 值的阈值（或调整后的 P 值） 选择该方法，基于统计学显著性的方法对多重比较做出其他决定。

a. 使用 Holm-Sidak 法校正多重比较（推荐）：指定想要用于整个 P 值比较系列的置信水平 α。如果零假设实际上对于每个行的比较而言是正确的，则指定的 α 值表示获得一项或多项比较的"显著"P 值的概率。

b. 使用 Bonferroni-Dunn 方法校正多重比较：Bonferroni-Dunn 与 Sidak-Bonferroni 方法之间的主要差异是 Sidak-Bonferroni 方法假设每项比较均独立于其他比较，而 Bonferroni-Dunn 方法未做出独立性假设。Sidak-Bonferroni 方法的检验力略高于 Bonferroni-Dunn 方法。

c. 使用 Sidak-Bonferroni 方法校正多重比较：Sidak-Bonferroni 方法与 Holm-Sidak 方法通常简称为 Sidak 方法，比普通 Bonferroni-Dunn 方法的检验力更高。

d. 不要校正多重比较：如果 P 值小于 α，则认为这项比较具有统计学显著性。α 可为显著性水平设定一个值，通常设为 0.05，该值用作与 P 值进行比较的阈值。

（3）"选项"选项卡

① 计算

a. 差值报告为（A）：选择分析中两组的比较顺序。该操作不会改变检验的总体结果，只会改变差异的"符号"。

b. 也报告调整后的 P 值的负对数：选择报告计算得出的 P 值的两种基于对数的转换。

> "-log10（q 值）。在火山图中使用（U）"：在创建结果的火山图时使用该转换，该选项可用于生成一张包含这些结果的表格，有助于在绘制火山图的同时进行报告。

> "-log2（q 值）。奇怪值（S）"：计算得出的 P 值基于 2 的对数，提供了一种思考 P 值的直观方法。应用该转换将产生一个值 S。

② 绘图选项 绘制火山图（V）：勾选该复选框，绘制数据的火山图。在火山图中，

X 轴表示每行均值之间的差异，Y 轴绘制 P 值的转换。Prism 会自动将垂直网格线放在"X=0"（无差异）处，将水平网格线放在"Y=-log（α）"处。水平网格线上方点的 P 值小于选择的 α 值。

6.2.6　操作实例——患者治疗后血糖指标多重 t 检验

现有 10 例同时有牙周炎症的糖尿病患者采取正畸方法进行治疗，表 6-5 显示治疗前后牙周探诊深度及糖化血红蛋白指标。本例利用多重 t 检验判断患者采取正畸治疗方法后影响血糖指标控制的程度，分别采用两个指标进行判断。

表 6-5　患者治疗前后有关指标的比较（$\bar{x} \pm s$）

指标	患者治疗前	患者治疗后
牙周探诊深度（mm）	2.05±0.75	3.72±0.81
糖化血红蛋白（%）	7.79±1.08	7.01±0.95

（1）设置工作环境

① 双击 GraphPad Prism 10 图标，启动 GraphPad Prism，自动弹出"欢迎使用 GraphPad Prism"对话框，设置创建的默认数据表格式。

② 在"欢迎使用 GraphPad Prism"对话框的"创建"选项组下选择"分组"选项，选择创建分组数据表。此时，在右侧分组表参数设置界面设置如下：

➤ 在"数据表"选项组下默认选择"输入或导入数据到新表"选项。

➤ 在"选项"选项组下选择"输入并绘制已经在其他位置计算得出的误差值""平均值，标准差，N"。

③ 单击"创建"按钮，创建项目文件，同时该项目下自动创建一个数据表"数据 1"和关联的图表"数据 1"，重命名数据表为"血糖指标"。

④ 选择菜单栏中的"文件"→"另存为"命令，或单击"文件"功能区中保存命令按钮 🖫 下的"另存为"命令，弹出"保存"对话框，输入项目名称。单击"确定"按钮，在源文件目录下自动创建项目文件"患者治疗后血糖指标多重 t 检验 .prism"。

（2）输入数据

在导航器中单击选择"血糖指标"，右侧工作区直接进入该数据表的编辑界面。根据表 6-5 中的数据，在数据区输入数据，结果如图 6-22 所示。

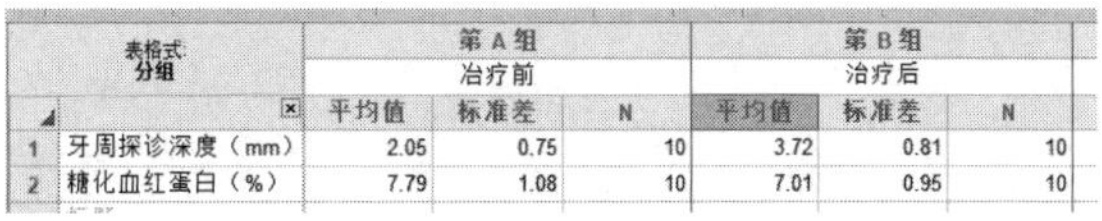

图 6-22　输入数据

（3）多重 t 检验

① 选择菜单栏中的"分析"→"群组比较"→"多重 t 检验（和非参数检验）"命令，弹出"分析数据"对话框，在左侧列表中选择指定的分析方法，即多重 t 检验（和非参数检验），在右侧显示要分析的数据集和数据列。

② 单击"确定"按钮，关闭该对话框，弹出"参数：多重 t 检验（和非参数检验）"

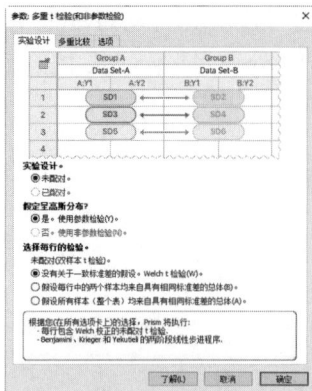

图6-23 "参数：多重t检验（和非参数检验）"对话框

（a）

（b）

（c）

图6-24 结果表"多重未配对t检验/血糖指标"

图6-25 "火山图：多重未配对t检验/血糖指标"图

对话框，打开"实验设计"选项卡，在"实验设计"选项组下选择"未配对"，在"假定呈高斯分布？"选项组下选择"是。使用参数检验（Y）"，在"未配对（双样本t检验）"选项组下选择"没有关于一致标准差的假设。Welch t（W）。"，如图6-23所示。

③ 单击"确定"按钮，在结果表"多重未配对t检验/血糖指标"中显示t检验结果，其中包含3个选项卡，即分析摘要、t检验、发现，如图6-24所示。

（4）结果分析

① "分析摘要"选项卡显示了执行Welch t校正的未配对t检验，即当两个样本的方差和样本大小不相等时进行的t检验。

② "t检验"选项卡显示了每行的t检验（两个指标），还显示了每次比较的P值以及多重性调整后的P值。第一列"发现？"显示"是"或"否"，表示在多次比较调整之后，比较情况是否具有统计学显著性。通过"牙周探诊深度（mm）"指标检测结果可以看出，治疗前后数据有显著性不同；通过"糖化血红蛋白（%）"指标检测结果可以看出，治疗前后数据没有显著性不同。

③ "t检验"选项卡显示了具有统计学显著性的结果。

④ 运行多个t检验时，自动创建火山图。火山图中每个点代表数据表中的一行，X轴绘制平均值之间的差值。在X=0处显示一条点网格线，没有差值，如图6-25所示。

（5）保存项目

单击"文件"功能区中的"保存"按钮▣，或按下Ctrl+S键，直接保存项目文件。

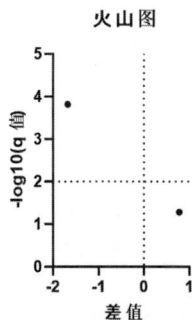

6.2.7　嵌套t检验

Prism 提供嵌套t检验，用来比较包含嵌套变量的两个治疗组。该分析考虑了两个系数（一个是嵌套因素），因此该分析称为嵌套双因素方差分析。

选择菜单栏中的"分析"→"群组比较"→"嵌套t检验"命令，弹出"分析数据"对话框，在左侧列表中选择指定的分析方法，即嵌套t检验，在右侧显示要分析的数据集和数据列，如图 6-26 所示。

单击"确定"按钮，关闭该对话框，弹出"参数：嵌套t检验"对话框，其中包含 2 个选项卡，如图 6-27 所示。

（1）"分析"选项卡

① 计算

a. 差值报告为（A）：选择分析中两组的比较顺序。

b. 置信水平（L）：选择置信水平，默认值为 95%。统计显著性的定义为"P＜0.05"，其中，0.05＝1−0.95。

② 绘图选项　绘制包含置信区间的平均值之间的差异（G）：该选项用来创建显示该差异列表的表格和图表。

③ 附加结果　报告拟合优度（R）：勾选该复选框，Prism 将报告拟合优度。

（2）"残差"选项卡

Prism 提供了 3 种基于嵌套t检验绘制残差的图表方式：残差图、同方差图、QQ 图。

6.2.8　操作实例——抑菌效果统计指标嵌套t检验

为研究克拉霉素的抑菌效果，将 28 个短小芽孢杆菌平板依据菌株的来源不同分成了 7 个区组，每组 4 个平板，用随机的方式分配给标准药物高剂量组（SH）、标准药物低剂量组（SL），以及克拉霉素高剂量组（TH）、克拉霉素低剂量组（TL）。给予不同的处理后，观察抑菌圈的直径，结果见表 6-6。判断标准药物组、克拉霉素组（高、低剂量）处理效果是否不同。

图 6-26　"分析数据"对话框

（a）

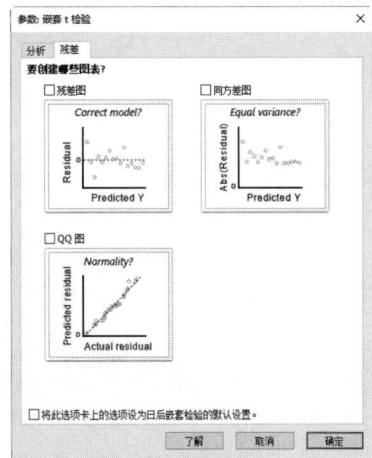

（b）

图 6-27　"参数：嵌套t检验"对话框

表 6-6　抑菌圈的直径

区组	SL（标准药物）	SH（标准药物）	TL（克拉霉素）	TH（克拉霉素）
1	18.02	19.41	18	19.46
2	18.12	20.2	18.11	19.38
3	18.09	19.56	18.21	19.64
4	18.3	19.41	18.24	19.5
5	18.26	19.59	18.21	19.56
6	18.02	20.12	18.13	19.6
7	18.23	19.94	18.06	19.54

（1）设置工作环境

① 双击 GraphPad Prism 10 图标，启动 GraphPad Prism，自动弹出“欢迎使用 GraphPad Prism”对话框，设置创建的默认数据表格式。

➢ 在“创建”选项组下选择“分组”选项。

➢ 在“数据表”选项组下默认选择“将数据输入或导入到新表”选项。

➢ 在“选项”选项组下，“X”选项默认选择“数值”，“Y”选项选择“输入 2 个重复值在并排的子列中”。

② 单击“创建”按钮，创建项目文件，同时该项目下自动创建一个数据表“数据 1”和关联的图表“数据 1”，重命名数据表为“抑菌圈的直径”。

③ 选择菜单栏中的“文件”→“另存为”命令，或单击“文件”功能区中保存命令按钮下的“另存为”命令，弹出“保存”对话框，指定项目的保存名称。单击“确定”按钮，在源文件目录下自动创建项目文件“抑菌效果统计指标嵌套 t 检验 .prism”。

（2）输入数据表数据

① 在导航器中单击选择数据表“抑菌圈的直径”，右侧工作区直接进入该数据表的编辑界面。该数据表中包含 X 列、第 A 组（A:1、A:2）、第 B 组（B:1、B:2）等。

② 打开“短小芽胞[1]杆菌抑菌圈直径.xlsx”文件，选中数据，按下快捷键 Ctrl+C，复制表格数据，如图 6-28 所示。

③ 打开 GraphPad Prism 中的“抑菌圈的直径”数据表，单击列号 X 下的第一行，选中该单元格，按下快捷键 Ctrl+V，粘贴数据，如图 6-29 所示。

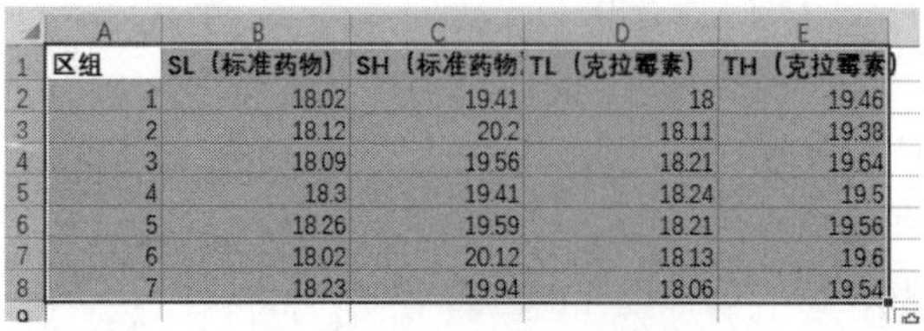

	A	B	C	D	E
1	区组	SL（标准药物）	SH（标准药物	TL（克拉霉素）	TH（克拉霉素
2	1	18.02	19.41	18	19.46
3	2	18.12	20.2	18.11	19.38
4	3	18.09	19.56	18.21	19.64
5	4	18.3	19.41	18.24	19.5
6	5	18.26	19.59	18.21	19.56
7	6	18.02	20.12	18.13	19.6
8	7	18.23	19.94	18.06	19.54

图 6-28　复制 xlsx 文件数据

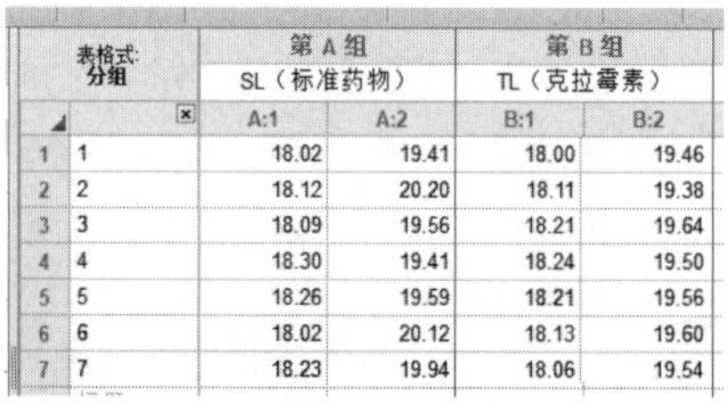

表格式: 分组		第 A 组 SL（标准药物）		第 B 组 TL（克拉霉素）	
		A:1	A:2	B:1	B:2
1	1	18.02	19.41	18.00	19.46
2	2	18.12	20.20	18.11	19.38
3	3	18.09	19.56	18.21	19.64
4	4	18.30	19.41	18.24	19.50
5	5	18.26	19.59	18.21	19.56
6	6	18.02	20.12	18.13	19.60
7	7	18.23	19.94	18.06	19.54

图 6-29　粘贴数据

[1] 芽胞为不规范名词，其规范用法应为芽孢。

④选择菜单栏中的"编辑"→"格式化工作表"命令，或在功能区"更改"选项卡单击"更改数据表格式（种类、重复项、误差值）"按钮⊞，或单击工作区左上角"表格式"单元格，弹出"格式化数据表"对话框。打开"列标题"选项卡，输入列标题：标准药物、克拉霉素。

⑤打开"子列标题"选项卡，勾选"为所有数据集输入一组子列标题"复选框，在 A:1、A:2、行输入子列标题：高剂量组、低剂量组。单击"确定"按钮，关闭该对话框，在数据表中显示表格格式设置结果，如图 6-30 所示。

（3）嵌套 t 检验

①选择菜单栏中的"分析"→"群组比较"→"嵌套 t 检验"命令，弹出"分析数据"对话框，在左侧列表中选择指定的分析方法：嵌套 t 检验。单击"确定"按钮，关闭该对话框，弹出"参数：嵌套 t 检验"对话框，如图 6-31 所示。

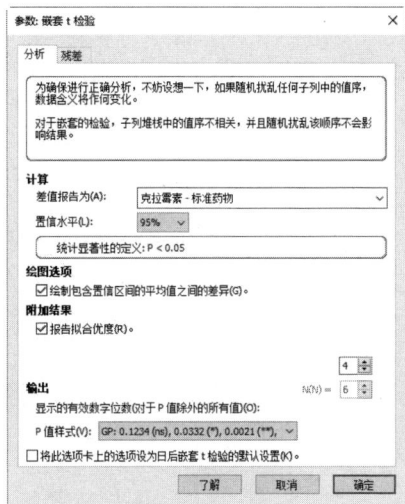

②打开"分析"选项卡，勾选"绘制包含置信区间的平均值之间的差异（G）""报告拟合优度（R）"复选框。打开"残差"选项卡，勾选"QQ图"复选框。

单击"确定"按钮，关闭该对话框，输出结果表和图表。

（4）数据结果分析

①结果表"嵌套 t 检验 / 抑菌圈的直径"中包含"表结果"选项卡，如图 6-32 所示，嵌套 t 检验 P 值检验了两个处理平均值相同的零假设。

提出假设 1：

a. $H_0 : \mu_1 = \mu_2$，使用标准药物、克拉霉素对抑菌效果相同。

b. $H_1 : \mu_1 \neq \mu_2$，使用标准药物、克拉霉素对抑菌效果不同。

提出假设 2：

a. $H_0 : \mu_3 = \mu_4$，剂量不同（高、低），抑菌效果相同。

b. $H_1 : \mu_3 \neq \mu_4$，剂量不同（高、低），抑菌效果不同。

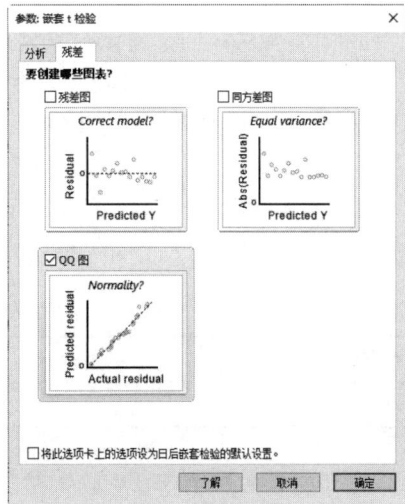

图 6-30 设置子列标题名

（a）

（b）

图 6-31 "参数：嵌套 t 检验"对话框

② 打开图表"QQ 图：嵌套 t 检验 / 抑菌圈的直径"，显示实际残差 - 预测残差图，如图 6-33 所示。点的大致趋势明显地在从原点出发的一条 45° 直线上，认为误差的正态性假设是合理的。

图 6-32　嵌套 t 检验结果

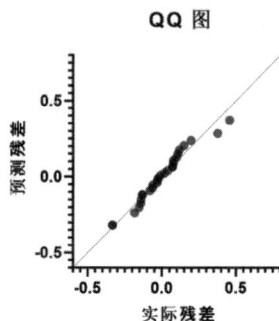

图 6-33　QQ 图

③ "嵌套 t 检验"选项组中 P 值 =0.9225＞0.05，按 α =0.05 标准，接受原假设，认为使用标准药物、克拉霉素对抑菌效果相同，克拉霉素对抑菌无显著效果。

④ 在"子列（每列内部）是否不同？"表中显示判断不同剂量药物差异性的 P 值。P 值＜0.0001，表示药物剂量之间存在差异。

（5）保存项目

单击"文件"功能区中的"保存"按钮 ，或按下 Ctrl+S 键，直接保存项目文件。

6.3　综合实例——凝溶试验 t 检验配对设计

配对设计有两种情况：

① 同源配对：同一受试对象分别接受两种不同处理。

② 异源配对：为消除混杂因素的影响，将实验对象按某些重要特征（重要的影响因素），如性别、年龄等相近的原则配对，并分别实施两种处理，如同性别、同窝的两只动物配成一对。

将钩端螺旋体病人的血清分别用标准株和水生株做凝溶试验，测得稀释倍数如表 6-7 所示，问两组的平均效价有无差别。

表 6-7　钩端螺旋体病患凝溶试验的稀释倍数（×100）

标准株	1	2	4	4	4	4	8	16	16	32	32	32
水生株	1	1	1	2	2	2	2	4	4	16		

（1）设置工作环境

① 双击开始菜单的 GraphPad Prism 10 图标，启动 GraphPad Prism 10，自动弹出"欢迎使用 GraphPad Prism"对话框。

② 在"创建"选项组下默认选择"列"，在"数据表"选项组下默认选择"输入或导

入数据到新表"选项；在"选项"选项组下默认选择"输入重复值，并堆叠到列中"。单击"创建"按钮，创建项目文件，同时该项目下自动创建一个数据表"数据 1"和关联的图表"数据 1"，重命名数据表为"凝溶试验的稀释倍数"。

③ 根据表 6-7 中的数据在数据区输入数据、列标题，结果如图 6-34 所示。

④ 选择菜单栏中的"文件"→"另存为"命令，或单击"文件"功能区中保存命令按钮🔳下的"另存为"命令，弹出"保存"对话框，输入项目名称"凝溶试验 T 检验配对设计 .prism"，单击"确定"按钮，保存项目文件。

	第 A 组	第 B 组
	标准株	水生株
☒		
	1	1
	2	1
	4	1
	4	2
	4	2
	4	2
	8	2
	16	4
	16	4
	32	16
	32	
	32	

图 6-34 输入数据

（2）配对 t 检验（参数检验）

假定两组数据服从正态分布，使用参数检验进行分析。

建立检验假设：

a. $H_0 : \mu_1 = \mu_2$，标准株和水生株对凝溶试验稀释倍数无影响。

b. $H_1 : \mu_1 \neq \mu_2$，标准株和水生株对凝溶试验稀释倍数有影响。

① 单击"分析"功能区上的"比较两组：t 检验、Mann-Whitney、Wilcoxon#"按钮⤒，弹出"参数：t 检验（和非参数检验）"对话框，打开"实验设计"选项卡，在"实验设计"选项组下选择"已配对"，在"假定呈高斯分布？"选项组下选择"是。使用参数检验"，在"选择检验"选项组下选择"配对 t 检验"。打开"残差"选项卡，勾选"残差呈高斯分布吗？"复选框。

② 单击"确定"按钮，在结果表"配对 t 检验 / 数据 1"中显示配对 t 检验结果，如图 6-35 所示。

③ 下面进行结果分析。

a. 进行参数检验，首要条件是数据服从正态分布，在"残差正态性"选项组下显示四种数据正态检验。本例中，数据样本数属于小样本，查看 Shapiro-Wilk（W）检验结果，P 值为 0.0336，小于 0.05，没有通过正态性检验（$\alpha = 0.05$）。

b. 因此，上面的检验结果不适用，在选择统计方法时，不能简单选择 t 检验，而应该选择非参数检验中的 Wilcoxon 配对符号秩检验，对配对资料的差值采用符号秩方法来检验。

28	残差正态性				
29	检验名称	统计	P 值	通过了正态性检验 (α=0.05)?	P 值摘要
30	Anderson-Darling (A2*)	0.8154	0.0224	否	*
31	D'Agostino-Pearson 综合检验 (K2)	2.096	0.3506	是	ns
32	Shapiro-Wilk (W)	0.8301	0.0336	否	*
33	Kolmogorov-Smirnov(距离)	0.2770	0.0286	否	*

图 6-35 "残差正态性"选项组

（3）配对 t 检验（非参数检验）

① 单击"分析"功能区上的"比较两组：t 检验、Mann-Whitney、Wilcoxon#"按钮⤒，弹出"参数：t 检验（和非参数检验）"对话框，打开"实验设计"选项卡，在"实

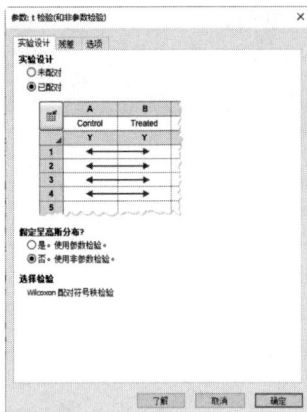

（a）

（b）

图 6-36　选择配对 t 检验（非参数检验）

验设计"选项组下选择"已配对"，在"假定呈高斯分布？"选项组下选择"否。使用非参数检验"，在"选择检验"选项组下选择"Wilcoxon 配对符号秩检验"，如图 6-36 所示。

② 打开"选项"选项卡，"计算"选项组下"P值"默认选择"双尾"；在"附加结果"选项组下勾选"每个数据集的描述性统计信息（S）""Wilcoxon。也计算中位数配对差的置信区间"复选框。

③ 单击"确定"按钮，输出结果表"Wilcoxon 检验 / 凝溶试验的稀释倍数"，显示 Wilcoxon 符号检验结果，如图 6-37 所示。

④ 结果分析。

a."Wilcoxon 检验表结果"选项卡中，P 值为0.0039，小于 0.05，认为选择标准株和水生株对凝溶试验稀释倍数有显著性差异。

b. 从"描述性统计"选项卡中可以看到配对数据的统计量：值的数量、最小值、25% 百分位数、中位数、75% 百分位数、最大值、平均值、标准差、平均值标准误、95% 置信区间下限、95% 置信区间上限，如图 6-38所示。

（4）保存项目

单击"文件"功能区中的"保存"按钮📁，或按下 Ctrl+S 键，直接保存项目文件。

4	vs	vs
5	列 A	标准株
6		
7	**Wilcoxon 配对符号秩检验**	
8	P 值	0.0039
9	精确或近似 P 值？	精确
10	P 值摘要	**
11	显著不同（P < 0.05）？	是
12	单尾或双尾 P 值？	双尾
13	正负秩之和（配对）	0.000，-45.00
14	符号秩之和（W）	-45.00
15	对数	10
16	结数（已忽略）	1
17		
18	**差异中位数**	
19	中位数	-2.500
20	97.85% 置信区间	-12.00 到 -1.000
21		
22	**配对效果如何？**	
23	rs（Spearman）	0.9178
24	P 值（单尾）	0.0003
25	P 值摘要	***
26	配对显著有效吗？	是

图 6-37　"Wilcoxon 检验表结果"选项卡

	Wilcoxon 检验 描述性统计	标准株	水生株	水生株 - 标准株
1	值的数量	10	10	10
2				
3	最小值	1.000	1.000	-16.00
4	25% 百分位数	3.500	1.000	-12.00
5	中位数	4.000	2.000	-2.500
6	75% 百分位数	16.00	4.000	-1.750
7	最大值	32.00	16.00	0.000
8				
9	平均值	9.100	3.500	-5.600
10	标准差	9.666	4.528	5.661
11	平均值标准误	3.057	1.432	1.790
12				
13	95% 置信区间下限	2.185	0.2611	-9.649
14	95% 置信区间上限	16.01	6.739	-1.551

图 6-38　"描述性统计"选项卡

扫码看本章实例
视频讲解

第 7 章
多个样本均数比较的
假设检验

前面介绍了适用于两个样本均数比较的 t 检验方法，但在实际工作中，常常会遇到多个样本均数进行比较的情况。此时，t 检验方法并不适用，犯第一类错误的可能性增加。本章将介绍适用于多个样本均数比较的方差分析方法——方差分析。

7.1 方差分析概述

在工程实践中，影响一个事务的因素是很多的。比如在化工生产中，原料成分、原料剂量、催化剂、反应温度、压力、反应时间、设备型号以及操作人员等因素都会对产品的质量和数量产生影响。有的因素影响大些，有的因素影响小些。为了保证优质、高产、低能耗，必须找出对产品的质量和产量有显著影响的因素，并研究出最优工艺条件。

如何利用试验数据进行分析、推断某个因素的影响是否显著，在最优工艺条件中如何选用显著性因素，就是方差分析要完成的工作。方差分析已广泛应用于气象预报、农业、工业、医学等许多领域中，同时它的思想也渗透到了数理统计的许多方法中。

7.1.1 方差分析简介

方差分析（ANOVA）又称变异数分析或 F 检验，用于两个及两个以上样本均数差别的显著性检验，判断均值之间是否有差异时则需要使用方差。

（1）方差分析的假定条件

① 各处理条件下的样本是随机的。

② 各处理条件下的样本是相互独立的，否则可能出现无法解析的输出结果。

③ 各处理条件下的样本分布必须为正态分布，否则使用非参数分析。

④ 各处理条件下的样本方差相同，即具有齐效性。

（2）方差分析的假设检验

① 假设有 K 个样本，如果原假设 H_0 样本均数都相同，K 个样本有共同的方差 σ，则 K 个样本来自具有共同方差 σ 和相同均值的总体。

② 如果经过计算，组间均方远远大于组内均方，则推翻原假设，说明样本来自不同的正态总体，说明处理造成均值的差异有统计意义；否则承认原假设，样本来自相同总体，处理间无差异。

7.1.2 方差分析基本步骤

方差分析是一种假设检验，它把观测总变异的平方和与自由度分解为对应不同变异来源的平方和与自由度，将某种控制性因素所导致的系统性误差和其他随机性误差进行对比，从而推断各组样本之间是否存在显著性差异，以分析该因素是否对总体存在显著性影响。前面介绍的均值分析主要应用在两个样本间均值的比较，且只能进行一个或两个样本间的比较，如果需要比较两组以上样本均数的差别，则使用方差分析方法。

① 提出原假设：

➤ H_0：各水平下观测变量总体的方差无显著差异。

➤ H_1：各水平下观测变量总体的方差有显著差异。

② 选择检验统计量：方差分析采用的检验统计量是 F 统计量，即 F 值检验。

➤ 自变量平方和占总平方和的比例记为 R^2，用来度量两个变量之间的关系强度，自变量对因变量的影响效应占总效应的 R^2，而残差效应则占 $1-R^2$，也就是说，行业对投诉次数差异解释的比例达到 R^2，而其他因素（残差变量）所解释的比例近 $1-R^2$。

➤ 相关系数用 R^2 的平方根 R 表示，用来度量自变量与因变量之间的关系强度，R 没有负值，其变化范围是从 0 到 1。

③ 计算检验统计量的观测值和概率 P 值：该步骤的目的是计算检验统计量的观测值和相应的概率 P 值。

④ 给定显著性水平，并作出决策。利用方差分析表中的 P 值与显著性水平 α 的值进行比较。若 $P>\alpha$，则不拒绝原假设 H_0，无显著性关系；若 $P<\alpha$，则拒绝原假设 H_0，有显著性关系。

7.1.3　方差分析表

方差分析表是指为了便于进行数据分析和统计判断，按照方差分析的过程，将有关步骤的计算数据，例如差异来源、离差平方和（SS）、自由度、均方（MS）、F 值和 P 值等指标数值逐一列出，以方便检查和分析的统计分析表。常用的方差分析表见表 7-1。

表 7-1　方差分析表

差异来源	离差平方和（SS）	自由度	均方（MS）	F 值
组间	SSA	$k-1$	MSA	MSA/MSE
组内	SSE	$n-k$	MSE	—
全部	SST	$n-1$	—	—

下面分别介绍方差分析表中的主要指标。

① 差异来源：观测变量值的变动受控制变量和随机变量两方面的影响，因此将差异分为组间（随机变量影响）、组内（控制变量影响）与全部。

② 离差平方和：单因素方差分析将观测变量总的离差平方和 SST 分解为组间离差平方和 SSA 和组内离差平方和 SSE 两部分，用数学形式表述为 $SST=SSA+SSE$。通过比较观测变量总离差平方和各部分所占的比例，推断控制变量是否给观测变量带来了显著影响。

在观测变量总离差平方和 SST 中，如果组间离差平方和 SSA 所占比例较大，则说明观测变量的变动主要是由控制变量（因素 A）引起的，可以主要由控制变量来解释，控制变量给观测变量带来了显著影响；反之，如果组间离差平方和所占比例小，则说明观测变量的变动不是主要由控制变量引起的，不可以主要由控制变量来解释，控制变量的不同水平没有给观测变量带来显著影响，观测变量值的变动是由随机变量因素引起的。

③ 各误差平方和的大小与观测值的多少有关，为了消除观测值多少对误差平方和大小的影响，需要将其平均，也就是用各平方和除以它们所对应的自由度，称为均方。

SST 的自由度为 $n-1$，其中 n 为全部观测值的个数。

SSA 的自由度为 $k-1$，其中 k 为因素水平（总体）的个数。

SSE 的自由度为 $n-k$。

由于主要是比较组间均方和组内均方之间的差异，所以通常只计算 SSA 的均方和 SSE 的均方。

④ F 值和 P 值：计算出统计量 F 的值后，根据给定的显著性水平 α，在 F 分布表中查找分子自由度为 $k-1$、分母自由度为 $n-k$ 的相应临界值 F_α。若 $F > F_\alpha$，则拒绝原假设 H_0；若 $F < F_\alpha$，则不拒绝 H_0。

单因素方差分析表各个指标主要计算结果见表 7-2。

表 7-2　单因素方差分析表

方差来源	平方和 S	自由度 f	均方差 $\overline{S}$	F 值
因素 A 的影响	$S_{\mathrm{A}} = r\sum\limits_{j=1}^{p}(\bar{x}_j - \bar{x})^2$	$p-1$	$\overline{S}_{\mathrm{A}} = \dfrac{S_{\mathrm{A}}}{p-1}$	$F = \dfrac{\overline{S}_{\mathrm{A}}}{\overline{S}_{\mathrm{E}}}$
误差	$S_{\mathrm{E}} = \sum\limits_{j=1}^{p}\sum\limits_{i=1}^{r}(x_{ij} - \bar{x}_j)^2$	$n-p$	$\overline{S}_{\mathrm{E}} = \dfrac{S_{\mathrm{E}}}{n-p}$	
总和	$S_{\mathrm{T}} = \sum\limits_{j=1}^{p}\sum\limits_{i=1}^{r}(x_{ij} - \bar{x})^2$	$n-1$		

7.2　方差分析

方差分析用于定类数据与定量数据之间的差异性研究。试验样本的分组方式不同，采用的方差分析方法也不同，一般常用的有单因素方差分析和多因素方差分析。

7.2.1　单因素方差分析（非参数或混合）

在单因素方差分析中，待分析变量称为响应变量或者因变量，影响实验结果的因素称为自变量或者因子。

① 选择菜单栏中的"分析"→"群组比较"→"单因素方差分析（非参数或混合）"命令，弹出"分析数据"对话框，在左侧列表中选择指定的分析方法，即单因素方差分析（非参数或混合），在右侧显示数据集和数据列。

② 单击"确定"按钮，关闭该对话框，弹出"参数：单因素方差分析（非参数或混合）"对话框，其中包含 5 个选项卡，如图 7-1 所示。

（1）"实验设计"选项卡

① 实验设计　重复测量数据的方差分析是对同一因变量进行重复测量的一种试验设计技术。在给予一种或多种处理后，分别在不同的时间点上通过重复测量同一个受试对象获得指标的观察值，或者是通过重复测量同一个体不同部位（或组织）获得的指标观察值。下面根据实验数据是否包含重复测量数据，选择不同的分析方法。

➤ 无匹配或配对（M）：选择该选项，输入的实验数据不包含成对值组成的重复数据。例如对每个个体进行两次测量（例如"治疗前"和"治疗后"）。

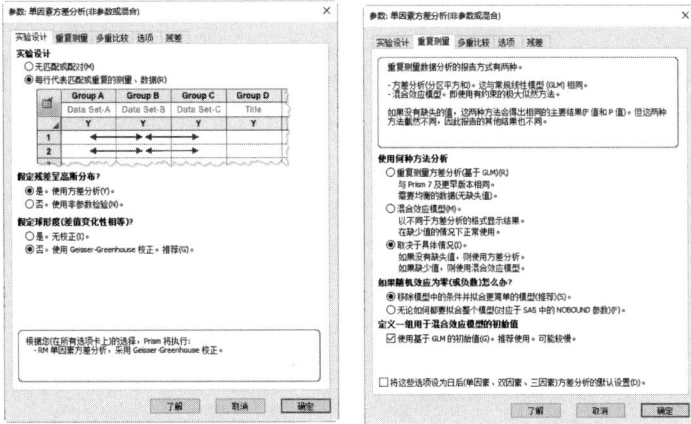

(a)   (b)

(c)   (d)   (e)

图 7-1 "参数：单因素方差分析（非参数或混合）"对话框

➤ 每行代表匹配或重复的测量、数据（R）：对同一因变量进行重复测量的一种试验
 设计。

② 假定残差呈高斯分布 残差是指实际观测值与模型预测值之间的差异或偏差。可
以观察残差的分布情况。如果残差的分布呈现出非正态性，那么会存在一些异常值或离群
点，需要进行处理。

➤ "是。使用方差分析（Y）"：选择该选项，假定残差呈高斯分布（正态分布），使用
 方差分析。

➤ "否。使用非参数检验（N）"：选择该选项，残差偏离正态，需要使用非参数检验
 转换数据，改善其正态性。

③ 假定球形度（差值变化性相等） 重复测量方差分析须满足球形假设。

➤ "是。无校正（I）"：选择该选项，假定满足球形假设，无须校正。

➤ "否。使用 Geisser-Greenhouse 校正。推荐（G）"：如果不满足球形假设条件，方差
 分析的 F 值会出现偏差，增大第一类错误的概率（即"弃真"，拒绝了实际上成立

的假设），这时候就需要进行校正。

（2）"重复测量"选项卡

针对同一观测变量使用同一组被试样本进行两次或两次以上的测量，每一个被试样本都参与了所有的测量条件，得到的测量数据都来自相同的样本。基于这种研究设计而进行的方差分析，即为重复测量方差分析。在该选项卡下设置重复测量方差分析的参数。

① 使用何种方法分析

a. 重复测量方差分析（基于 GLM）（R）：无缺失值时使用。

b. 混合效应模型（M）：在缺少值的情况下正常使用。

c. 取决于具体情况（I）：如果没有缺失值，则使用方差分析。如果缺少值，则使用混合效应模型。

② 如果随机效应为零（或负数）怎么办

a. 移除模型中的条件并拟合更简单的模型（推荐）（S）：选择该选项，移除模型中的缺失值后再进行分析。

b. 无论如何都要拟合整个模型（对应于 SAS 中的 NOBOUND 参数）（F）：选择该选项，使用包含缺失值的数据集拟合一个混合模型。

③ 定义一组用于混合效应模型的初始值　使用基于 GLM 的初始值（G）：勾选该复选框，基于广义线性模型定义初始值。

（3）"多重比较"选项卡

方差分析的结果只说明多组之间存在差异，但并不能明确计算出是哪两组之间存在差异，因此还需要进行事后多重比较（两两进行比较），以找出多组中哪两组之间存在差异。在该选项卡中选择后续检验（事后多重比较）的方法。

① 无（N）　选择该选项，不进行事后多重比较。

② 比较每列的平均值与其他每列的平均值　这是最常用的多重比较方法，比其他选择进行更多的比较，检测差异的检验力会更小。选择该选项后可以在"选项"选项卡上选择确切的检验，最常用的是 Tukey 检验。

③ 比较每列的平均值与对照列的平均值　选择该选项，将每个组与一个对照组作比较，而非与其他每个组作比较。这会大大减少比较次数（至少在有许多组的情况下），如此能够提高检测差异的检验力。在"选项"选项卡上选择确切的检验，最常用的是 Dunnett 检验。

④ 比较预选列对的平均值　选择该选项，会减少比较次数，但也会因此增加检验力。

⑤ 检验列平均值和从左到右的列序之间的线性趋势（L）　线性趋势检验是一种专用检验，仅当列按自然顺序排列（例如剂量或时间）进行此检验时才有意义，在列之间从左向右移动时，检验是否存在列平均值趋向于增加（或减少）的趋势。其他多重比较检验完全不关注数据集的顺序。

（4）"选项"选项卡

① 多重比较检验　在"多重比较"选项卡中选择不同的后续检验方法，对应在该选

项卡中选择具体的多重比较检验的方法。

a. 使用统计假设检验校正多重比较：使用统计假设检验纠正多重比较。

i 比较每列的平均值与其他每列的平均值。

➤ 如果假设同方差性（相等 SD），则在"检验"下拉列表中可选择的多重比较检验方法包括 Tukey 检验（推荐）、Bonferroni、Sidak、Holm-Sidak、Newman-Keuls。

➤ 如果不假设同方差性（相等 SD），则可选择的多重比较检验方法包括 Games-Howell（建议用于大样本）、Dunnett T3（每组样本量小于 50）、Tamhane T2，这三种方法均可以计算置信区间和多重性调整后 P 值。

ii 比较每列的平均值与对照列的平均值。

➤ 如果假设同方差性（相等 SD），则可选择的多重比较检验方法包括 Dunnett's（推荐）、Bonferroni、Sidak、Holm-Sidak。

➤ 如果未假设同方差性（相等 SD），则可选择的多重比较检验方法包括 Dunnett T3（推荐）、Tamhane T2。

iii 比较预选列对的平均值。

➤ 如果假设同方差性（相等 SD），则可选择的多重比较检验方法包括 Bonferroni（最常用）、Sidak（检验力更高）、Holm-Sidak（无法计算置信区间）。

➤ 如果不假设同方差性（相等 SD），则可选择的多重比较检验方法包括 Games-Howell（建议）、Dunnett T3、Tamhane T2。

b. 通过控制错误发现率校正多重比较（F）：通过控制错误发现率（FDR）纠正多重比较。在"检验"下拉列表中显示可选择的检验方法。

➤ Benjamini、Krieger 和 Yekutieli 两阶段步进方法（推荐）：该方法取决于与 Benjamini 和 Hochberg 方法相同的假设。首先考察 P 值的分布，以估计实际为真的零假设的分数。然后，决定一个 P 值何时低到足以称为一个发现时，它使用该信息来获得更多的检验力。其缺点是数学计算有点复杂。该方法比 Benjamini 和 Hochberg 方法检验力更强，同时做出同样的假设，因此推荐这一方法。

➤ Benjamini 和 Hochberg 的原始 FDR 方法：该方法是最先开发出来的，现在仍是标准。其假设"检验统计独立或正相关"。

➤ Benjamini 和 Yekutieli 校正方法（低次幂）：该方法无须假设各种比较如何相互关联。但这样做的代价是其检验力更小，因此将更少的比较视为一个发现。

c. "不针对多重比较进行校正。每项比较独立进行（A）"：选择该方法，则 Prism 将执行 Fisher（费希尔）最小显著性差异（LSD）检验。该方法（Fisher LSD）检测差异的检验力更高。但该方法可能得出错误结论，即差异具有统计学显著性。纠正多重比较（Fisher LSD 不执行）时，显著性阈值（通常为 5% 或 0.05）适用于整个比较族。在使用 Fisher LSD 的情况下，该阈值分别适用于每项比较。

② 多重比较选项

➤ 交换比较方向（A-B）vs（B-A）（S）：选择该选项，改变所有报告的均值间差异的符号，2.3 的差异将为 –2.3。如果选中该选项，则 –3.4 的差异将为 3.4。

➤ "为每项比较报告调整多重性后的 P 值（P）。调整每个 P 值以考虑多重比较"：如果选择 Bonferroni、Tukey 或 Dunnett 多重比较检验，则 Prism 还可报告多重性调整后 P 值。如果选中该选项，则 Prism 会为每项比较报告调整后 P 值。这些计算不仅考虑到所比较的两组，还考虑到方差分析中的组总数（数据集列）以及所有组中的数据。在使用 Dunnett 检验的情况下，Prism 只能在多重性调整后 P 值大于 0.0001 时报告该值，否则，Prism 会报告"＜0.0001"。多重性调整后 P 值适用于整个比较族的最小显著性阈值（α），在该阈值下，特定比较将声明为统计学显著性。

➤ 总体 alpha 阈值与置信水平（L）：一般情况下，根据 95% 置信水平计算置信区间，统计学显著性使用等于 0.05 的 α 来定义。Prism 也可以选择其他 α 值，从而计算置信水平（1−α）。如果选择 FDR，则为 Q 选择一个值（百分比）。如果将 Q 设为 5%，则预计不超过 5% 的"发现"为假阳性。

③ 绘图选项　提供了创建一些额外图表的选项，每张图表均有自己的额外结果页面。

➤ 绘制置信区间（I）：勾选该复选框，选择计算置信区间的多重比较方法（Tukey、Dunnett 等），则 Prism 可绘制这些置信区间。

➤ 绘制秩（非参数）（R）：如果选择 Kruskal Wallis 非参数检验，则 Prism 可绘制每个值的秩，因为这是检验实际分析的对象。

➤ 绘制差值（重复测量）（D）：对于普通方差分析，每个残差均为某个值与该组平均值之间的差异。对于重复测量方差分析，每个残差计算为某个值与来自该特定个体（行）所有值的平均值之间的差异。勾选该复选框，选择绘制残差。

④ 附加结果

➤ 每个数据集的描述性统计信息（E）：勾选该复选框，选择额外的结果页面，显示每列的描述性统计，类似于列统计分析报告的内容。

➤ 使用 AICc 报告模型比较（T）：勾选该复选框，输出总体方差分析比较，除通常的 P 值外。

➤ 报告拟合优度（G）：勾选该复选框，输出拟合优度。Prism 将两个模型拟合至数据（一个是所有组均从具有相同平均值的总体中抽样，另一个是从具有不同平均值的群体中抽样），并表明每个模型均正确的可能性。

（5）"残差"选项卡

① 要创建哪些图表　Prism 可以制作四种有关残差的图。

➤ 残差图：X 轴是预测值（或拟合值），重复数据的平均值；Y 轴是残差。该图可以发现比其余部分大得多或小得多的残差。

➤ 同方差图：X 轴是预测值（或拟合值），重复数据的平均值（重复测量）；Y 轴是残差的绝对值。该图检查较大的值是否与较大的残差（大的绝对值）相关联。

➤ QQ 图：X 轴是实际残差；Y 轴是预测残差，根据残差的百分位数（在所有残差中）计算得到，并假设从高斯分布群体中抽样得到。方差分析假设残差服从高斯分布，该图表用来检查该假设。

➤ 热图：热图是对实验数据分布情况进行分析的直观可视化方法。

② 残差诊断

a."残差是否存在聚类或异方差（H）？"：方差分析假设每个样本从具有相同标准偏差的群体中随机抽样得到。勾选该复选框，通过 Brown-Forsythe（布朗 - 福赛斯）和

Barlett 检验验证该假设。

b. "残差呈高斯分布吗（G）？"：勾选该复选框，通过 D'Agostino、Anderson-Darling（安德森 - 达令）、Shapiro-wilk 和 Kolmogorov-Smirnov 四次正态性检验，验证残差是否呈正态分布。

7.2.2 操作实例——四种处理方式抑菌效果单因素方差分析

为研究克拉霉素的抑菌效果，根据 4 组不同处理后的抑菌圈直径，比较不同处理抑菌效果是否不同。

建立检验假设：

a. $H_0 : \mu_1 = \mu_2$，不同处理方法对抑菌圈的直径变化无影响，4 种处理方法的抑菌效果无差别。

b. $H_1 : \mu_1 \neq \mu_2$，不同处理方法对抑菌圈的直径变化有影响，4 种处理方法的抑菌效果有差别。

（1）设置工作环境

① 双击 GraphPad Prism 10 图标，启动 GraphPad Prism。

② 选择菜单栏中的"文件"→"打开"命令，或单击"Prism"功能区中的"打开项目文件"命令，或单击"文件"功能区中的"打开项目文件"按钮 ，或按下 Ctrl+O 键，弹出"打开"对话框，选择需要打开的文件"抑菌效果统计指标嵌套 t 检验 .prism"，单击"打开"按钮，即可打开项目文件。

③ 选择菜单栏中的"文件"→"另存为"命令，或单击"文件"功能区中保存命令按钮 下的"另存为"命令，弹出"保存"对话框，指定项目的保存名称。单击"确定"按钮，在源文件目录下自动创建项目文件"四种处理方式抑菌效果单因素方差分析 .prism"。

（2）新建列数据表

① 单击导航器中"数据表"选项组下的"新建工作表"按钮 ，弹出"新建数据表和图表"对话框，在左侧"创建"选项组下选择"列"选项，在"数据表"选项组下默认选择"输入或导入数据到新表"选项，在"选项"选项组下默认选择"输入重复值，并堆叠到列中"。

② 单击"创建"按钮，在该项目下自动创建一个数据表"数据 2"和关联的图表"数据 2"。在左侧导航器中选择数据表"数据 2"，修改名称为"四种处理方式抑菌效果"。

（3）复制数据

① 选择数据表"抑菌圈的直径"，选中数据，按下快捷键 Ctrl+C，复制表格数据。打开"四种处理方式抑菌效果"数据表，单击列号 X 下的第一行，选中该单元格，按下快捷键 Ctrl+V，粘贴数据，如图 7-2 所示。

表格式分组		第 A 组		第 B 组	
		标准药物		克拉霉素	
		高剂量组	低剂量组	高剂量组	低剂量组
1	1	18.02	19.41	18.00	19.46
2	2	18.12	20.20	18.11	19.38
3	3	18.09	19.56	18.21	19.64
4	4	18.30	19.41	18.24	19.50
5	5	18.26	19.59	18.21	19.56
6	6	18.02	20.12	18.13	19.60
7	7	18.23	19.94	18.06	19.54
8	标题				

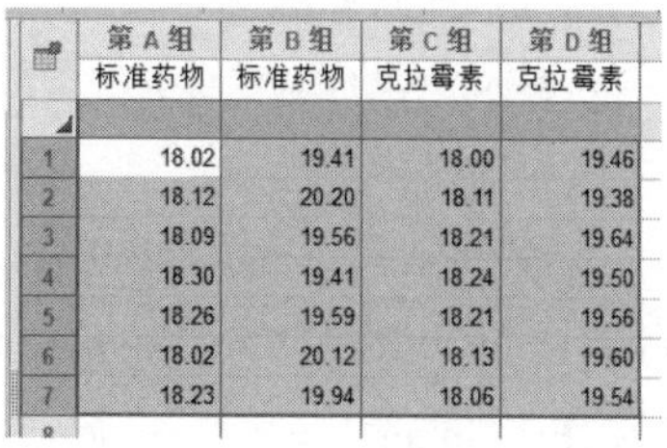

（a）

	第 A 组	第 B 组	第 C 组	第 D 组
	标准药物	标准药物	克拉霉素	克拉霉素
1	18.02	19.41	18.00	19.46
2	18.12	20.20	18.11	19.38
3	18.09	19.56	18.21	19.64
4	18.30	19.41	18.24	19.50
5	18.26	19.59	18.21	19.56
6	18.02	20.12	18.13	19.60
7	18.23	19.94	18.06	19.54

（b）

图 7-2 粘贴数据

② 修改列标题为标准药物高剂量组（SH）、标准药物低剂量组（SL）、克拉霉素高剂量组（TH）、克拉霉素低剂量组（TL），结果如图7-3所示。

（4）正态性检验

① 将"四种处理方式抑菌效果"数据表置为当前。

② 选择菜单栏中的"分析"→"数据探索和摘要"→"正态性与对数正态性检验"命令，弹出"分析数据"对话框，在左侧列表中选择指定的分析方法：正态性与对数正态性检验。单击"确定"按钮，关闭该对话框，弹出"参数：正态性和对数正态性检验"对话框，如图7-4所示。

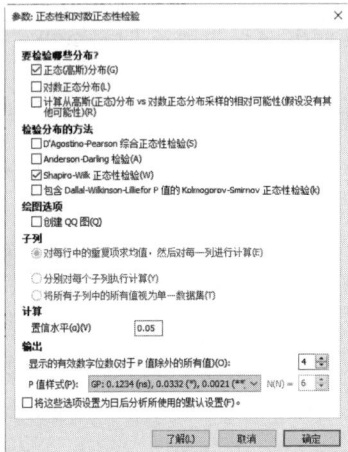

➤ 在"要检验哪些分布？"选项组下选择"正态（高斯）分布"。

➤ 由于实验数据样本数≤50，适合小样本数据的检验方法，在"检验分布的方法"选项组下选择"Shapiro-Wilk 正态性检验（W）"。

③ 单击"确定"按钮，关闭该对话框，输出结果表"正态性与对数正态性检验／四种处理方式抑菌效果"，如图7-5所示。

④ 查看正态分布检验表中Shapiro-Wilk检验显著性检验结果。标准药物高剂量组（SH）、标准药物低剂量组（SL），克拉霉素高剂量组（TH）、克拉霉素低剂量组（TL）数据显著性值均大于0.05，因此认为4种处理方式的数据服从正态分布。

（5）单因素方差分析（参数检验）

① 将"四种处理方式抑菌效果"数据表置为当前。

② 单击"分析"功能区上的"比较三组或更多组：单因素方差分析、Kruskal Wallis 检验、Friedman 检验"按钮，弹出"参数：单因素方差分析（非参数或混合）"对话框中的"实验设计"选项卡，如图7-6所示。

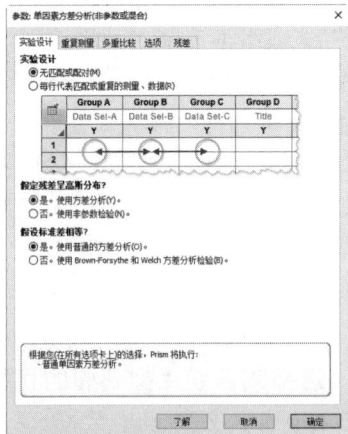

图7-3　修改列标题

图7-4　"参数：正态性和对数正态性检验"对话框

图7-5　正态性检验结果

图7-6　"参数：单因素方差分析（非参数或混合）"对话框

③ 由于输入的实验数据不包含成对值组成的重复数据，在"实验设计"选项组下选择"无匹配或配对（M）"选项。

④ 由于输入的实验数据服从正态分布，在"假定残差呈高斯分布？"选项组下选择"是。使用方差分析（Y）"选项。

⑤ 假定数据方差齐性，在"假定标准差相等？"选项组下选择"是。使用普通的方差分析（O）"选项。

⑥ 单击"确定"按钮，关闭该对话框，输出结果表"普通单因素方差分析／四种处理方式抑菌效果"，如图 7-7 所示。

⑦ 结果分析。

a. 通过两种检验（Brown-Forsythe 检验和 Bartlett 检验）来确定方差齐性。P 值＜0.05，表明方差不同。

b. 在"方差分析摘要"表和"方差分析表"中显示数据方差齐性检验结果：P 值＜0.05。这表示方差差异显著，方差齐性检验未通过，无法使用简单的方差分析，需要使用非参数检验。

（6）方差分析（非参数检验）

① 在结果表"普通单因素方差分析／四种处理方式抑菌效果"左上角单击按钮，或单击"分析"功能区上的"更改分析参数"按钮，弹出"参数：单因素方差分析（非参数或混合）"对话框，如图 7-8 所示。

② 打开"实验设计"选项卡，"假设标准差相等？"选项组有两个选项。

➤ 是：选择该选项，默认方差齐性，使用普通方差分析。

➤ 否：本例中方差齐性不同，选择该选项，使用非参数检验 Brown-Forsythe 检验和 Welch 检验。

选择否复选框。

③ 单击"确定"按钮，关闭该对话框，在结果表"Brown-Forsythe 和 Welch ANOVA 检验／四种处理方式抑菌效果"中更新分析结果，如图 7-9 所示。

图 7-7 单因素方差分析结果

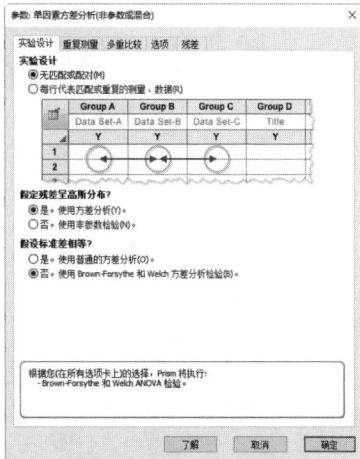

图 7-8 "参数：单因素方差分析（非参数或混合）"对话框

图 7-9 单因素方差分析结果

④ 结果分析。本例中，方差不同，使用非参数检验 Brown-Forsythe 检验和 Welch 检验。这两种方法避开方差齐性问题，检验结果优于普通方差分析结果。

a.Brown-Forsythe 检验是指采用 Brown-Forsythe 分布的统计量进行的各组均值是否相等的检验，适用于样本数小于 6 的情况。在"Brown-Forsythe 方差分析检验"选项组下检验数据，显著性 P 值＜0.05，各组之间存在显著差距，即处理方法［标准药物高剂量组（SH）、标准药物低剂量组（SL），克拉霉素高剂量组（TH）、克拉霉素低剂量组（TL）］对抑菌效果有显著性影响。

b.Welch 检验是指采用 Welch 分布的统计量进行的各组均值是否相等的检验，Welch 分布近似于 F 分布。在"Welch 方差分析检验"选项组下检验数据，显著性 P 值＜0.05，各组之间存在显著差距，即处理方法［标准药物高剂量组（SH）、标准药物低剂量组（SL），克拉霉素高剂量组（TH）、克拉霉素低剂量组（TL）］对抑菌效果有显著性影响。

（7）保存项目

单击"文件"功能区中的"保存"按钮 🖫 ，或按下 Ctrl+S 键，直接保存项目文件。

7.2.3 嵌套的单因素方差分析

若有三个或更多数据集，Prism 会提供嵌套的单因素方差分析，嵌套方差分析属于层次方差分析。对于嵌套方差分析，子列堆栈中的值序不相关，并且随机扰乱该顺序不会影响结果。

a. 选择菜单栏中的"分析"→"群组比较"→"嵌套单因素方差分析"命令，弹出"分析数据"对话框，在左侧列表中选择指定的分析方法，即嵌套的单因素方差分析，在右侧显示要分析的数据集和数据列。

b. 单击"确定"按钮，关闭该对话框，弹出"参数：嵌套的单因素方差分析"对话框，其中包含 3 个选项卡，如图 7-10 所示。

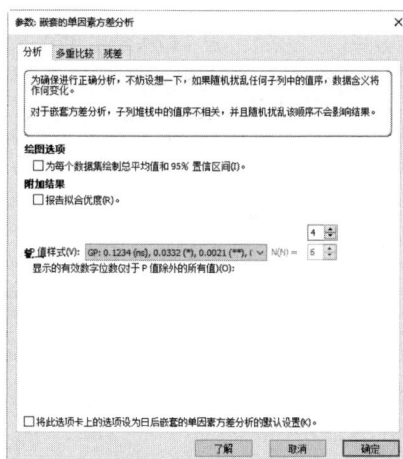

图 7-10 "分析"选项卡

（1）"分析"选项卡

① 绘图选项 为每个数据集绘制总平均值和 95% 置信区间（I）：勾选该复选框，Prism 可绘制这些置信区间。

② 附加结果 报告拟合优度（R）：勾选该复选框，输出拟合优度，表明每个模型均正确的可能性。

（2）"多重比较"选项卡

在该选项卡下设置方差分析多重比较的参数：多重比较次数、多重比较检验方法等。

（3）"残差"选项卡

在该选项卡下选择 Prism 可以制作的有关残差的图：残差图、同方差图、QQ 图。

7.2.4 操作实例——尿氟排出量嵌套单因素方差分析

本部分根据工人尿氟排出量数据进行嵌套单因素方差分析。其中工作时间为主要因素（工作前、工作中、工作后），嵌套因素是天数（第一天、第二天、第三天）。

（1）设置工作环境

① 双击 GraphPad Prism 10 图标，启动 GraphPad Prism。

② 选择菜单栏中的"文件"→"打开"命令，或单击"Prism"功能区中的"打开项目文件"命令，或单击"文件"功能区中的"打开项目文件"按钮 ，或按下 Ctrl+O 键，弹出"打开"对话框，选择需要打开的文件"分析尿氟排出量数据分布特征 .prism"，单击"打开"按钮，即可打开项目文件。

③ 选择菜单栏中的"文件"→"另存为"命令，或单击"文件"功能区中保存命令按钮 下的"另存为"命令，弹出"保存"对话框，输入项目的保存名称。单击"确定"按钮，在源文件目录下自动创建项目文件"尿氟排出量嵌套单因素方差分析 .prism"。

（2）嵌套的单因素方差分析

① 将数据表"尿氟排出量"置为当前。

② 选择菜单栏中的"分析"→"群组比较"→"嵌套单因素方差分析"命令，弹出"分析数据"对话框，在左侧列表中选择指定的分析方法，即嵌套的单因素方差分析。单击"确定"按钮，关闭该对话框，弹出"参数：嵌套的单因素方差分析"对话框。

③ 打开"多重比较"选项卡，在"比较次数"选项组下选择"比较每列平均值与其他每个平均值（E）"，如图 7-11 所示。打开"残差"选项卡，勾选"QQ 图"复选框。

④ 单击"确定"按钮，关闭该对话框，输出结果表和图表。

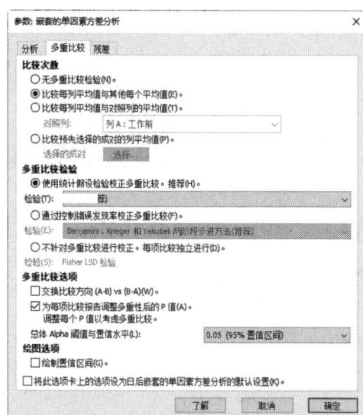

图 7-11 "多重比较"选项卡

（3）数据结果分析

① 结果表"嵌套单因素方差分析 / 尿氟排出量"中包含"表结果""多重比较"选项卡，如图 7-12 所示。

② 打开图表"QQ 图：嵌套单因素方差分析 / 尿氟排出量"，显示实际残差 - 预测残差图，如图 7-13 所示。点的大致趋势明显地在从原点出发的一条 45°直线上，所以认为误差的正态性假设是合理的。

③"表结果"选项卡"嵌套单因素方差分析"选项组中 P 值＜0.0001，按"α"等于0.05 标准，拒绝原假设，三组工作时间（工作前、工作中、工作后）差别有统计学意义，认为工作时间对尿氟排出量有影响。

④"子列（每列内部）是否不同？"表中显示判断不同天测量结果差异性，表示多天测量结果不存在显著差异。

	嵌套单因素方差分析 表结果		
1	分析的表	尿氟排出量	
2	分析的数据集	A-C	
3			
4	嵌套单因素方差分析		
5	P 值	<0.0001	
6	P 值摘要	****	
7	显著不同 (P < 0.05)？	是	
8	F, DFn, Dfd	15.49, 2, 87	
9			
10	随机效应	标准差	方差
11	子列内部的变异	0.7058	0.4981
12	子列平均值之间的变异	0.000	0.000
13			
14	子列（每列内部）是否不同？		
15	卡方，df		
16	P 值		
17	P 值摘要		
18	子列之间是否存在显著差异(P < 0.05)？	否	
19			
20	分析的数据		
21	治疗数(列)	3	
22	对象数(子列)	9	
23	值的总数	90	

（a）"表结果"选项卡

	嵌套单因素方差分析 多重比较								
1	比较列平均值(主要列效应)								
2									
3	系列数	1							
4	每个系列的比较数量	3							
5	α	0.05							
6									
7	Tukey 多重比较检验	均差	95.00% 差值的置信区间	低于阈值？	摘要	调整后的 P 值			
8	工作前 vs 工作中	-1.014	-1.449 到 -0.5798	是	****	<0.0001			
9	工作前 vs 工作后	-0.5160	-0.9505 到 -0.08149	是	*	0.0157			
10	工作中 vs 工作后	0.4983	0.06382 到 0.9328	是	*	0.0205			
11									
12	检验详细信息	平均值 1	平均值 2	均差	差值的标	N1	N2	q	自由度
13	工作前 vs 工作中	1.611	2.625	-1.014	0.1822	30	30	7.872	87
14	工作前 vs 工作后	1.611	2.127	-0.5160	0.1822	30	30	4.005	87
15	工作中 vs 工作后	2.625	2.127	0.4983	0.1822	30	30	3.867	87

（b）"多重比较"选项卡

图 7-12　嵌套的单因素方差分析结果

⑤ "多重比较"选项卡 "Tukey 多重比较检验"选项组中"工作前 vs 工作中"调整后的 P 值＜0.0001，认为工作时间对尿氟排出量有影响。

（4）保存项目

单击"文件"功能区中的"保存"按钮，或按下 Ctrl+S 键，直接保存项目文件。

7.2.5　双因素方差分析

在许多实际问题中，常常要研究几个因素同时变化时的方差分析，控制一些无关的因素，找到影响最显著的因素，得出起显著作用的因素在什么时候起最好的影响作用，这就需要用到双因素的方差分析。

总的来说，双因素方差分析是指研究两个因素（自变量）的变化对某一因变量（响应变量）的影响。

① 选择菜单栏中的"分析"→"群组比较"→"双因素方差分析（或混合模型）"命令，弹出"分析数据"对话框，在左侧列表中选择指定的分析方法，即双因素方差分析（或混合模型），在右侧显示要分析的数据集和数据列。

② 单击"确定"按钮，关闭该对话框，弹出"参数：双因素方差分析（或混合模型）"对话框，其中包含 6 个选项卡，如图 7-14 所示。

下面介绍"模型"选项卡和"因素名称"选项

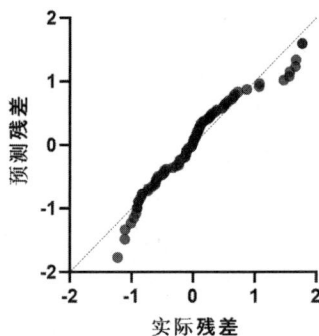

图 7-13　QQ 图

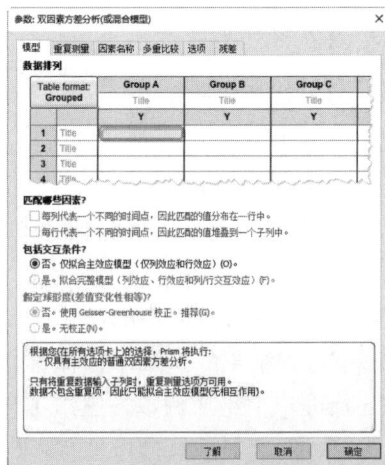

图 7-14　"参数：双因素方差分析（或混合模型）"对话框

卡，其余选项卡中的选项与单因素方差分析类似，这里不再赘述。

（1）"模型"选项卡

① 匹配哪些因素　数据相匹配时，则选择两个因素可能出现下面几种情况：非重复测量；有一个是重复测量，另一个不是；两个因素均为重复测量。如果一个因素是重复测量，另一个不是，则该分析又称"混合效应模型方差分析"。

> 不勾选任何一个复选框，使用常规的双因素方差分析（非重复测量），在下面的表格缩略图中显示数据集中两项因素（因素 A、因素 B）的数据排列方式。在默认情况下，每个数据集（列）代表一项因素（因素 A）的不同级别，每行代表另一项因素的不同级别。列下面的每个子列代表一项因素（因素 B），如图 7-15 所示。

> 每列代表一个不同的时间点，因此匹配的值分布在一行中。勾选该复选框，两个因素中至少有一个是重复测量，每行代表重复测量的不同次数。

> 每行代表一个不同的时间点，因此匹配的值堆叠到一个子列中。勾选该复选框，两个因素中至少有一个是重复测量，重复测量的不同次数叠加在一个子列中显示。

> 勾选上面两个复选框，表示两个因素都是重复测量。

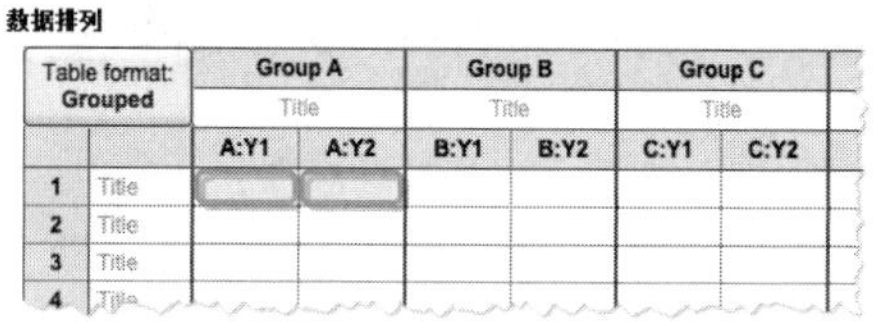

② 包括交互条件　选择方差分析模型是否包含两个因素的交互影响。

> 否。仅拟合主效应模型（仅列效应和行效应）（O）。

> 是。拟合完整模型（列效应、行效应和列 / 行交互效应）（F）。

③ 假定球形度（差值变化性相等）　重复测量方差分析需满足球形假设，在该选项组下选择是否假定球形度。如果不假定球形度，Prism 则会使用 Geisser-Greenhouse 校正，并计算 ε。

（2）"因素名称"选项卡

在该选项卡下定义两个因素的描述性名称，使其更容易解释分析结果，如图 7-16 所示。

（a）非重复测量

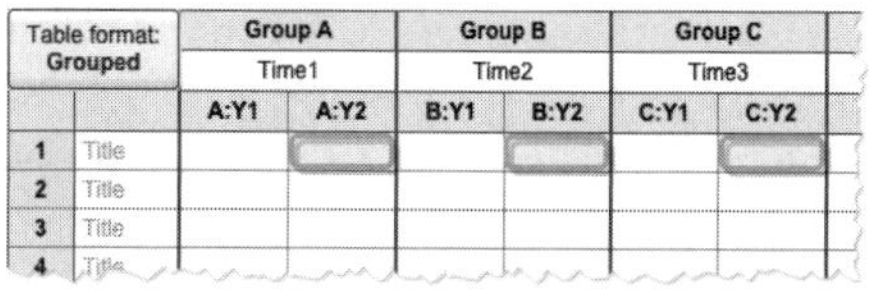

（b）行重复测量

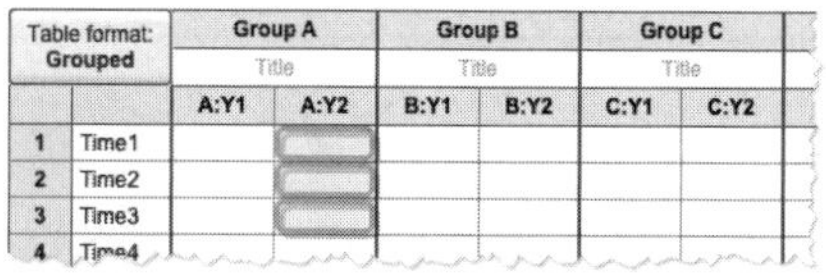

（c）列重复测量

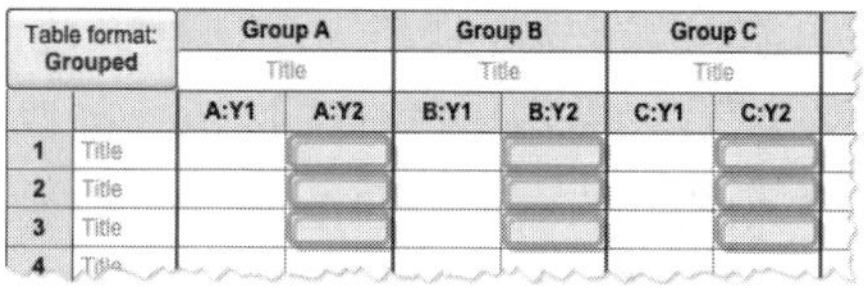

（d）两个重复测量

图 7-15　数据排列

图 7-16　"因素名称"选项卡

7.2.6 操作实例——大鼠增体重双因素方差分析

欲比较 A、B、C、D 四种食品加工方法对大鼠体重的影响，用 4 窝大鼠进行实验，每窝 4 只，每只大鼠随机喂养一种食品，随机采用一种加工方法；8 周后观察大鼠增体重（g）情况。观察值分组归纳如表 7-3 所示。分析食品种类是否影响大鼠增体重，食品加工方法是否影响大鼠增体重。

表 7-3　四种食品及四种加工方法喂养大鼠所增体重　　单位：g

加工方法	甲组	乙组	丙组	丁组
A	80	70	51	48
B	47	75	78	45
C	48	80	47	52
D	46	81	49	77

（1）设置工作环境

① 双击开始菜单的 GraphPad Prism 10 图标，启动 GraphPad Prism 10，自动弹出“欢迎使用 GraphPad Prism”对话框。

② 在“创建”选项组下默认选择“分组”，在右侧界面“数据表”选项组下选择“将数据输入或导入到新表”这种方法，在“选项”选项组下选择“为每个点输入一个 Y 值并绘图”。单击“创建”按钮，创建项目文件，同时该项目下自动创建一个数据表“数据 1”和关联的图表“数据 1”。重命名数据表为“大鼠增体重数据”。

根据表 7-3 中的数据，在数据表中输入数据，结果如图 7-17 所示。

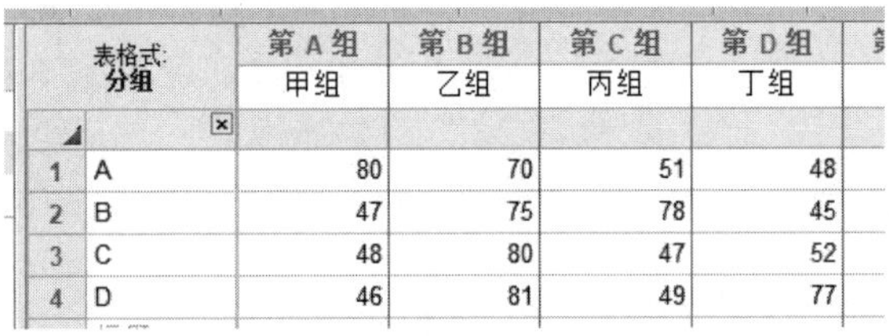

表格式: 分组	第 A 组 甲组	第 B 组 乙组	第 C 组 丙组	第 D 组 丁组
1 A	80	70	51	48
2 B	47	75	78	45
3 C	48	80	47	52
4 D	46	81	49	77

图 7-17　复制数据

③ 选择菜单栏中的“文件”→“另存为”命令，或单击“文件”功能区中保存命令按钮下的“另存为”命令，弹出“保存”对话框，输入项目名称“大鼠增体重双因素方差分析”。单击“确定”按钮，保存项目。

（2）双因素方差分析

本例中，行因素表示食品加工方法（A、B、C、D），列因素表示食品种类（甲组、乙组、丙组、丁组），对其进行方差分析。

① 单击“分析”功能区上的“双因素方差分析（或混合模型）”按钮，弹出“参数：双因素方差分析（或混合模型）”对话框，如图 7-18 所示。

② 在“模型”选项卡中，“包括交互条件？”选项组选择“否。仅拟合主效应模型（仅列效应和行效应）”。

③ 打开“因素名称”选项卡，修改“因素名称”下列、行因素分别为食品种类因素、加工方法因素。

④ 单击"确定"按钮，关闭该对话框，输出分析结果表和图表，如图7-19所示。

（3）结果分析

① 在"方差分析表"中分析：

➢ 加工方法因素：显著性P值>0.05，各组之间不存在显著性差异，即不同食品加工方法（A、B、C、D）测量的大鼠体重增加值没有显著差别。

➢ 食品种类因素：显著性P值>0.05，各组之间不存在显著性差异，即食品种类（甲组、乙组、丙组、丁组）测量的大鼠体重增加值没有显著差别。

② 得出结论：食品种类不影响大鼠增体重，食品加工方法不影响大鼠增体重。

（4）保存项目

单击"文件"功能区中的"保存"按钮，或按下Ctrl+S键，直接保存项目文件。

7.2.7 三因素方差分析

三因素方差分析可决定一个反应如何受到三个因素的影响。例如，可在两个时间点比较男性和女性对药物和安慰剂的反应。药物治疗是一个因素，性别是一个因素，时间也是一个因素。药物是否影响反应？按性别，按时间，或者这三者交织在一起？这是三因素方差分析可回答的问题。

三因素方差分析非常复杂，检验七个零假设，因此报告七个P值。

其中，三个P值检验主要效果：

➢ 零假设1：平均而言，男性和女性的测量值相同。

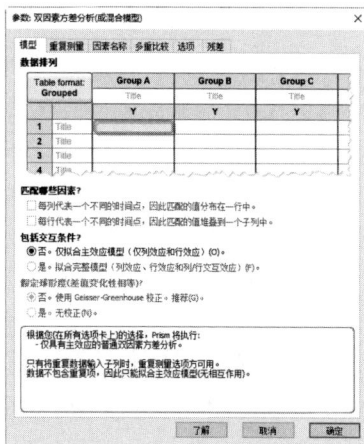

图7-18 参数：双因素方差分析（或混合模型）

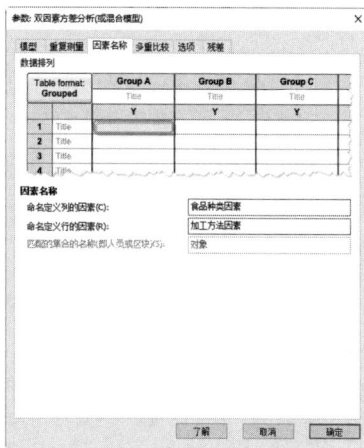

图7-19 双因素方差分析结果

➢ 零假设2：平均而言，治疗组和对照组的测量值相同。

➢ 零假设3：平均而言，采用低剂量或高剂量预处理时，测量值相同。

三个P值检验双因素交互，以及一个P值检验三因素交互。以下是零假设：

➢ 零假设4：汇总男性和女性，低剂量和高剂量预处理的治疗组效果与对照组效果相同。

➢ 零假设5：汇总治疗组和对照组，低剂量和高剂量预处理对男性和女性的影响相同。

> 零假设 6：汇总低剂量和高剂量预处理，男性和女性受试者治疗组与对照组的效果相同。

> 零假设 7：所有这三项因素之间不存在三因素交互。

① 选择菜单栏中的"分析"→"群组比较"→"三因素方差分析（或混合模型）"命令，弹出"分析数据"对话框，在左侧列表中选择指定的分析方法，即三因素方差分析（或混合模型），在右侧显示要分析的数据集和数据列，如图 7-20 所示。

② 单击"确定"按钮，关闭该对话框，弹出"参数：三因素方差分析（或混合模型）"对话框，其中包含 7 个选项卡，如图 7-21 所示。下面介绍"RM 设计"选项卡和"合并数据"选项卡，其余选项卡中的选项与单因素方差分析、双因素方差分析类似，这里不再赘述。

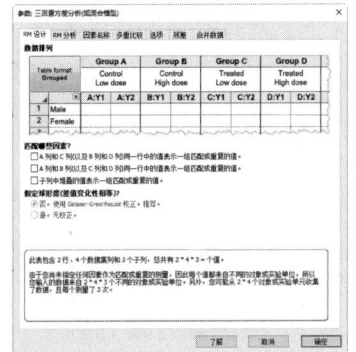

（1）"RM 设计"选项卡

三因素方差分析可以处理重复测量。在"匹配哪些因素？"选项组下的三个复选框中，可以指定哪些因素是或不是重复测量。当选中或取消选中这些选项时，查看"数据排列"选项组中的图形。

（2）"合并数据"选项卡

该选项卡用来将三项数据合并成一个双因素表，如图 7-22 所示。

① 不为双因素方差分析创建新的合并表（D）：选择该选项，列数据中显示因素 A 和因素 B，子列数据中显示因素 C。

② 合并 A 列和 B 列，也合并 C 列和 D 列（B）：合并列时，数值保持不变，但得到更多子列。选择该选项，列数据中显示因素 A，子列数据中显示因素 B 和因素 C。因此，如果选择合并 A 列和 B 列（以及合并 C 列和 D 列），则将得到一半数量的数据集列，每列均有两倍数量的子列。B 列的 Y1 子列成为新 A 列的 Y3 子列。

③ 合并 A 列和 C 列，也合并 B 列和 D 列（C）：选择该选项，列数据中显示因素 B，子列数据中显示因素 A 和因素 C。

图 7-20　"分析数据"对话框

图 7-21　"参数：三因素方差分析（或混合模型）"对话框

图 7-22　"合并数据"选项卡

7.2.8　操作实例——平均 Hb 浓度三因素方差分析

一种复合维生素组合物可以制成多种药物制剂，用于补血、补铁、补充多种维生素。表 7-4 显示实验组和两个对照组使用该药物制剂治疗不同周期的平均 Hb 浓度实验数据。

判断组别、性别、治疗周期对平均 Hb 浓度有何影响。

表 7-4　药物制剂治疗不同周期的平均 Hb 浓度实验数据

组别	男性长期			男性短期			女性长期			女性短期		
实验组	89.62	89.46	89.21	98.31	98.33	98.66	107.33	110.3	106.5	116.83	115.9	116.9
阳性对照组	89.28	89.01	88.89	97.89	97.63	97.68	96.58	96.3	95.9	110.27	110.3	110.63
空白对照组	89.68	89.22	89.56	90.2	90.99	93.2	89.09	90.6	89.99	88.97	89.63	89.44

（1）设置工作环境

① 双击开始菜单的 GraphPad Prism 10 图标，启动 GraphPad Prism 10，自动弹出"欢迎使用 GraphPad Prism"对话框。

② 在"创建"选项组下默认选择"分组"，在右侧界面"数据表"选项组下选择"输入或导入数据到新表"这种方法，在"选项"选项组下选择"为每个点输入一个 Y 值并绘图"。单击"创建"按钮，创建项目文件，同时该项目下自动创建一个数据表"数据 1"和关联的图表"数据 1"，重命名数据表为"平均 Hb 浓度"。

③ 选择菜单栏中的"文件"→"另存为"命令，或单击"文件"功能区中保存命令按钮█ 下的"另存为"命令，弹出"保存"对话框，指定项目的保存名称。单击"确定"按钮，在源文件目录下自动创建项目文件"平均 Hb 浓度三因素方差分析 .prism"。

（2）输入数据

将"平均 Hb 浓度 .xlsx"表中数据复制到数据区，结果如图 7-23 所示。

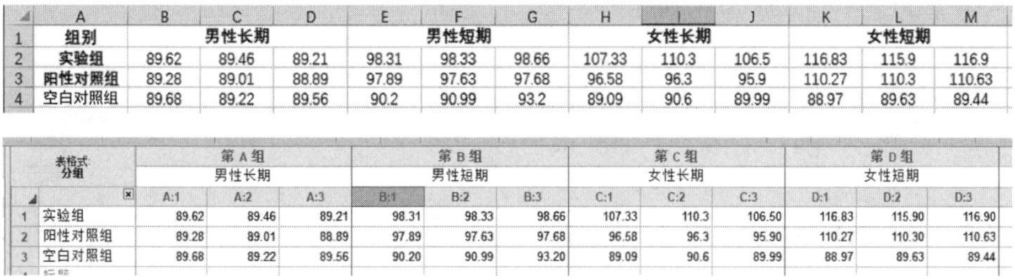

	A	B	C	D	E	F	G	H	I	J	K	L	M
1	组别	男性长期			男性短期			女性长期			女性短期		
2	实验组	89.62	89.46	89.21	98.31	98.33	98.66	107.33	110.3	106.5	116.83	115.9	116.9
3	阳性对照组	89.28	89.01	88.89	97.89	97.63	97.68	96.58	96.3	95.9	110.27	110.3	110.63
4	空白对照组	89.68	89.22	89.56	90.2	90.99	93.2	89.09	90.6	89.99	88.97	89.63	89.44

表格式 分组	第 A 组			第 B 组			第 C 组			第 D 组		
	男性长期			男性短期			女性长期			女性短期		
	A:1	A:2	A:3	B:1	B:2	B:3	C:1	C:2	C:3	D:1	D:2	D:3
1　实验组	89.62	89.46	89.21	98.31	98.33	98.66	107.33	110.3	106.50	116.83	115.90	116.90
2　阳性对照组	89.28	89.01	88.89	97.89	97.63	97.68	96.58	96.3	95.90	110.27	110.30	110.63
3　空白对照组	89.68	89.22	89.56	90.20	90.99	93.20	89.09	90.6	89.99	88.97	89.63	89.44

图 7-23　复制数据

（3）三因素方差分析

本例中，A 列和 C 列（B 列和 D 列）比较性别因素（男性、女性），A 列和 B 列（C 列和 D 列）比较治疗周期因素（长期、短期），行因素为实验组别（实验组、阳性对照组、空白对照组）。

① 选择菜单栏中的"分析"→"群组比较"→"三因素方差分析（或混合模型）"命令，弹出"分析数据"对话框，在左侧列表中选择指定的分析方法，即三因素方差分析（或混合模型）。单击"确定"按钮，关闭该对话框，弹出"参数：三因素方差分析（或混合模型）"对话框，如图 7-24 所示。

② 打开"RM 设计"选项卡，在"匹配哪些因素？"选项组下勾选"子列中堆叠的值表示一组匹配或重复的值。"复选框，在"假定球形度（差值变化性相等）？"选项组下选择"否。使用 Geisser-Greenhouse 校正。推荐。"，如图 7-24（a）所示。

③ 打开"因素名称"选项卡，修改"因素名称"下的因素名称，如图 7-24（b）所示。

④ 单击"确定"按钮，关闭该对话框，输出分析结果表和图表，如图 7-25 所示。

（4）结果分析

三因素方差分析非常复杂，检验七个零假设，因此报告七个 P 值。三个 P 值检验主要效果，其零假设为：

➤ 零假设 1：平均而言，不同组别（实验组、阳性对照组、空白对照组）的受试者测量值相同。

➤ 零假设 2：平均而言，不同性别（男性和女性）的受试者测量值相同。

➤ 零假设 3：平均而言，不同治疗周期（长期治疗和短期治疗）的受试者测量值相同。

其中三个 P 值检验双因素交互，以及一个 P 值检验三因素交互。以下是其零假设：

➤ 零假设 4：汇总组别（实验组、阳性对照组、空白对照组）、性别（男性和女性）的受试者测量值相同。

➤ 零假设 5：汇总组别（实验组、阳性对照组、空白对照组）、治疗周期（长期治疗和短期治疗）的受试者测量值相同。

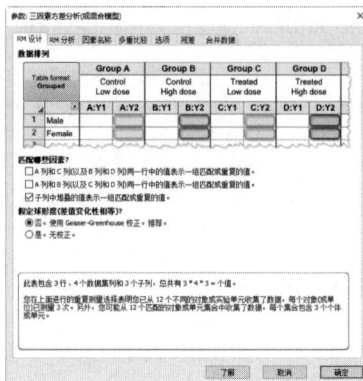

（a）

（b）

图 7-24 "参数：三因素方差分析（或混合模型）"对话框

（a）

（b）

图 7-25 三因素方差分析结果

➢ 零假设6：汇总性别（男性和女性）、治疗周期（长期治疗和短期治疗）的受试者测量值相同。

➢ 零假设7：所有这三项因素（组别、性别、治疗周期）之间不存在三因素交互。

通过"方差分析表"中的显示参数，即平方和、自由度和 MS，得出结论：

➢ 组别、性别、治疗周期对平均 Hb 浓度有显著影响。

➢ 组别、性别之间存在交互作用，组别、治疗周期之间存在交互作用。

➢ 性别（男性和女性）、治疗周期（长期治疗和短期治疗）因素显著性 P 值＞0.05，各组之间无交互作用。

（5）保存项目

单击"文件"功能区中的"保存"按钮 🖫，或按下 Ctrl+S 键，直接保存项目文件。

7.3 综合实例——降压药临床实验方差分析

降压药临床实验数据见表 7-5，其显示三种药物组实验者服药前不同时间段中 E2 的变化值。试问降压药种类和服药时间对 E2 值的影响。

表 7-5　服药前后各组 E2 的变化　　　　单位：pg/ml

	妈富隆组	敏定偶组	18-甲组
服药前 7 天	33.75	27.86	33.00
服药前 12 天	35.56	30.83	35.00
服药前 23 天	36.00	30.75	35.25
服药后 7 天	28.63	27.63	26.00
服药后 12 天	25.88	23.83	28.00
服药后 23 天	31.71	24.50	22.50

7.3.1 降压药种类单因素方差分析

本小节通过单因素方差分析判断降压药种类（妈富隆组、敏定偶组、18-甲组）对 E2 变化的影响。

（1）设置工作环境

① 双击 GraphPad Prism 10 图标，启动 GraphPad Prism，自动弹出"欢迎使用 GraphPad Prism"对话框，设置创建的默认数据表格式。

② 在左侧"创建"选项组下选择"列"选项，在"数据表"选项组下默认选择"输入或导入数据到新表"选项，在"选项"选项组下默认选择"输入重复值，并堆叠到列中"。

③ 单击"创建"按钮，在该项目下自动创建一个数据表"数据 1"和关联的图表"数据 1"。在左侧导航器中选择数据表"数据 2"，修改其名称为"服药前后各组 E2 的变化"。

④ 单击工作区左上角"表格式"单元格，弹出"格式化数据表"对话框，打开"表格式"选项卡，取消勾选"显示行标题"复选框。单击"确定"按钮，关闭该对话框，在

数据表中显示表格式设置结果。

（2）复制数据

① 打开 Excel 表"服药前后各组 E2 的变化 .xlsx"，选中数据，按下快捷键 Ctrl+C，复制表格数据。

② 打开"服药前后各组 E2 的变化"数据表，单击行标题下的第一行，选中该单元格，按下快捷键 Ctrl+V，粘贴数据，如图 7-26 所示。

（3）单因素方差分析（参数检验）

① 单击"分析"功能区上的"比较三组或更多组：单因素方差分析、Kruskal Wallis 检验、Friedman 检验"按钮，弹出"参数：单因素方差分析（非参数或混合）"对话框中的"实验设计"选项卡。

② 由于输入的实验数据不包含成对值组成的重复数据，在"实验设计"选项组下选择"无匹配或配对（M）"选项。

③ 由于输入的实验数据服从正态分布，在"假定残差呈高斯分布？"选项组下选择"是。使用方差分析（Y）"选项。

④ 假定数据方差齐性，在"假定标准差相等？"选项组下选择"是。使用普通的方差分析（O）"选项。

⑤ 打开"残差"选项卡，勾选"残差是否存在聚类或异方差（H）？""残差呈高斯分布吗（G）？"复选框。

⑥ 单击"确定"按钮，关闭该对话框，输出结果表"普通单因素方差分析 / 服药前后各组 E2 的变化"，如图 7-27 所示。

图 7-26　粘贴数据

图 7-27　单因素方差分析结果

（4）结果分析

①"残差正态性"表中显示四种检验结果一致，数据服从正态分布。

② 通过"Brown-Forsythe 检验"和"Bartlett 检验"表确定方差齐性。因此，本例直接使用简单的方差分析。

③"方差分析摘要"表中显示的方差检验结果为 P 值＞0.05。这表示平均值之间不存在显著差异，即降压药种类对 E2 变化没有显著性影响。

7.3.2 双因素方差分析

本小节判断降压药种类是否影响 E2，服药时间是否影响 E2。

（1）新建列数据表

① 单击导航器中"数据表"选项组下的"新建工作表"按钮⊕，弹出"新建数据表和图表"对话框，在"创建"选项组下默认选择"分组"，在右侧界面"数据表"选项组下选择"将数据输入或导入到新表"这种方法，在"选项"选项组下选择"输入 3 个重复值在并排的子列中"。单击"创建"按钮，创建数据表"数据 2"，重命名数据表为"服药前后各组 E2 的变化（时间）"。

② 打开数据表"服药前后各组 E2 的变化"，选中数据，按下快捷键 Ctrl+C，复制表格数据。

③ 打开"服药前后各组 E2 的变化（时间）"数据表，单击行标题下的第一行，选中该单元格，单击鼠标右键，选择"粘贴转置"→"粘贴数据"命令，粘贴数据，修改列标题为"服药前""服药后"，结果如图 7-28 所示。

（2）双因素方差分析

本例中，行因素（药物种类）不是重复测量，列因素（服药时间）是重复测量，则进行混合效应模型方差分析。

① 单击"分析"功能区上的"双因素方差分析（或混合模型）"按钮，弹出"参数：双因素方差分析（或混合模型）"对话框，如图 7-29 所示。

② 方差分析全模型包括所有因素的主效应和所有的交互效应，双因素变量全模型包括两个因素（因素 A、因素 B）的主效应、两两（A×B）的交互效应。

③ 在"模型"选项卡中，"匹配哪些因素？"选项组勾选"每列代表一个不同的时间点，因此匹配的值分布在一行中"复选框，在"包括交互条件？"选项组下选择"是。拟合完整模型（列效应、行效应和列/行交互效应）"，在"假定球形度（差值变化性相等）？"选项组下选

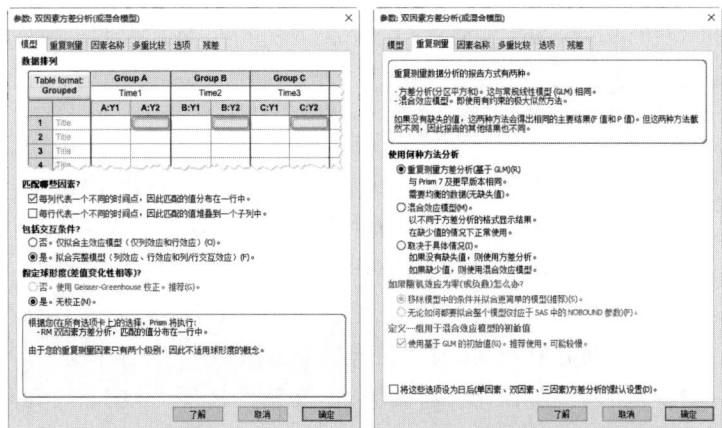

图 7-28 粘贴转置数据

（a）　　　　　　　　　　　　（b）

图 7-29 参数：双因素方差分析（或混合模型）

择“是。无校正”

④ 打开“重复测量”选项卡，在“使用何种方法分析”选项组下选择“重复测量方差分析（基于 GLM）”。

⑤ 打开“因素名称”选项卡，修改“因素名称”下的因素为服药时间因素、药物种类因素、对象。

⑥ 单击“确定”按钮，关闭该对话框，输出分析结果表和图表，如图 7-30 所示。

1	分析的表	服药前后各组E2的变化（时间）				
2						
3	双因素 RM 方差分析	匹配: 交叉行				
4	假定球形度?	是				
5	α	0.05				
6						
7	变异来源	总变异 %	P 值	P 值摘要	显著?	
8	药物种类因素 x 服药时间因素	4.626	0.3312	ns	否	
9	药物种类因素	17.85	0.0158	*	是	
10	服药时间因素	61.15	0.0010	**	是	
11	对象	5.986	0.7402	ns	否	
12						
13	方差分析表	平方和	自由度	MS	F (DFn, DFd)	P 值
14	药物种类因素 x 服药时间因素	14.79	2	7.396	F (2, 6) = 1.336	P=0.3312
15	药物种类因素	57.08	2	28.54	F (2, 6) = 8.948	P=0.0158
16	服药时间因素	195.5	1	195.5	F (1, 6) = 35.31	P=0.0010
17	对象	19.14	6	3.190	F (6, 6) = 0.5762	P=0.7402
18	残差	33.22	6	5.536		

20	列平均值差	
21	平均值服药前	33.11
22	平均值服药后	26.52
23	平均值差异	6.591
24	差值标准误差	1.109
25	95% 差值置信区间	3.877 到 9.305
26		
27	数据摘要	
28	列数 (服药时间因素)	2
29	行数 (药物种类因素)	3
30	对象数 (对象)	9
31	缺少的值数	0
32		

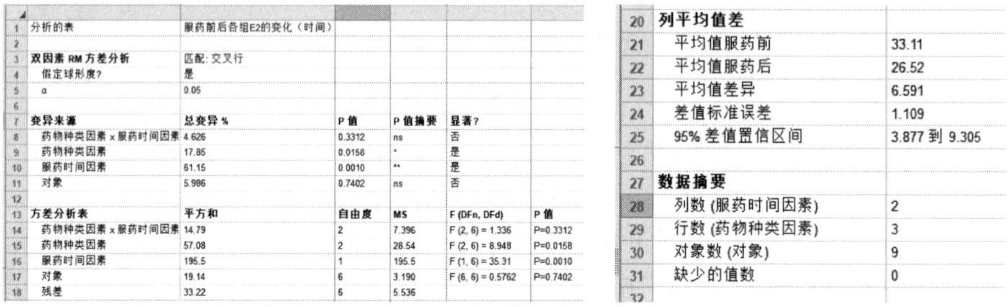

图 7-30　双因素方差分析结果

（3）结果分析

① 具有相等重复试验次数的双因素方差分析数据见表 7-6。

表 7-6　相等重复试验次数的双因素方差分析表

方差来源	平方和 S	自由度 f	均方差 $\bar{S}$	F 值
因素 A 的影响	$S_A = qr\sum_{i=1}^{p}(\bar{x}_{i\cdot} - \bar{x})^2$	$p-1$	$\bar{S}_A = \dfrac{S_A}{p-1}$	$F_A = \dfrac{\bar{S}_A}{\bar{S}_E}$
因素 B 的影响	$S_B = pr\sum_{j=1}^{q}(\bar{x}_{\cdot j} - \bar{x})^2$	$q-1$	$\bar{S}_B = \dfrac{S_B}{q-1}$	$F_B = \dfrac{\bar{S}_B}{\bar{S}_E}$
A×B	$S_{A\times B} = r\sum_{i=1}^{p}\sum_{j=1}^{q}(x_{ij} - \bar{x}_{i\cdot\cdot} - \bar{x}_{\cdot j\cdot} + \bar{x})^2$	$(p-1)(q-1)$	$\bar{S}_{A\times B} = \dfrac{S_{A\times B}}{(p-1)(q-1)}$	$F_{A\times B} = \dfrac{\bar{S}_{A\times B}}{\bar{S}_E}$
误差	$S_E = \sum_{k=1}^{r}\sum_{i=1}^{p}\sum_{j=1}^{q}(x_{ijk} - \bar{x}_{ij\cdot})^2$	$pq(r-1)$	$\bar{S}_E = \dfrac{S_E}{pq(r-1)}$	

注：r为试验次数。

② 在“方差分析表”中分析全模型效果，得出结论：

- 药物种类因素 × 服药时间因素：显著性 P 值＞0.05，各组之间不存在显著性差异，即不同药物种类下服药时间检测的 E2 值没有显著差别。
- 服药时间因素（列因素）：显著性 P 值＜0.05，各组之间存在显著性差异，即不同服药时间检测的 E2 值有显著差别。
- 药物种类因素（行因素）：显著性 P 值＜0.05，各组之间存在显著性差异，即不同药物种类检测的 E2 值有显著差别。

（4）保存项目

单击“文件”功能区中的“保存”按钮，或按下 Ctrl+S 键，直接保存项目文件。

GraphPad
Prism 10

Chapter

8

扫码看本章实例
视频讲解

第 8 章
列联表检验

在医学统计学中，列联表检验可以帮助研究人员检验两种或多种治疗方法是否有显著的差异。对于二维列联表，可进行频数分布拟合优度的 x^2 检验、Fisher 确切概率检验等相关内容卡方检验。

8.1 列联表概述

列联表是观测数据按两个或多个（定类变量）分类时所列出的频数表，这种数据通常称为交叉分类数据。

8.1.1 列联表定义

列联表讨论的是两个或多个定类变量的一般情况，以两个定类变量为例，即定类变量 x 和定类变量 y。

设定类变量 x 可以分为 c 类，定类变量 y 可以分为 r 类。

➤ 定类变量 x：x_1, x_2, $\cdots$, x_c。

➤ 定类变量 y：y_1, y_2, $\cdots$, y_r。

为了研究 y 分类是否与 x 分类有关，一般可以将数据先按 x 分类，然后分别统计当 $x = x_1$, $x = x_2$, $\cdots$, $x = x_c$ 情况下 y 的分类。这样就能得到数据按两个定类变量进行交叉分类的频次分配表，即二维的列联表，简称列联表。如果数据的分类不止两类，那还可以得到更多变量的交叉分类表，又称多维的列联表。

$r \times c$ 列联表如表 8-1 所示。其中，N_{ij} 是 $x = x_i$, $y = y_j$ 时所具有的频次。

表 8-1 $r \times c$ 两维列联表

y ＼ x	x_1	x_2	x_3	$\cdots$	x_c
y_1	N_{11}	N_{21}	N_{31}	$\cdots$	N_{c1}
y_2	N_{12}	N_{22}	N_{32}	$\cdots$	N_{c2}
$\vdots$	$\vdots$	$\vdots$	$\vdots$	$\vdots$	$\vdots$
y_r	N_{1r}	N_{2r}	N_{3r}	$\cdots$	N_{cr}

列联表分析是基于列联表所进行的相关统计分析与推断。列联表分析的基本问题是：判明所考察的各属性之间有无关联，即是否独立。在判定变量之间存在关联性后，可用多种定量指标来刻画其关联程度。

列联表检验是对列联表中两个或多个分类变量是否独立的检验，也是假设检验的一个重要内容，称为列联表分析或列联表检验。列联表检验的目的如下。

➤ 确定因素间是否存在关联性：列联表检验可以帮助研究人员确定两个或多个分类变量之间是否存在相关性。

➤ 分析影响结果的相关因素：通过列联表检验，研究人员可以分析多种影响结果的相关因素，进而制订更为有效的诊疗方案。

➤ 帮助进行决策：列联表检验能够为研究人员提供审慎的决策依据，从而在医疗领域中得到更好的应用。

8.1.2 列联表数据的研究目的

对一组受试者进行列联表研究时，根据两个标准（行和列）对其进行分类。例如，研究电磁场（EMF）与白血病之间的关系。

下面介绍列联表中研究数据的目的。

（1）现况研究

在现况研究中，对于一组受试者，根据两个标准（行和列）对其进行分类。为对EMF与白血病之间的联系进行一项现况研究，选取大量样本进行研究。受试者是否暴露于高水平的EMF定义两行。检查受试者是否患有白血病定义两列。如果根据EMF暴露或白血病的患病情况来选择受试者，则其不属于现况研究。

（2）前瞻性研究

研究从潜在风险因素开始，并期待看到各组受试者会发生的情况。为对EMF与白血病之间的联系开展一项前瞻性研究，可以选择一组具有低EMF暴露的受试者和另一组具有高EMF暴露的受试者。这两个组定义表格的两行。然后所有受试者中白血病的患者列成表格。患有白血病的受试者列成一列，其余列成另一列。对于来自前瞻性和实验性研究数据，数据分布见表8-2。

表8-2　前瞻性和实验性研究数据

	患病人数	未患病人数
暴露于风险因素或治疗		
对照		

前瞻性研究（队列研究）可以计算各组人群的发病率，因而可直接估计相对危险度（RR），也就是2个人群发病率的比值，通常为暴露人群的发病率与非暴露人群（或指定的参照人群）的发病率之比。

（3）回顾性研究

病例对照研究从所研究的病情开始，并回顾潜在原因。为对EMF与白血病之间的联系开展一项回顾性研究，可以选择一组患有白血病的受试者和一个未患有白血病但在其他方面类似的对照组。这些组定义两列。然后评估所有受试者的EMF暴露。在一行输入暴露于风险因素的数量，并在另一行输入未暴露的数量。这种设计又称病例对照研究。对于来自病例对照回顾性研究数据，其分布见表8-3。

表8-3　病例对照回顾性研究数据

	病例	对照
暴露于风险因素中的人数		
未暴露的人数		

回顾性研究（病例-对照研究）根据研究对象目前状态（是否有病）将其分到病例组或对照组，然后回顾性地询问或调查研究对象过去的危险因素接触史，比较病例组和对照

组中暴露者所占的比例。在这类研究中，通常要通过计算优势比或比数比（OR）来近似估计相对危险度。

（4）实验设计

在一项试验中，从单组受试者开始。一半接受一种治疗，另一半接受另一种治疗（或不接受治疗）。行表示替代治疗，列表示替代结果（有进展与无进展、患病人数和未患病人数增减）。数据分布见表 8-4。

表 8-4　实验设计研究数据

	有进展	无进展
治疗		
未治疗		

（5）诊断试验

列联表还可以评估诊断试验的准确性。选择两名受试者样本（是否患病），在行中输入各个组。在一栏中列出阳性试验结果，在另一栏中列出阴性试验结果。数据分布见表 8-5。

表 8-5　诊断试验数据

	阳性（患病）	阴性（未患病）
受试者 A		
受试者 B		

8.2　列联表数据分析

列联表用于将属于由行和列定义的每个组受试者（或观察结果）的实际数量制成表格。大多数列联表都有两行（两组）和两列（两种可能的结果），但 Prism 可以输入任意数量行和列的表。

8.2.1　创建列联表

列联表中可总结比较两组或多组结果，结果为分类变量（例如，疾病与无疾病、通过与失败、动脉通畅与动脉阻塞）。

在"创建"选项组下默认选择"列联"选项，在右侧"列联表"选项中显示该类型下的数据表和图表的预览图，如图 8-1 所示。

在"数据表"中显示两种创建列联

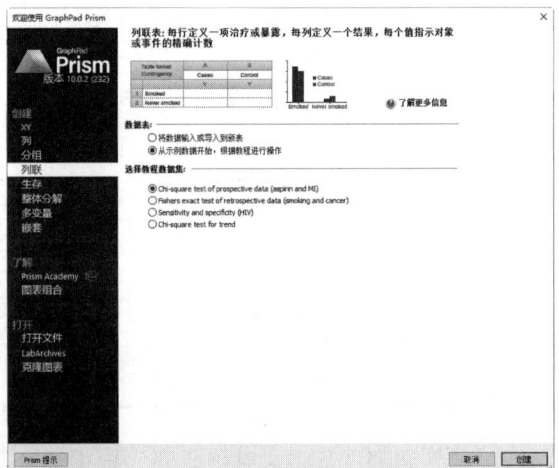

图 8-1　选择"列联"选项

数据表的方法。

① 将数据输入或导入到新表：选择该选项，直接从空数据表开始定义，列数据从结果 A 开始定义，接着是结果 B、……、结果 Z、结果 AA……

②"从示例数据开始，根据教程进行操作"：在该选项下，通过"选择教程数据集"选项组中的数据集模板定义列联表。

8.2.2 占总数的比例

当某些实验有两种可能的结果时，使用比例来表示结果。由于数据通过随机抽样得到，因此在总体群体中的真实比例一般肯定不同于所观察到的比例，通过计算 95% 置信区间量化不确定性。

选择菜单栏中的"分析"→"数据处理"→"占总数的比例"命令，或单击"分析"功能区上的"总计分数"按钮 🔐，弹出"参数：总计分数"对话框，计算数据集占总数的比例，如图 8-2 所示。

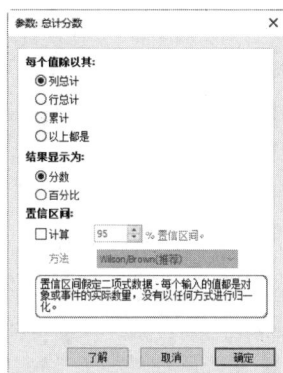

图 8-2 "参数：总计分数"
对话框

（1）每个值除以其

① 列总计：选择该选项，通过数据表中的每个值除以列的总和计算。

② 行总计：选择该选项，通过数据表中的每个值除以行的总和计算。

③ 累计：选择该选项，通过数据表中的每个值除以汇总的总和计算。

④ 以上都是：选择该选项，通过三组方法（列总计、行总计、累计）进行结果计算。

（2）结果显示为

结果数据表中的数据包含两种显示形式：分数和百分比。

（3）置信区间

在输入表中的每个值均为整数（代表计数的对象或事件的实际数量）时，置信区间的计算才有意义。

① 勾选"计算"复选框，指定置信区间大小。

② 在"方法"下拉列表中选择计算比例的置信区间的算法，默认为 Wilson/Brown（推荐）。

8.2.3 操作实例——计算两种疗法治疗脑血管梗死有效率

某医师用两种疗法治疗脑血管梗死，其结果见表 8-6。试计算两种疗法治疗脑血管梗死的有效率。通过图表试比较两种疗法的疗效是否不同。

表 8-6 两种疗法治疗脑血管梗死数据　　　　　　单位：例

疗法	有效	无效
甲	25	6
乙	29	3

（1）设置工作环境

① 双击开始菜单的 GraphPad Prism 10 图标，启动 GraphPad Prism 10，自动弹出"欢迎使用 GraphPad Prism"对话框。

② 在"创建"选项组下默认选择"列联"，在右侧界面"数据表"选项组下选择"将数据输入或导入到新表"这种方法。单击"创建"按钮，创建项目文件，同时该项目下自动创建一个数据表"数据1"和关联的图表"数据1"，重命名数据表为"有效率数据"。

③ 选择菜单栏中的"文件"→"另存为"命令，或单击"文件"功能区中保存命令按钮 🖫 下的"另存为"命令，弹出"保存"对话框，输入项目名称"计算两种疗法治疗脑血管梗死有效率 .prism"。单击"确定"按钮，保存项目。

（2）输入数据

在导航器中单击选择"有效率数据"，根据表 8-6 数据在数据区输入数据，结果如图 8-3 所示。

（3）总计分数计算

① 单击"分析"功能区上的"总分计数"按钮 ％，弹出"参数：总计分数"对话框，在"每个值除以其"选项组下选择"以上都是"选项，在"结果显示为"选项组下选择"百分比"，如图 8-4 所示。

② 单击"确定"按钮，关闭该对话框，输出结果表"总计分数 / 有效率数据"，如图 8-5 所示。

（4）绘制图表

打开导航器"图表"下的"有效率数据"，自动弹出"更改图表类型"对话框，在"图表系列"选项组下选择"列联"下的"交错条形"，如图 8-6 所示。单击"确定"按钮，关闭该对话框，显示交错条形图，如图 8-7 所示。

（5）编辑图表

① 双击任意坐标轴，或单击"更改"功能区中的"设置坐标轴格式"按钮 ，弹出"设置坐标轴格式"对话框，打开"坐标框与原点"选项卡，在"坐标框与网格线"选项组"坐标框样式"下拉列表中选择"普通坐标框"，设置"主网格"为 Y 轴，颜

图 8-3　输入数据

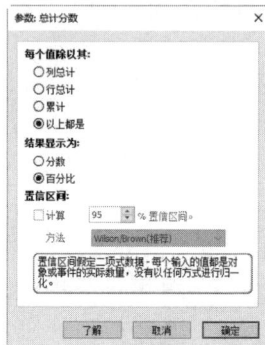

图 8-4　"参数：总计分数"对话框

图 8-5　总计分数结果

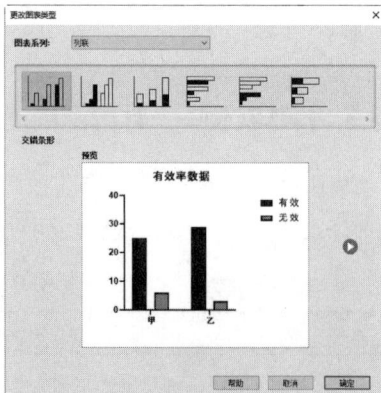

图 8-6　"更改图表类型"对话框

色为浅灰色（1D），粗细为 1/2 磅。单击"确定"按钮，关闭对话框，更新图表坐标轴，如图 8-8 所示。

② 双击绘图区空白处，或单击"更改"功能区中的"设置图表格式（符号、条形图、误差条等）"按钮，弹出"格式化图表"对话框。打开"注解"选项卡，打开"在条形中 - 顶部"选项卡，在"显示"选项下选择"绘图的值（平均值、中位数...）"选项，在"方向"选项下选择"水平"。单击"确定"按钮，关闭对话框，添加图表数值标签，如图 8-9 所示。

③ 单击"更改"功能区中"更改颜色"按钮下的"Prism 深色"命令，即可自动更新图表颜色。

④ 修改 X 轴标题为"治疗方法"，Y 轴标题为"例数"，设置字体颜色为红色（3E）。选择图表标题，设置字体为"华文楷体"，大小为 18，颜色为红色（3E），如图 8-10 所示。

（6）保存项目

单击"文件"功能区中的"保存"按钮，或按下 Ctrl+S 键，直接保存项目文件。

8.3 列联表检验

社会现象的研究，旨在发现现象与现象间存在的关系。由于备择假设 H_1 具有确定的 α 值，因此总是将研究的假设作为备择假设。同样，列联表也是将总体中变量间无关系，或相互独立作为检验的原假设，即

$$H_0 : p_{ij} = p_i \cdot p_j \ (i=1,2,\cdots,c; j=1,2,\cdots,r)$$

式中，p_i，p_j 表示样本的频率分布。

列联表检验的程序和单变量检验是相同的，即：

➢ 确定原假设。

➢ 选择适当的统计量。

➢ 定出显著性水平。

➢ 根据样本值进行判断。

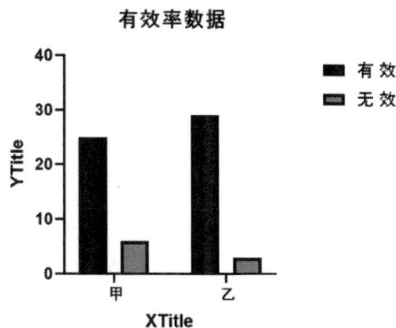

图 8-7 显示交错条形图

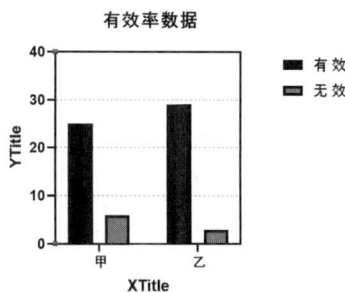

图 8-8 更新图表坐标轴

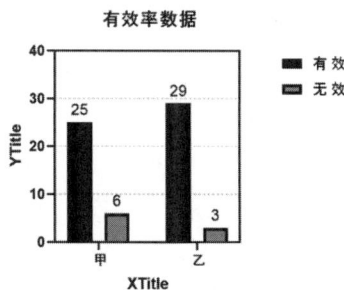

图 8-9 添加图表注解

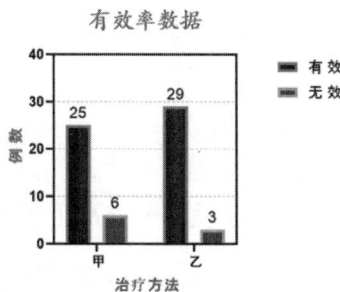

图 8-10 更新图表符号颜色

8.3.1 拟合优度的 χ^2 检验

列联表可采用 Pearson（皮尔森）相关系数或 Spearman（斯皮尔曼）秩相关系数来描述两个定量变量之间的相关关系，为了检验两定性变量之间是否相关（或两定性变量之间是否独立），可采用 χ^2 检验。

选择菜单栏中的"分析"→"数据探索和摘要"→"比较观察到的分布与预期分布"命令，弹出"分析数据"对话框，在左侧列表中选择指定的分析方法，即比较观察到的分布与预期分布，在右侧显示需要分析的数据集和数据列。

单击"确定"按钮，关闭该对话框，弹出"参数：比较观测到的分布与预期分布"对话框，利用卡方检验和二项式检验将观察到的离散类别数据的分布与理论预期的分布进行比较，如图 8-11 所示。

图 8-11 "参数：比较观测到的分布与预期分布"对话框

（1）要分析的数据集（D）

选择要进行分析比较的数据集。

（2）输入预期值作为

① 对象或事件的实际数量（A）：选择该选项，选择输入每个类别中预期的受试者或事件的实际数量，预期值的总和必须等于在数据表中输入的观察数据的总和。

② 百分比（G）：选择该选项，预期值的总和必须为 100。在任何一种情况下，可以输入分数值。

（3）使用两行执行

① 二项式检验（推荐）（B）：如果只输入两行数据，则也可以选择二项式检验（推荐选择）。

② 拟合优度卡方检验（F）：如果输入两行以上的数据，Prism 将执行卡方拟合优度检验。

（4）预期分布（E）

在"预期的 #"列输入跟原始的数据比较的预期值。

（5）输出

置信区间计算方法（I）：选择置信区间的计算方法，默认选择 Wilson/Brown（推荐）。

8.3.2 操作实例——身高范围统计人数分布检验

根据对青少年生长发育大样本的调查资料，在某地随机抽取 120 名 7 岁男童，其身高范围统计结果见表 8-7。试分析实际人数和理论人数（百分比）有何不同。

表8-7 身高范围统计结果

身高范围 /cm	实际人数 / 人	百分比 /%
115 ～ 124	50	42.5
125 ～ 134	43	35
135 ～ 144	27	22.5

（1）设置工作环境

① 双击 GraphPad Prism 10 图标，启动 GraphPad Prism，自动弹出"欢迎使用 GraphPad Prism"对话框。在左侧"创建"选项组下选择"列"选项，在"数据表"选项组下默认选择"输入或导入数据到新表"选项，在"选项"选项组下默认选择"输入重复值，并堆叠到列中"。

② 单击"创建"按钮，创建项目文件，同时该项目下自动创建一个数据表"数据1"和关联的图表"数据1"，将其重命名为"人数"。

③ 选择菜单栏中的"文件"→"另存为"命令，或单击"文件"功能区中保存命令按钮⊞下的"另存为"命令，弹出"保存"对话框，输入项目名称"身高范围统计人数分布检验"。单击"确定"按钮，在源文件目录下自动创建项目文件。

图8-12 输入数据

（2）输入数据

根据题中的数据在数据区输入数据，结果如图8-12所示。

（3）计算理论值

① 选择菜单栏中的"分析"→"数据处理"→"变换"命令，弹出"分析数据"对话框，在左侧列表中选择指定的分析方法，即变换，在右侧显示需要分析的数据集"百分比（%）"。

② 单击"确定"按钮，关闭该对话框，弹出"参数：变换"对话框，在"函数列表"下选择"标准函数"，勾选"以此变换 Y 值（V）"复选框，在下拉列表中选择"Y=K*Y"，选择"所有数据集的 K 相同（K）。K=1.2"选项，如图8-13所示。

图8-13 "参数：变换"对话框

③ 单击"确定"按钮，关闭该对话框，在结果表"变换 / 人数"中理论百分比计算的统计人数理论值，如图8-14所示。

（4）分布检验

① 将数据表"人数"置为当前。

② 选择菜单栏中的"分析"→"数据探索和摘

图8-14 结果表"变换 / 人数"

要"→"比较观察到的分布与预期分布"命令，弹出"分析数据"对话框。单击"确定"按钮，关闭该对话框，弹出"参数：比较观测到的分布与预期分布"对话框，在"要分析的数据集"下拉列表下选择"A：实际人数"，在"使用两行执行"选项组下选择"拟合优度卡方检验（F）"，在"预期分布""预期的#"列输入跟原始的数据比较的预期值，如图 8-15 所示。

③ 单击"确定"按钮，关闭该对话框，在结果表"O vs E/ 人数"中显示检验结果，如图 8-16 所示。

（5）结果分析

使用 $\alpha = 0.05$ 的显著性水平，P 值＞0.05，得出结论：本例 7 岁男童的身高按身高范围统计结果的实际人数和理论人数（百分比）相比，没有统计学上的显著差异。

（6）保存项目

单击"文件"功能区中的"保存"按钮 🖫，或按下 Ctrl+S 键，直接保存项目文件。

8.3.3 卡方检验和 Fisher 精确检验

卡方检验原假设 H_0：列联表中的两个变量之间没有显著的相关性。在进行卡方检验时，需要用到理论频数 T 和实际频数 A。其中，理论频数 T 是根据假设和样本数据计算得出的期望频数，而实际频数 A 是实际观察到的频数 f_{ij}（列联表中第 i 行第 j 列的观察频数）。

选择菜单栏中的"分析"→"群组比较"→"卡方（和 Fisher 精确）检验"命令，弹出"分析数据"对话框，在左侧列表中选择指定的分析方法，即卡方检验（和费希尔精确检验），在右侧显示要分析的数据集和数据列，如图 8-17 所示。

单击"确定"按钮，关闭该对话框，弹出"参数：卡方（和 Fisher 精确）检验"对话框，其中包含 2 个选项卡，如图 8-18 所示。

（1）"主要计算"选项卡

① 要报告的效应量：效应量是指方差分析中由因素引起的差别，是衡量处理效应大小的指标。下

图 8-15　"参数：比较观测到的分布与预期分布"对话框

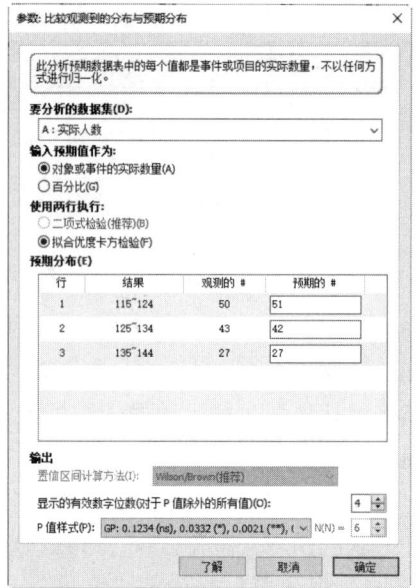

图 8-16　检验结果

图 8-17　"分析数据"对话框

面显示卡方检验的效应量。

> 相对风险：用于前瞻性研究与实验研究。

> 比例（可归因风险）与 NNT 之间的差异：用于前瞻性研究与实验研究。

> 比值比：用于回顾性病例对照研究。

> 灵敏度、特异度和预测值：表示检测的特性，用于诊断检验。

② P 值计算方法：P 值是用来判定假设检验结果的一个参数，指当原假设为真时，比所得到的样本观察结果更极端的结果出现的概率。如果 P 值很小，说明原假设情况发生的概率很小。根据小概率原理，拒绝原假设，P 值越小，拒绝原假设的理由越充分。总之，P 值越小，表明结果越显著。

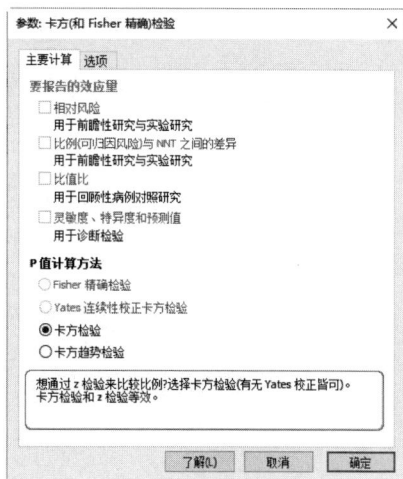

（a）

> Fisher 精确检验：费希尔精确概率检验，是评估两组或两个变量关系的统计检验方法，适用于 $n < 40$ 或 $T < 1$ 的情况。

> Yates 连续性校正卡方检验：基于卡方分布的检验方法，在某个单元格的期望频数小于 5 时，会使 χ^2 统计量渐进卡方分布的假设不可信，因此需要做连续性校正，在每个单元格的残差中减去 0.5，适用于 $n \geq 40$ 且 $1 \leq T < 5$ 的情况。

> 卡方检验：基于 χ^2 分布的假设检验方法，适用于 $n \geq 40$ 且 $T \geq 5$ 的情况。

> 卡方趋势检验：检验两个变量之间是否存在线性趋势。

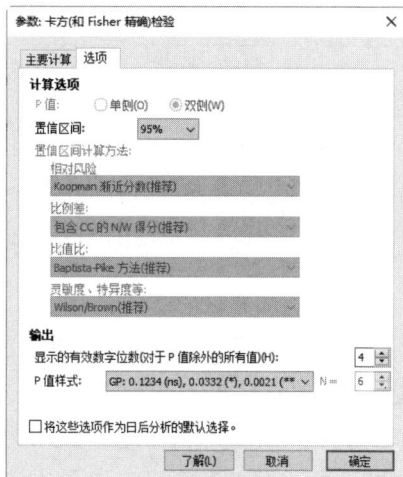

（b）

图 8-18 "参数：卡方（和 Fisher 精确）检验"对话框

（2）"选项"选项卡

① P 值：选择 P 值的计算方法。

> 单侧（O）：强调某一方向的检验叫单尾检验，也称单侧检验。如当要检验的是样本所取自的总体参数值大于或小于某个特定值时，采用单侧检验方法。

> 双侧（W）：只强调差异不强调方向性（比如大小、多少）的检验叫双尾检验，也称双侧检验。如检验样本和总体均值有无差异，或样本数之间有没有差异，采取双侧检验。对于双尾检验，它的目的是检测 A、B 两组有无差异，而不管是 A 大于 B 还是 B 大于 A。

② 置信区间：选择置信水平，默认值为 95%。

③ 置信区间计算方法：

> 相对风险：选择计算相对风险的置信区间的方法，默认选择 Koopman 渐近分数（推荐）。

➢ 比例差：包含 CC 的 N/W 得分（推荐），早期 Prism 版本采用的渐进方法，是一种近似法。

➢ 比值比：Prism 6 和早期版本采用的 Woolf 方法是一种近似法，默认选择 Baptista-Pike 方法（推荐）。

➢ 灵敏度、特异度等：Clopper 和 Pearson“精确法”产生广泛的置信区间，默认选择 Wilson/Brown（推荐）。

8.3.4 操作实例——老年性气管炎疗效列联表分析

复方猪胆胶囊治疗老年性气管炎的效果数据见表 8-8，本例根据卡方检验试比较两种疗法的疗效是否不同。

表 8-8　气管炎疗效数据　　单位：例

	临床治愈	显效	有效	无效
单纯型	60	98	50	12
哮喘型	23	82	66	10

建立检验假设：

➢ $H_0:\mu_1=\mu_2$，单纯型、哮喘型的疗效无差别，两种疗法的疗效相同。

➢ $H_1:\mu_1\neq\mu_2$，单纯型、哮喘型的疗效有差别，两种疗法的疗效不同。

（1）设置工作环境

① 双击开始菜单的 GraphPad Prism 10 图标，启动 GraphPad Prism 10，自动弹出“欢迎使用 GraphPad Prism”对话框。

② 在“创建”选项组下默认选择“列联”，在右侧界面“数据表”选项组下选择“将数据输入或导入到新表”这种方法。单击“创建”按钮，创建项目文件，同时该项目下自动创建一个数据表“数据 1”和关联的图表“数据 1”，重命名数据表为“气管炎疗效数据”。

③ 选择菜单栏中的“文件”→“另存为”命令，或单击“文件”功能区中保存命令按钮下的“另存为”命令，弹出“保存”对话框，输入项目名称“老年性气管炎疗效卡方检验 .prism”。单击“确定”按钮，保存项目。

（2）输入数据

根据题中数据在数据区输入数据，结果如图 8-19 所示。

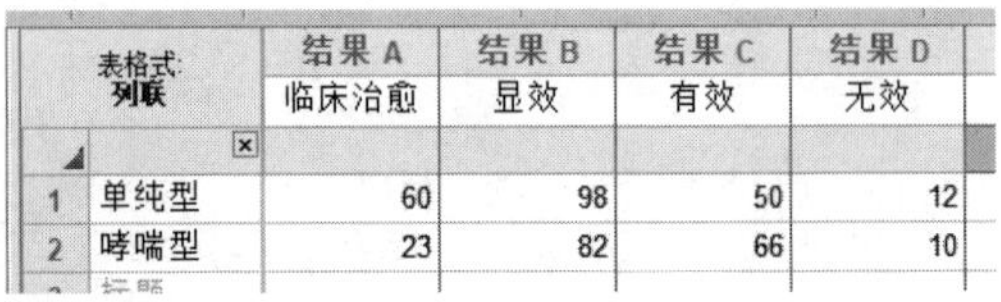

表格式: 列联	结果 A 临床治愈	结果 B 显效	结果 C 有效	结果 D 无效
1 单纯型	60	98	50	12
2 哮喘型	23	82	66	10

图 8-19　输入数据

（3）卡方检验

① 单击“分析”功能区上的“卡方检验或 Fisher 检验”按钮，弹出“参数：卡方（和 Fisher 精确）检验”对话框，打开“主要计算”选项卡，在“P 值计算方法”选项组下

选择"卡方检验",如图 8-20 所示。

② 单击"确定"按钮,关闭该对话框,输出结果表"列联 / 气管炎疗效数据",如图 8-21 所示。

（4）结果分析

查看"P 值与统计显著性"表中卡方检验显著性检验结果：P 值＜0.05,"具有统计意义（P＜0.05)？"结果为"是"。

因此认为单纯型、哮喘型两种疗法的疗效相同。

（5）保存项目

单击"文件"功能区中的"保存"按钮 💾,或按下 Ctrl+S 键,直接保存项目文件。

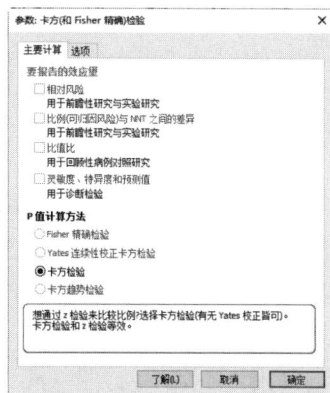

图 8-20 "主要计算"选项卡

图 8-21 "列联 / 气管炎疗效数据"结果

8.4 综合实例——穴位针刺治疗列联表分析

某医院用三种穴位针刺治疗急性腰扭伤,疗效数据见表 8-9。

① 试比较三种穴位针刺效果有无差别。

② 进行多个治愈率的两两比较。

表 8-9 气管炎疗效数据 单位：例

	治愈数	未治愈
后溪穴	80	18
人中穴	20	20
腰痛穴	24	38

设置工作环境的步骤如下。

① 双击开始菜单的 GraphPad Prism 10 图标,启动 GraphPad Prism 10,自动弹出"欢迎使用 GraphPad Prism"对话框。

② 在"创建"选项组下默认选择"列联",在右侧界面"数据表"选项组下选择"将数据输入或导入到新表"这种方法。单击"创建"按钮,创建项目文件,同时该项目下自动创建一个数据表"数据 1"和关联的图表"数据 1",重命名数据表为"三组治愈率数据"。

③ 选择菜单栏中的"文件"→"另存为"命令,或单击"文件"功能区中保存命令按钮 💾 下的"另存为"命令,弹出"保存"对话框,输入项目名称"穴位针刺治疗列联表分析 .prism"。单击"确定"按钮,保存项目。

8.4.1 治愈率 t 检验

（1）建立检验假设

➢ $H_0: \pi_1 = \pi_2 = \pi_3$,即三组治愈率相等。

➤ H_1：π_1、π_2、π_3不等或不全相等，即三组治愈率不等或不全相等。

（2）输入数据

根据题中数据在数据表"三组治愈率数据"的数据区输入数据，结果如图 8-22 所示。

（3）双样本 t 检验（参数检验）

① 假定两组数据服从正态分布，使用参数检验进行分析。非配对 t 检验比较两组的平均值，该检验通常称为独立样本 t 检验。

② 单击"分析"功能区上的"比较两组：t 检验、Mann-Whitney、Wilcoxon#"按钮，弹出"参数：t 检验（和非参数检验）"对话框，打开"实验设计"选项卡，在"实验设计"选项组下选择"未配对"，在"假定呈高斯分布？"选项组下选择"是。使用参数检验"，在"选择检验"选项组下选择"配对 t 检验"。打开"残差"选项卡，勾选"残差呈高斯分布吗？"复选框。

③ 单击"确定"按钮，在结果表"配对 t 检验 / 三组治愈率数据"中显示配对 t 检验结果。

图 8-22　输入数据

27	残差正态性				
28	检验名称	统计	P 值	通过了正态性检验 (α=0.05)?	P 值摘要
29	Anderson-Darling (A2*)	N 太小			
30	D'Agostino-Pearson 综合检验 (K2	N 太小			
31	Shapiro-Wilk (W)	0.8926	0.3321	是	ns
32	Kolmogorov-Smirnov(距离)	0.2610	>0.1000	是	ns

图 8-23　"残差正态性"选项组

（4）判断分析是否适用

① 进行参数检验，其首要条件是数据服从正态分布，在"残差正态性"选项组下显示四种数据正态检验，如图 8-23 所示。本例中，Shapiro-Wilk（W）检验结果的 P 值为 0.3321，大于 0.05，通过了正态性检验（$\alpha = 0.05$）。

21	用于比较方差的 F 检验	
22	F, DFn, Dfd	9.275, 2, 2
23	P 值	0.1947
24	P 值摘要	ns
25	显著不同 (P < 0.05)?	否

图 8-24　"用于比较方差的 F 检验"选项组

② 进行参数检验，第二个条件是数据具有相同方差。"用于比较方差的 F 检验"选项组下显示 F 检验结果，如图 8-24 所示。P 值为 0.1947，大于 0.05，认为两个数据集具有相同的方差，方差齐性。

③ 因此，t 检验结果适用，下面分析检验结果。

④ 在"表结果"选项卡中，P 值为 0.4764，大于 0.05，认为三组治愈率相等，三种穴位针刺效果没有显著性差异，如图 8-25 所示。

8.4.2　治愈率卡方检验

如果数据表有两列和两行以上（或者两行和两列以上），则 Prism 将执行趋势的卡方检验以及常规

1	分析的表	三组治愈率数据
2		
3	列 B	未治愈
4	vs	vs
5	列 A	治愈数
6		
7	未配对 t 检验	
8	P 值	0.4764
9	P 值摘要	ns
10	显著不同 (P < 0.05)?	否
11	单尾或双尾 P 值?	双尾
12	t, df	t=0.7849, df=4
13		
14	差异有多大?	
15	平均值列A	41.33
16	平均值列B	25.33
17	平均值差异 (B - A) ± 标准误	-16.00 ± 20.39
18	95% 置信区间	-72.60 到 40.60
19	R 平方 (eta 平方)	0.1335

图 8-25　"表结果"选项卡

卡方检验。趋势的检验结果将只有在行（或列）按自然顺序（例如，年龄、持续时间或时间）排列时才有意义。否则，忽略趋势的卡方检验结果，且只考虑常规卡方检验的结果。

① 将"三组治愈率数据"数据表置为当前。

② 单击"分析"功能区上的"卡方检验或 Fisher 检验"按钮，弹出"参数：卡方（和 Fisher 精确）检验"对话框，打开"主要计算"选项卡，在"P 值计算方法"选项组下选择"卡方检验"，如图 8-26 所示。

③ 单击"确定"按钮，关闭该对话框，输出结果表"列联／三组治愈率数据"，如图 8-27 所示。

④ 结果分析如下。

a. 查看"P 值与统计显著性"表中卡方检验显著性检验结果：P 值＜0.0001，"具有统计意义（P＜0.05）？"结果为"是"。

b. $\chi^2 = 32.75$，大于 $\chi^2_{0.05,2} = 5.99$，P 值 ＜0.05，按 $\alpha = 0.05$ 的水准，拒绝 H_0，接受 H_1，可认为三组治愈率不等或不全相等。

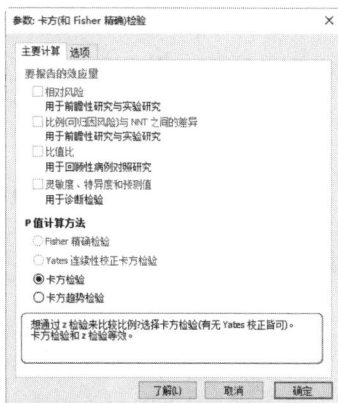

8.4.3　多组间的两两比较

进行多个样本率比较时，如果拒绝 H_0，多个率之间差异有统计学意义，表明至少有某两个率之间有差异。为了获得哪两个率之间有差异，哪两个率之间无差异的统计学结论，类似多个均数比较的方差分析，也需要进行多个率的两两比较。

将表 8-9 分割成 2×2 的 RC 表格，分别进行腰痛穴与人中穴、后溪穴与人中穴、后溪穴与腰痛穴的治愈率比较，如表 8-10～表 8-12 所示。

图 8-26　"主要计算"选项卡

图 8-27　"列联／三组治愈率数据"结果

表 8-10　人中穴与腰痛穴的治疗结果

穴位	治愈数	未愈数	穴位	治愈数	未愈数
人中穴	20	20	腰痛穴	24	38

表 8-11　后溪穴与人中穴的治疗结果

穴位	治愈数	未愈数	穴位	治愈数	未愈数
后溪穴	80	18	人中穴	20	20

表 8-12　后溪穴与腰痛穴的治疗结果

穴位	治愈数	未愈数	穴位	治愈数	未愈数
后溪穴	80	18	腰痛穴	24	38

（1）新建列联表

① 单击导航器中"数据表"选项组下的"新建工作表"按钮⊕，弹出"新建数据表和图表"对话框，在左侧"创建"选项组下选择"列联"选项，在"数据表"选项组下默认选择"将数据输入或导入到新表"选项。单击"创建"按钮，在该项目下自动创建一个数据表，修改其名称为"人中穴与腰痛穴的治疗结果"。

② 用同样的方法创建列联表"后溪穴与人中穴的治疗结果""后溪穴与腰痛穴的治疗结果"。

③ 根据题中数据在数据表"三组治愈率数据"的数据区输入数据，结果如图 8-28 所示。

表格式：列联	结果 A 治愈数	结果 B 未愈数
1 人中穴	20	20
2 腰痛穴	24	38

表格式：列联	结果 A 治愈数	结果 B 未愈数
1 后溪穴	80	18
2 人中穴	20	20

表格式：列联	结果 A 治愈数	结果 B 未愈数
1 后溪穴	80	18
2 腰痛穴	24	38

图 8-28　输入数据

（2）卡方检验

① 将"人中穴与腰痛穴的治疗结果"数据表置为当前。

② 单击"分析"功能区上的"卡方检验或 Fisher 检验"按钮，弹出"参数：卡方（和 Fisher 精确）检验"对话框，打开"主要计算"选项卡，如图 8-29 所示。

> 在"要报告的效应量"选项组下勾选"相对风险"，计算人中穴与腰痛穴治愈率之比。

> 在"P 值计算方法"选项组下选择"卡方检验"，针对样本数大于等于 40 的数据集。

> 打开"选项"选项卡，P 值计算默认使用"双侧"。

③ 单击"确定"按钮，关闭该对话框，输出结果表"列联/人中穴与腰痛穴的治疗结果"，如图 8-30 所示。

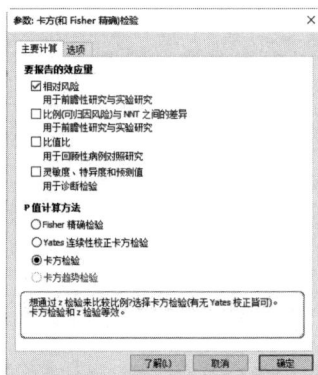

图 8-29　"主要计算"选项卡

1	分析的表	人中穴与腰痛穴的治疗结果	
2			
3	**P 值与统计显著性**		
4	检验	卡方	
5	卡方, df	1.264, 1	
6	z	1.124	
7	P 值	0.2610	
8	P 值摘要	ns	
9	单侧或双侧	双侧	
10	具有统计意义 (P < 0.05)?	否	
11			
12	**效应量**	**值**	**95% CI**
13	相对风险	1.292	0.8228 至 1.997
14	相对风险的倒数	0.7742	0.5008 至 1.215
15			
16	**用于计算置信区间的方法**		
17	相对风险	Koopman 渐近分数	

19	分析的数据	治愈数	未愈数	总计
20	人中穴	20	20	40
21	腰痛穴	24	38	62
22	总计	44	58	102
23				
24	**行总计百分比**	治愈数	未愈数	
25	人中穴	50.00%	50.00%	
26	腰痛穴	38.71%	61.29%	
27				
28	**列总计百分比**	治愈数	未愈数	
29	人中穴	45.45%	34.48%	
30	腰痛穴	54.55%	65.52%	
31				
32	**合计百分比**	治愈数	未愈数	
33	人中穴	19.61%	19.61%	
34	腰痛穴	23.53%	37.25%	

图 8-30　"列联/人中穴与腰痛穴的治疗结果"结果

（3）卡方检验结果分析

① 查看"P 值与统计显著性"表中卡方检验显著性检验结果：P 值（0.2610）>0.05，"具有统计意义（P<0.05）？"结果为"否"。因此认为人中穴与腰痛穴的治疗结果没有显著差异。

② 在"效应量"中显示相对风险，即人中穴的治愈率是腰痛穴治愈率的 1.292 倍，总体相对危险度 95%CI 值为（0.8228,1.997）。穴位不是治疗急性腰扭伤的危险因素。

③ "分析的数据"表中显示行列总计值，"行总计百分比"表中显示行百分比，"列总计百分比"表中显示列百分比。

执行卡方检验后，创建一个注释文本，如图 8-31 所示，显示提示警告信息。系统建议该实例使用 Fisher 检验代替卡方检验，可以计算精确 P 值。

考虑使用 Fisher 检验代替卡方检验。Fisher 检验计算精确的 P 值，而卡方检验仅计算近似值。对于大样本，差异很小。对于小样本，差异可能很大。

图 8-31　注释文本

（4）费希尔精确概率检验

费希尔精确概率检验亦称四格表的确切概率法，主要用于总体样本数 $n<40$ 时的独立性检验。

① 将"后溪穴与人中穴的治疗结果"数据表置为当前。

② 单击"分析"功能区上的"卡方检验或 Fisher 检验"按钮，弹出"参数：卡方（和 Fisher 精确）检验"对话框，打开"主要计算"选项卡，如图 8-32 所示。

➤ 在"P 值计算方法"选项组下选择"Fisher 精确检验"。

➤ 打开"选项"选项卡，P 值计算默认使用"双侧"。

③ 单击"确定"按钮，关闭该对话框，输出结果表"列联 / 后溪穴与人中穴的治疗结果"，如图 8-33 所示。

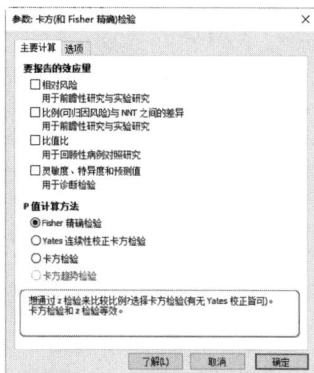

图 8-32　"主要计算"选项卡

1	分析的表	后溪穴与人中穴的治疗结果		
2				
3	P 值与统计显著性			
4	检验	Fisher 精确检验		
5	P 值	0.0003		
6	P 值摘要	***		
7	单侧或双侧	双侧		
8	具有统计意义 (P < 0.05)?	是		
9				
10	分析的数据	治愈数	未愈数	总计
11	后溪穴	80	18	98
12	人中穴	20	20	40
13	总计	100	38	138

15	行总计百分比	治愈数	未愈数
16	后溪穴	81.63%	18.37%
17	人中穴	50.00%	50.00%
18			
19	列总计百分比	治愈数	未愈数
20	后溪穴	80.00%	47.37%
21	人中穴	20.00%	52.63%
22			
23	合计百分比	治愈数	未愈数
24	后溪穴	57.97%	13.04%
25	人中穴	14.49%	14.49%

图 8-33　"列联 / 后溪穴与人中穴的治疗结果"结果

（5）费希尔精确概率检验结果分析

① 查看"P 值与统计显著性"表中费希尔精确概率检验显著性检验结果：P 值（0.0003）＜0.05，"具有统计意义（P＜0.05）？"结果为"是"。因此认为后溪穴与人中穴的治疗结果有极其显著的差异，具有统计意义。

② "分析的数据"表中显示行列总计值，"行总计百分比"表中显示行百分比，"列总计百分比"表中显示列百分比。

（6）Yates 连续性校正卡方检验

χ^2 分布是一种连续型分布，而行列表资料属于离散型分布，对其进行校正称为连续性校正，在每个单元格的残差中减去 0.5。Yates 连续性校正卡方检验仅适用于 2×2 四格表。

① 将"后溪穴与腰痛穴的治疗结果"数据表置为当前。

② 单击"分析"功能区上的"卡方检验或 Fisher 检验"按钮，弹出"参数：卡方（和 Fisher 精确）检验"对话框，打开"主要计算"选项卡，在"P 值计算方法"选项组下选择"Yates 连续性校正卡方检验"，如图 8-34 所示。

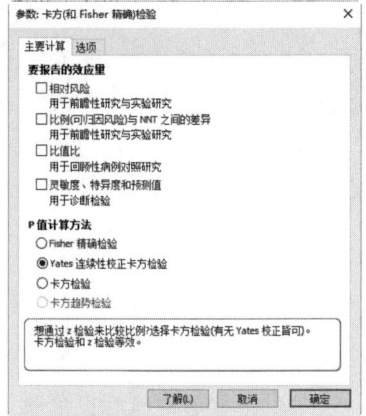

图 8-34 "主要计算"选项卡

③ 单击"确定"按钮，关闭该对话框，输出结果表"列联 / 后溪穴与腰痛穴的治疗结果"，如图 8-35 所示。

1	分析的表	后溪穴与腰痛穴的治疗结果		
2				
3	P 值与统计显著性			
4	检验	采用 Yates 校正的卡方检验		
5	卡方，df	28.90, 1		
6	z	5.375		
7	P 值	<0.0001		
8	P 值摘要	****		
9	单侧或双侧	双侧		
10	具有统计意义 (P < 0.05)?	是		
11				
12	分析的数据	治愈数	未愈数	总计
13	后溪穴	80	18	98
14	腰痛穴	24	38	62
15	总计	104	56	160

17	行总计百分比	治愈数	未愈数
18	后溪穴	81.63%	18.37%
19	腰痛穴	38.71%	61.29%
20			
21	列总计百分比	治愈数	未愈数
22	后溪穴	76.92%	32.14%
23	腰痛穴	23.08%	67.86%
24			
25	合计百分比	治愈数	未愈数
26	后溪穴	50.00%	11.25%
27	腰痛穴	15.00%	23.75%

图 8-35 "列联 / 后溪穴与腰痛穴的治疗结果"结果

（7）Yates 连续性校正卡方检验结果分析

查看"P 值与统计显著性"表中 Yates 连续性校正卡方检验显著性检验结果：P 值<0.0001，"具有统计意义（P<0.05）？"结果为"是"。因此认为后溪穴与腰痛穴的治疗结果有极其显著的差异，具有统计意义。

扫码看本章实例
视频讲解

第 9 章
回归分析

在很多医学科研实践中，常常需要对两个变量间的关系进行分析，例如血压与年龄间的关系，糖尿病患者的血糖与胰岛素水平间的关系等。相关分析是发现随机变量间的种种相关特性，回归分析侧重于研究随机变量间的依赖关系。

本章通过相关分析和回归分析描述变量间的关系，对具有相关关系现象间数量变化的规律性进行测定，并进一步进行估计和预测。

9.1 相关性分析

相关性分析是研究现象之间是否存在某种依存关系，对具有依存关系的现象探讨相关方向及相关程度。

9.1.1 相关系数分析

通过数据表可以直观地感受到两个变量之间是否存在相关关系及其关系的强弱和方向，而相关系数则更精确地反映两个变量之间相关关系强度的大小和方向。

选择菜单栏中的"分析"→"数据探索和摘要"→"相关性"命令，弹出"分析数据"对话框，在左侧列表中选择指定的分析方法，即相关性，在右侧显示需要分析的数据集和数据列。单击"确定"按钮，关闭该对话框，弹出"参数：相关性"对话框，如图 9-1 所示。

图 9-1 "参数：相关性"对话框

（1）计算哪几对列之间的相关性

① 为每对 Y 数据集（相关矩阵）计算 r（X）：选择该选项，计算一组数据之间的相关系数。勾选"如果缺少或排除了某个值，请在计算中移除整行"复选框，移除包含缺失值的数据行。

② 计算 X 与每个 Y 数据集的 r：计算数据集中任意两列之间的相关系数，其中一列为 X 值，得到相关系数组成的相关矩阵。

③ 在两个选定的数据集之间计算 r（S）：计算任意两变量列之间的相关系数。

（2）假定数据是从高斯分布中采样

Prism 可以计算多种相关系数，包括 Pearson 相关系数、Spearman 相关系数。

①"是。计算 Pearson 相关系数（P）"：选择该选项，计算 Pearson 相关系数（样本数小于等于 17）。Pearson 相关计算依据的假设是：X 值和 Y 值都是从服从高斯分布的群体中抽样而得的。

②"否。计算非参数 Spearman 相关性（E）"：选择该选项，计算 Spearman 相关系数（样本数大于等于 18）。斯皮尔曼等级相关系数主要用于评价顺序变量间的线性相关关系，常用于计算类型变量的相关性。

（3）选项

通过计算得到的各相关系数的 P 值，可用于检验零假设。零假设是"一对变量的真实总体相关系数 r 为零"。

① P 值：选择计算单尾 P 值或双尾 P 值，通常建议选择双尾 P 值。双侧 P 值可用于检验相关系数是否同时大于或小于零，而单侧 P 值只能用于检验一个方向或另一个方向。

② 置信区间（I）：选择置信区间，默认值为 95%。

（4）输出

① 显示的有效数字位数（对于 P 值除外的所有值）（T）：显示输出结果中有效数字的

位数。

② P 值样式（V）：显示相关矩阵中 P 值的显示格式。其中，P 值右上角显示 *，P 值越小，通常使用的星号数量越多，最多为三个。* 表示 $P<0.05$，** 表示 $P<0.01$，*** 表示 $P<0.001$。

（5）绘图

创建相关矩阵的热图（H）：勾选该复选框，根据 P 值或样本量制作热度图。

9.1.2 分析一堆 P 值

P 值是用来判定假设检验结果的一个参数，通过分析一堆 P 值可以确定这些 P 值中比较小的值，以便进一步研究比较。

选择菜单栏中的"分析"→"数据探索和摘要"→"分析一堆 P 值"命令，弹出"分析数据"对话框，在左侧列表中选择指定的分析方法，即分析一堆 P 值，在右侧显示一列包含 P 值的数据集和数据列。

单击"确定"按钮，关闭该对话框，弹出"参数：分析一堆 P 值"对话框，选择对 P 值的分析方法，如图 9-2 所示。

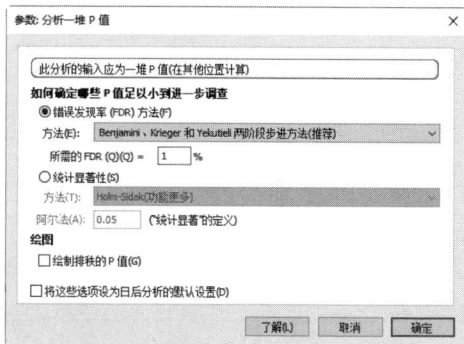

图 9-2 "参数：分析一堆 P 值"对话框

（1）如何确定哪些 P 值足以小到进一步调查

① 错误发现率（FDR）方法（F） 选择该选项，选择其下拉列表中错误发现率（FDR）方法调整 P 值进行多次比较。

a.Benjamini、Krieger 和 Yekutieli 两阶段步进方法（推荐）：假设"检验统计独立或正相关"，需要设置所需的错误发现率（FDR）。错误发现率（FDR）是错误拒绝［拒绝真的（原）假设］的个数占所有被拒绝的原假设个数比例的期望值。

b.Benjamini 和 Hochberg 的原始 FDR 方法：假设"检验统计独立或正相关"，这比上面所述的方法检验能力强，计算复杂。首先考察 P 值的分布，以估计实际为真的零假设的分数。然后，决定一个 P 值何时低到足以称为一个发现时，它使用该信息来获得更多的检验力。

c.Benjamini 和 Yekutieli 校正方法（低次幂）：该方法无需假设各种比较如何相互关联，但其检验力小。

② 统计显著性（S） 选择该选项，选择对照比较族的 I 型错误率调整 P 值进行多次比较。

a.Holm-Sidak（功能更多）：用于成对比较和与对照组的比较。默认情况下，"阿尔法"（α）为 0.05（统计显著的定义）。

b.Bonferroni-Dunn：后续检验方法，适用于将某个算法与其余 $k-1$ 个算法对比，二者都是将各个算法平均排名之差与某域值对比。若大于该域值，则说明平均排名高的算法统计上优于平均排名低的算法，反之则二者统计上没有差异。

c.Bonferroni-Sidak：检验力度更大。Prism 决定哪些 P 值足够小，以便在修正多重比较后，将相关比较指定为"具有统计学显著性"。

（2）绘图

绘制排秩的 P 值（G）：勾选该复选框，查看 P 值秩与 P 值的关系图。

9.1.3 操作实例——麻醉诱导患者收缩压相关性分析

将手术要求基本相同的 15 名患者随机分为 3 组，在手术过程中分别采用 A、B、C 三种麻醉诱导方法，在 T0（诱导前）、T1、T2、T3、T4 五个时相测量患者的收缩压，数据记录见表 9-1。通过使用散点图、相关系数进行相关性分析。

表 9-1 不同麻醉诱导时相患者的收缩压　　　　　　　　　　　　单位：mmHg

患者序号	诱导方法	T0	T1	T2	T3	T4
1	A	120	108	112	120	117
2	A	118	109	115	126	123
3	A	119	112	119	124	118
4	A	121	112	119	126	120
5	A	127	121	127	133	126
6	B	121	120	118	131	137
7	B	122	121	119	129	133
8	B	128	129	126	135	142
9	B	117	115	111	123	131
10	B	118	114	116	123	133
11	C	131	119	118	135	129
12	C	129	128	121	148	132
13	C	123	123	120	143	136
14	C	123	121	116	145	126
15	C	125	124	118	142	130

（1）设置工作环境

① 双击 GraphPad Prism 10 图标，启动 GraphPad Prism，自动弹出"欢迎使用 GraphPad Prism"对话框。在"创建"选项组下选择"多变量"选项，在"数据表"选项组下默认选择"输入或导入数据到新表"选项。

② 单击"创建"按钮，创建项目文件，同时该项目下自动创建一个数据表"数据 1"，重命名数据表为"收缩压"。

③ 选择菜单栏中的"文件"→"另存为"命令，或单击"文件"功能区中保存命令按钮📇下的"另存为"命令，弹出"保存"对话框，输入项目名称"麻醉诱导患者收缩压

相关性分析 .prism"。单击"确定"按钮，在源文件目录下自动创建项目文件。

（2）数据录入

打开"不同麻醉诱导时相患者的收缩压 .xlsx"文件，复制数据粘贴到"收缩压"数据表中，结果如图 9-3 所示。

（a）

（3）绘制散点图

① 在左侧导航器"图表"选项卡下单击"新建图表"命令，弹出"创建新图表"对话框。在"表"下拉列表中默认选择"收缩压"，勾选"为每个数据集创建新图表（不要将它们全部放在一个图表上）"复选框。在"图表类型""显示"下拉列表中默认"XY"，在下面列表中选择"仅点"选项，如图 9-4 所示。

② 单击"确定"按钮，关闭对话框，在导航器"图表"选项下新建 5 个数据表，即收缩压 [TO]、收缩压 [T1]、收缩压 [T2]、收缩压 [T3]、收缩压 [T4]，如图 9-5 所示。

从图 9-5 中可以发现，五个时相测量患者的收缩压数据没有相关性。

（4）正态性检验

相关系数包括 Pearson 相关系数、Spearman 相关系数，选择相关系数计算方法之前需要检验数据是否服从正态分布。

① 选择菜单栏中的"分析"→"数据探索和摘要"→"正态性与对数正态性检验"命令，弹出"分析数据"对话框，在左侧列表中选择指定的分

（b）

图9-3　粘贴数据

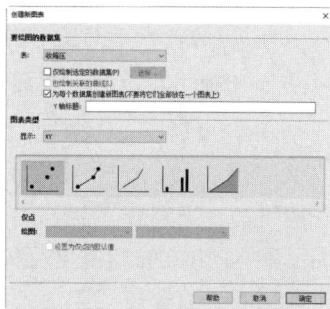

图9-4　"创建新图表"对话框

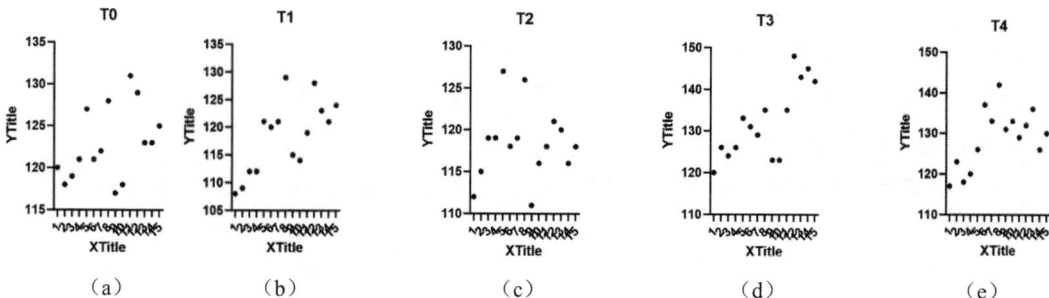

（a）　　　　（b）　　　　（c）　　　　（d）　　　　（e）

图9-5　绘制散点图

析方法，即正态性与对数正态性检验。单击"确定"按钮，关闭该对话框，弹出"参数：正态性和对数正态性检验"对话框。

➢ 在"要检验哪些分布？"选项组下选择"正态（高斯）分布"，检验数据是否服从正态（高斯）分布。

➢ 由于实验数据样本数≤50，适合小样本数据的检验方法，在"检验分布的方法"选项组下选择"Shapiro-Wilk 正态性检验（W）"。

正态性与对数正态性检验	A T0	B T1	C T2	D T3	E T4
1 正态分布检验					
2 Shapiro-Wilk 检验					
3 W	0.9421	0.9543	0.9379	0.9314	0.9714
4 P 值	0.4101	0.5945	0.3567	0.2867	0.8784
5 通过了正态检验 (α =0.05)?	是	是	是	是	是
6 P 值摘要	ns	ns	ns	ns	ns
7					
8 值的数量	15	15	15	15	15

图 9-6　正态性检验结果

② 单击"确定"按钮，关闭该对话框，输出结果表"正态性与对数正态性检验 / 收缩压"，如图 9-6 所示。

③ 查看正态分布检验表中 Shapiro-Wilk 检验显著性检验结果：所有数据显著性值均大于 0.05，数据服从正态分布。因此进行相关性分析时，使用参数检验的 Pearson 相关系数计算。

（5）相关系数计算

相关系数 r 可以用来描述定量变量之间的关系。相关系数的值介于 $-1 \sim 1$ 之间，即 $-1 < r < 1$。

➢ 当 $r > 0$ 时，表示两变量正相关。

➢ 当 $r < 0$ 时，两变量为负相关。

➢ 当 $|r| = 1$ 时，表示两变量为完全线性相关，即为函数关系。

➢ 当 $r = 0$ 时，表示两变量间无线性相关关系。

➢ 当 $0 < |r| < 1$ 时，表示两变量存在一定程度的线性相关。$|r|$ 越接近 1，两变量间线性关系越密切；$|r|$ 越接近于 0，表示两变量间的线性相关越弱。

一般可按 5 级划分：$|r| < 0.3$ 为不相关；$0.3 \leqslant |r| < 0.5$ 为低度线性相关；$0.5 \leqslant |r| < 0.8$ 为中度相关；$0.8 \leqslant |r| < 0.95$ 为高度相关；$0.95 \leqslant |r| \leqslant 1$ 存在显著性相关。

将数据表"收缩压"置为当前。

选择菜单栏中的"分析"→"数据探索和摘要"→"相关性"命令，弹出"分析数据"对话框，默认参数设置，单击"确定"按钮，关闭该对话框，弹出"参数：相关性"对话框，在"计算哪几对列之间的相关性？"选项组下选择"为每对 Y 数据集（相关矩阵）计算 r（X）"，在"假定数据是从高斯分布中采样？"选项组下选择"是。计算 Pearson 相关系数（P）"，如图 9-7 所示。

单击"确定"按钮，关闭该对话框，输出结果表"相关性 / 收缩压"。

（6）结果分析

① 结果表"相关性 / 数据 1"中包含 4 个选项卡，即

图 9-7　"参数：相关性"对话框

"Pearson r""P 值""样本大小""r 的置信区间",如图 9-8 所示。

② 从"Pearson r"表中可以看到相关系数 r（皮尔逊相关系数），用来判断相关程度。T1 和 T3 数据的相关系数为 0.816，存在相关关系，为高度相关；T0 和 T1、T0 和 T2、T0 和 T3、T1 和 T2、T1 和 T4 数据的相关系数均 $\geqslant 0.5$ 且 < 0.8，为中度相关；其余数据为低度相关。

③ "P 值"选项卡显示计算得到的各相关系数的 P 值，P 值决定性质（相关与否）。原假设是"不相关"。T0 和 T4、T3 和 T2、T2 和 T4、T3 和 T4 的 P 值大于 0.05，接受原假设。说明这些组的数据不相关。

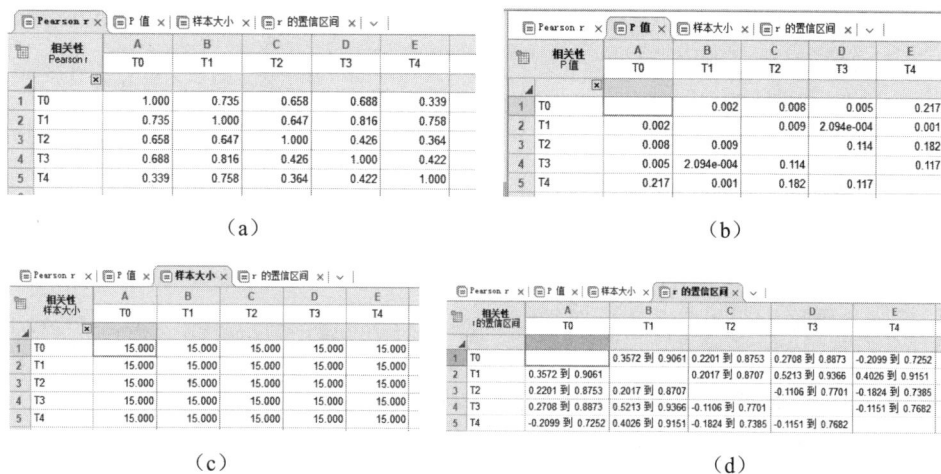

相关性 Pearson r	A T0	B T1	C T2	D T3	E T4
1 T0	1.000	0.735	0.658	0.688	0.339
2 T1	0.735	1.000	0.647	0.816	0.758
3 T2	0.658	0.647	1.000	0.426	0.364
4 T3	0.688	0.816	0.426	1.000	0.422
5 T4	0.339	0.758	0.364	0.422	1.000

（a）

相关性 P 值	A T0	B T1	C T2	D T3	E T4
1 T0		0.002	0.008	0.005	0.217
2 T1	0.002		0.009	2.094e-004	0.001
3 T2	0.008	0.009		0.114	0.182
4 T3	0.005	2.094e-004	0.114		0.117
5 T4	0.217	0.001	0.182	0.117	

（b）

相关性 样本大小	A T0	B T1	C T2	D T3	E T4
1 T0	15.000	15.000	15.000	15.000	15.000
2 T1	15.000	15.000	15.000	15.000	15.000
3 T2	15.000	15.000	15.000	15.000	15.000
4 T3	15.000	15.000	15.000	15.000	15.000
5 T4	15.000	15.000	15.000	15.000	15.000

（c）

相关性 r 的置信区间	A T0	B T1	C T2	D T3	E T4
1 T0		0.3572 到 0.9061	0.2201 到 0.8753	0.2708 到 0.8873	-0.2099 到 0.7252
2 T1	0.3572 到 0.9061		0.2017 到 0.8707	0.5213 到 0.9366	0.4026 到 0.9151
3 T2	0.2201 到 0.8753	0.2017 到 0.8707		-0.1106 到 0.7701	-0.1824 到 0.7385
4 T3	0.2708 到 0.8873	0.5213 到 0.9366	-0.1106 到 0.7701		-0.1151 到 0.7682
5 T4	-0.2099 到 0.7252	0.4026 到 0.9151	-0.1824 到 0.7385	-0.1151 到 0.7682	

（d）

图 9-8　相关性分析结果

④ "P 值类型"选项卡显示是否计算每个相关系数的精确或近似 P 值。在分析结果中，每个计算 P 值对于 Pearson 相关系数是精确的。

⑤ "样本大小"选项卡显示每个相关系数的值对数量。

⑥ "r 的置信区间"选项卡显示矩阵中每个相关系数的置信区间。

⑦ 图表"Pearson r: 相关性 / 收缩压"中显示相关矩阵的热图（H），根据皮尔逊相关系数制作热度图，如图 9-9 所示。

（7）热度图表编辑

① 打开图表"Pearson r: 相关性 / 收缩压"。

② 双击绘图区空白处，或单击"更改"功能区中的"设置图表格式（符号、条形图、误差条等）"按钮 ，弹出"格式化图表"对话框。

➢ 打开"图表设置"选项卡，取消勾选"单元格边框""热图边框"复选框。

➢ 打开"标题"选项卡，勾选"显示图表标题"复选框。

➢ 打开"标签"选项卡，在"列标签"选项组下设置"位置"为"下面","标"

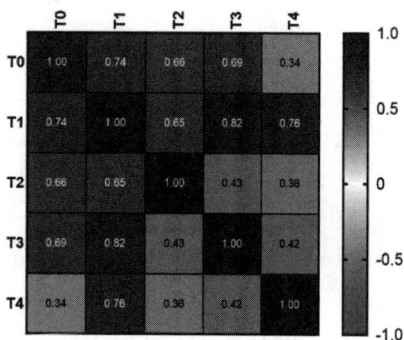

图 9-9　相关矩阵图

为"水平"。

③ 单击"确定"按钮，关闭对话框，更新图表格式，如图9-10所示。

（8）分析相关性P值

P值是用来判定相关性结果的一个参数。

① 将结果表"相关性/收缩压"下的"P值"选项卡置为当前。

② 选择菜单栏中的"分析"→"数据探索和摘要"→"分析一堆P值"命令，弹出"分析数据"对话框，在左侧列表中选择指定的分析方法，即分析一堆P值，在右侧选择显示一列包含P值的数据集"T0"。

③ 单击"确定"按钮，关闭该对话框，弹出"参数：分析一堆P值"对话框，选择对P值的分析方法"统计显著性"，如图9-11所示。

④ 单击"确定"按钮，关闭该对话框，输出结果表"分析一堆P值/相关性/收缩压"，如图9-12所示。在"P值足够小？"选项卡中显示P值和调整后的P值（<0.05），T0和T1、T0和T2、T0和T3的P值小于0.05，拒绝原假设。这说明这些组的数据相关。

图表"排秩P值图：分析一堆P值/相关性/收缩压"显示P值秩与P值的关系，可视化P值分布，如图9-13所示。

（9）保存项目

单击"文件"功能区中的"保存"按钮 📇，或按下Ctrl+S键，直接保存项目文件。

9.1.4 主成分分析

主成分分析是将多个指标化为少数指标的一种多元数据处理方法。主成分分析（PCA）是通过正交变换将一组可能存在相关性的变量转换为一组线性不相关变量的统计方法，转换后的这组变量称为主成分。

选择菜单栏中的"分析"→"数据探索和摘要"→"主成分分析（PCA）"，或单击"分析"功能区上的"主成分分析"按钮 📊，弹出"分析数据"对话框，在左侧列表中选择指定的分析方法，即主成分分析（PCA）。单击"确定"按钮，关闭该对话框，弹

图9-10 更新图表格式

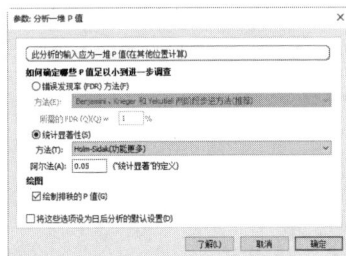

图9-11 "参数：分析一堆P值"对话框

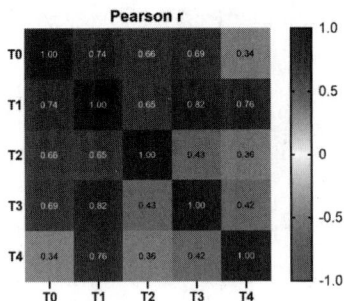

图9-12 结果表"分析一堆P值/
相关性/收缩压"

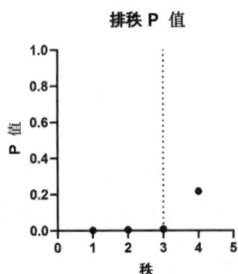

图9-13 图表"排秩P值图：
分析一堆P值/相关性/收缩压"

出"参数：主成分分析（PCA）"对话框，该对话框包含 4 个选项卡，如图 9-14 所示。

（1）"数据"选项卡

指定用于 PCA 的被测变量（也称为预测变量或者直接称为 X 变量），选择至少两个连续变量。其中，分类变量不能用 PCA 来分析。

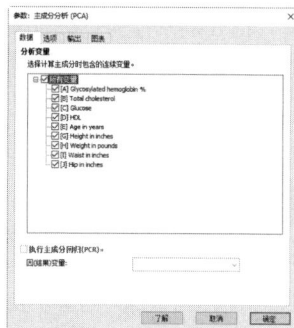

（a）

（2）"选项"选项卡

选择如何标准化列，以及如何确定要保留的主成分数量。

① 方法　对标准化或居中数据进行 PCA。

➤ 标准化：$X_{standardized} = (X_{raw} - \bar{X})/S_x$。式中，$\bar{X}$是平均值；$S_x$是变量值的标准偏差。

➤ 中心化：$X_{centered} = (X_{raw} - \bar{X})$。式中，$\bar{X}$是变量值的平均值。

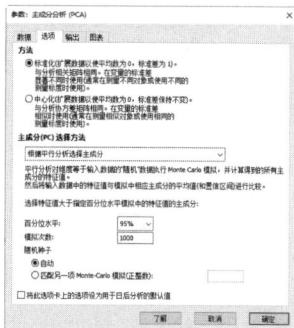

（b）

② 主成分（PC）选择方法　Prism 提供四种选择主成分数量的方法。

➤ 根据平行分析选择主成分：通过确定 PC 与模拟噪声所产生的点无法区分的点来选择要包含的 PC 数量。

➤ 根据特征值选择主成分：按照典型做法，选择特征值大于 1 的 PC。这称为 Kaiser 准则。

➤ 根据总解释方差的占比选择主成分：保留具有最大特征值的 PC，这些特征值累计解释总方差的指定百分比。总方差目标百分比的常见选择是 75% 和 80%。

➤ 选择所有主成分：该方法不推荐在实际中使用，仅用于探索目的。

（c）

（3）"输出"选项卡

自定义报告的输出，用于绘图的附加变量（例如，用于符号填充颜色、符号大小、标签等）。

① 另外报告

➤ 标准化/中心化数据：实际输入 PCA 计算的转换数据。

➤ 特征向量：定义每个 PC 的变量线性组合提供系数。

➤ 变量贡献矩阵：每行代表一个变量，每列代表一个 PC。单一列中的值代表由每个变量贡献的 PC 解释的总方差评分。因此，这些值的总和为 1.0（PC 解释的方差的 100%）。数值上，这些值是特征向量表格中对应值的平方。

➤ 变量和主成分之间的相关矩阵：每行代表一个变量，每列代表一个 PC。每个数值均为对应的相关系数。对

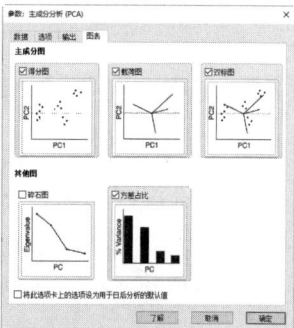

（d）

图 9-14　"参数：主成分分析（PCA）"对话框

于标准化数据，该表格将与载荷矩阵相同。

➤ 病例贡献矩阵：每行代表一个案例（原始数据表中的一行），每列代表一个 PC。单一列中的值代表由每个案例贡献的 PC 解释的总方差评分。因此，这些值的总和为1.0（PC 解释的方差的 100%）。

➤ 变量之间的相关性 / 协方差矩阵：每行表示一个变量，每列也表示一个变量。如果将数据标准化，每个数值是两个变量之间的相关系数。对角线（行和列是相同的变量）始终为 1.0。

② 用于绘图的其他变量（主成分得分表）　选择可选变量来细化图表。

➤ 标签：行标识符（例如，行号、名称或 ID 号），放置在每个数据点的旁边。

➤ 符号填充颜色：选择分类或连续变量。

➤ 符号大小：用于缩放气泡图上点的尺寸（分类或连续）。

➤ 连接线：用于在气泡图上绘制不同点组之间的连接线（仅限分类）。

③ 输出　显示的有效数字位数默认值为 4。

（4）"图表"选项卡

选择 Prism 要输出的图表。

① 主成分图

➤ 得分图：得分图是最常用的主成分分析的图，对于一些较好的结果，能够将不同的散点进行聚集并将同类型的散点看为一个整体。

➤ 载荷图：载荷图指的是通过主成分分析（PCA）得出的主要主成分之载荷作出的多维坐标图，作用是观察它们如何解释原变量。

➤ 双标图：双标图是 PCA 的常用图表，通过一个乘数来缩放载荷，以便可以在相同图表上绘制 PC 评分和载荷。

② 其他图

➤ 碎石图：碎石图用于确定 PCA 期间要包含的主成分数量，在碎石图上给出每个 PC 的特征值。

➤ 方差占比：方差占比图类似于碎石图，但不是绘制特征值，而是绘制每个 PC 解释的方差比例。该方差比例等于该 PC 的特征值除以所有 PC 的特征值之和（报告为百分比）。此外，其还包括一个累计总数的条形图。

9.1.5　操作实例——麻醉诱导患者收缩压主成分分析

本例对麻醉诱导患者收缩压数据进行主成分分析。

（1）设置工作环境

① 双击 GraphPad Prism 10 图标，启动 GraphPad Prism。

② 选择菜单栏中的"文件"→"打开"命令，或单击"Prism"功能区中的"打开项目文件"命令，或单击"文件"功能区中的"打开项目文件"按钮 ，或按下 Ctrl+O 键，弹出"打开"对话框，选择需要打开的文件"麻醉诱导患者收缩压相关性分析 .prism"，单击"打开"按钮，即可打开项目文件。

③ 选择菜单栏中的"文件"→"另存为"命令，或单击"文件"功能区中保存命令按钮下的"另存为"命令，弹出"保存"对话框，输入项目名称"麻醉诱导患者收缩压主成分分析"。单击"确定"按钮，在源文件目录下自动创建项目文件。

（2）主成分分析

① 打开"收缩压"数据表。

② 单击"更改"功能区上的"主成分分析"按钮，弹出"参数：主成分分析（PCA）"对话框，打开"数据"选项卡，选择所有数据集，如图9-15（a）所示。

③ 打开"选项"选项卡，在"方法"选项组下默认选择"标准化"选项，在"主成分（PC）选择方法"选项组下选择"根据特征值选择主成分"下的"选择特征值大于1.0的主成分（"Kaiser 规则"）"选项［图9-15（b）］。

④ 打开"输出"选项卡，在"另外报告"选项组中勾选"特征向量""变量之间的相关性 / 协方差矩阵"复选框。

⑤ 打开"图表"选项卡，默认勾选"得分图""载荷图""双标图""碎石图""方差占比"复选框。

⑥ 单击"确定"按钮，关闭该对话框，输出结果表和图表。

（3）结果分析

在结果表"主成分分析 / 收缩压"的"表结果"选项卡显示分析的结果，包括特征值、解释的方差比例和选择的成分数量（主成分1～主成分5），如图9-16所示。

① 在"特征值"选项卡量化每个主成分解释的方差量，如图9-17所示。表中数据按降序排列，因此PC1可解释最大方差，PC2可解释第二大方差，以此类推。所有特征值之和等于成分数，成分数也等于变量数（只要数据的观测值多于变量）。

② 在"Loadings（载荷）"选项卡显示每个主成分的载荷值，如图9-18所示。分析标准化数据时，每个载荷值对应一个变量和一个单一成分，两者均仅为一组值。载荷代表变量值与成分计算值之间的相关性。分析中心化（而非标准化）数据时，载荷表示变量与特征向量之间关系的强度。载荷=特征向量×$\sqrt{特征值}$。

（a）

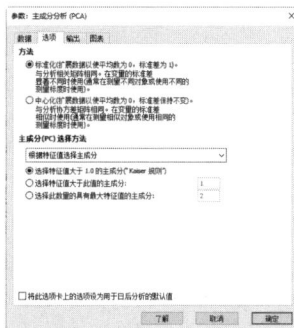

（b）

图9-15 "参数：主成分分析"对话框

图9-16 "表结果"选项卡

主成分分析 特征值	A 特征值
1 主成分1	3.383
2 主成分2	0.775
3 主成分3	0.573
4 主成分4	0.227
5 主成分5	0.042

图9-17 "特征值"选项卡

变量	主成分1
1 T0	0.844
2 T1	0.969
3 T2	0.750
4 T3	0.832
5 T4	0.690

图9-18 "Loadings（载荷）"选项卡

主成分分析 特征向量	A 主成分1
	✕
1	T0	0.459
2	T1	0.527
3	T2	0.408
4	T3	0.452
5	T4	0.375

图9-19 "特征向量"选项卡

	A 主成分1
	∧
1	-2.974
2	-2.204
3	-1.839
4	-1.422
5	1.364
6	0.271
7	0.243
8	2.959
9	-1.936
10	-1.335
11	1.032
12	2.649
13	1.470
14	0.511
15	1.211

图9-20 "PC scores"选项卡

③ 在"特征向量"选项卡显示变量的特定线性组合（主成分向量），如图 9-19 所示。每个主成分的特征向量对于每个原始变量有一个值（一个数字），代表用于确定主成分的变量线性组合中的系数。

④ 在"PC scores"选项卡显示 PC 评分，计算方法是将标准化或居中数据乘以特征向量，如图 9-20 所示。

⑤ 在"相关矩阵"选项卡显示数据输入列的相关系数（或协方差）矩阵，如图 9-21 所示。

⑥ 图表"Loadings: 主成分分析 / 收缩压"显示载荷图，绘制指定主成分载荷矩阵的数值，如图 9-22 所示。

主成分分析 相关矩阵	A T0	B T1	C T2	D T3	E T4
	✕
1	T0	1.000	0.735	0.658	0.688	0.339
2	T1	0.735	1.000	0.647	0.816	0.758
3	T2	0.658	0.647	1.000	0.426	0.364
4	T3	0.688	0.816	0.426	1.000	0.422
5	T4	0.339	0.758	0.364	0.422	1.000

图9-21 "相关矩阵"选项卡

⑦ 图表"PC scores: 主成分分析 / 收缩压"显示得分图，沿所选主成分轴绘制数据行，如图 9-23 所示。将光标悬停在感兴趣的点上，获得指向数据表中相关行或列的链接。

⑧ 图表"双标图：主成分分析 / 收缩压"显示双标图，通过一个乘数来缩放载荷，以便可以在相同图表上绘制 PC 评分和载荷，如图 9-24 所示。在大多数情况下，选择分别绘制载荷和 PC 评分。

⑨ 图表"特征值：主成分分析 / 收缩压"显示碎石图，确定 PCA 期间要包含的主成分数量（给出每个 PC 的特征值），如图 9-25 所示。在碎石图上可直观地确定特征值结束陡降并开始变平的点，在曲线开始变平之前，保留曲线上的所有 PC，但不包括曲线从"陡峭"变为"水平"的 PC。选择使用 Kaiser 规则指定的特征值阈值，则 Prism 将在碎石

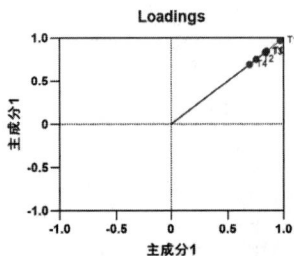

图 9-22 载荷图

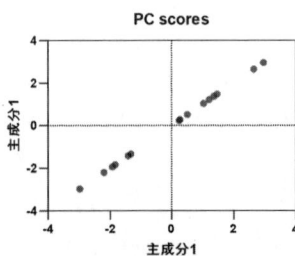

图 9-23 得分图

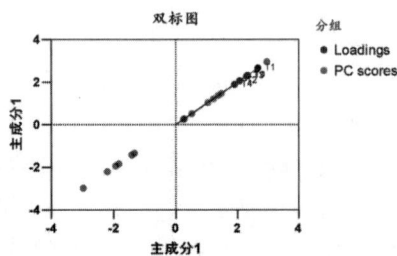

图 9-24 双标图

图上包含一条指示该阈值的水平线。

⑩ 图表"方差占比：主成分分析/收缩压"显示方差占比图，绘制每个 PC 解释的方差比例。方差比例等于该 PC 的特征值除以所有 PC 的特征值之和（报告为百分比），如图 9-26 所示。

（4）保存项目

单击"文件"功能区中的"保存"按钮，或按下 Ctrl+S 键，直接保存项目文件。

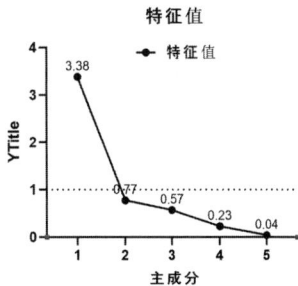

图 9-25 碎石图

9.2 线性回归分析

回归分析是通过规定因变量和自变量来确定变量之间的因果关系，需要建立描述变量间相关关系的回归模型。

如果回归函数 $\mu(x;\theta_1,\theta_2,\cdots,\theta_p)$ 是参数 $\theta_1,\theta_2,\cdots,\theta_p$ 的线性函数（不必是 x 的线性函数），则称 $Y = \mu(x;\theta_1,\theta_2,\cdots,\theta_p)+\varepsilon,\varepsilon \sim N(0,\sigma^2)$ 为线性回归模型。

9.2.1 简单线性回归

线性回归根据一组观测值（称为自变量）产生一条拟合线（称为回归线），并用以预测与其他自变量相关的响应变量（称为因变量）。简单线性回归可以用来获得一组变量之间的线性关系，可以用来预测变化以及进行预测性分析。

选择菜单栏中的"分析"→"回归和曲线"→"简单线性回归"命令，弹出"分析数据"对话框，在左侧列表中选择指定的分析方法，即简单线性回归，在右侧显示数据集和数据列，如图 9-27 所示。

单击"确定"按钮，关闭该对话框，弹出"参数：简单线性回归"对话框，选择回归分析参数，如图 9-28 所示。

（1）内插

内插来自于标准曲线的未知数（I）：勾选该复选框，根据回归方程计算给定 X 的 Y 和给定 Y 的 X，输出"内插 Y 值""内插 X 值"结果表。

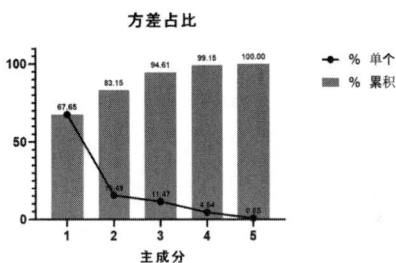

图 9-26 方差占比图

图 9-27 "分析数据"对话框

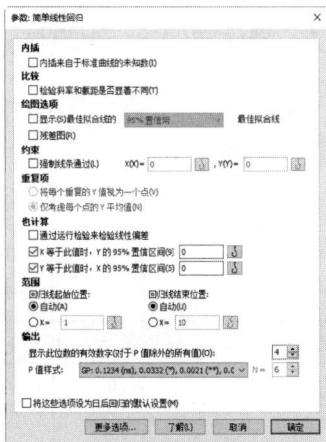

图 9-28 "参数：简单线性回归"对话框

（2）比较

检验斜率和截距是否显著不同（T）：勾选该复选框，对于多组测试指标，可以得到多条回归曲线（多组线性回归方程），检验它们之间能否用一个线性模型 $y = \beta_0 + \beta_1 x + \varepsilon$ 来表示，比较每组斜率 β_1 和截距 β_0 是否具有显著性差异。

（3）绘图选项

① 显示（S）最佳拟合线的"置信带/预测带"最佳拟合线：勾选该复选框，通过设置指定的置信带或预测带，计算线性回归方程，得到最佳拟合线。

② 残差图（R）：勾选该复选框，绘制残差图。

（4）约束

强制线条通过（L）：勾选该复选框，设置回归曲线通过指定的（X，Y）点。

（5）重复项

① 将每个重复的 Y 值视为一个点（V）：勾选该复选框，如果输入重复 Y 值，则 Prism 可只识别一个重复值。

② 仅考虑每个点的 Y 平均值（N）：勾选该复选框，如果输入重复 Y 值，则 Prism 只识别重复值的平均值。

（6）也计算

① 通过运行检验来检验线性偏差：勾选该复选框，进行线性偏度检验，一般不推荐使用。

② X 等于此值时，Y 的 95% 置信区间（9）：勾选该复选框，计算 Y 的置信水平为 95% 时，"Y 截距"的置信区间，并在输出结果中显示。默认在结果中输出"斜率"的置信区间。

③ Y 等于此值时，X 的 95% 置信区间（5）：勾选该复选框，计算 X 的置信水平为 95% 时，"X 截距"的置信区间，并在输出结果中显示。

（7）范围

选择回归线起始位置和结束位置，可以选择自动或指定具体数据点。

9.2.2 操作实例——身高与肺无效腔容积简单线性回归分析

15 名儿童的身高与肺无效腔容积的观察值如表 9-2 所示。试用该资料进行回归分析：

① 计算样本回归方程的截距与回归系数。

② 进行回归系数等于 0 的假设检验。

③ 估计回归系数 β 的 95% 置信区间。

表 9-2　儿童身高与肺无效腔容积的观测数据

编号	身高 /cm	肺无效腔容积 /ml	编号	身高 /cm	肺无效腔容积 /ml
1	110	45	4	130	45
2	116	32	5	129	43
3	123	41	6	142	67

续表

编号	身高 /cm	肺无效腔容积 /ml	编号	身高 /cm	肺无效腔容积 /ml
7	147	58	12	160	65
8	153	57	13	157	79
9	175	102	14	156	92
10	167	111	15	149	58
11	165	88			

（1）设置工作环境

① 双击开始菜单的 GraphPad Prism 10 图标，启动 GraphPad Prism 10，自动弹出"欢迎使用 GraphPad Prism"对话框。

② 在"创建"选项组下默认选择"XY"，在右侧界面"数据表"选项组下选择"输入或导入数据到新表"这种方法，选择创建 XY 数据表。

③ 在"数据表"选项组下默认选择"输入或导入数据到新表"选项；在"选项"选项组下，"X"选项默认选择"数值"，"Y"选项选择"为每个点输入一个 Y 值并绘图"。

④ 单击"创建"按钮，创建项目文件，同时该项目下自动创建一个数据表"数据 1"和关联的图表"数据 1"，重命名数据表为"观察值"。

⑤ 选择菜单栏中的"文件"→"另存为"命令，或单击"文件"功能区中保存命令按钮 下的"另存为"命令，弹出"保存"对话框，输入项目名称"身高与肺死腔容积简单线性回归分析 .prism" ❶。单击"确定"按钮，保存项目。

图 9-29 打开 Excel 文件

（2）输入数据

① 打开 Excel 文件"肺死腔容积数据表 .xlsx"，如图 9-29 所示。选中单元格中的数据，按下快捷键 Ctrl+C，复制表格数据。

② 打开 Prism 中的数据表"观察值"，单击 X 列标题所在单元格，选择菜单栏中的"编辑"→"粘贴"命令，粘贴 Excel 表格中复制的数据，结果如图 9-30 所示。

图 9-30 粘贴数据

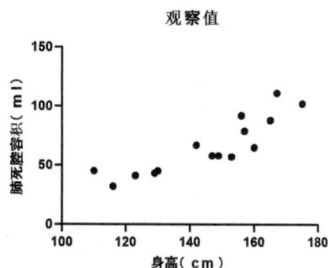

（3）绘制散点图

① 在左侧导航器"图表"选项卡下单击"新建图表"命令，弹出"创建新图表"对话框，在"要绘图的数据集"选项组"表"下拉列表中默认选择"观察值"。在"图表类型"的"显示"下拉列表中选中"XY"，选择"仅点"选项。单击"确定"按钮，关闭对话框，在导航器"图表"下创建"观察值"图表，如图 9-31 所示。

图 9-31 绘制散点图

❶ 本例死腔为不规范名词，规范名词应为无效腔。

② 从图 9-31 中可看出，肺死腔容积 Y 随身高 X 增加而增大，且呈直线变化趋势，但这 15 个数据点并非恰好全都在一条直线上。这与两变量间严格对应的数学函数关系不同，称为直线回归。直线回归是回归分析中最基本、最简单的一种，故又称简单线性回归，其统计学模型为 $Y = \alpha + \beta X + \varepsilon$。

③ 上述模型假定对于 X 各个取值，相应的 Y 值总体为正态分布，其均数 Y 是在一条直线上。式中，α 为该回归直线的截距；β 是回归直线的斜率，在此称为回归模型的回归系数；ε 为误差，且 $\varepsilon \sim N(0, \sigma^2)$。

④ 通常情况下，研究者只能获取一定数量的样本数据，此时，用该样本数据建立的有关 Y 依 X 变化的线性回归方程表达式为 $\hat{Y} = a + bX$。

⑤ 式中，$\hat{Y}$ 实际上是 X 所对应 Y 总体均数的一个样本估计值，称为回归方程的预测值；a、b 分别是 α 和 β 的样本估计值。a 称为常数项，是回归直线在 Y 轴上的截距。b 称为方程回归系数，即直线的斜率。$b>0$，表示直线从左下方走向右上方，即 Y 随 X 增大而增大；$b<0$，表示直线从左上方走向右下方，即 Y 随 X 增大而减小。b 的统计学意义是 X 每增（减）一个单位，Y 平均改变 b 个单位。

（4）线性回归分析

① 单击"分析"功能区上的"简单线性回归"按钮 ，弹出"参数：简单线性回归"对话框，勾选"检验斜率和截距是否显著不同（T）""显示（S）最佳拟合线的 95% 置信带最佳拟合线""残差图（R）""通过运行检验来检验线性偏差"复选框，其余参数选择默认，如图 9-32 所示。

② 单击"确定"按钮，关闭该对话框，输出结果表"简单线性回归 / 观察值"和图表"残差图：简单线性回归 / 观察值"，如图 9-33 所示。

图 9-32　"参数：简单线性回归"对话框

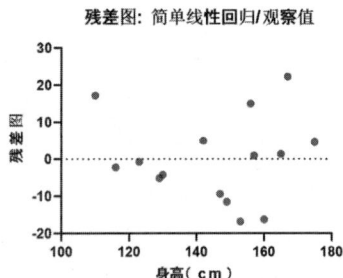

（a）结果表"简单线性回归 / 观察值"　　　（b）图表"残差图：简单线性回归 / 观察值"

图 9-33　线性回归结果

（5）评估模型的准确性

判断线性回归的拟合质量可以使用两个评估指标。

① 回归估计标准误差：回归方程的一个重要作用在于根据自变量的已知值估计因变量的理论值（估计值）。而理论值 $\hat{y}$ 与实际值 y 存在着差距，这就产生了推算结果的准确性问题。如果差距小，说明推算结果的准确性高；反之则低。为此，分析理论值与实际值的差距很有意义。

为了度量 y 的实际水平和估计值离差的一般水平，可计算估计标准误差。估计标准误差是衡量回归直线代表性大小的统计分析指标，它说明观察值围绕着回归直线的变化程度或分散程度，通常用 S_e 代表估计标准误差，其计算公式为

$$S_e = \sqrt{\frac{\Sigma(y - \hat{y})^2}{n - 2}}$$

② 判定系数：判定系数 R^2 也叫可决系数或决定系数，是指在线性回归中，回归平方和与总离差平方和的比值，其数值等于相关系数的平方。

回归分析表明，因变量 y 的实际值（观察值）有大有小、上下波动，对每一个观察值来说，波动的大小可用离差 $(y_i - \overline{y})$ 来表示。离差产生的原因有两个方面：一是受自变量 x 变动的影响；二是受其他因素的影响（包括观察或实验中产生的误差的影响）。

总离差平方和 SST：$SST = \sum_{i=1}^{n}(y_i - \overline{y})^2$。其表示 n 个观测值总的波动大小。

误差平方和 SSE：$SSE = \sum_{i=1}^{n}(y_i - \hat{y}_i)^2$。其又称残差平方和，反映自变量 x 对因变量 y 的线性影响之外的一切因素（包括 x 对 y 的非线性影响和测量误差等）对因变量 y 的作用。

回归平方和 SSR：$SSR = \sum_{i=1}^{n}(\hat{y}_i - \overline{y})^2$。其表示在总离差平方和中，由于 x 与 y 的线性关系而引起因变量 y 变化的部分。

由 $SST=SSE+SSR$（要用到求导得到的两个等式）得出判定系数：

$$R^2 = \frac{SSR}{SST} = \frac{SST - SSE}{SST} = 1 - \frac{SSE}{SST}$$

判定系数 R^2 是对估计的回归方程拟合优度的度量值。R^2 取值在 0～1 之间，越接近 1，表明方程中 X 对 Y 的解释能力越强。通常将 R^2 乘以 100% 来表示回归方程解释 Y 变化的百分比。若对所建立的回归方程能否代表实际问题进行一个判断，可用 R^2 是否趋近于 1 来判断回归方程的回归效果好坏。

a. 在"标准误差"选项下显示回归系数（"斜率""Y- 截距"）的标准误差。

b. 在"拟合优度"选项下显示"R 平方"为 0.7663，回归方程的拟合效果一般。

（6）显著性检验

回归分析的主要目的是根据所建立的估计方程用自变量 x 来估计或预测因变量 y 的取值。当建立了估计方程后，还不能马上进行估计或预测，因为该估计方程是根据样本数据得出的，它是否真实地反映了变量 x 和 y 之间的关系，则需要通过检验后才能证实。

回归分析中的显著性检验主要包括两方面的内容：一是线性关系的检验；二是回归系

数的检验。

> 线性关系的检验是检验自变量x和因变量y之间的线性关系是否显著，它们之间能否用一个线性模型$y = \beta_0 + \beta_1 x + \varepsilon$来表示。

> 回归系数的显著性检验是要检验自变量对因变量的影响是否显著的问题。在一元线性回归模型$y = \beta_0 + \beta_1 x + \varepsilon$中，如果回归系数$\beta_1 = 0$，回归线是一条水平线，表明因变量$y$的取值不依赖于自变量$x$，即两个变量之间没有线性关系；如果回归系数$\beta_1 \neq 0$，也不能肯定得出两个变量之间存在线性关系的结论，要看这种关系是否具有统计意义上的显著性，回归系数的显著性检验就是检验回归系数β_1是否等于0。

a. 在"斜率显著非零吗？"选择 F 检验来检验该模型是否有显著的线性关系。F 检验 P 值＜0.0001，小于 0.05，表示该回归模型在 5% 显著性水平上是显著的。

b. 在"运行检验"选项组下显示"线性偏差"结果：自变量和因变量之间的线性关系不显著。

（7）计算回归方程

① 在"最佳拟合值"选项下显示回归方程各参数，即斜率（1.069）、Y- 截距（−89.77）、X- 截距（83.97）、1/ 斜率（0.9354），可得回归方程。

② 在"方程式"选项下显示回归方程，即"Y = 1.069 * X − 89.77"。

（8）置信区间

计算回归方程后，用参数估计量的点估计值近似代表参数值，即构造参数的一个区间作为预测结果。预测结果是以点估计值为中心的一个区间（称为置信区间），该区间以一定的概率（称为置信水平、置信度）包含该参数。

在实际应用中，置信水平（置信度）越高越好，置信区间越小越好。在使用置信区间进行推断时，需要考虑置信水平（置信度）的选择。一般来说，通常选择常规的置信水平（95% 的置信水平）。

本例中，在"95% 置信区间"选项下显示回归系数的 95% 置信区间。

（9）置信带与预测带

置信带以直观方式结合了斜率和截距的置信区间，使用置信带可以了解数据如何精确定义最佳拟合线。预测带范围更广，包括数据的分散性。显示数据的变化时，一般使用预测带。

① 置信带：围绕最佳拟合线的两个置信带（呈弯曲状虚线置信带）定义了最佳拟合线的置信区间。

打开导航器"图表"下的"观察值"，自动弹出"更改图表类型"对话框，默认参数选择，如图 9-34 所示。单击"确定"按钮，关闭该对话框，显示带置信带的散点图，如图 9-35 所示。

根据线性回归的假设，可 95% 确信两个弯曲的置

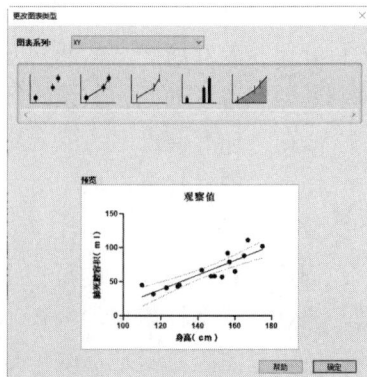

图 9-34 "更改图表类型"对话框

信带包含真正的最佳拟合线性回归线，而真正回归线在这些边界之外的概率为5%。置信带95%确定包含最佳拟合回归线，这不等于说其将包含95%的数据点，许多数据点将在95%置信带之外。

② 预测带：预测带比置信带离最佳拟合线更远，如果有许多数据点，则其距离也更远。95%预测带是预计95%数据点所属区域。相反，95%置信带是有95%概率包含真正回归线的区域。

（10）保存项目

单击"文件"功能区中的"保存"按钮🖫，或按下 Ctrl+S 键，直接保存项目文件。

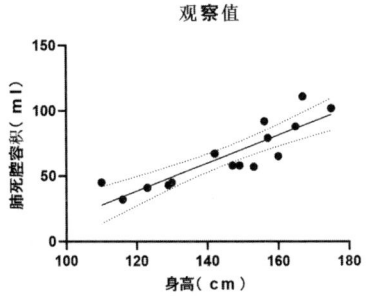

图 9-35　带置信带的散点图

9.2.3　简单逻辑回归

简单逻辑回归可认为是简单线性回归的扩展，用来处理具有二分类结果的情况（只有两种可能的结果，如0或1）。逻辑回归分析生成一个模型，用来预测成功的概率。

选择菜单栏中的"分析"→"回归和曲线"→"简单逻辑回归"命令，弹出"分析数据"对话框，在左侧列表中选择指定的分析方法，即简单逻辑回归，在右侧显示数据集和数据列。

单击"确定"按钮，关闭该对话框，弹出"参数：简单逻辑回归"对话框，如图9-36所示。

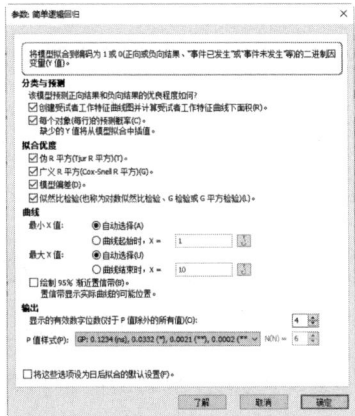

图 9-36　"参数：简单逻辑回归"对话框

（1）分类与预测

① 创建受试者工作特征曲线图并计算受试者工作特征曲线下面积（R）：勾选该复选框，绘制受试者工作特性曲线（ROC曲线）并计算ROC曲线下面积。在对同一种疾病的两种或两种以上诊断方法进行比较时，可将各试验的ROC曲线绘制到同一坐标中，以直观地鉴别优劣，靠近左上角的ROC曲线所代表的受试者工作最准确。亦可通过分别计算各个试验的ROC曲线下的面积（AUC）进行比较，哪一种试验的AUC最大，则哪一种试验的诊断价值最佳。ROC曲线下的面积值在0.5～1.0之间。在AUC>0.5的情况下，AUC越接近于1，说明诊断效果越好。AUC在0.5～0.7时有较低准确性，AUC在0.7～0.9时有一定准确性，AUC在0.9以上时有较高准确性。AUC=0.5时，说明诊断方法完全不起作用，无诊断价值。AUC<0.5不符合真实情况，在实际中极少出现。

② 每个对象（每行）的预测概率（C）：逻辑回归的目的是模拟观察成功的概率。缺少的Y值将从模型拟合中插值。

（2）拟合优度

① 拟合优度是指回归直线对观测值的拟合程度，它衡量因变量的变异程度能够被模

型所解释的比例。R 平方的取值范围在 0～1 之间，较高的 R 平方值表示模型能够较好地拟合数据。Prism 可计算的伪 R 平方值：伪 R 平方（Tjur R 平方）（T）、广义 R 平方（Cox-Snell R 平方）（G）、模型偏差（D）。

② 似然比检验（也称为对数似然比检验、G 检验或 G 平方检验）（L）：勾选该复选框，进行似然比检验。似然比检验是一种假设检验，用于比较两个模型（一个是所有参数都是自由参数的无约束模型，另一个是由原假设约束的含较少参数的相应约束模型）的拟合优度以确定哪个模型与样本数据拟合得更好。

（3）曲线

① 最小 X 值：自动选择或直接定义（X=）在"受试者工作特征曲线"图表中显示 X 的最小范围。

② 最大 X 值：自动选择或直接定义（X=）在"受试者工作特征曲线"图表中显示 X 的最大范围。

③ 绘制 95% 渐近置信带（B）：勾选该复选框，在"受试者工作特征曲线"图表中绘制 95% 渐近置信带。置信带显示实际曲线的可能位置。

9.2.4 操作实例——流感治愈率简单逻辑回归分析

现有 15 名受试者流感治疗时间和治愈数据，见表 9-3，本小节根据表中数据建立简单逻辑回归模型，根据治疗时间预测所有受试者治愈流感的概率。

表 9-3 15 名受试者流感治疗时间（天数）和治愈数据

编号	1	2	3	4	5	6	7	8	9	10	11	12	13	14	15
服药时间	5	6	8	12	16	5	16	14	12	10	3	5	6	9	12
是否治愈	0	0	1	1	1	0	1	1	1	0	0	0	0	1	1

（1）设置工作环境

① 双击开始菜单的 GraphPad Prism 10 图标，启动 GraphPad Prism 10，自动弹出"欢迎使用 GraphPad Prism"对话框。

② 在"创建"选项组下默认选择"XY"，在右侧界面"数据表"选项组下选择"输入或导入数据到新表"这种方法，选择创建 XY 数据表。

③ 在"数据表"选项组下默认选择"输入或导入数据到新表"选项；在"选项"选项组下，"X"选项默认选择"数值"，"Y"选项选择"为每个点输入一个 Y 值并绘图"。

④ 单击"创建"按钮，创建项目文件，同时该项目下自动创建一个数据表"数据 1"和关联的图表"数据 1"，重命名数据表为"治疗时间（天数）"。

⑤ 选择菜单栏中的"文件"→"另存为"命令，或单击"文件"功能区中保存命令按钮🖫下的"另存为"命令，弹出"保存"对话框，输入项目名称"流感治愈流感概率简单逻辑回归分析 .prism"。单击"确定"按钮，保存项目。

（2）输入数据

在数据表"治疗时间（天数）"输入表 9-3 中的数据，结果如图 9-37 所示。

（3）逻辑回归

① 结果变量（Y变量、因变量、反应变量等）只能呈现两种可能的结果时，使用逻辑回归，其目的是模拟观察成功的概率。

② 选择菜单栏中的"分析"→"回归和曲线"→"简单逻辑回归"命令，弹出"分析数据"对话框，在左侧列表中选择指定的分析方法，即简

表格式:XY	X	第A组
服药时间	是否治愈
	X	Y
1	5	0
2	6	0
3	8	1
4	12	1
5	16	1
6	5	0
7	16	1
8	14	1
9	12	1
10	10	0
11	3	0
12	5	0
13	6	0
14	9	1
15	12	1

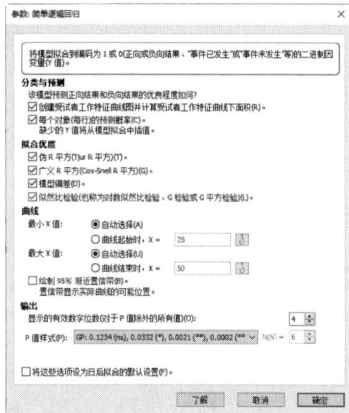

图9-37 输入数据   图9-38 "参数：简单逻辑回归"对话框

单逻辑回归，选择要分析的数据集"治愈"。单击"确定"按钮，关闭该对话框，弹出"参数：简单逻辑回归"对话框，选择默认设置，如图9-38所示。

③ 单击"确定"按钮，关闭该对话框，输出结果表"简单逻辑回归/治疗时间（天数）"和图表"受试者工作特征曲线：简单逻辑回归/治疗时间（天数）"，如图9-39所示。

简单逻辑回归表结果	A 是否治愈
1 最佳拟合值	
2 β0	-7.870
3 β1	0.9284
4 X位于50%处	8.477
5	
6 标准误差	
7 β0	4.010
8 β1	0.4670
9 X位于50%处	1.066
10	
11 95%置信区间（轮廓似然）	
12 β0	-20.83至-2.435
13 β1	0.3061至2.426
14 X位于50%处	6.296至10.86
15	
16 比值比	
17 β0	0.0003822
18 β1	2.530
19	
20 比值比的95%置信区间(轮廓似然)	
21 β0	9.027e-010至0.08756
22 β1	1.358至11.32
23	
24 斜率显著非零吗?	
25 Z	1.988
26 P值	0.0468
27 偏离零?	显著

29 似然比检验	
30 对数似然比（G平方）	13.76
31 P值	0.0002
32 拒绝零假设?	是
33 P值摘要	***
34	
35 受试者工作特征曲线下面积	
36 面积	0.9643
37 标准误	0.04452
38 95%置信区间	0.8770至1.000
39 P值	0.0026
40	
41 拟合优度	
42 Tjur R平方	0.7034
43 Cox-Snell R平方	0.6004
44 模型偏差，G平方	6.967
45	
46 方程式	对数几率 = -7.870+0.9284*X
47	
48 数据摘要	
49 表中的行	15
50 跳过的行（缺少数据）	0
51 分析的行(#观测)	15
52 数量1	8
53 数量0	7
54 参数估计数	2
55 #观测/#参数	7.5
56 的数量1/#参数	4.0
57 的数量0/#参数	3.5

（a）结果表"简单逻辑回归/治疗时间（天数）"

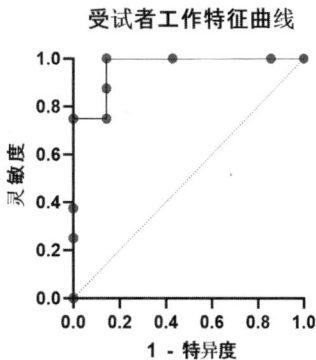

受试者工作特征曲线

（b）图表"受试者工作特征曲线：简单逻辑回归/治疗时间（天数）"

图9-39 简单逻辑回归结果
（"对数几率"的规范名称为"对数概率"）

（4）结果分析

逻辑回归实质是将发生概率除以没有发生的概率，再取对数。

① 结果表中显示β系数估计值的最佳拟合值、标准误差、95%置信区间（轮廓似然）。在"最佳拟合值"表中，"X位于50%处"值为8.477，表示服药8.477天后，流感治愈与未治愈比为1:1（治愈概率为50%）。

② 在"比值比"表中显示逻辑回归转换模型Odds的参数估计，将"最佳拟合值"表中β系数指数化，得到该表中的估计值。当X=8.477时，优势为1，比值比为2.530。这

表示当 X 增加 1，即从 8.477 增加为 9.477，即可获得优势 1×2.530=2.530。

③ 在"斜率显著非零吗？"表中显示评估逻辑回归模型的每项 β 系数的 P 值。Z 的绝对值为系数估计值除以其标准误差。检验的零假设是系数 / 参数为零的真实群体值。P 值 <0.05，表示此回归方程系数估计值有统计学意义。本例中，回归方程系数估计值有统计学意义。

④ 在"受试者工作特征曲线下面积"表中显示面积（AUC）。面积（AUC）是评估模型预测能力的一种手段，表示模型如何正确地使用所有可能的临界值对 0 和 1 进行分类。AUC 值的范围在 0.5～1 之间，越高越好。本例中，面积 =0.9643，表示模型分类潜力很好。

⑤ 在"拟合优度"选项下显示 Tjur R 平方值和 Cox-Snell R 平方值，这些值称为伪 R 平方，值接近 1 表示模拟数据拟合效果较好，0 和 1 的预测值之间存在明显的分离。

⑥ 回归拟合的方程为"对数几率 =−7.870+0.9284*X"。

⑦ 在"数据摘要"表中显示逻辑回归的汇总数据，包括数据表中的行数、跳过的行数以及在分析中提供的观察数两个值的差值。

⑧ 受试者工作特征曲线：ROC 曲线越靠近左上角，模型的准确性就越高。最靠近左上角的 ROC 曲线上的点是分类错误最少的最好阈值，其假正例和假反例总数最少。本例中，ROC 曲线靠近左上角，模型的准确性高。

9.2.5 Deming（模型Ⅱ）线性回归

常用的线性回归分析会假设已知 X 值，Y 值不确定。如果两个变量（X、Y）均有不确定性，推荐使用 Deming 回归。

选择菜单栏中的"分析"→"回归和曲线"→"Deming（模型Ⅱ）线性回归"命令，弹出"分析数据"对话框，在左侧列表中选择指定的分析方法，即 Deming（模型Ⅱ）线性回归，在右侧显示数据集和数据列，如图 9-40 所示。

图 9-40 "分析数据"对话框

单击"确定"按钮，关闭该对话框，弹出"参数：Deming（模型Ⅱ）线性回归"对话框，设置 Deming 线性回归方法，如图 9-41 所示。

（1）标准差

误差的标准差是衡量回归直线代表性大小的统计分析指标，它说明观察值围绕回归直线的变化程度或分散程度，通常用 SD_{mirr} 表示，其计算公式为

$$SD_{mirr} = \sqrt{\frac{\Sigma d_i^2}{N}}$$

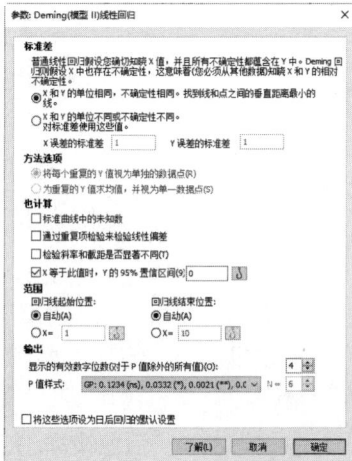

图 9-41 "参数：Deming（模型Ⅱ）线性回归"对话框

式中，d_i 是同一样本（或受试者）两次测量结果的差值；N 是进行的测量次数，N 等于样本数的 2 倍，因为每个样本须进行两次测量。

如果 X 变量的标准差远小于 Y 值，则 Deming 回归结果将与标准线性回归几乎相同。

① "X 和 Y 的单位相同，不确定性相同"：选择该选项，X 和 Y 的标准差相等。在此情况下，Deming 回归使点与线垂直距离的平方和减至最小，又称"正交回归"。

② "X 和 Y 的单位不同或不确定性不同"：选择该选项，假设 X 和 Y 的不确定性不相同，则需要输入其各自的标准差，即 X 误差的标准差和 Y 误差的标准差。

（2）方法选项

① 将每个重复的 Y 值视为单独的数据点（R）：勾选该复选框，如果输入重复 Y 值，则 Prism 可识别每一个重复值。

② "为重复的 Y 值求均值，并视为单一数据点（S）"：勾选该复选框，如果输入重复 Y 值，则 Prism 只识别重复值的平均值。

（3）也计算

① 标准曲线中的未知数：勾选该复选框，根据标准曲线在 X 值范围内进行插值计算。

② 通过重复项检验来检验线性偏差：勾选该复选框，进行线性偏度检验。

③ 检验斜率和截距是否显著不同（T）：勾选该复选框，输出"这些线不同吗？"结果表，回答两个问题，即"斜率相等吗？"和"高度或截距相等吗？"。

④ "X 等于此值时，Y 的 95% 置信区间（9）"：勾选该复选框，计算 Y 的置信水平为 95% 时，"Y 截距"的置信区间，并在输出结果中显示。默认在结果中输出"斜率"的置信区间。

9.2.6 操作实例——某市婴儿出生人数 Deming 回归分析

现有某市 20 年婴儿出生数据（表 9-4），本例对婴儿出生人数中男性、女性数据进行 Deming 回归分析。

表 9-4 某市 20 年婴儿出生数

男性人数 / 人	女性人数 / 人	男性人数 / 人	女性人数 / 人
68688	66102	37461	34892
71803	71768	37066	34585
59931	62868	53194	50006
55675	56441	46385	43418
59564	61831	41504	38653
50464	51346	37507	35476
76986	71628	35742	33635
92953	87598	33046	31098
60033	56250	24219	22729
43089	40811	22062	20547

（1）设置工作环境

① 双击 GraphPad Prism 10 图标，启动 GraphPad Prism，自动弹出"欢迎使用 GraphPad Prism"对话框，设置创建的默认数据表格式。

➤ 在"创建"选项组下选择"XY"选项。

➤ 在"数据表"选项组下默认选择"输入或导入数据到新表"选项。

➤ 在"选项"选项组下，"X"选项默认选择"数值"，"Y"选项选择"为每个点输入一个 Y 值并绘图"。

② 单击"创建"按钮，创建项目文件，同时该项目下自动创建一个数据表"数据 1"和关联的图表"数据 1"。

③ 选择菜单栏中的"文件"→"另存为"命令，或单击"文件"功能区中保存命令按钮 🖫 下的"另存为"命令，弹出"保存"对话框，输入项目名称。单击"确定"按钮，在源文件目录下自动创建项目文件"某市婴儿出生人数 Deming 回归分析 .prism"。

（2）导入 xlsx 文件

① 打开数据表"数据 1"，激活标题列第 1 行单元格。

② 选择菜单栏中的"文件"→"导入"命令，或在功能区"导入"选项卡单击"导入文件"按钮 🖳，或单击鼠标右键，在弹出的快捷菜单中选择"导入数据"命令，弹出"导入"对话框，在"文件名"右侧下拉列表中选择"工作表（*.xls*，*.wk*，*.wb*）"，在指定目录下选择要导入的文件"某市 20 年婴儿出生数 .xlsx"。

③ 单击"打开"按钮，弹出"导入和粘贴选择的特定内容"对话框。打开"源"选项卡，在"关联与嵌入"选项组下选择"仅插入数据"选项。

④ 打开"筛选器"选项卡，在"行"选项组下"起始行（S）"选择行数据的起始范围，输入行号"2"表示从数据的第二行开始导入。

⑤ 单击"导入"按钮，在数据表"某市 20 年婴儿出生数"中导入 Excel 中的数据，结果如图 9-42 所示。

（3）Deming（模型Ⅱ）线性回归

普通线性回归时，只有 Y 会包含测量误差，但是 Deming 回归时 X 和 Y 均会包含测量误差。

① 选择菜单栏中的"分析"→"回归和曲线"→"Deming（模型Ⅱ）线性回归"命令，弹出"分析数据"对话框，在左侧列表中选择指定的分析方法，即 Deming（模型Ⅱ）线性回归。单击"确定"按钮，关闭该对话框，弹出"参数：Deming（模型Ⅱ）线性回归"对话框，选择"X 和 Y 的单位相同，不确定性相同。找到线和点之间的垂直距离最小的线"选项，如图 9-43 所示。

② 单击"确定"按钮，关闭该对话框，输出结果表

图 9-42　导入 Excel 中的数据

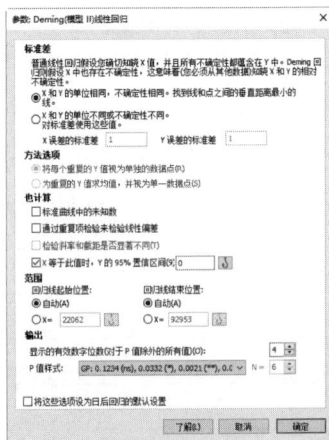

图 9-43　"参数：Deming（模型Ⅱ）线性回归"对话框

"Deming/ 某市 20 年婴儿出生数"和图表"某市 20 年婴儿出生数",如图 9-44 所示。

（4）结果分析

① 结果表"Deming/ 某市 20 年婴儿出生数"的"斜率显著非零吗？"选项组下显示显著，回归模型合适。

② 在"方程式"选项下显示回归方程，即"Y = 0.9882*X-1191"。

③ 回归系数对应的 95% 置信区间包括数字 1，说明具有一致性，不存在比例偏差；如果回归系数对应的 95% 置信区间不包括数字 1，则说明不具有一致性，存在比例偏差。从"95% 置信区间"表中可以看出，女性人数的 95%CI（−4306～1924），包括数字 1，因而说明男性人数 X 和女性人数 Y 之间并不存在比例偏差，也即说明两组数据具有测量一致性。

④ 在图表中绘制自变量和因变量的散点图，以及根据回归方程绘制回归曲线，通过散点图直观查看两个性别出生人数的测量一致性。

9.2.7 多重线性回归

多重线性回归是简单线性回归的推广，研究一个因变量与多个自变量之间的数量依存关系。当有 P 个自变量 x_1, x_2, …, x_P 时，多元线性回归的理论模型为

$$y = \beta_0 + \beta_1 x_1 + \cdots + \beta_P x_P + \varepsilon$$

式中，ε 是随机误差，$E(\varepsilon) = 0$。

选择菜单栏中的"分析"→"回归和曲线"→"多重线性回归"命令，弹出"分析数据"对话框，在左侧列表中选择指定的分析方法，即多重线性回归，在右侧显示数据集和数据列。

单击"确定"按钮，关闭该对话框，弹出"参数：多重线性回归"对话框，设置多元线性回归模型参数，如图 9-45 所示。

（1）"模型"选项卡

Prism 目前提供三种不同的多元回归模型框架：线性回归、泊松回归和逻辑回归。下面描述用于线性回归和泊松回归的选项。

	Deming 表结果	A 女性人数
1	最佳拟合值	
2	斜率	0.9882
3	Y-截距	-1191
4	X-截距	1205
5	1/斜率	1.012
6		
7	标准误差	
8	斜率	0.03668
9	Y-截距	1483
10		
11	95% 置信区间	
12	斜率	0.9112 到 1.065
13	Y-截距	-4306 至 1924
15	斜率显著非零吗？	
16	F	1215
17	DFn, DFd	1, 18
18	P 值	<0.0001
19	偏离零？	显著
20		
21	方程式	Y = 0.9882*X - 1191
22		
23	数据	
24	X 值数量	20
25	最大 Y 重复项数量	1
26	值的总数	20
27	缺少的值	0

（a）结果表"Deming/ 某市 20 年婴儿出生数"

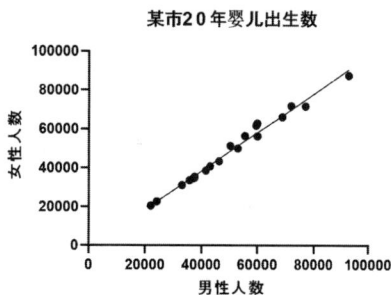

（b）图表"某市 20 年婴儿出生数"

图 9-44 Deming 线性回归结果

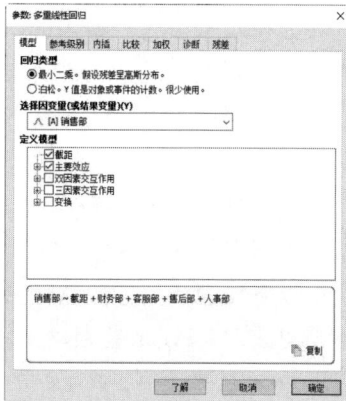

图 9-45 "参数：多重线性回归"对话框

① 回归类型

a. 最小二乘：Prism 进行回归分析时，尽可能减少数据点和曲线之间垂直距离的平方和，这种方法通常被称为最小二乘法。如果假设残差的分布（点到预测值的距离）为高斯分布时，选择该方法。

b. 泊松：在每个 Y 值都是对象或事件的一个计数（0，1，2，…）时使用。这些 Y 值必须是实际的计数，而不是任何形式的标准化。如果 Y 值是标准化计数，而非实际计数，则不应选择泊松回归。

② 选择因变量（或结果变量）（Y） 在下拉列表中选择多重线性回归模型中的因变量为 Y。

③ 定义模型 Prism 要求精确指定想要拟合的回归模型，将变量的交互作用纳入范围。多元线性回归的模型为

$$y=\beta_0+\beta_1 x_1+\beta_2 x_2+\beta_3 x_1 x_2+\cdots+\varepsilon$$

式中，ε 是随机误差；$x_1 x_2$ 代表交互项（双因素）。

a. 截距：当所有连续预测因子变量均等于零，且分类预测因子变量均设为其参考水平时，截距为结果变量的值。

b. 主要效应：每个主要效应将一项参数乘以一个回归系数（参数）。一般模型中包含所有主要效应。对于各项连续预测因子变量，仅需一个系数。分类预测因子变量所需的系数数量等于分类变量水平的数量减 1（受变量编码过程的影响）。如果取消选中其中一个主要效应，则该预测因子变量基本上不会成为分析的一部分（除非该变量是交互作用或转换的一部分）。

c. 双因素交互作用：每个双因素交互作用将两项参数相乘，并将乘积乘以一个回归系数（参数）。

d. 三因素交互作用：每个三因素交互作用将三项参数相乘，并将乘积乘以一个回归系数（参数）。三因素交互作用比双因素交互作用更不常用。

e. 变换：Prism 定义多元回归模型时，可以转换使用模型中任何连续预测因子变量的平方、立方或平方根。

（2）"参考级别"选项卡

在该选项卡中为模型中的每个分类变量指定"参考级别"或"参考值"，参考通常用于指示此变量的"基准"或"常规"值。默认情况下，Prism 将每个分类变量的参考设置为数据表中列出的该变量的第一级。

（3）"内插"选项卡

在该选项卡中定义插值点。Prism 可以通过两种不同的方式对结果变量进行插值。

a. 数据表中结果变量为空/缺失的行（R）：输入数据表中的点。

b. 以下所列场景的预测变量值（V）：Prism 创建自定义插值点，当多元线性回归的输入数据更改时，Prism 将自动重新计算指定模型的回归系数。

➢ 指定场景数（N）：使用向上/向下箭头指定要添加的插值点数，指定每个预测变量的值。在"场景标签"列为每个插值点添加一个名称/标签。

➢ 为所选场景设置预测值（S）：每个插值点必须为模型中的每个预测变量定义值。在不更改预测变量的任何默认值的情况下，结果变量的插值将等于截距。对于连续变量，Prism 提供了通过数据表中最小值、最大值或该变量的平均值进行插值的选项。对于分类变量，Prism 提供了使用数据表中该变量的第一级、最后一级、最频繁级或最不频繁级进行插值的选项。

勾选"报告内插值的置信区间"复选框，输出结果变量内插值置信区间。

（4）"比较"选项卡

在该选项卡中选择是否对两种不同型号的拟合度进行比较。

（5）"加权"选项卡

在该选项卡中对数据点进行不同加权操作，包含四种选择：不加权、权重为"1/Y"、权重为"1/Y^2"、权重为"1/Y^K"。

（6）"诊断"选项卡

在该选项卡中设置参数的诊断选项。

（7）"残差"选项卡

在该选项卡中选择四种不同方式绘制残差。

9.2.8　操作实例——水泥成分与硬度多重线性回归分析

硅酸盐水泥的组成非常复杂，根据实际工作的需要，将对于其中部分主要成分进行分析，具体到 Ca、Mg 粒子的测定，但它们均以其氧化物的形式存在，呈碱性。数据见表9-5，试分析这两种粒子的含量与水泥硬度的关系。

表9-5　粒子的含量与水泥硬度数据

指标	1	2	3	4	5	6	7	8
水泥 MPa	30.5	31.6	32.8	32	31.5	33	32.8	34.5
Ca 含量	57.47	59.58	49.86	45.58	61.47	43.58	50.36	45.63
Mg 含量	4.159	4.16	4.12	4.176	5.1	4.63	4.34	5.83

根据预测目标，确定自变量和因变量：设 Ca、Mg 粒子含量为预测变量 X_1、X_2（自变量），水泥硬度为响应变量 Y（因变量）。

（1）设置工作环境

① 双击 GraphPad Prism 10 图标，启动 GraphPad Prism，自动弹出"欢迎使用GraphPad Prism"对话框。在"创建"选项组下选择"多变量"选项，在"数据表"选项组下默认选择"输入或导入数据到新表"选项。

② 单击"创建"按钮，创建项目文件，同时该项目下自动创建一个数据表"数据1"和关联的图表"数据1"。重命名数据表为"硅酸盐水泥"。

③ 选择菜单栏中的"文件"→"另存为"命令，或单击"文件"功能区中保存命令按钮圖下的"另存为"命令，弹出"保存"对话框，输入项目名称"水泥成分与硬度多重

线性回归分析"。单击"确定"按钮，在源文件目录下自动创建项目文件。

（2）复制数据

打开"粒子的含量与水泥硬度数据 .xlsx"文件，复制数据，粘贴转置到"硅酸盐水泥"数据表中，结果如图 9-46 所示。其中，将 Y 数据设置在第一列。

	变量 A	变量 B	变量 C
	水泥MPa	Ca含量	Mg含量
	∧∨	∧∨	∧∨
1	30.5	57.47	4.159
2	31.6	59.58	4.160
3	32.8	49.86	4.120
4	32.0	45.58	4.176
5	31.5	61.47	5.100
6	33.0	43.58	4.630
7	32.8	50.36	4.340
8	34.5	45.63	5.830

	A	B	C	D	E	F	G	H	I
1	指标	1	2	3	4	5	6	7	8
2	水泥MPa	30.5	31.6	32.8	32	31.5	33	32.8	34.5
3	Ca含量	57.47	59.58	49.86	45.58	61.47	43.58	50.36	45.63
4	Mg含量	4.159	4.16	4.12	4.176	5.1	4.63	4.34	5.83

图 9-46　粘贴数据

（3）多重线性回归分析

假设残差 ε 的分布为高斯分布，选择最小二乘法进行回归分析，只考虑主效应的多元线性回归模型为

$$y=\beta_0+\beta_1 x_1+\beta_2 x_2+\beta_3 x_3+\cdots+\varepsilon$$

① 单击"更改"功能区上的"多重线性回归"按钮，弹出"参数：多重线性回归"对话框。

② 打开"模型"选项卡。在"回归类型"选项组下选择"最小二乘"，在"选择因变量（或结果变量）（Y）"下拉列表中选择多重线性回归模型中的因变量为"[A] 水泥 MPa"，在"定义模型"列表中选择"截距""主要效应"，如图 9-47 所示。

③ 打开"内插"选项卡，默认勾选"数据表中结果变量为空 / 缺失的行（R）"复选框，取消勾选该复选框。

④ 打开"诊断"选项卡，在"变量是交错还是冗余？"选项组中取消"相关矩阵（C）"复选框的勾选；在"如何量化拟合优度"选项组下勾选"调整后的 R 平方（J）"；勾选"变量是交错还是冗余？"选项组下的"多重共线性"复选框；在"正态性检验。残差呈高斯分布吗？"选项组中勾选"Shapiro-Wilk 正态性检验（W）"复选框，其余参数设置为默认，如图 9-48 所示。

❖ 提示：当自变量间存在较强的线性关系时，会使多元回归方程中的参数估计不准确，影响多元线性回归分析的结果。因此进行多重回归分析时，需要检验多重共线性。

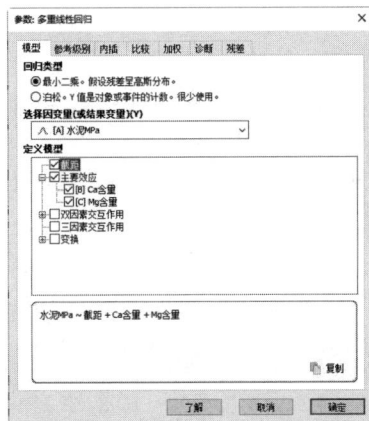

图 9-47　"参数：多重线性回归"对话框

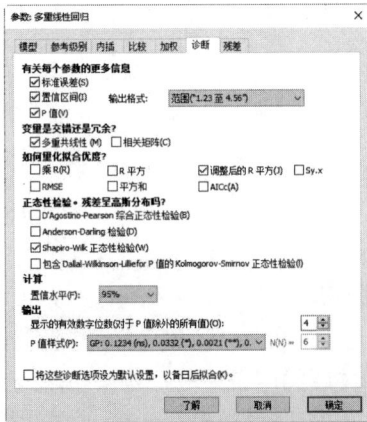

图 9-48　"诊断"选项卡

打开"残差"选项卡，默认的是勾选"残差图"复选框，取消勾选该复选框。

图9-49 注释窗口

⑤ 单击"确定"按钮，关闭该对话框，输出结果表和图表。同时，自动弹出注释窗口，显示多重回归模型的方程，如图9-49所示。

（4）结果分析

多元线性回归方程的假设检验分为模型检验和单个回归系数检验。在进行回归系数检验之前，需对所建立的多元回归方程进行假设检验，以判断它是否具有统计学意义。

① 结果表"多重线性回归 / 硅酸盐水泥"包含"表结果"选项卡，如图9-50所示。

1	分析的表	硅酸盐水泥			
2	因变量	水泥MPa			
3	回归类型	最小二乘			
4					
5	模型				
6	方差分析	平方和	自由度	MS	F (DFn, DFd)	P 值
7	回归	7.955	2	3.977	F (2, 5) = 8.558	P=0.0243
8	Ca含量	4.054	1	4.054	F (1, 5) = 8.723	P=0.0318
9	Mg含量	2.581	1	2.581	F (1, 5) = 5.554	P=0.0650
10	残差	2.324	5	0.4648		
11	总计	10.28	7			
12						
13	参数估计	变量	估计	标准误差	95% 置信区间(渐近)	|t|	P 值	P 值摘要
14	β0	截距	33.50	2.992	25.81 至 41.19	11.20	<0.0001	****
15	β1	Ca含量	-0.1114	0.03772	-0.2084 至 -0.01444	2.953	0.0318	*
16	β2	Mg含量	1.007	0.4274	-0.09138 至 2.106	2.357	0.0650	ns

（a）

18	拟合优度			
19	自由度	5		
20	调整后的R 平方	0.6835		
21				
22	多重共线性	变量	VIF	R2 与其他变量
23	β0	截距		
24	β1	Ca含量	1.029	0.02852
25	β2	Mg含量	1.029	0.02852
26				
27	残差正态性	统计	P 值	通过了正态性检验 (α=0.05)?	P 值摘要
28	Shapiro-Wilk (W)	0.9060	0.3267	是	ns
29				
30	数据摘要			
31	表中的行	8		
32	跳过的行(缺少数据)	0		
33	分析的行(案例数)	8		
34	参数估计数	3		
35	#案例/#参数	2.7		

（b）

图9-50 多重线性回归结果

a. 在"残差正态性"选项下显示"Shapiro-Wilk（W）"检验结果，P 值＞0.05，表示残差通过了正态性检验，该例中的数据可以使用最小二乘法进行回归模型分析。

b. 由"方差分析"表可见，"回归"行的 P 值＜0.05，此回归方程有统计学意义。自变量（Ca 含量）P 值＜0.05，按"α=0.05"水平有统计学意义，但自变量（Mg 含量）P 值＞0.05，无统计学意义。

c. 在"参数估计"选项下显示回归方程各参数估计值、95% 置信区间（渐近）、"|t|"、P 值和 P 值摘要。根据回归系数估计值可得回归方程

$$\hat{Y}=33.50-0.1114X_1+1.007X_2$$

式中，X_1 表示 Ca 含量；X_2 表示 Mg 含量。

d. 在"拟合优度"选项下显示调整后的 R 平方为 0.6835。

e. 在"多重共线性"选项组中，0＜VIF＜10，不存在多重共线性。

② 图表分析。

a."实际图与预测图：多重线性回归 / 硅酸盐水泥"绘制实际 Y 值（在 X 轴上）与预测 Y 值（来自回归，在 Y 轴上）。如果模型有用，则数据应围绕同一条线聚集，如图9-51（a）所示。通过该图，可直观了解多元回归模型是如何解释数据的。

b."残差图：多重线性回归 / 硅酸盐水泥"是最常用的图形。于每一行数据，Prism 会根据回归方程计算预测的 Y 值，并将其绘制在 X 轴上。Y 轴显示残差［图9-51（b）］。如果数据遵循多元回归的假设，无法看到任何明显的趋势。残差的大小不应与预测的 Y 值相关。

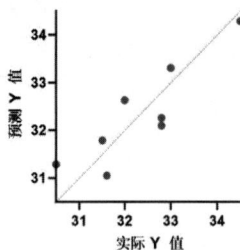
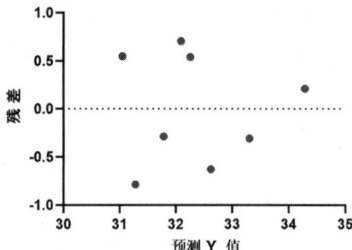

实际图与预测图：多重线性回归/硅酸盐水泥   残差图：多重线性回归/硅酸盐水泥

（a）   （b）

图 9-51   多重线性回归图

（5）保存项目

单击"文件"功能区中的"保存"按钮🖫，或按下 Ctrl+S 键，直接保存项目文件。

9.3   非线性回归分析

在生活中，很多现象之间的关系往往不是线性关系，若因变量和一组自变量之间关系表现为形态各异的各种曲线，称为非线性回归。

9.3.1   曲线拟合

曲线拟合是计算出两组数据之间的一种函数关系，由此描绘其变化曲线（拟合曲线）及估计非采集数据对应的变量信息。

选择菜单栏中的"分析"→"回归和曲线"→"非线性回归（曲线拟合）"命令，弹出"分析数据"对话框，在左侧列表中选择指定的分析方法，即非线性回归（曲线拟合），在右侧显示一列数据集和数据列。

单击"确定"按钮，关闭该对话框，弹出"参数：非线性回归"对话框，其包含 10 个选项卡，如图 9-52 所示。

（1）"模型"选项卡

a."选择方程式"列表：选择模型的类型。除了直接在列表中选择内置的方程式外，还可以单击"新建"按钮，选择创建新方程式、从 Prism 文件导入方程式、克隆选定的方程式。

b. 勾选"从标准曲线内插未知数"复选框，从最佳拟合曲线中内插未知样品的浓度。并在下拉列表中选择置信区间（90%、95%、99%）。

（2）"方法"选项卡

在该选项卡下选择回归分析过程中对离群值的处理、拟合方法等，如图 9-53 所示。

图 9-52   "参数：非线性回归"对话框

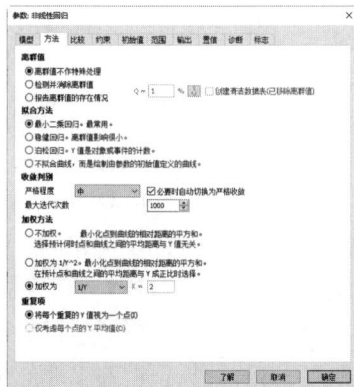

图 9-53   "方法"选项卡

① 离群值　设置下面三种离群值的处理方法。

➢ 离群值不作特殊处理：选择该选项，保留离群值。

➢ 检测并消除离群值：选择该选项，消除检测到的离群值。

➢ 报告离群值的存在情况：选择该选项，输出离群值。

② 拟合方法　选择下面四种拟合方法。

a. 最小二乘回归：标准的非线性回归。Prism 尽可能减少数据点和曲线之间垂直距离的平方和，简称为最小平方。如果假设残差的分布（点到曲线的距离）为高斯分布，则这属于适当选择。

b. 稳健回归：稳健回归受异常值的影响较小，但它不能为参数生成置信区间，单独执行稳健回归毫无用处，其只是作为异常值检测的第一步。

c. 泊松回归：在每个 Y 值均是计算的对象或事件的数量时，选择泊松回归。这些必须是实际的计数，而不是任何形式的标准化。

d. "不拟合曲线，而是绘制由参数的初始值定义的曲线"：非线性回归迭代运行，从每项参数的初始值开始。选中"不拟合曲线"，查看由初始值生成的曲线。如果曲线远离数据，返回"初始参数"选项卡，为初始值输入更好的值。重复操作，直至曲线接近点。然后返回"方法"选项卡，并选中"拟合曲线"。这通常是诊断非线性回归问题的最佳方法。

③ 收敛判别　非线性回归是一种迭代过程。其从初始值开始，然后重复改变这些值以增加参数的拟合优度。在改变参数值使拟合优度发生微小变化时，回归停止。

a. 严格程度：Prism 以三种方式定义收敛准则。

➢ 快速。如果正在拟合大量数据集，则可以使用"快速"收敛定义来加快拟合速度。通过这种选择，将非线性回归定义为在连续两次迭代的平方和变化小于 0.01% 时收敛。

➢ 中（默认）。将非线性回归定义为在连续五次迭代的平方和变化小于 0.0001% 时收敛。

➢ 严格（缓慢）。如果很难找到一个合理的拟合点，则可能想要尝试更严格的收敛定义。通过这种选择，非线性回归迭代不会停止，直到连续五次迭代的平方和变化小于 0.00000001%。

b. 必要时自动切换为严格收敛：使用最严格的选择后计算过程的耗时较长，这对于小数据集来说不重要，但对于大数据集或者在运行脚本来分析许多数据表时显得十分重要。

c. 最大迭代次数：拟合曲线时，经过多次迭代后，Prism 将停止。默认值为 1000。如果运行一个脚本来自动分析许多数据表，每个数据表均有许多数据点。拟合可能足够慢，因此降低最大迭代次数是有意义的。

④ 加权方法　计算拟合优度时，需要对数据点进行不同的加权操作。如果数据已标准化，则加权几乎没有意义。

a. 不加权：回归通常是通过最小化数据到直线或曲线垂直距离的平方和来完成。离曲线更远的点对平方和贡献更大，离曲线较近的点贡献很小。

b. 加权为 $1/Y^2$：在许多实验情况下，Y 值较高时，期望曲线上点的平均距离（距离

的平均绝对值）较高。具有较大散布的点将具有更大的平方和，从而主导计算。如果期望相对距离（残差除以曲线高度）是一致的，则应该用 1/Y^2 加权。

c. 加权为：提供了下面几种选择。

➤ 1/Y 加权：散布遵循泊松分布时，选择该选项。Y 代表定义空间中的对象数量或定义区间中的事件数量。

➤ 1/Y^K：一般加权。

➤ 用 1/X 或 1/X² 加权：当进行生物测定的线性拟合时，选择这些加权方式。

⑤ 重复项

a. 选择是否拟合所有数据（如果输入单个重复数，或如果以这种方式输入数据，则考虑 *SD* 或 *SEM* 和 *n*）或仅拟合平均值。

b. 如果只拟合该平均值，则 Prism 将得到更少的数据点，因此参数的置信区间往往会更宽，且比较替代模型的能力也更小。选择回归分析时，将每个重复数看作一个点，而非只看平均数。

c. 如果将数据输入为平均值、*n* 和 *SD* 或 *SEM*，则 Prism 可选择仅拟合平均值，或考虑 *SD* 和 *n*。如果进行第二次选择，则 Prism 将从最小二乘回归法中精确地计算出与输入原始数据时获得的相同结果。

（3）"比较"选项卡

使用回归模型对生物数据进行拟合时，在该选项卡下区分不同模型，探究实验干预是否改变了参数，或探究参数的最佳拟合值是否与理论值存在显著差异。

（4）"约束"选项卡

Prism 不可能拟合模型中的所有参数，一般可以将一项或多项参数固定为常数值、约束为值范围、在数据集之间共享（全局拟合）或将参数定义为列常数。

① 约束为常数值（常数等于） 将参数约束为常数值会对结果产生很大影响。例如，如果已将剂量反应曲线标准化到从 0 到 100，则将顶部约束为等于 100，底部约束为等于 0。同样，如果减去基线，则指数衰减曲线必须在 Y=0 时达到稳定，可将底部参数约束为等于 0。

② 约束值范围（必须小于、必须大于、绝对值必须小于、必须介于零和此值之间）约束值范围可以防止 Prism 参数设置不可能的值。例如，应将速度常数约束为仅具有大于 0.0 的值，并将分数（即具有高亲和力的结合位点的分数）约束在 0.0～1.0 之间。

③ 共享 对所有数据集拟合的同一个最佳拟合值，而不是对每个数据集拟合一个值。

如果拟合的是曲线族，而非一条曲线，可以选择在数据集之间共享一些参数。对于每个共享参数，Prism 会找到一个适用于所有数据集的（全局）最佳拟合值。对于每个非共享参数，程序会为每个数据集找到一个单独的（局部）最佳拟合值。

④ 数据集常数 拟合曲线族时，可将其中一项参数设置为数据集常数。Prism 提供两个数据集常数。

a. 列标题：值来自列标题，每个数据集的值可不同。该参数几乎变成了第二个独立变量。其在任何一个数据集中均有常数值，但每个数据集的值不同。例如，在存在不同浓度抑制剂的情况下拟合酶进展曲线族时，可将抑制剂浓度输入到数据表的列标题中。

b. 平均 X：该值是在该数据集中有 Y 值的所有 X 值的平均值，用于中心多项式回归。

⑤ 不同数据集的不同约束　将参数设置为常数值时，不可能为每个数据集输入不同常数值。如果每个数据集的参数具有不同常数值（不是列标题），则需写入用户定义的方程，并使用特殊符号为每个数据集分配不同值。如：

<A>Bottom=4.5

<B>Bottom=34.5

<C>Bottom=45.6

Y=Bottom+span*(1-exp(-1*K*X))

在拟合数据集 A 时，Bottom 参数设置为 4.5；在拟合数据集 B 时，Bottom 参数设置为 34.5；在拟合数据集 C 时，Bottom 参数设置为 45.6。

（5）"初始值"选项卡

a. 非线性回归是一种迭代过程，必须从每项参数的估计初始值开始。然后，会对这些初始值进行调整以提高拟合度。

b.Prism 内置的每个方程以及定义的方程均包含计算初始值的规则，这些规则利用 X 和 Y 值的范围得出初始值，即成为原始的自动初始值。可以改变用户定义方程的规则，且能够复制内置方程，使其成为由用户定义的方程。下一次选择该方程进行新的分析时，将调用新规则，而不会改变正在进行分析的初始值。

c. 在拟合多项式模型时，输入任何值作为初始值不会产生差异。在拟合其他模型时，初始值的重要性取决于数据对曲线的定义程度以及模型的参数数量。数据较分散且不能很好定义模型，模型参数较多时，初始值最为重要。

（6）"范围"选项卡

① 忽略指定 X 范围之外的点　如果在一段时间内收集数据，且只想在某个时间点范围内拟合数据，忽略指定 X 范围之外的点：大于 X 值或小于 X 值。

② 定义曲线　除使模型适合数据外，Prism 还将曲线叠加在图表上，这就需要选择曲线的起点和终点，以及定义曲线等距点的数量。

（7）"输出"选项卡

① 所选参数的最佳拟合值摘要表

a. 创建摘要表和图表（S）：勾选该复选框，创建汇总表作为附加结果视图，显示每个数据集参数的最佳拟合值。

b. 要包含的参数（I）：选择汇总的变量。

c. 创建：选择要创建的图表类型，即标有列标题的条形图（C）、标有"A""B"等的条形图（A）、X 值来自列标题的 XY 图表（N）。

d. 报告（R）：在下拉列表中选择参数类型。

② 内插 X 值的位置　选择内插 X 值的位置，有以下两个选项。

➢ X 列，重复值堆叠（X）。

➢ Y 列，重复项并排排列（Y）。

（8）"置信"选项卡

① 参数的置信区间　Prism 提供了两种计算置信区间的方法。

a. 不对称（轮廓似然）置信区间：推荐该选择，其能更好地量化对参数值精确度的了解程度。其缺点是计算更复杂，因此对于庞大的数据集（特别是用户定义的方程），计算速度明显较慢。

b. 对称（渐近）近似置信区间：又称"Wald 置信区间"。由于参数值的真正不确定性通常是不对称的，这些对称区间并不总是准确，因此一般不选择该方法。仅当需将 Prism 的结果与其他程序进行比较，且需与早期的工作保持一致时，或数据过多，轮廓似然法太慢时，选择该方法。

② 置信带或预测带　选择绘制曲线的置信带还是预测带。

a. 置信水平：可选择值为 90%、95%、99%。95% 置信带表示 95% 确定包含真实曲线的区域；95% 预测带包含期望包含 95% 的未来数据点的区域。

b. 置信带：直观地了解数据如何定义最佳拟合曲线。

c. 预测带：既包括曲线真实位置的不确定性（置信带），又包括曲线周围数据的分散。因此，预测带始终大于置信带。数据点很多时，差异巨大。

③ 不稳定的参数和不明确的拟合　下面显示数据没有提供足够的信息来拟合所有参数时的 3 种处理方法。

a. 识别"不稳定"的参数：默认选项。

b. 确定"不明确"拟合。如果任何参数的依赖度大于 0.9999，Prism 将拟合标记为"模糊"，在最佳拟合值之前加上波浪号（～），以表示不可信，且不显示其置信区间。

c. 都不是：无论何种情况，仅需报告最佳拟合值。这是大多数其他程序的做法。

（9）"诊断"选项卡

① 如何量化拟合优度　选择输出的拟合优度的量化统计量，包括 R 平方、Sy.x、平方和、调整后的 R 平方（J）、RMSE、AICc（I）。

② 残差呈高斯（正态）分布吗　选择下面四种检验方法进行正态性检验，检验该假设，即非线性回归假设残差的分布遵循高斯（正态）分布。

> D'Agostino-Pearson 综合正态性检验：D'Agostino 和 Pearson 正态性检验，是一种用于检验数据是否符合正态分布的统计检验方法。

> Anderson-Darling 检验：检验样本数据是否来自特定分布。

> Shapiro-Wilk 正态性检验：用于确定数据集是否服从正态分布的统计方法。

> 包含 Dallal-Wilkinson-Lilliefor P 值的 Kolmogorov-Smirnov 正态性检验：用于检验数据是否符合正态分布的统计检验方法，是 Kolmogorov-Smirnov 检验的一种变体。

③ 残差是否存在聚类或异方差　对于曲线是否与数据趋势一致？或者曲线是否系统地偏离了数据趋势，Prism 提供了以下几种检验来回答这些问题。

a. 运行检验（U）：勾选该复选框，进行游程检验，检验曲线是否系统地偏离数据（数据点随机分布在回归曲线的上方和下方，计算预期游程数）。仅当输入单个 Y 值（无平行测定）或选择只对平均值而非单个平行测定进行拟合时，游程检验才有用。结果表中计算出低 P 值，则可得出结论，即曲线并不能很好地描述数据，可能选错了模型。

b. 重复项检验（T）：如果输入重复 Y 值，选择该项检验，以找出点是否"过于偏离"

曲线（与重复 Y 值之间的分散相比）。如果 P 值很小，则可得出结论，即曲线未足够接近数据。

c.适当加权检验（同方差）（G）：勾选该复选框，对点进行不同的加权，Prism 假设点与曲线的加权距离在整个曲线上均是相同的（同方差性）。选择 Prism 用适当权重检验来检验该假设。零假设表示选择了正确的加权方案，曲线的 Y 值和加权残差的绝对值之间没有相关性。高 P 值表示数据与该假设是一致的。P 值较小表示数据违反该假设，有必要选择一个更合适的加权方案。

④ 要创建哪些残差图　Prism 提供了五种不同的残差图。

➢ 残差 vs X 轴图（X）：该图表中，X 轴表示数据的 X 值，Y 轴表示残差或加权残差。

➢ 残差 vs Y 轴图（Y）：该图表中，X 轴表示预测的 Y 值，Y 轴表示残差或加权残差。

➢ 同方差图（H）：该图表中，X 轴表示预测的 Y 值，Y 轴表示残差或加权残差的绝对值。

➢ QQ 图（Q）：该图表中，X 轴表示实际残差，Y 轴表示预测残差。

➢ 实际图与预测图（A）：如果残差是从高斯分布抽样，该图表中，X 轴表示实际 Y 值，Y 轴表示预测 Y 值。

⑤ 参数是呈交错、冗余还是偏态分布　回归模型有两个或更多参数时，这些参数可相互交织。Prism 可通过两种方式（依赖度和协方差矩阵）量化参数之间的关系。

a.依赖度：

➢ 依赖度值介于 0.0～1.0 之间。参数完全独立时，0.0 的依赖度是理想情况（数学中的正交）。在此情况下，更改一项参数的值所引起的平方和的增加不能通过更改其他参数的值来减少。这是罕见的情况。

➢ 依赖度为 1.0 表示参数冗余。更改一项参数的值后，可更改其他参数的值来重建完全相同的曲线。如果任何依赖度大于 0.9999，则 Prism 将标记拟合"不明确"（模糊）。

b.参数协变（C）：勾选该复选框，输出标准化协方差矩阵。协方差矩阵中的每个值量化两项参数交织的程度。

c.依赖（D）：勾选该复选框，输出依赖度。每个依赖值量化该参数与所有其他参数交织的程度。

d.Hougaard 偏度度量（W）：如果参数的分布高度倾斜，则该参数的 SE 和 CI 将不是评估精确度的非常有用的方法。Hougaard 偏度度量可以量化每个参数的倾斜度。

（10）"标志"选项卡

如需分析许多数据集（可能通过运行脚本），且需要一种方法来自动标记需要更仔细检查的不良拟合时，设置该选项卡。如：低 R^2、数据点过少、对任何参数的依赖度过高、残差的正态性检验失败、运行或残差检验失败、异常值过多等。

9.3.2　绘制非线性函数

Prism 进行回归分析时为了需要，并不分析任何数据，而是根据选择的回归方程和输入的参数生成曲线，绘制函数分析。在许多实际问题中，回归函数往往是较复杂的非线性函数，回归规律在图形上表现为形态各异的各种曲线。

选择菜单栏中的"分析"→"回归和曲线"→"绘制函数"命令，弹出"分析数据"对话框，在左侧列表中选择指定的分析方法，即绘制函数，在右侧显示一列包含 P 值的数据集和数据列。

单击"确定"按钮，关闭该对话框，弹出"参数：绘制函数"对话框，其包含 3 个选项卡，如图 9-54 所示。

（1）"函数"选项卡

① 函数列表：选择内置函数。

② 曲线数：选择绘制一条曲线或指定条数曲线系列。

③ X 值范围：指定自变量 X 值的最小值和最大值。

图 9-54 "参数：绘制函数"对话框

（2）"选项"选项卡

① 导数和积分：选择绘制 XY 函数（F）、函数的一阶导数（D）、函数的二阶导数（S）、函数的积分（I）。

② XY 坐标表：选择创建曲线的线段数，默认值为 150。

③ 列标签：选择函数图表中曲线的列标签定义方法，包括手动标定每列（曲线）（M）、使用参数值标定每列（曲线）（V）。

（3）"参数值与列标题（C）"选项卡

在该选项卡中输入列标题，还可以定义参数值。

9.3.3 操作实例——细胞分裂个数非线性回归分析

某实验室分析了一组培养皿中加入不同量海藻提取物后，24h 后细胞分裂个数的相关数据，数据见表 9-6，试分析海藻提取物与细胞分裂个数的关系。

表 9-6 某实验室预测细胞个数

添加海藻提取物 /g	细胞个数 / 个	添加海藻提取物 /g	细胞个数 / 个
2.6	5000	3.2	30000
3.4	55000	3.5	70000
3.6	100000	2.9	20000

根据预测目标，确定自变量和因变量：设添加海藻提取物为预测变量 X（自变量），24h 后细胞个数为响应变量 Y（因变量）。

（1）设置工作环境

① 双击开始菜单的 GraphPad Prism 10 图标，启动 GraphPad Prism 10，自动弹出"欢迎使用 GraphPad Prism"对话框。

② 在"创建"选项组下默认选择"XY"，在右侧界面"数据表"选项组下选择"输入或导入数据到新表"这种方法，选择创建 XY 数据表。

③ 在"数据表"选项组下默认选择"输入或导入数据到新表"选项；在"选项"选项组下，"X"选项默认选择"数值"，"Y"选项选择"为每个点输入一个Y值并绘图"。

④ 单击"创建"按钮，创建项目文件，同时该项目下自动创建一个数据表"数据1"和关联的图表"数据1"，修改名称为"细胞分裂个数"。

⑤ 选择菜单栏中的"文件"→"另存为"命令，或单击"文件"功能区中保存命令按钮 🖫 下的"另存为"命令，弹出"保存"对话框，输入项目名称"细胞分裂个数非线性回归分析"。单击"确定"按钮，保存项目。

（2）输入数据

根据表9-6中的数据，在数据表"细胞分裂个数"中输入数据，结果如图9-55所示。

（3）绘制散点图

① 在左侧导航器"图表"选项卡下单击"新建图表"命令，弹出"创建新图表"对话框，在"要绘图的数据集"选项组"表"下拉列表中默认选择"细胞分裂个数"。在"图表类型"的"显示"下拉列表中选中"XY"，选择"仅点"选项。单击"确定"按钮，关闭对话框，在导航器"图表"下创建"细胞分裂个数"图表，如图9-56所示。

② 从散点图中可看出，细胞个数Y随添加海藻提取物（g）X增加而增大，且呈曲线变化趋势，需要使用非线性回归分析。

（4）非线性回归曲线拟合

① 单击"分析"功能区"采用非线性回归拟合曲线"按钮 📈，弹出"参数：非线性回归"对话框，在"选择方程式"列表中选择"Growth curves（增长曲线）"→"Exponential（Malthusian）growth（指数增长曲线）"，如图9-57所示。

② 单击"详细信息"按钮，弹出"内置方程式"对话框，显示"Third order polynomial（cubic）"（三阶多项式，立方）的方程式为"Y=Y0*exp(k*x)"，如图9-58所示。单击"关闭"按钮，关闭该对话框。

③ 打开"输出"选项卡，勾选"创建摘要表和图表（S）"复选框，在"报告（R）"下拉列表中选择"包含标

图9-55　输入数据

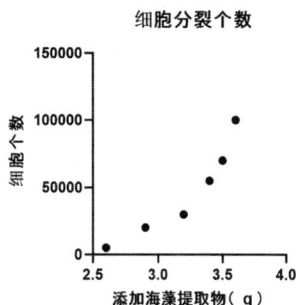

图9-56　绘制散点图

图9-57　"参数：非线性回归"
对话框

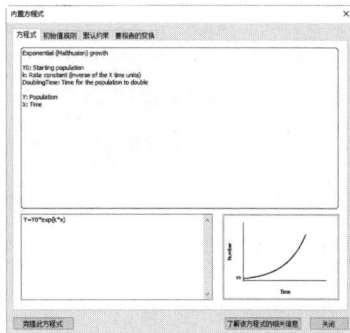

图9-58　"内置方程式"对话框

图 9-59 "输出"选项卡

准误差的参数"选项，如图 9-59 所示。

④ 单击"确定"按钮，关闭该对话框，输出包含使用最小二乘法计算的非线性分析结果的工作表。

（5）结果分析

① 结果表"非线性拟合 / 细胞分裂个数"，包含结果表和摘要表两个选项卡，如图 9-60 所示。

a. 根据"结果表"选项卡中显示的最佳拟合值（Y0、k）得出拟合方程为"Y=4.113*exp(2.798*x)"。

b. "结果表"选项卡中显示的拟合优度中，"R 平方"为 0.9897，通常将 R^2 乘以 100% 来表示回归方程解释 Y 变化的百分比。

c. 在"摘要表"选项卡显示回归系数的值和标准误。Y0 的"值"与"最佳拟合值"中的回归系数值相同；"标准误"（SE）表示对参数精确性和可靠性的估计。SE 越大，表示回归方程中系数的波动程度越大，即回归方程越不稳定。

（a）"结果表"选项卡

（b）"摘要表"选项卡

图 9-60 结果表"非线性拟合 / 细胞分裂个数"

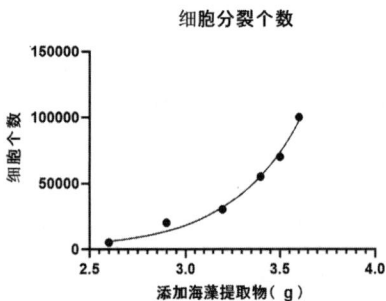

图 9-61 图表分析结果

② 图表"细胞分裂个数"显示原始数据的散点图和拟合曲线，如图 9-61 所示。"摘要表：非线性拟合 / 细胞分裂个数"显示回归方程中的系数带误差的条形图。

（6）保存项目

单击"标准"功能区上的"保存项目"按钮，或按下 Ctrl+S 键，直接保存项目文件。

9.4 综合实例——健康女性体检数据关系

表 9-7 是 20 位 25～34 周岁健康女性的体检数据，试利用这些数据对身体脂肪与大腿围长、三头肌皮褶厚度、中臂围长的关系进行相关性分析、线性回归分析。

表 9-7　测量数据

受试验者 i	1	2	3	4	5	6	7	8	9	10
三头肌皮褶厚度 X_1	19.5	24.7	30.7	29.8	19.1	25.6	31.4	27.9	22.1	25.5
大腿围长 X_2	43.1	49.8	51.9	54.3	42.2	53.9	58.6	52.1	49.9	53.5
中臂围长 X_3	29.1	28.2	37	31.1	30.9	23.7	27.6	30.6	23.2	24.8
身体脂肪 Y	11.9	22.8	18.7	20.1	12.9	21.7	27.1	25.4	21.3	19.3
受试验者 i	11	12	13	14	15	16	17	18	19	20
三头肌皮褶厚度 X_1	31.1	30.4	18.7	19.7	14.6	29.5	27.7	30.2	22.7	25.2
大腿围长 X_2	56.6	56.7	46.5	44.2	42.7	54.4	55.3	58.6	48.2	51
中臂围长 X_3	30	28.3	23	28.6	21.3	30.1	25.6	24.6	27.1	27.5
身体脂肪 Y	25.4	27.2	11.7	17.8	12.8	23.9	22.6	25.4	14.8	21.1

本例中，三头肌皮褶厚度、大腿围长、中臂围长为预测变量 X_1、X_2、X_3（自变量），身体脂肪为响应变量 Y（因变量）。

9.4.1　相关性分析

（1）设置工作环境

① 双击 GraphPad Prism 10 图标，启动 GraphPad Prism，自动弹出“欢迎使用 GraphPad Prism”对话框。在“创建”选项组下选择“多变量”选项，在“数据表”选项组下默认选择“输入或导入数据到新表”选项。

② 单击“创建”按钮，创建项目文件，同时该项目下自动创建一个数据表“数据 1”和关联的图表“数据 1”。重命名数据表为“健康女性的测量数据”。

③ 选择菜单栏中的“文件”→“另存为”命令，或单击“文件”功能区中保存命令按钮下的“另存为”命令，弹出“保存”对话框，输入项目名称“健康女性体检数据关系”。单击“确定”按钮，在源文件目录下自动创建项目文件。

（2）复制数据

打开“健康女性的测量数据表 .xlsx”文件，复制数据，粘贴转置到“健康女性的测量数据”中，结果如图 9-62 所示。

	A	B	C	D	E	F	G	H	I	J	K
1	受试验者	1	2	3	4	5	6	7	8	9	10
2	三头肌皮褶厚度	19.5	24.7	30.7	29.8	19.1	25.6	31.4	27.9	22.1	25.5
3	大腿围长	43.1	49.8	51.9	54.3	42.2	53.9	58.6	52.1	49.9	53.5
4	中臂围长	29.1	28.2	37	31.1	30.9	23.7	27.6	30.6	23.2	24.8
5	身体脂肪	11.9	22.8	18.7	20.1	12.9	21.7	27.1	25.4	21.3	19.3
6	受试验者	11	12	13	14	15	16	17	18	19	20
7	三头肌皮褶厚度	31.1	30.4	18.7	19.7	14.6	29.5	27.7	30.2	22.7	25.2
8	大腿围长	56.6	56.7	46.5	44.2	42.7	54.4	55.3	58.6	48.2	51
9	中臂围长	30	28.3	23	28.6	21.3	30.1	25.6	24.6	27.1	27.5
10	身体脂肪	25.4	27.2	11.7	17.8	12.8	23.9	22.6	25.4	14.8	21.1

（a）

	变量 A 身体脂肪	变量 B 三头肌皮褶厚度	变量 C 大腿围长	变量 D 中臂围长
	A⌄	A⌄	A⌄	A⌄
1	11.9	19.5	43.1	29.1
2	22.8	24.7	49.8	28.2
3	18.7	30.7	51.9	37.0
4	20.1	29.8	54.3	31.1
5	12.9	19.1	42.2	30.9
6	21.7	25.6	53.9	23.7
7	27.1	31.4	58.6	27.6
8	25.4	27.9	52.1	30.6
9	21.3	22.1	49.9	23.2
10	19.3	25.5	53.5	24.8
11	25.4	31.1	56.6	30.0
12	27.2	30.4	56.7	28.3
13	11.7	18.7	46.5	23.0
14	17.8	19.7	44.2	28.6
15	12.8	14.6	42.7	21.3
16	23.9	29.5	54.4	30.1
17	22.6	27.7	55.3	25.6
18	25.4	30.2	58.6	24.6
19	14.8	22.7	48.2	27.1
20	21.1	25.2	51.0	27.5

（b）

图 9-62　粘贴数据

（3）绘制点线图

① 在左侧导航器"图表"选项卡下单击"健康女性的测量数据"命令，弹出"更改图表类型"对话框，在"图表系列"下拉列表中默认显示"XY"，在下面列表中选择"点与连接线（C）"选项。

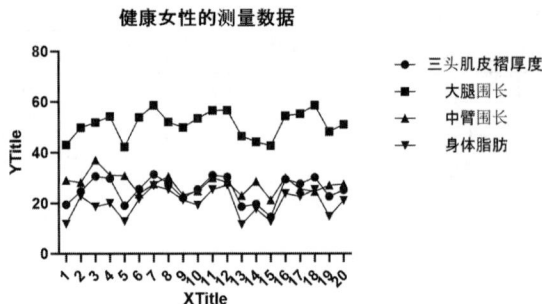

② 单击"确定"按钮，关闭对话框，在导航器"图表"选项下新建点线图，如图 9-63 所示。

图 9-63　绘制点线图

通过点线图可以发现，健康女性的四组测量数据没有相关性。

（4）正态性检验

① 选择菜单栏中的"分析"→"数据探索和摘要"→"正态性与对数正态性检验"命令，弹出"分析数据"对话框，在左侧列表中选择指定的分析方法，即正态性与对数正态性检验。单击"确定"按钮，关闭该对话框，弹出"参数：正态性和对数正态性检验"对话框。在"要检验哪些分布？"选项组下选择"正态（高斯）分布"，在"检验分布的方法"选项组下选择"Shapiro-Wilk 正态性检验（W）"。

② 单击"确定"按钮，关闭该对话框，输出结果表"正态性与对数正态性检验 / 健康女性的测量数据"，如图 9-64 所示。

③ 查看正态分布检验表中 Shapiro-Wilk 检验显著性检验结果：所有数据显著性值均大于 0.05，数据服从正态分布。因此进行相关性分析时，使用参数检验的 Pearson 相关系数计算。

（5）相关系数计算

① 将数据表"健康女性的测量数据"置为当前。

② 选择菜单栏中的"分析"→"数据探索和摘要"→"相关性"命令，弹出"分析数据"对话框。单击"确定"按钮，关闭该对话框，弹出"参数：相关性"对话框，在"计算哪几对列之间的相关性？"选项组下选择"为每对 Y 数据集（相关矩阵）计算 r（X）"，在"假定数据是从高斯分布中采样？"选项组下选择"是。计算 Pearson 相关系数（P）"。单击"确定"按钮，关闭该对话框，输出结果表"相关性 / 健康女性的测量数据"。

③ 结果分析。

a. 从结果表"相关性 / 健康女性的测量数据""Pearson r"表中可以看到皮尔逊相关系数"r"，如图 9-65 所示。

图 9-64　正态性检验结果

图 9-65　相关性分析结果

b. 三头肌皮褶厚度和大腿围长数据的相关系数为 0.924，存在相关关系，为高度相关。

9.4.2 线性回归分析

① 将数据表“健康女性的测量数据”置为当前。

② 单击“更改”功能区上的“多重线性回归”按钮，弹出“参数：多重线性回归”对话框。

③ 打开“模型”选项卡。在“回归类型”选项组下选择“最小二乘”，在“选择因变量（或结果变量）（Y）”下拉列表中选择多重线性回归模型中的因变量为“[A] 身体脂肪”，在“定义模型”列表中选择“截距”“主要效应”。

④ 打开“内插”选项卡，默认的是勾选“数据表中结果变量为空 / 缺失的行（R）”复选框，取消勾选该复选框。

⑤ 打开“诊断”选项卡，在“变量是交错还是冗余？”选项组中取消复选框的勾选；在“如何量化拟合优度”选项组下勾选“R 平方”“调整后的 R 平方”；勾选“变量是交错还是冗余？”选项组下的“多重共线性”复选框；在“正态性检验。残差呈高斯分布吗？”选项组中勾选“Shapiro-Wilk 正态性检验（W）”复选框，其余参数设置为默认。

⑥ 打开“残差”选项卡，默认的是勾选“残差图”复选框，取消勾选该复选框。

⑦ 单击“确定”按钮，关闭该对话框，输出结果表和图表。

⑧ 结果分析。

a. 结果表“多重线性回归 / 健康女性的测量数据”包含“表结果”选项卡，如图 9-66 所示。

1	分析的表	健康女性的测量数据						
2	因变量	身体脂肪						
3	回归类型	最小二乘						
4								
5	**模型**							
6	**方差分析**	**平方和**	**自由度**	**MS**	**F (DFn, DFd)**	**P 值**		
7	回归	396.0	3	132.0	F (3, 16) = 21.24	P<0.0001		
8	三头肌皮褶厚度	11.55	1	11.55	F (1, 16) = 1.859	P=0.1916		
9	大腿围长	6.574	1	6.574	F (1, 16) = 1.058	P=0.3190		
10	中臂围长	10.43	1	10.43	F (1, 16) = 1.678	P=0.2136		
11	残差	99.43	16	6.215				
12	总计	495.4	19					
13								
14	**参数估计**	**变量**	**估计**	**标准误差**	**95% 置信区间(渐近)**	**|t|**	**P 值**	**P 值摘要**
15	β0	截距	107.9	98.40	-100.7 至 316.5	1.096	0.2892	ns
16	β1	三头肌皮褶厚度	4.060	2.978	-2.253 至 10.37	1.363	0.1916	ns
17	β2	大腿围长	-2.620	2.547	-8.020 至 2.780	1.029	0.3190	ns
18	β3	中臂围长	-2.040	1.575	-5.379 至 1.299	1.295	0.2136	ns

（a）

20	**拟合优度**				
21	自由度	16			
22	R 平方	0.7993			
23	调整后的 R 平方	0.7617			
24					
25	**多重共线性**	**变量**	**VIF**	**R2 与其他变量**	
26	β0	截距			
27	β1	三头肌皮褶厚度	684.0	0.9985	
28	β2	大腿围长	545.1	0.9982	
29	β3	中臂围长	101.0	0.9901	
30					
31	**残差正态性**	**统计**	**P 值**	**通过了正态性检验 (α=0.05)?**	**P 值摘要**
32	Shapiro-Wilk (W)	0.9642	0.6298	是	ns
33					
34	**数据摘要**				
35	表中的行	20			
36	跳过的行(缺少数	0			
37	分析的行（案例	20			
38	参数估计数	4			
39	#案例/#参数	5.0			

（b）

图 9-66　多重线性回归结果

b. 在“残差正态性”选项下显示 Shapiro-Wilk（W）检验结果，P 值＞0.05，表示残差通过了正态性检验，该例中的数据可以使用最小二乘法进行回归模型分析。

c. 由“方差分析”表可见，“回归”行的 P 值＜0.0001，此回归方程有统计学意义。

d. 在“参数估计”选项下显示回归方程各参数估计值、95% 置信区间（渐近）、| t |、P 值和 P 值摘要。根据回归系数估计值可得回归方程：

$$\hat{Y}=107.9+4.06X_1-2.62X_2-2.04X_3$$

式中，X_1 表示三头肌皮褶厚度；X_2 表示大腿围长；X_3 表示中臂围长。

e. 在"拟合优度"选项下显示调整后的 R 平方为 0.7617，回归模型拟合效果一般。

f. 在"多重共线性"选项组中，VIF＞10，存在多重共线性。

⑨ 保存项目：单击"标准"功能区上的"保存项目"按钮，或按下 Ctrl+S 键，直接保存项目文件。

GraphPad Prism 10

Chapter

10

扫码看本章实例
视频讲解

第 10 章
临床医学研究统计

在临床医学研究上，依据医学测量结果判断人的生理或生化等功能
是否正常，进行临床诊断，根据数据对临床试验做出客观评价。

本章通过诊断分析和生存分析，区分疾病和健康两种不同的状态，
合理地描述、分析和评价生存资料。

10.1 诊断试验的统计分析

评价临床测量指标对疾病诊断作用大小的临床试验称为诊断试验，诊断试验包括各种实验室检查诊断、影像诊断和仪器诊断（如 X 线、超声波、CT 扫描、磁共振及纤维内镜等），各种方法的诊断价值如何，必须通过诊断试验确定。

10.1.1 观察结果的一致性评价

临床上医生常根据患者的临床症状和各种特殊检查对疾病或预后做出判断，以确定患者是否患有某种疾病或预后情况。要想评价不同医生对同一批患者的判断结果，或同一医生先后两次的测量和判断结果是否一致，常使用 Kappa 值和 Kendall 系数。

选择菜单栏中的"分析"→"群组比较"→"Bland-Altman方法比较"命令，弹出"分析数据"对话框，在左侧列表中选择指定的分析方法：Bland-Altman 方法比较。单击"确定"按钮，关闭该对话框，弹出"参数：Bland-Altman"对话框，如图 10-1所示。

下面介绍该对话框中的选项。

（1）数据集

选择采用方法 A 和方法 B 的数据集。

（2）计算

图 10-1 "参数：Bland-Altman"对话框

选择描述测量结果差值分布的统计量。其包括"差值（A-B）vs 均值（D）""比率（A/B）vs 均值（R）""% 差值（100*（A-B）/ 均值）vs 均值（F）""差值（B-A）vs 均值（E）""比率（B/A）vs 均值""% 差值（100*（B-A）/ 均值）vs 均值（V）"。

（3）有效数字

显示的有效数字位数（W）：显示差值和平均值有效数字位数。

（4）新建图表

为结果创建新图表（C）：创建 Bland-Altman 图，在 Y 轴上绘制两个测量值之间的差值，在 X 轴上绘制两个测量值的平均值。创建图中的两条虚线表示 95% 一致性界限。

10.1.2 诊断试验的 ROC 分析

对同一项检测方法，采用不同的诊断阈值会有不同的灵敏度和特异度。为了全面和准确地评价检测方法的诊断价值，可以采用 ROC 分析方法。

选择菜单栏中的"分析"→"群组比较"→"受试者工作特征曲线"命令，弹出"分析数据"对话框，在左侧列表中选择指定的分析方法，即受试者工作特征曲线，单击"确定"按钮，关闭该对话框，弹出"参数：受试者工作特征曲线"对话框，如图 10-2 所示。

（1）数据集

指定哪些列具有对照结果和患者结果。

（2）置信区间

置信区间（I）：选择置信水平，默认值为95%。

方法（M）：选择计算置信区间的方法，默认选择"Wilson/Brown（推荐）"。

（3）结果

受试者工作特征曲线的报告形式（R）：以分数或百分比表示结果。

图 10-2　"参数：受试者工作特征曲线"
对话框

10.1.3　操作实例——两种检测方法一致性比较

为了比较皮下动态血糖测量仪与实验室常规检测血糖的一致性，对10名糖尿病患者在同一时间分别采用两种方法检测24小时空腹血糖，并判断两种方法检测空腹血糖数据是否有差异。

（1）设置工作环境

① 双击 GraphPad Prism 10 图标，启动 GraphPad Prism。

② 选择菜单栏中的"文件"→"打开"命令，或单击"Prism"功能区中的"打开项目文件"命令，或单击"文件"功能区中的"打开项目文件"按钮 ，或按下 Ctrl+O 键，弹出"打开"对话框，选择需要打开的文件"空腹血糖检测数据配对 T 检验 .prism"，单击"打开"按钮，即可打开项目文件。

③ 选择菜单栏中的"文件"→"另存为"命令，或单击"文件"功能区中保存命令按钮 下的"另存为"命令，弹出"保存"对话框，输入项目名称"两种检测方法一致性比较 .prism"。单击"确定"按钮，保存项目。

（2）Bland-Altman 方法比较

使用 Bland-Altman 方法计算出两种检测方法结果的一致性界限，并用图形直观地反映一致性界限和两种检测方法测量差距的分布情况，最后结合临床实际经验，分析两种治疗方法是否具有一致性。

① 在导航器中单击选择数据表"空腹血糖检测数据"。

② 选择菜单栏中的"分析"→"群组比较"→"Bland-Altman 方法比较"命令，弹出"分析数据"对话框，单击"确定"按钮，关闭该对话框，弹出"参数：Bland-Altman"对话框，自动识别采用方法 A、方法 B 的数据集，在"计算"选项组下选择"比率（A/B）vs 均值（R）"，默认勾选"为结果自建新图表（C）"复选框，如图 10-3 所示。

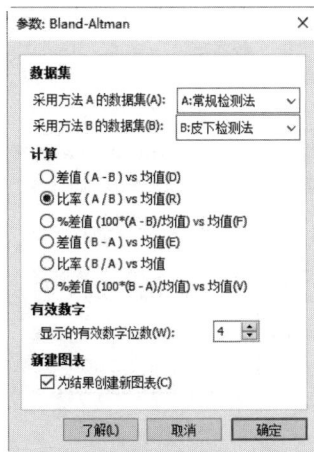

图 10-3　"参数：Bland-Altman"
对话框

③ 单击"确定"按钮，关闭该对话框，输出分析结果表和图表，如图 10-4 所示。

（3）结果分析

① 在结果表"Bland-Altman/ 空腹血糖检测数据"中显示分析结果：两种检测方法结果差值的均值、两种检测方法结果差值的标准差、95% 一致性界限范围。

② 从图表"比率 vs 均值 :Bland-Altman/ 空腹血糖检测数据"可以直观地看出两种检测方法的差异。水平的两条虚线为 95% 一致性界限，若均值数据点位于界限（最小值，最大值）之间，表示两种检测方法有较好的一致性。

（4）美化图表

① 双击图表中的左 Y 轴，弹出"设置坐标轴格式"对话框，打开"坐标框与原点"选项卡，在"坐标框样式"下选择普通坐标框，坐标轴颜色为蓝色，如图 10-5 所示。

② 打开"左 Y 轴"选项卡，在"其他刻度与网格线"列表中添加刻度 1.113，在 Bland-Altman 图中，Y 轴上添加两个测量值之间差值的均值（1.113），如图 10-6 所示。

③ 单击刻度 1.113 右侧的"..."按钮，弹出"设置其他刻度和网格的格式"对话框，在"Y="勾列表中选择刻度 1.113，勾选"显示网格线"复选框，粗细设置为 2 磅在"显示网格线"选项组下设置颜色为红色，如图 10-7 所示。选择其余两个刻度进行设置。

④ 单击"确定"按钮，更新图表显示样式，两条虚线表示的 95% 一致性界限为红色虚线，两个测量值之间差值的均值线为蓝色虚线，如图 10-8 所示。

（a）

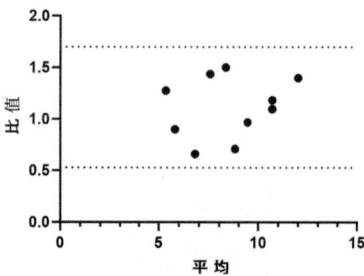

（b）

图 10-4　Bland-Altman 检验分析结果

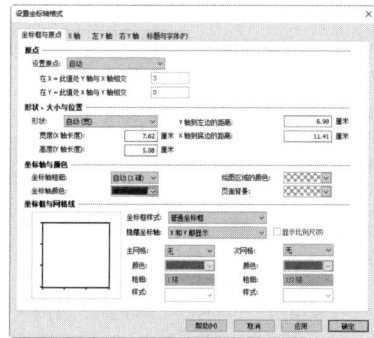

图 10-5　"坐标框与原点"选项卡

图 10-6　"左 Y 轴"选项卡

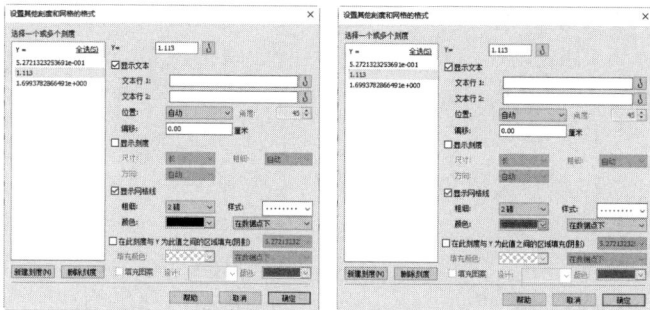

图 10-7　"设置其他刻度和网格的格式"对话框

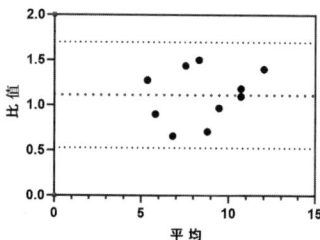

图 10-8　图表显示样式

（5）ROC 曲线比较

① 受试者工作特征曲线（ROC 曲线）是指在特定刺激条件下，以被试在不同判断标准下所得的虚报概率 $P(y/N)$ 为横坐标，以击中概率 $P(y/SN)$ 为纵坐标画得的各点的连线。ROC 曲线有助于选择最佳的阈值。

② 选择菜单栏中的"分析"→"群组比较"→"受试者工作特征曲线"命令，弹出"分析数据"对话框，在左侧列表中选择指定的分析方法，即受试者工作特征曲线，单击"确定"按钮，关闭该对话框，弹出"参数：受试者工作特征曲线"对话框，选择 Wilson/Brown 方法，如图 10-9 所示。

③ 单击"确定"按钮，关闭该对话框，输出分析结果表"ROC/ 空腹血糖检测数据"，如图 10-10 所示。ROC 曲线下的面积可以用来综合评价诊断的准确性。

④ 图表"受试者工作特征曲线 :ROC/ 空腹血糖检测数据"中显示 ROC 曲线，曲线越靠近左上角，模型的准确性就越高。最靠近左上角的 ROC 曲线上的点是分类错误最少的最好阈值，其假正例和假反例总数最少。

（6）保存项目

单击"文件"功能区中的"保存"按钮 💾，或按下 Ctrl+S 键，直接保存项目文件。

10.2　生存分析

在临床试验研究中，如对慢性病、恶性肿瘤等患者的随访观察，常常需记录观察对象各时点上终点事

图 10-9　"参数：受试者工作特征
曲线"对话框

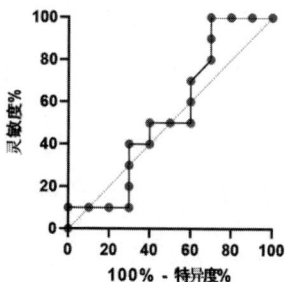

图 10-10　ROC 曲线比较结果

件的发生情况，包括终点事件出现以及观察对象达到终点所经历的时间长短，以比较和评价临床疗效。生存分析是将事件的终点和出现这一终点所经历的时间结合起来分析的一类统计分析方法。

10.2.1 生存分析的基本概念

（1）生存时间

生存时间指患者从发病到死亡所经历的时间长度。广义上，可定义为从规定的观察起点到某终点事件出现所经历的时间长度，观察起点可以是发病时间、第一次确诊时间或接受处理（治疗）的时间等，终点事件可以是某种疾病的发生、复发，死亡，某种处理的反应等。例如，在临床研究中，急性白血病患者从骨髓移植治疗开始到复发之间的时间间隔，冠心病患者出现心肌梗死所经历的时间；在流行病学研究中，从开始接触某危险因素到发病所经历的时间；在动物实验研究中，从开始给药到发生死亡所经历的时间等。在计算生存时间时，为便于分析和比较，需要有明确规定的时间起点和终点以及时间的测量单位。

（2）生存数据

生存数据包括完全数据和删失数据。

① 完全数据提供的是准确的生存时间。

② 删失数据也称截尾数据，是由于某种原因而无法准确观测到生存时间的数据。

（3）生存分析常用统计指标

① 生存率：又称生存函数，表示观察对象的生存时间 T 大于某时刻 t 的概率，常用 $S(t)$ 表示。其估计值为

$$\hat{S}(t) = \hat{p}(T > t) = \frac{t时刻仍存活的例数}{观察总例数}$$

上式是无删失数据时估计生存率的公式，若含有删失数据，则需要分时段计算生存概率。假定观察对象在各个时段的生存事件独立，$S(t)$ 的估计公式为

$$S(t)=P(T>t_k)=p_1 p_2 \cdots p_k=S(t_{k-1})p_k$$

式中，$p_i(i=1,2,\cdots,k)$ 为各分时段的生存概率，故生存率又称累计生存概率。

② 中位生存期：50% 的个体尚存活的时间称为中位生存期，又称作半数生存期。中位生存期越长，表示疾病的预后越好；反之，中位生存期越短，预后越差。中位生存期可以根据生存率曲线得到，生存曲线纵轴生存率为 50% 时所对应的横轴生存时间即中位生存期。

（4）风险函数

生存时间已达到 t 的观察对象在时刻 t 的瞬时死亡率称为风险函数，又称为危险率函数，常用 $h(t)$ 表示，即

$$h(t) = \lim_{\Delta t \to 0} \frac{p(t \leqslant T < t + \Delta t | T \geqslant t)}{\Delta t}$$

当 $\Delta t=1$ 时，$h(t)\approx p(t\le T<t+1|T\ge t)$，即 $h(t)$ 近似等于 t 时刻存活的个体在此后一个单位时段内的死亡概率。

风险函数随时间的延长可呈现递增、递减或其他波动形式。当风险函数为常数时，表示死亡速率不随时间而加速；如果风险函数随时间上升，则表示死亡速率随时间而加速，反之亦然。

10.2.2　Kaplan-Meier 生存分析

Kaplan-Meier 估计也称为乘积限制估计，用于根据生命周期数据估计生存函数，比较生存率。生存率的非参数检验包括 log-rank 检验和 Breslow 检验两种方法。

选择菜单栏中的"分析"→"群组比较"→"简单生存分析（Kaplan-Meier）"命令，在左侧列表中选择指定的分析方法：简单生存分析（Kaplan-Meier）。单击"确定"按钮，关闭该对话框，弹出"参数：简单生存分析（Kaplan-Meier）"对话框，如图 10-11 所示。

（1）"输入"选项组

默认选项是使用代码"1"表示感兴趣事件发生，使用"0"表示已删失的观察结果。在 Prism 中，X 值表示时间，可手动指定 Y 值编码［死亡 / 事件（D）、删失对象（C）］，代码必须为整数值。

（2）"曲线比较"选项组

图 10-11　"参数：简单生存分析（Kaplan-Meier）"对话框

Prism 提供两种比较两条、三条或更多条生存曲线的方法。

① 用于比较两组的计算：

➢ 对数秩（Mantel-Cox 检验）（X）：Prism 使用 Mantel-Haenszel 方法、Mantel-Cox 方法这两种方法来计算该检验。这两种方法几乎相同，但在如何处理同时发生的多例事件上可能有所不同。

➢ Gehan-Breslow-Wilcoxon 检验（早期时间点的额外权重）（W）：对发生时间较早的事件给予更多权重。但在早期删失很大一部分研究参与者时，该检验的结果可能会产生误导。相比之下，对数秩检验给所有时间点的观察结果赋予相同的权重。该方法不要求一致的风险比，但要求一组的风险始终比另一组高。

② 用于比较三组或更多组的计算：

➢ 对数秩（G）：该检验最常用于比较三条或更多曲线。

➢ 趋势对数秩检验（F）：仅当研究组顺序（由数据表中的数据集列定义）符合逻辑时，该检验才相关。

➢ Gehan-Breslow-Wilcoxon 检验（早期时间点的额外权重）（H）：给早期时间点提供更多权重。

（3）"样式"选项组

① 这些项目的概率制成表（B）：指定计算和显示结果的方式，包括生存（百分比）、

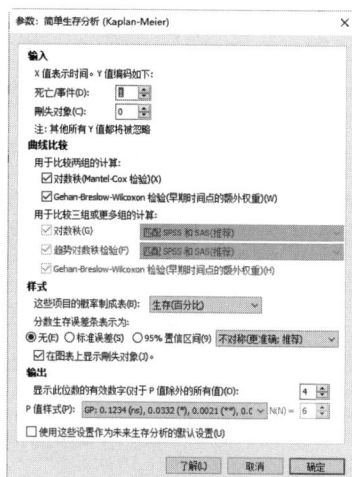

死亡（百分比）、生存（分数）、死亡（分数）。

② 分数生存误差条表示为：

- 无（E）：不添加分数生存误差条。
- 标准误差（S）：将标准误差作为分数生存误差条。
- 95% 置信区间（9）：Prism 提供两种选项，即对称和不对称。默认选择为“不对称”变换方法，其将绘制不对称置信区间。选择“对称”表示选择对称 Greenwood 区间。不对称置信区间更有效。

③ 在图表上显示删失对象（J）：选择是否绘制经过审查的观察结果。

10.2.3 操作实例——肿瘤两种疗法生存分析

用两种方法治疗某肿瘤，各做 12 例，随访记录各观察对象的生存期（年）如表 10-1 所示，“+”表示删失数据，试用 K-M 法估计两种疗法的生存率，并比较两种疗法生存率是否有差别。

表 10-1　随访记录生存期　　单位：年

A 组	0.5	0.8	1.5	2.0	2.0+	2.4	2.8+	3.2	3.2+	3.5	5.5	5.8
B 组	1.5	3.2	3.8	4.0	4.0+	4.5	5.5+	6.0	6.2+	7.4	8.6+	9.5

（1）设置工作环境

① 双击开始菜单的 GraphPad Prism 10 图标，启动 GraphPad Prism 10，自动弹出“欢迎使用 GraphPad Prism”对话框。

② 在“创建”选项组下默认选择“生存”，在右侧界面“数据表”选项组下选择“输入或导入数据到新表”，在“选项”选项组下选择“以天数（或月数）为单位输入经过的时间”。单击“创建”按钮，创建项目文件，同时该项目下自动创建一个数据表“数据 1”和关联的结果表“数据 1”、图表“数据 1”，重命名数据表为“生存期”。

③ 选择菜单栏中的“文件”→“另存为”命令，或单击“文件”功能区中保存命令按钮下的“另存为”命令，弹出“保存”对话框，输入项目名称“肿瘤两种疗法生存分析 .prism”。单击“确定”按钮，保存项目。

（2）输入数据

① 在导航器中单击选择“恶性肿瘤患者生存时间”，在列标题中分别输入生存期、A 组、B 组。

② 根据题中数据在“生存期”列输入数据，结果如图 10-12 所示。删失数据结果变量为 0，其余受试者结果变量为 1。

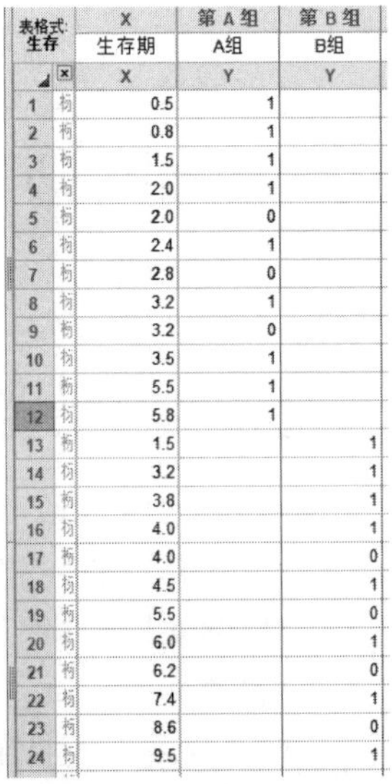

表格式:生存	X 生存期	第 A 组 A组	第 B 组 B组
	X	Y	Y
1	0.5	1	
2	0.8	1	
3	1.5	1	
4	2.0	1	
5	2.0	0	
6	2.4	1	
7	2.8	0	
8	3.2	1	
9	3.2	0	
10	3.5	1	
11	5.5	1	
12	5.8	1	
13	1.5		1
14	3.2		1
15	3.8		1
16	4.0		1
17	4.0		0
18	4.5		1
19	5.5		0
20	6.0		1
21	6.2		0
22	7.4		1
23	8.6		0
24	9.5		1

图 10-12　输入数据

（3）生存分析

生存分析不需要操作，直接输出分析结果。

单击打开结果表“生存 / 生存期”，其包含三个选项卡，即

图 10-13　对数秩检验结果

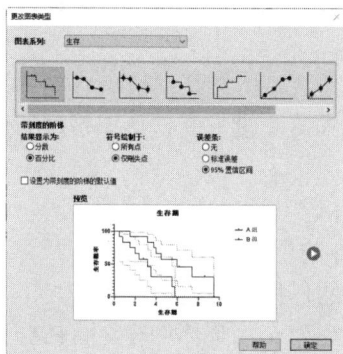

图 10-14　"更改图表类型"对话框

存在风险、曲线比较、数据摘要，如图 10-13 所示。

（4）结果分析

"曲线比较"选项卡中显示对数秩（Mantel-Cox）检验和 Gehan-Breslow-Wilcoxon 检验结果：P 值<0.05，"生存曲线显著不同吗？"结果为"是"。因此认为两种治疗方法下的肿瘤患者的生存时间有显著不同。

（5）生存曲线分析

单击图表"生存期"，自动弹出"更改图表类型"对话框，选择"带刻度的阶梯"，如图 10-14 所示。单击"确定"按钮，关闭该对话框，创建阶梯模式的生存曲线，生存率绘制成百分比（0～100%）形式，如图 10-15 所示。

（6）图表编辑

① 单击"更改"功能区中的"更改颜色"按钮 下的"色彩"命令，即可自动更新图表颜色。

② 单击"更改"功能区中的"设置图表格式（符号、条形图、误差条等）"按钮 ，弹出"格式化图表"对话框。打开"外观"选项卡，在"数据集"下拉列表中选择"更改所有数据集"，勾选"显示区域填充"复选框，在"填充颜色"下拉列表中选择"几乎透明（75%）"中的紫色，在"位置"下拉列表中选择"在误差带内"。

③ 单击"确定"按钮，关闭对话框，在图表误差带中填充颜色，如图 10-16 所示。

生存曲线图中很好地示出了实际生存数据，就像一段楼梯，但在每个研究组中，生存率和误差包络的重叠曲线基本重叠，使之难以阅读。

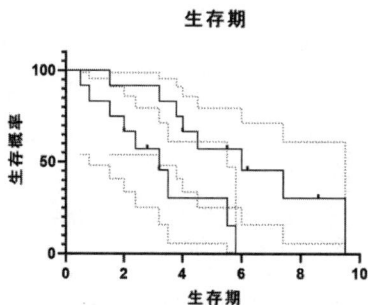

图 10-15　创建生存曲线

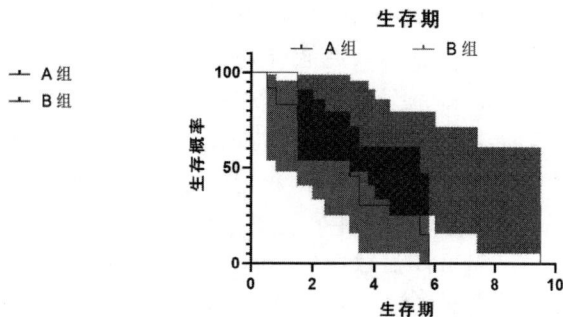

图 10-16　填充误差带

（7）保存项目

单击"文件"功能区中的"保存"按钮 ▦，或按下
Ctrl+S 键，直接保存项目文件。

10.2.4　Cox 比例回归分析

Cox 比例回归分析以生存结局和生存时间为因变量，
可同时分析众多因素对生存期的影响，能分析带有截尾
生存时间的资料，且不要求估计资料的生存分布类型。

选择菜单栏中的"分析"→"群组比较"→"Cox
比例风险回归"命令，弹出"分析数据"对话框，在左
侧列表中选择指定的分析方法：Cox 比例风险回归。单
击"确定"按钮，关闭该对话框，弹出"参数：Cox 比
例风险回归"对话框，其包含 8 个选项卡，如图 10-17
所示。

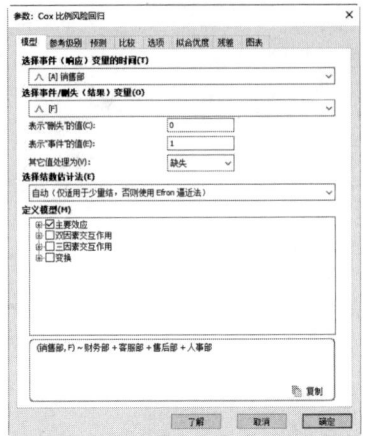

图 10-17　"参数：Cox 比例风险
回归"对话框

（1）"模型"选项卡

Cox 比例风险回归分析所必需的参数包括指定分析的事件（响应）发生时间变量和结
果（事件 / 删失）变量。

① 选择事件（响应）变量的时间（T）　指定哪个值（或水平）代表包含"事件"的
观察对象。

② 选择事件 / 删失（结果）变量（O）　如何处理所选变量的任何其他值或水平。通
过数值表明个体 / 观察结果是否发生感兴趣事件或进行过删失的变量。变量可以是连续变
量，也可以是分类变量。通常，将该信息编码为连续变量。

a. 表示"删失"的值（C）：值"0"代表进行删失的个体。

b. 表示"事件"的值（E）：值"1"代表发生感兴趣事件的个体。

c. 其它值处理为（V）：指定 Prism 如何处理所选变量中的任何其他值。

▷ 缺失：选择该选项，Prism 会将所含数值不同于"删失"和"事件"指定值的行视
为该行中根本没有该变量值。因此，将这些行从分析中省略。

▷ 删失：选择该选项，所含数值不同于"删失"和"事件"指定值的行将视为删失
观察结果。

▷ 死亡 / 事件：选择该选项，所含数值不同于"删失"和"事件"指定值的行将视为
事件。仅当如果只关注研究所有事件的概率，而非事件之间的差异时，才选择该
选项。例如，如果正在研究一般生存概率，可以处理"车祸死亡"和"心脏病发
作死亡"，但在一项考察实验治疗对心力衰竭影响的研究中，不适合同等对待这两
者（在此情况下，"车祸死亡"可能会视为删失观察结果）。

③ 选择结数估计法（E）　Cox 比例风险回归模型要求记录每个观察结果的事件发生
前时间信息，当事件观察结果具有相同历时（要么归因于数据收集方式，要么归因于事
件的具体顺序未知）时，这些观察结果称为关联（结），且分析可采用各种方式来处理关
联（结）。

a. 自动：默认情况下，Prism 会自动选择处理关联的最佳方法。

b. Breslow 逼近法：仅用于匹配其他应用程序生成的结果，一般不建议使用。

c. Efron 近似值：该方法通常视为最精确，且在执行所需的计算时考虑关联事件排序的所有可能排列。

d. 精确：随着数据集中关联的数量增加，排列的总数迅速增加，导致计算时间急剧增加。为解决该问题，开发了一些精确方法的近似方法。

④ 定义模型（M） 选择包含在模型中的预测变量、交互和变换 [X2、X3、sqrt（X）、In（X）、log（X）、exp（X）、10（X）]。

a. 主要效应：主要效应可以是正在研究的变量（例如，治疗组或基因型），也可以是正进行简单纠正的变量（例如，年龄、性别、体重等协变量）。尽管对这些变量的解释可能不同，但从模型定义的角度来看并无区别。

在该选项下选择指定模型中需要包含的预测变量。拟合模型时，Prism 将为模型中每个选定的主要效应估计一个回归系数（β 系数）。包括分类预测变量时，为该预测量估计的回归系数的数量等于分类变量的水平数量减1（例如，具有四个水平的分类预测变量将生成三个估计的回归系数）。另外，还将为模型中包含的各交互和变换估计回归系数。

b. 交互：展开包含的交互（两因素或三因素）列表，Prism 在模型中选择进行任意数量独立预测变量的两因素或三因素交互。

c. 变换：除交互外，Prism 还可以在模型中指定将哪些预测变量变换为分析模型的一部分，包含任何预测变量的平方、立方、平方根、对数和指数。

（2）"参考级别"选项卡

在分类预测变量作为预测因子纳入回归模型中时，Prism 会使用"虚拟编码"自动对该变量进行编码。在该选项卡下可以为指定模型中的任何分类预测变量设定参考水平，即分类变量的"基准"或"常规"水平。

（3）"预测"选项卡

在该选项卡下利用 Prism 估计的 Cox 比例风险回归拟合模型，使用每个预测变量的值以及指定历时来预测生存概率曲线。

（4）"比较"选项卡

在该选项卡下指定是否比较两个模型（指定模型与零模型）的拟合度。零模型只是一个不包含预测变量的模型，与分析中指定的模型进行比较时，可用于确定包含在指定模型中的预测变量的相对重要性，或者评估指定模型的总体"拟合度"。

（5）"选项"选项卡

在该选项卡下指定 Prism 结果表中输出的结果（"拟合优度""残差"和"图表"选项卡还包含自定义此分析结果输出的重要选项），如图 10-18 所示。

① 参数的最佳拟合值有多精确 拟合 Cox 比例风险回归模型后，Prism 将输出模型中每个预测变量的估计回

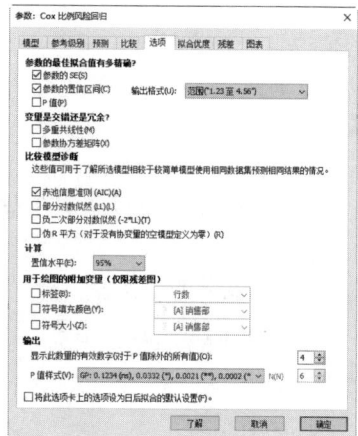

图 10-18 "选项"选项卡

归系数（β 系数）、风险比（指数化 β 系数）和评估系数估计值稳定性的统计量：参数的 SE（S）、参数的置信区间（C）和 P 值（P）。

② 变量是交错还是冗余　Prism 分析结果中提供参数协方差矩阵的选项，以显示每项参数与其他参数的相关程度。

a. 多重共线性（M）：检测多重共线性的方法有多种，其中最简单的一种办法是计算模型中各对自变量之间的相关系数，并对各相关系数进行显著性检验。勾选该复选框，Prism 可以输出"多重共线性"选项组下的 β 系数、每个变量可以从其他变量预测的程度。

b. 参数协方差矩阵（X）：勾选该复选框，Prism 将生成协方差矩阵，包括描述两个变量相互影响大小的参数。

③ 比较模型诊断　这些值可用于了解所选模型相较于较简单模型使用相同数据集预测相同结果的情况。

a. 赤池信息准则（AIC）（A）：AIC 是一种信息论方法，用于确定数据支持每个模型的程度，同时考虑每个模型的部分对数似然值以及每个模型中包含的参数数量。AIC 可用来比较相同数据集上的任意两个模型，用于计算 AIC 的公式为 AIC=$-2\times$（部分对数似然值）$+2\times k$。式中，k 是模型参数量。

b. 部分对数似然（LL）（L）：当一个模型是另一个模型的缩减版本时，仅适用于似然比检验（LRT）。该方法将检验统计量计算为简单模型（具有更少参数的模型）与复杂模型（具有更多参数的模型）之间部分对数似然检验的标度差值，即 LRT 统计量 =$-2\times$［部分对数似然值（简单模型）$-$ 部分对数似然值（复杂模型）］。

c. "负二次部分对数似然（-2*LL）（T）"：负对数似然即对对数似然取负。-2 倍的对数似然值代表模型的拟合度，其值越小，表示拟合程度越好。

d. 伪 R 平方（对于没有协变量的空模型定义为零）（R）：选择该选项，将输出"模型"选项卡上指定的模型和零模型（无协变量 / 预测变量的模型）拟合到数据的选定诊断值。

④ 计算　指定计算结果中的值时使用的置信水平。

⑤ 用于绘图的附加变量（仅限残差图）　选择可选变量来自定义 Cox 比例风险回归生成的残差图。

a. 标签（B）：行标识符（例如，行号、名称或 ID 号）。

b. 符号填充颜色（Y）：每个符号的颜色由该变量的值决定，该变量通常不属于计算的一部分。

c. 符号大小（Z）：用于缩放输出图表上的符号大小。

⑥ 输出　指定 Prism 在结果中报告的有效位数（除 P 值外的所有值），并指定在结果中报告 P 值时使用的 P 值样式。

（6）"拟合优度"选项卡

在该选项卡下指定 Prism 应输出哪些分析指标。每张图表均阐明了模型与给定数据之间的拟合程度，如图 10-19 所示。

① 假设检验（P 值）　Prism 提供了许多不同的检

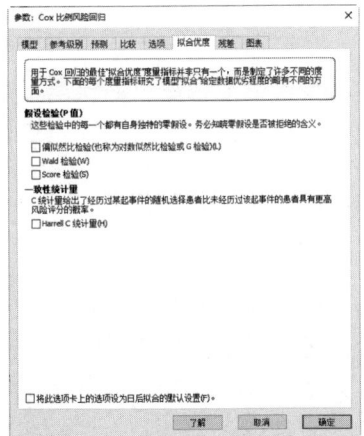

图 10-19　"拟合优度"选项卡

验，下面介绍三种假设检验的形式，

a.偏似然比检验：也称为对数似然比检验或 G 检验。其表示引入某个参数后，似然函数的增量是否显著，结果服从一定自由度的卡方分布。若不显著，表示增加的参数是无效的，可以剔除。似然比检验不仅可以检验一个参数，还可以检验两个嵌套模型多个参数整体上是否为 0。

b.Wald 检验（W）：沃尔德检验。对一个假设进行检验时，使用 Wald 统计量作为检验统计量，根据 Wald 统计量的大小与一定的置信水平进行比较，得出假设是成立还是拒绝的结论。

c.Score 检验（S）：分值检验，和沃尔德检验类似，主要区别在于采用的标准误差不同。一般来说，Score 检验结果较 Wald 检验更可靠，在大样本下，Wald 检验和 Score 检验结果很接近。

② 一致性统计量　Prism 提供了报告 Harrell 的一致性 C 统计量的选项 Harrell C 统计量（H），指经历过某起事件的随机选择患者比未经历过该起事件的患者具有更高风险评分的概率。C 统计量可以取 0～1 之间的任何值。

➤ 值为 1 表示模型正确预测每对观察结果的生存时间更长（风险比更小）。

➤ 值为 0.5 表示模型仅正确预测 50% 的观察结果对，这意味着该模型并未优于随机概率（"翻硬币"）。

➤ 值小于 0.5 表明模型比随机概率更差，可能需要重新考虑该模型中的一些约束。

（7）"残差"选项卡

在该选项卡下，选择阐明了模型拟合质量的图表来分析残差，如图 10-20 所示。

① 比例风险假设是否有效　Prism 提供两张图表验证比例风险的假设是否有效。

a.缩放的 Schoenfeld 残差 vs 时间 / 行序（F）：如果比例风险假设有效，则这些残差应随机分布在以零点为中心的水平线周围。如果这些残差存在明显的趋势，则可能违反比例风险假设。对于删失观察，不存在缩放的 Schoenfeld 残差。

b."负对数累积生存函数的对数 (ln(-ln(S(t))))(L)"：如果指定模型包含分类变量，则该图表的选项选择这些分类变量来构建 LML 图。该图表针对所选分类变量，为每个研究组（水平）生成一条曲线。为构建这些曲线，使用 Nelson-Aalen 风险估计计算各研究组的累积风险。其中累积风险函数 $H(t)=-\ln S(t)$，取每个研究组 Nelson-Aalen 累积风险估计的自然对数，得到 $\ln H(t)$ 或 $\ln[-\ln S(t)]$。在 Y 轴上绘制"对数 - 负对数"值，在 X 轴上绘制 ln（时间）。如果比例风险假设有效，则对于单个分类预测变量，每个研究组（水平）的曲线将大致平行。如果单个分类预测变量组（水平）的曲线相互交叉，则很可能违反分析的比例风险假设。

② 观察结果中有离群值吗　为检测分析输入数据中的潜在异常值，提出了许多不同的 Cox 比例风险残差图。

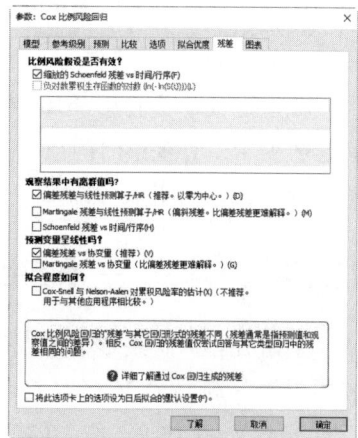

图 10-20　"残差"选项卡

a.“偏差残差与线性预测算子 /HR（推荐。以零为中心。）（D）”：该图表中的点应大致以零点为中心，而残差绝对值较大的点可能代表异常值。在这些图表中观察到的趋势可能由样本量不足或观察结果删失模式导致。

b.“Martingale 残差与线性预测算子 /HR（偏斜残差。比偏差残差更难解释。）（M）”：类似于偏差残差图，这些残差可用于发现数据中的潜在异常值。但图中这些残差呈偏斜趋势（不以零点为中心），事件观察结果的残差位于（–inf, 1] 范围内，而删失观察结果的残差位于（–inf, 0] 范围内。

c.Schoenfeld 残差 vs 时间 / 行序（H）：不同于偏差残差和 Martingale（鞅）残差，这些残差用于确定观察结果对各回归系数的影响。选择该选项时，生成的图表用来检查每个不同变量系数的 Schoenfeld 残差。另外，该图表也可用于检验比例风险假设（如果这些图表显示非零斜率，则可能违反比例风险假设）。

③ 预测变量呈线性吗　Prism 提供两张可用于评估预测变量对模型产生影响的线性度的图表。类似于检验是否存在潜在异常值的图表，可以使用偏差残差或鞅残差。

a.偏差残差 vs 协变量（推荐）（V）：将生成绘制偏差残差与模型中的每个连续预测变量的图表。预计偏差残差将随机以零点为中心，这些残差的趋势可能表明所选预测变量偏离线性度。

b.“Martingale 残差 vs 协变量（比偏差残差更难解释。）（G）”：这些残差呈偏斜趋势，落在（–inf, 1] 范围内，但平均值应该仍然为零。这些残差的可视趋势可能表明所选预测变量的偏离线性度。

④ 拟合程度如何　“Cox-Snell 与 Nelson-Aalen 对累积风险率的估计（X）（不推荐。用于与其他应用程序相比较。）”：该图表最初建议用于评估模型的整体拟合。拟合良好的回归将在该图表上生成一条点的近似直线，该直线穿过原点，斜率为 1。

（8）“图表”选项卡

在该选项卡下利用 Prism 估计的模型，使用模型中跨越数据中所有观察时间点的选定预测变量的值生成预测生存曲线，如图 10-21 所示。

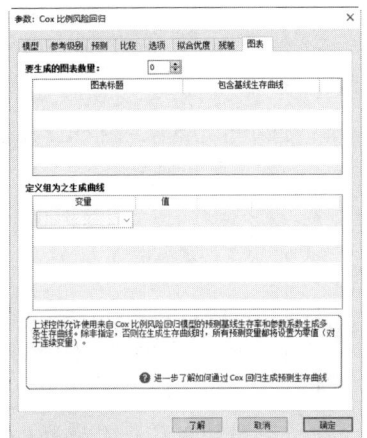

图 10-21　“图表”选项卡

10.2.5　操作实例——术后生存时间 Cox 回归分析

某研究者拟研究影响心脏病患者术后生存时间的有关因素。其观察了 26 名心脏病患者，记录的观测指标及观测值如表 10-2、图 10-22 所示，试进行 Cox 回归分析。

图 10-22　26 名心脏病患者生存时间及观察数据

表 10-2　各指标数据赋值表

指标	含义	赋值（或单位）	指标	含义	赋值（或单位）
X_1	年龄	岁	X_4	心肌标志物 Mb 分子量	kDa
X_2	并发症	1= 出血，2= 心律失常，3= 无	t	生存时间	月
X_3	认知功能障碍程度	1= Ⅰ级，2= Ⅱ级，3=Ⅲ级	Y	生存结局	0= 删失，1= 死亡

（1）设置工作环境

① 双击 GraphPad Prism 10 图标，启动 GraphPad Prism，自动弹出"欢迎使用 GraphPad Prism"对话框。在"创建"选项组下选择"多变量"选项，在"数据表"选项组下默认选择"输入或导入数据到新表"选项。

② 单击"创建"按钮，创建项目文件，同时该项目下自动创建一个数据表"数据 1"和关联的图表"数据 1"。重命名数据表为"心脏病患者"，

③ 选择菜单栏中的"文件"→"另存为"命令，或单击"文件"功能区中保存命令按钮 🖫 下的"另存为"命令，弹出"保存"对话框，输入项目名称"术后生存时间 Cox 回归分析 .prism"。单击"确定"按钮，在源文件目录下自动创建项目文件。

（2）复制数据

打开"心脏病患者术后生存时间影响因素 .xlsx"文件，复制 B1:G27，粘贴到 Prism 数据表中，结果如图 10-23 所示。

图 10-23　粘贴数据

（3）Cox 比例风险回归分析

① 选择菜单栏中的"分析"→"生存分析"→"Cox 比例风险回归"命令，弹出"分析数据"对话框，在左侧列表中选择指定的分析方法：Cox 比例风险回归。单击"确定"按钮，关闭该对话框，弹出"参数：Cox 比例风险回归"对话框，如图 10-24 所示。

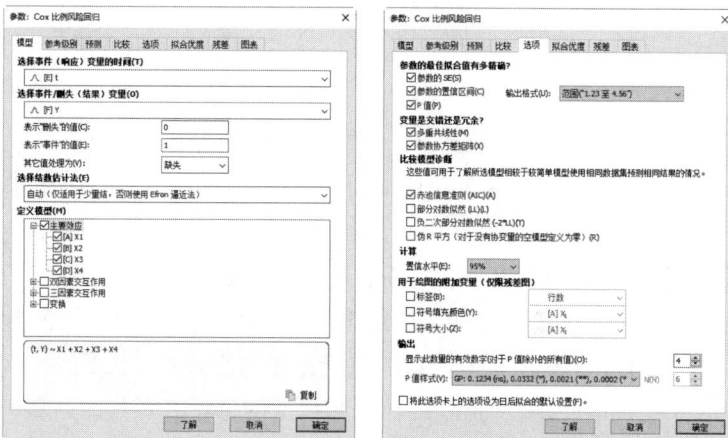

（a）　　　　　　　　　　　（b）

图 10-24　"Cox 比例风险回归"对话框

② 打开“模型”选项卡，在“选择事件（响应）变量的时间（T）”下拉列表中选择“[E]t”，在“选择事件 / 删失（结果）变量（O）”下拉列表中选择“[F]Y”，在“选择结数估计法（E）”下拉列表中选择“自动（仅适用于少量结，否则使用 Efron 逼近法）”，在“定义模型”列表中选择“主要效应”。

③ 打开“选项”选项卡，勾选“参数的最佳拟合值有多精确？”选项组下的“P 值（P）”复选框，在“变量是交错还是冗余？”选项组下勾选“多重共线性（M）”“参数协方差矩阵（X）”复选框。

④ 打开“残差”选项卡，取消所有复选框的勾选。

⑤ 单击“确定”按钮，关闭该对话框，输出结果表和图表。同时，自动弹出注释窗口，显示 Cox 回归模型的方程为：“(t,Y) ～X1+X2+X3+X4”。

（4）“表结果”结果分析

结果表“Cox 回归 / 心脏病患者”包含“表结果”选项卡，如图 10-25 所示。

1	分析的表	心脏病患者			
2	时间变量	t			
3	删失/事件变量	Y			
4	回归类型	Cox 回归			
5	估计法	精确			
6					
7	**模型**				
8	**参数估计**	**变量**	**估计**	**标准误差**	**95% 置信区间(轮廓似然)**
9	β1	X1	0.01188	0.02391	-0.03256 至 0.06198
10	β2	X2	0.9566	0.3590	0.2899 至 1.715
11	β3	X3	1.048	0.4088	0.3376 至 1.970
12	β4	X4	-0.03819	0.02374	-0.09239 至 0.003376
13					
14	**风险比**	**变量**	**估计**	**95% 置信区间(轮廓似然)**	
15	exp(β1)	X1	1.012	0.9680 至 1.064	
16	exp(β2)	X2	2.603	1.336 至 5.559	
17	exp(β3)	X3	2.853	1.402 至 7.169	
18	exp(β4)	X4	0.9625	0.9117 至 1.003	

20	**与零显著不同?**	**变量**	**|Z|**	**P 值**	**P 值摘要**
21	β1	X1	0.4969	0.6192	ns
22	β2	X2	2.665	0.0077	**
23	β3	X3	2.564	0.0103	*
24	β4	X4	1.609	0.1077	ns
25					
26	**模型诊断**	**#参数**	**AIC**		
27	空模型（无协变量）	0	112.0		
28	选择的模型	4	101.9		
29					
30	**多重共线性**	**变量**	**VIF**	**R2 与其他变量**	
31	β1	X1	8.333	0.8800	
32	β2	X2	8.612	0.8839	
33	β3	X3	8.243	0.8787	
34	β4	X4	2.457	0.5930	

36	**数据摘要**	
37	表中的行	26
38	跳过的行(缺少数据)	0
39	分析的行(#观测)	26
40		
41	结数	10
42		
43	删失数	1
44	死亡/事件数	25
45	比值	0.0400
46		
47	删失数	1
48	观察次数	26
49	比值	0.0385
50		
51	死亡/事件数	25
52	参数估计数	4
53	比值	6.2500

图 10-25　Cox 回归结果

① 在“参数估计”表中显示 β 系数估计值。其中 X1 估计值 β1=0.01188，表示年龄每增加 1，对数值（风险比）将增加 0.01188。参数估计值为正值时，表示该预测变量的增加会导致风险比增加，而负值则表示该预测变量的增加会导致风险比降低。

② 在“风险比”表中显示给定参数对结果的“倍增效应”，变量 X1 参数的风险比是 1.012，表示年龄增加 1 岁将使所有时间点的风险比变为原来的 1.012 倍。

③ 在“与零显著不同？”表中显示评估回归模型的每项 β 系数的 P 值，对每项参数估计值进行单独检验。本例中，回归方程系数 β1、β4 的 P 值摘要显示为“ns”，表示不重要。

④ 在“模型诊断”表中显示使用 AIC 分析空模型和指定模型的模型偏差。较小 AIC

的模型表示更好"拟合"。在 AIC 列，空模型 AIC 值为 112.0，选择的模型 AIC 值为 101.9，表示选择的模型在描述观察数据方面做得更好。

⑤ 在"多重共线性"选项组下中显示 β 系数中的 VIF＜10，表示回归模型不存在多重共线性。

⑥ 在"数据摘要"表中显示数据的基本信息，即行数、缺少行数、分析行数、删失数、观察次数、死亡 / 事件数、参数估计数等。

（5）"单独值"结果分析

结果表"Cox 回归 / 心脏病患者"包含"单独值"选项卡，提供描述模型中的预测变量与估计风险比之间关系的参数，如图 10-26 所示。

① 线性预测器：该值表示个体观察结果的估计对数（风险比）相较于基线风险水平的变化程度 XB。

② 风险比：线性预测因素（XB）的指数，即 $\exp XB$，用于根据基线风险比确定个体的风险比，或者根据基线累积生存率确定个体的累积生存率。

③ 累积风险：在给定的观察历时内，模型估计的个体累积风险 $H(t)$（截至时间 t 的总累积风险）。累积风险值越高，估计的累积生存概率值越低。累积风险与累积生存率之间的关系为 $H(t)=-\ln S(t)$。

④ 累积生存：在给定的观察历时内，模型估计的个体生存率 $S(t)$。该值表示个体生存到此时间的概率，假设其每个预测变量的值与该观察结果相同。通过以下公式，运用基线生存函数，使用公式计算该值，即 $S(t)=S_0(t)^{\exp XB}$。

（6）"基线函数"结果分析

结果表"Cox 回归 / 心脏病患者"包含"基线函数"选项卡，预测受检群体中给定个体的生存概率，如图 10-27 所示。根据结果表中数值，绘制描述基线累积生存和基线累积风险曲线的图表"基线函数 :Cox 回归 / 心脏病患者"，如图 10-28 所示。

| | X | A | B | C | D |
| | t | 线性预测器 | 风险比 | 累积风险 | 累积生存 |
	X				
1	1.000	5.533	253.027	0.043	0.958
2	3.000	6.399	601.161	0.331	0.718
3	5.000	4.727	112.911	0.204	0.815
4	8.000	5.493	243.020	0.623	0.536
5	10.000	5.093	162.949	0.604	0.546
6	12.000	6.230	507.749	0.178	0.837
7	13.000	5.409	223.316	0.991	0.371
8	5.000	6.384	592.048	1.070	0.343
9	5.000	6.350	572.519	1.035	0.355
10	5.000	5.050	155.989	0.282	0.754
11	7.000	6.405	604.735	1.304	0.271
12	9.000	6.534	688.300	2.113	0.121
13	24.000	4.518	91.646	0.565	0.568
14	24.000	4.681	107.865	0.665	0.514
15	25.000	5.064	158.240	1.136	0.321
16	33.000	5.248	190.259	1.602	0.201
17	36.000	4.466	87.037	0.997	0.369
18	36.000	2.857	17.406	0.199	0.819
19	4.300	4.108	60.851	0.047	0.954
20	44.000	5.230	186.723	2.504	0.082
21	46.000	5.292	198.755	3.300	0.037
22	69.000	4.647	104.230	2.355	0.095
23	70.000	4.398	81.270	2.964	0.052
24	83.000	2.232	9.320	0.990	0.372
25	83.000	2.218	9.186	0.975	0.377
26	156.000	3.016	20.419	2.168	0.114

图 10-26　Cox 回归结果"单独值"

| | A | B | C | D |
| | t | α | 基线累积风险 | 基线累积生存 |
	∧	∧		
1	0.000	1.000	0.000	1.000
2	1.000	1.000	1.691e-004	1.000
3	2.000	1.000	3.499e-004	1.000
4	3.000	1.000	0.001	0.999
5	4.300	1.000	0.001	0.999
6	5.000	0.999	0.002	0.998
7	7.000	1.000	0.002	0.998
8	8.000	1.000	0.003	0.997
9	9.000	0.999	0.003	0.997
10	10.000	0.999	0.004	0.996
11	13.000	0.999	0.004	0.996
12	24.000	0.998	0.006	0.994
13	25.000	0.999	0.007	0.993
14	33.000	0.999	0.008	0.992
15	36.000	0.997	0.011	0.989
16	44.000	0.998	0.013	0.987
17	46.000	0.997	0.017	0.984
18	69.000	0.994	0.023	0.978
19	70.000	0.986	0.036	0.964
20	83.000	0.933	0.106	0.899

图 10-27　Cox 回归结果"基线函数"

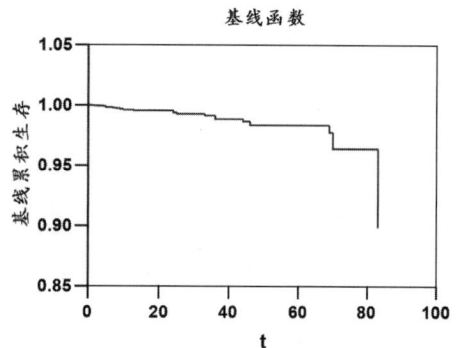

图 10-28　图表"基线函数 :Cox 回归 / 心脏病患者"

（7）"参数协方差"结果分析

结果表"Cox 回归 / 心脏病患者"包含"参数协方差"选项卡，如图 10-29 所示。协方差的绝对值越大，则两个变量相互之间的影响越大。如果把这些参数标准化到 [−1，1] 之间，则称为相关系数。Prism 还将生成相关性的热图，即图表"参数协方差 :Cox 回归 / 心脏病患者"，如图 10-30 所示。

Cox 回归参数协方差	A β1	B β2	C β3	D β4
1 β1	1.000	0.003	0.413	0.164
2 β2	0.003	1.000	0.269	-0.034
3 β3	0.413	0.269	1.000	-0.078
4 β4	0.164	-0.034	-0.078	1.000

图 10-29 "参数协方差"选项卡

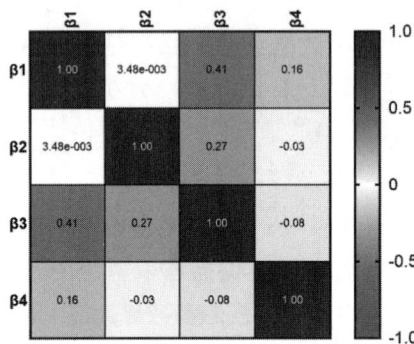

图 10-30 图表"参数协方差 :Cox 回归 / 心脏病患者"

（8）保存项目

单击"文件"功能区中的"保存"按钮 🖫 ，或按下 Ctrl+S 键，直接保存项目文件。

扫码看本章实例
视频讲解

第 11 章
综合演练——肝癌肿瘤
诊断数据统计分析

临床上常通过血液检测甲胎蛋白 AFP 和癌胚抗原 CEA 辅助诊断原发性肝癌及其他恶性肿瘤。本章利用受试者身体检测数据进行描述性统计分析、推断性统计分析、相关性分析、t 检验、方差分析，判断检测甲胎蛋白 AFP 和癌胚抗原 CEA 数据的相关关系，分析肿瘤直径对检测指标甲胎蛋白 AFP 的影响。

11.1 描述性统计

现有对 75 名成年人（男、女）检测的甲胎蛋白 AFP 和癌胚抗原 CEA 数据。本节对两个检测指标数据进行统计性描述，主要包括数据的频数分析、集中趋势分析、离散程度分析、分布。

11.1.1 数据准备

（1）设置工作环境

① 双击开始菜单的 GraphPad Prism 10 图标，启动 GraphPad Prism 10，自动弹出"欢迎使用 GraphPad Prism"对话框。

② 在"创建"选项组下默认选择"多变量"，在右侧界面"数据表"选项组下选择"输入或导入数据到新表"这种方法。单击"创建"按钮，创建项目文件，同时该项目下自动创建一个数据表"数据 1"和关联的图表"数据 1"。

③ 选择菜单栏中的"文件"→"另存为"命令，或单击"文件"功能区中保存命令按钮■下的"另存为"命令，弹出"保存"对话框，输入项目名称"肝癌肿瘤诊断数据统计分析"。单击"确定"按钮，保存项目。

（2）导入 xlsx 文件

① 打开数据表"数据 1"，激活"变量 A"标题列单元格。

② 选择菜单栏中的"文件"→"导入"命令，或在功能区"导入"选项卡单击"导入文件"按钮■，或单击鼠标右键，在弹出的快捷菜单中选择"导入数据"命令，弹出"导入"对话框，在"文件名"右侧下拉列表中选择"工作表（*.xls*，*.wk*，*.wb*)"，在指定目录下选择要导入的文件"肝癌肿瘤诊断数据 .xlsx"。

③ 单击"打开"按钮，弹出"导入和粘贴选择的特定内容"对话框。打开"源"选项卡，在"关联与嵌入"选项组下选择"仅插入数据"选项。其余选项选择默认值。

④ 单击"导入"按钮，在数据表"肝癌肿瘤诊断数据"中导入 Excel 中的数据，结果如图 11-1 所示。

（3）设置数据表格式

① 按下 Shift 键，选择多个列标题单元格，在功能区"更改"选项卡单击"突出显示选定的单元格"按钮■下的"红色"命令，将选中的多个列标题单元格背景色设置为红色。

② 按下 Shift 键，选择变量 A～变量 C 列数据单元格，在功能区"更改"选项卡单击"突出显示选定的单元格"按钮■下的"黄色"命令，将选中的数据单元格背景色设置为黄色。

③ 按下 Shift 键，选择变量 D～变量 H 列数据单元格，在功能区"更改"选项卡单击"突出显示选定的单元格"按钮■下的"棕黄"命令，将选中的数据单元格背景色设置为棕黄色，如图 11-2 所示。由于数据表中数据过多，图 11-2 中只显示部分行的数据。

图 11-1　导入 Excel 中的数据

图 11-2　设置数据表数据颜色

11.1.2　数据分布分析

本小节通过肿瘤直径（<2cm、2~5cm、>5cm）将 AFP 数据分为三类，计算描述性统计量，了解受试者数据的集中趋势分析、离散程度分析、分布情况。

（1）新建列数据表

① 单击导航器中"数据表"选项组下的"新建工作表"按钮⊕，弹出"新建数据表和图表"对话框，在左侧"创建"选项组下选择"列"选项，在"数据表"选项组下默认选择"输入或导入数据到新表"选项，在"选项"选项组下默认选择"输入重复值，并堆叠到列中"。

② 单击"创建"按钮，在该项目下自动创建一个数据表"数据2"和关联的图表"数据2"。在左侧导航器中选择数据表"数据2"，修改名称为"肿瘤直径分类 AFP"，则关联的图表"数据2"自动更名为"肿瘤直径分类 AFP"。

（2）复制数据

打开数据表"肝癌肿瘤诊断数据"，选择数据，按下 Ctrl+C 键，复制表中数据。选择数据表"肿瘤直径分类 AFP"，按下 Ctrl+V 键，粘贴数据到数据区，结果如图 11-3 所示。

（3）描述性统计

① 选择菜单栏中的"分析"→"数据探索和摘要"→"描述性统计"命令，弹出"分析数据"对话框，选择要分析的数据集，如图 11-4 所示。

② 单击"确定"按钮，关闭该对话框，弹出"参数：描述性统计"对话框，勾选"最小值、最大值、

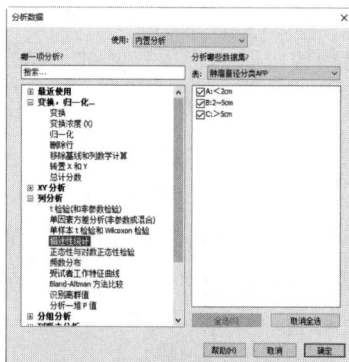

图 11-3　复制数据

图 11-4　"分析数据"对话框

区间（X）""平均值、标准差、标准误（S）""四分位数（中位数，第 25 和第 75 百分位数）（Q）""变异系数（V）""几何平均数和几何标准差因子（G）""偏度和峰度（K）"，如图 11-5 所示。

③ 单击"确定"按钮，关闭该对话框，生成结果表"描述性统计 / 肿瘤直径分类 AFP"，计算数据集中的平均值、几何平均数等统计指标，结果如图 11-6 所示。

（4）结果分析

① 结果表中甲胎蛋白 AFP＜2cm、2～5cm 组平均数均大于中位数，所以数据呈右偏态分布。甲胎蛋白 AFP＞5cm 组平均数小于中位数，所以数据呈左偏态分布。

② 中位数可以用来描述一组观察值的中心位置。但有时还需要了解数据分布的其他位置，如资料分布的左侧占全部观察值 25%、75% 的位置。

③ 变异系数是一个度量相对离散程度的指标，值越大，表示离散程度越大。本例结果表中甲胎蛋白 AFP＜2cm 组变异系数值最大，数据离散程度最大。

④ 甲胎蛋白 AFP 2～5cm 组偏度大于 0，分布右偏；甲胎蛋白 AFP 2～5cm 组偏度系数绝对数值最小，数据偏倚的程度小。

⑤ 甲胎蛋白 AFP 2～5cm 组数据峰度系数小于 0，数据分布更平稳。

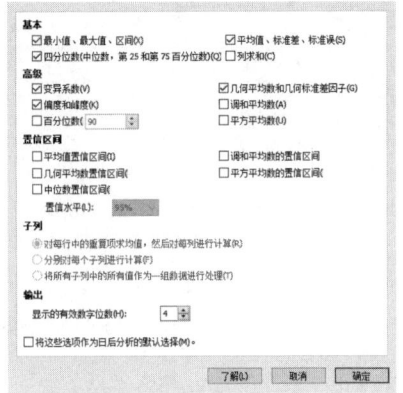

11.1.3　频数分布

频数分布表作为陈述资料的形式，可以代替原始资料，便于进一步分析。频数分布可以计算分组数据的频数、频率、累计频数、累计频率。

（1）绘制频数分布表

将数据表"肝癌肿瘤诊断数据"置为当前。

① 选择菜单栏中的"分析"→"数据探索和摘要"→"频数分布"命令，弹出"分析数据"对话框，选择要分析的数据集，即"F:AFP""G:CEA"，如图 11-7 所示。

② 单击"确定"按钮，关闭该对话框，弹出"参数：频率分布"对话框，在"创建"选项组下选

图 11-5　"参数：描述性统计"对话框

描述性统计	A <2cm	B 2~5cm	C >5cm
1　值的数量	23	25	22
2			
3　最小值	2.720	3.520	3.430
4　25% 百分位数	4.230	4.155	4.365
5　中位数	4.510	4.530	4.770
6　75% 百分位数	4.980	4.890	5.248
7　最大值	5.800	5.600	6.100
8　范围	3.080	2.080	2.670
9			
10　平均值	4.554	4.535	4.764
11　标准差	0.7473	0.5092	0.6442
12　平均值标准误	0.1558	0.1018	0.1373
13			
14　变异系数	16.41%	11.23%	13.52%
15			
16　几何平均数	4.489	4.507	4.720
17　几何标准差	1.198	1.120	1.150
18			
19　偏度	-0.7175	0.1307	-0.2450
20　峰度	0.8710	-0.2627	0.07509

图 11-6　结果表"描述性统计 /
肿瘤直径分类 AFP"

图 11-7　"分析数据"对话框

择"频率分布"，在"制表"选项组下选择"值的数量"，在"组宽"选项组下选择"自动选择"，在"图表"选项组下勾选"为结果绘图"复选框，图表类型为"条形图。交错"，如图 11-8 所示。

③ 单击"确定"按钮，关闭该对话框，生成结果表"直方图 / 肝癌肿瘤诊断数据"，结果如图 11-9 所示。结果表中包含两个选项卡，即"频数分布"和"描述性统计"。"频数分布"选项卡中包含不同组段的"组中心"值和"AFP""CEA"。图表中对比不同组段两组（AFP、CEA）的频数分布情况。

通过频数分布表和直方图，可以大致看出观察资料的形态和特征。使用统计指标可以进一步用数字概括、明确地描述频数分布的特征。

图 11-8 "参数：频率分布"对话框

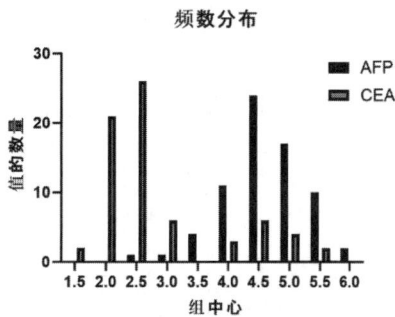

(a)

图 11-9 结果表和图表

(2) 编辑图表

① 双击绘图区空白处，或单击"更改"功能区中的"设置图表格式（符号、条形图、误差条等）"按钮，弹出"格式化图表"对话框，打开"注解"选项卡，打开"在条形与误差条上方（E）"选项卡，在"显示"选项下选择"绘图的值（平均值，中位数 …)"选项，在"方向"选项下选择"水平"。取消勾选"自动确定字体"复选框，单击"字体"按钮，弹出"字体"对话框，设置字体大小为 9，单击"确定"按钮，返回主对话框。单击"确定"按钮，关闭对话框，显示图表注解，如图 11-10 所示。

② 修改图表标题为"AFP 和 CEA 频数分布"，设置字体为"华文楷体"，大小为 20，颜色为红色（3E）。

③ 单击"更改"功能区中"更改颜色"按钮

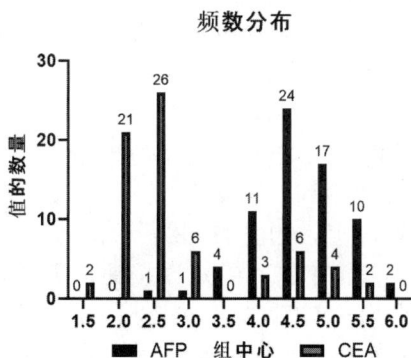

图 11-10 更新图表注解

下的"花卉"命令，即可自动更新图表颜色，如图 11-11 所示。

11.2 统计图分析

统计图利用点的位置、曲线的变化、直条的长短和面积的大小等来表达统计资料和指标，它将研究对象的特征、内部构成、相互关系、对比情况、频数分布等情况形象而生动地表达出来，直观地反映出事物间的数量关系，更易于比较和理解。

11.2.1 折线图

本小节根据肿瘤直径分类 AFP 数据的频数，绘制折线图，用线段的升降来表示指标的连续变化情况。其中，横轴代表分组标志，纵轴代表统计指标。

（1）新建列数据表

① 单击导航器中"数据表"选项组下的"新建工作表"按钮⊕，弹出"新建数据表和图表"对话框，在左侧"创建"选项组下选择"列"选项，在"数据表"选项组下默认选择"输入或导入数据到新表"选项，在"选项"选项组下默认选择"输入重复值，并堆叠到列中"。

② 单击"创建"按钮，在该项目下自动创建一个数据表和图表，修改名称为"肝癌肿瘤诊断数据频数"，则关联的图表"数据 2"自动更名为"肝癌肿瘤诊断数据频数"。

（2）复制数据

① 打开结果表"直方图/肝癌肿瘤诊断数据"下的"频数分布"，选择数据，按下 Ctrl+C 键，复制表中数据。选择数据表"肿瘤直径分类 AFP 频数"，按下 Ctrl+V 键，粘贴数据到数据区，结果如图 11-12 所示。

② 打开导航器"图表"下的"肝癌肿瘤诊断数据频数"，自动弹出"更改图表类型"对话框，在"图表系列"选项组下选择"XY"下的"点与连接线（C）"，如图 11-13 所示。

③ 单击"确定"按钮，关闭该对话框。更新图表，单击鼠标右键选择"重命名"命令，将图表修改为"肝癌肿瘤诊断数据频数（点线图）"，如图 11-14 所示。

图 11-11 更新图表颜色

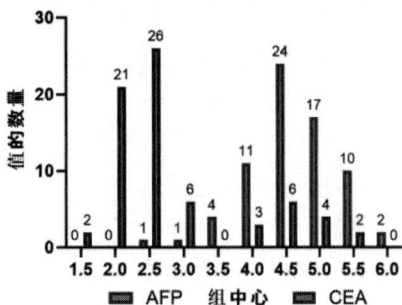

图 11-12 复制频数数据

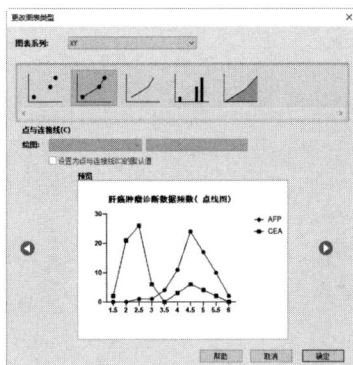

图 11-13 "更改图表类型"对话框

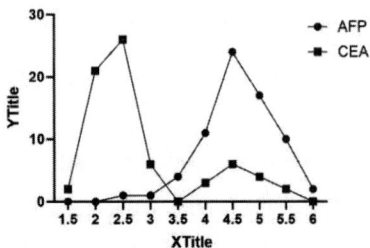

图 11-14 显示点线图

11.2.2 直方图

直方图用直条矩形面积代表各组频数，各矩形面积总和代表频数的总和。本小节主要用于表示 AFP 频数分布情况。

（1）将数据表"肝癌肿瘤诊断数据频数"置为当前

① 单击导航器"图表"下的"新建图表"命令，打开"创建新图表"对话框，在"表"下拉列表中默认选择"肝癌肿瘤诊断数据频数"，在"图表类型"的"显示"下拉列表中选择"XY"下的"峰"。

② 勾选"仅绘制选定的数据集（P）"复选框，单击"选择"按钮，弹出"选择数据集"对话框，选择数据集 AFP，如图 11-15 所示。单击"确定"按钮，关闭该对话框，返回主对话框。单击"确定"按钮，关闭该对话框。将图表重命名为"AFP 频数（直方图）"，如图 11-16 所示。

③ 从频数分布图中可以看出，甲胎蛋白 AFP 数据主要分布在 4.5 左右。

（2）编辑图表

① 双击绘图区空白处，或单击"更改"功能区中的"设置图表格式（符号、条形图、误差条等）"按钮，弹出"格式化图表"对话框，打开"外观"选项卡，如图 11-17 所示。

➤ 勾选"显示符号"复选框，在"颜色"下拉列表下选择红色。

➤ 在"显示条形 / 峰 / 垂线"下的"颜色"下拉列表中选择白色，"宽度"设置为 10。

➤ 勾选"显示连接线 / 曲线"复选框，在"颜色"下拉列表下选择蓝色，"粗细"为1 磅。

② 单击"确定"按钮，关闭对话框，更新图表，如图 11-18 所示。

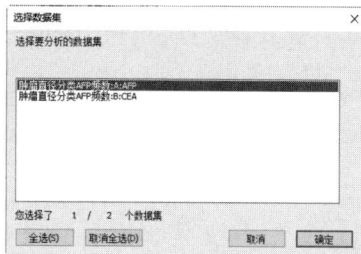

图 11-15 "选择数据集"对话框

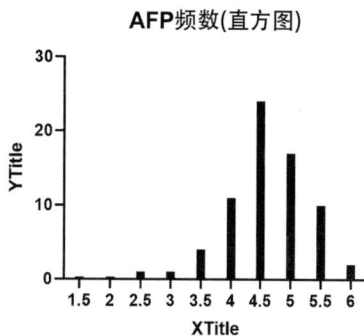

图 11-16 显示直方图

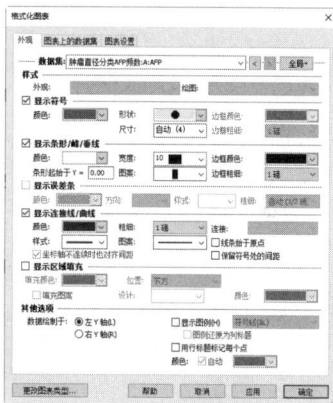

图 11-17 "外观"选项卡

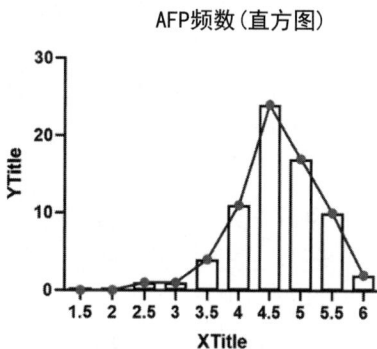

图 11-18 更新图表

11.2.3 散布图、箱线图与小提琴图

散布图、箱线图与小提琴图用于比较两组或多组资料的集中趋势和离散趋势，主要适用于描述偏态分布的资料。

（1）绘制散布图

① 将数据表"肿瘤直径分类 AFP"置为当前。

② 打开导航器"图表"下的"肿瘤直径分类 AFP"，自动弹出"更改图表类型"对话框，在"要绘图的数据集"选项组"表"下拉列表中默认选择"肿瘤直径分类 AFP 频数"。

③ 在"图表系列"下拉列表中选中"列"，在"单独值"选项卡下选择"散布图"选项，在"绘图"下拉列表中选择"中位数"，如图 11-19 所示。

④ 单击"确定"按钮，关闭对话框，在导航器"图表"下创建图表，其中包含 3 个不同直径数据值的散布图，如图 11-20 所示。

（2）编辑散布图

① 在导航器"图表"下选择"肿瘤直径分类 AFP"图表，重命名该图表名称为"肿瘤直径分类 AFP（散布图）"。此时，图表标题自动更新为图表文件名称"肿瘤直径分类 AFP（散布图）"。

② 单击"更改"功能区中"更改颜色"按钮 下的"色彩"命令，即可自动更新图表散点颜色。

③ 修改 X 轴标题为"肿瘤直径"，Y 轴标题为"AFP"。选择图表标题，设置字体为"华文楷体"，大小为 18，颜色为红色（3E），如图 11-21 所示。

（3）绘制带条形的散布图

① 在左侧导航器"图表"选项卡下选择"肿瘤直径分类 AFP（散布图）"，单击鼠标右键，选择"复制当前表"命令，创建"副本肿瘤直径分类 AFP（散布图）"，重命名为"肿瘤直径分类 AFP（带条形散布图）"，将该图表置为当前。

② 单击"更改"功能区中的"选择其他类型的图表"按钮 ，打开"更改图表类型"对话框。在"图表系列"下拉列表中选中"列"，在"单独值"选项卡下选择"带条形的散布图"选项，在"绘图"下拉列表中选择"包含标准差的平均值"，如图 11-22 所示。

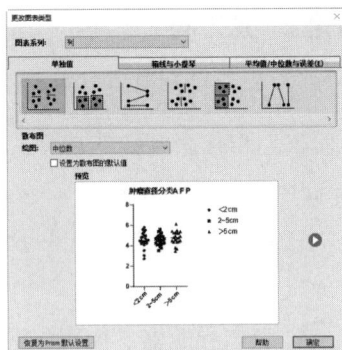

图 11-19 "更改图表类型"对话框

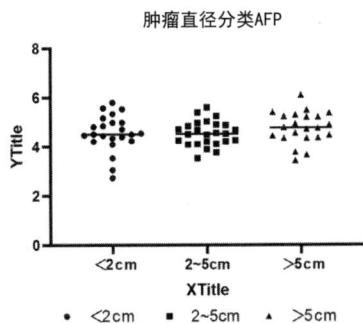

图 11-20 绘制散布图

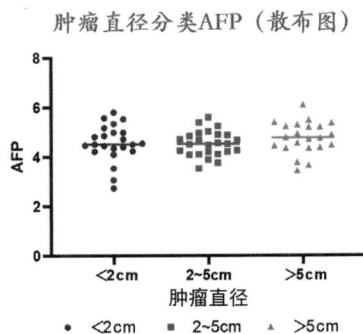

图 11-21 设置散点颜色及标题

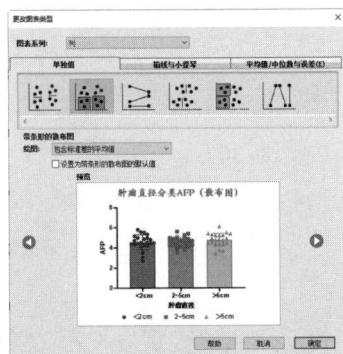

图 11-22 "更改图表类型"对话框

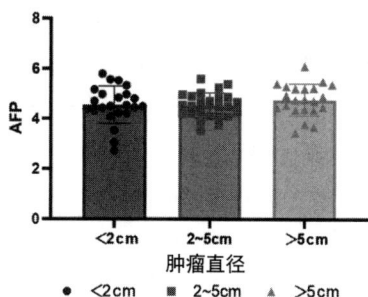

肿瘤直径分类AFP（散布图）

图 11-23　绘制带条形的散布图

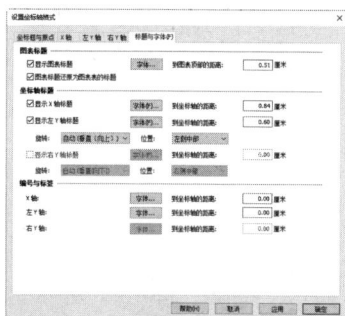

图 11-24　"标题与字体（F）"选项卡

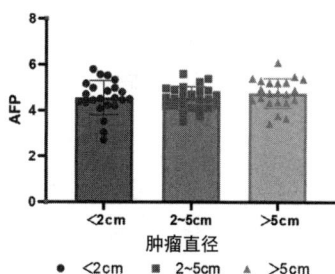

肿瘤直径分类AFP（带条形散布图）

图 11-25　更新图表标题

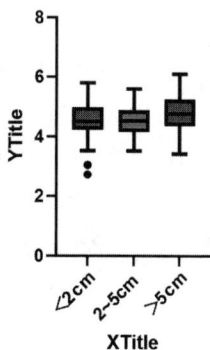

肿瘤直径分类AFP

图 11-26　绘制箱线图

③ 单击"确定"按钮，关闭对话框，更新图表类型，散布图中包含标准差的平均值，如图 11-23 所示。

④ 双击 Y 轴，弹出"设置坐标轴格式"对话框，打开"标题与字体（F）"选项卡，勾选"图表标题还原为图表表的标题"复选框，如图 11-24 所示。单击"确定"按钮，关闭对话框，更新图表标题为图表文件名称，如图 11-25 所示。

（4）绘制"箱线图"图表

① 将数据表"肿瘤直径分类 AFP"置为当前。

② 在左侧导航器"图表"选项卡下单击"新建图表"命令，弹出"创建新图表"对话框，在"图表类型"的"显示"下拉列表中选中"列"，在"箱线与小提琴"选项卡下选择"箱线图"选项，在"绘图"下拉列表中选择"Tukey"。单击"确定"按钮，关闭对话框，在导航器"图表"下创建图表，如图 11-26 所示。

③ 双击 X 轴，弹出"设置坐标轴格式"对话框，打开"坐标框与原点"选项卡，设置"宽度（X 轴长度）"为 7，高度（Y 轴长度）为 5。单击"确定"按钮，关闭对话框。

④ 单击"更改"功能区中"更改颜色"按钮 下的"花卉"命令，即可自动更新图表颜色，重命名为"肿瘤直径分类 AFP（箱线图）"。

⑤ 修改 X 轴标题为"肿瘤直径"，Y 轴标题为"AFP"。选择图表标题，设置字体为"华文楷体"，大小为 18，颜色为红色（3E）。图表设置结果如图 11-27 所示。

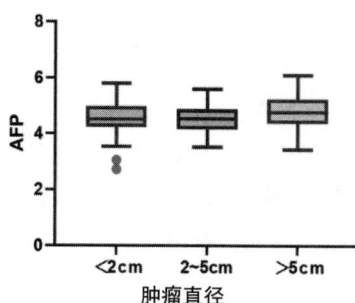

肿瘤直径分类AFP（箱线图）

图 11-27　更新图表

⑥ 箱线图的中间横线表示中位数，箱体的长度表示四分位数间距，两端分别是 P75 和 P25。最外面两端连线有两种表示方法：一种是表示最大值和最小值；另一种是去除离群值后的最大值和最小值，对离群值另做标记。离群值可定义为大于 P25+1.5Q 或小于 P25−1.5Q。显然箱体越长表示数据离散程度越大；中间横线若在箱体中心位置，表示数据分布对称，中间横线偏离箱子正中心越远，表示数据分布越偏离中位数。箱线图的纵轴起点不一定从 0 开始。

（5）绘制"小提琴图"图表

① 在左侧导航器"图表"选项卡下单击"新建图表"命令，弹出"创建新图表"对话框，在"图表类型"的"显示"下拉列表中选中"列"，在"箱线与小提琴"选项卡下选择"小提琴图"选项，在"绘图"下拉列表中选择"仅小提琴图"。单击"确定"按钮，关闭对话框，在导航器"图表"下创建图表，重命名为"肿瘤直径分类 AFP（小提琴图）"。

② 双击任意坐标轴，或单击"更改"功能区中的"设置坐标轴格式"按钮，弹出"设置坐标轴格式"对话框。打开"坐标框与原点"选项卡，设置"宽度（X 轴长度）"为 7，高度（Y 轴长度）为 5。单击"确定"按钮，关闭对话框，即可更新图表坐标轴。

③ 单击"更改"功能区中"更改颜色"按钮下的"色彩"命令，即可自动更新图表颜色。

④ 修改 X 轴标题为"肿瘤直径"，Y 轴标题为"AFP"。选择图表标题，设置字体为"华文楷体"，大小为 18，颜色为红色（3E），图表设置结果如图 11-28 所示。

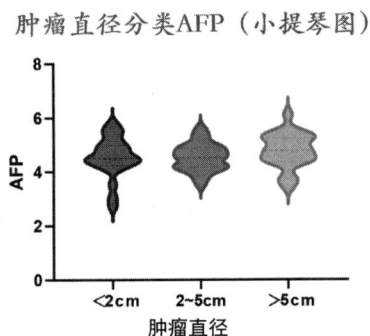

图 11-28　更新小提琴图

11.2.4　象限图

象限图使用水平和垂直分割线将图表区域划分成四个象限，可对数据分类进行直观展示，而且每个象限呈现对应的数据。通常情况下，象限图呈现的目的在于直接展示数据划分区域。

（1）新建 XY 数据表

① 单击导航器中"数据表"选项组下的"新建工作表"按钮⊕，弹出"新建数据表和图表"对话框，在左侧"创建"选项组下选择"XY"选项。在"数据表"选项组下默认选择"输入或导入数据到新表"选项；在"选项"选项组"X"选项下默认选择"数值"，"Y"选项下选择"为每个点输入一个 Y 值并绘图"。

② 单击"创建"按钮，在该项目下自动创建一个数据表，修改表名为"年龄和 AFP"，则关联的图表自动更名为"年龄和 AFP"。

（2）复制数据

① 打开数据表"肝癌肿瘤诊断数据"，选择变量 D、变量 F 数据，按下 Ctrl+C 键，复

制表中数据。选择数据表"年龄和 AFP",按下 Ctrl+V
键,粘贴数据到数据区,结果如图 11-29 所示。

② 打开导航器"图表"下的"年龄和 AFP",自动
弹出"更改图表类型"对话框,在"图表系列"选项组
下选择"XY"下的"仅点"。

③ 单击"确定"按钮,关闭该对话框。更新图表,
单击鼠标右键选择"重命名"命令,将图表修改为"年
龄和 AFP(象限图)",如图 11-30 所示。

(3)坐标轴设置

① 单击"更改"功能区中的"设置坐标轴格式"
按钮,弹出"设置坐标轴格式"对话框,进行下面
的设置。

> 打开"坐标框与原点"选项卡,在"坐标框样
> 式"下拉列表中选择"普通坐标框"。

> 打开"X轴"选项卡,在"其他刻度与网格线"
> 列表中添加刻度"30",如图 11-31 所示。

> 打开"左Y轴"选项卡,在"其他刻度与网格
> 线"列表中添加刻度"13.4"。

② 单击"确定"按钮,在图表窗口中应用上面的
设置参数,结果如图 11-32 所示。其中,30 岁以上 AFP
甲胎蛋白不超标(<13.4)人数较多。

11.3 相关性分析

相关性分析是研究两个或两个以上处于同等地位的
随机变量间的相关关系的统计分析方法。下面研究肿瘤
直径与 AFP 的相关关系。

11.3.1 绘制散点图

(1)新建图表

① 将数据表"肿瘤直径分类 AFP"置为当前。

② 在左侧导航器"图表"选项卡下单击"新建图
表"命令,弹出"创建新图表"对话框,在"表"下
拉列表中默认选择"肿瘤直径分类 AFP",勾选"为
每个数据集创建新图表(不要将它们全部放在一个图表
上)"复选框。在"图表类型"的"显示"下拉列表中
默认选择"XY",在下面列表中选择"仅点"选项,如

表格式 XY	X 年龄	第 A 组 AFP
	X	Y
1 标题	25.00	5.53
2 标题	35.00	4.81
3 标题	45.00	3.05
4 标题	63.00	4.98
5 标题	46.00	4.39
6 标题	48.00	4.44
7 标题	49.00	5.57
8 标题	47.00	3.53
9 标题	46.00	4.21
10 标题	48.00	4.98
11 标题	35.00	4.23
12 标题	65.00	4.85

图 11-29　复制频数数据

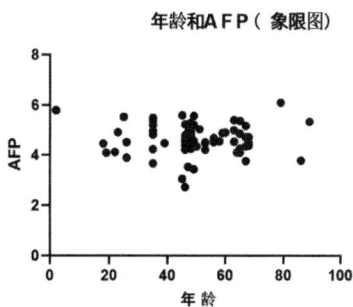

图 11-30　显示象限图

图 11-31　"X轴"选项卡

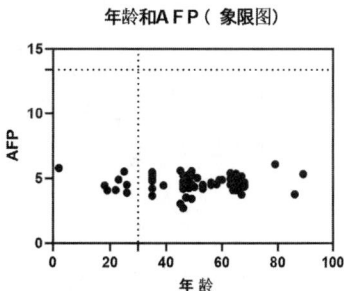

图 11-32　年龄和 AFP(象限图)

图 11-33 所示。

③ 单击"确定"按钮，关闭对话框，在导航器"图表"选项下新建 3 个散点图表，即肿瘤直径分类 AFP[<2cm]、肿瘤直径分类 AFP[2～5cm]、肿瘤直径分类 AFP[>5cm]，如图 11-34 所示。

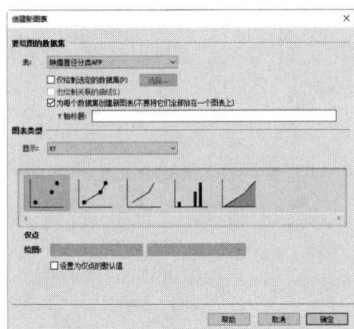

图 11-33 "创建新图表"对话框

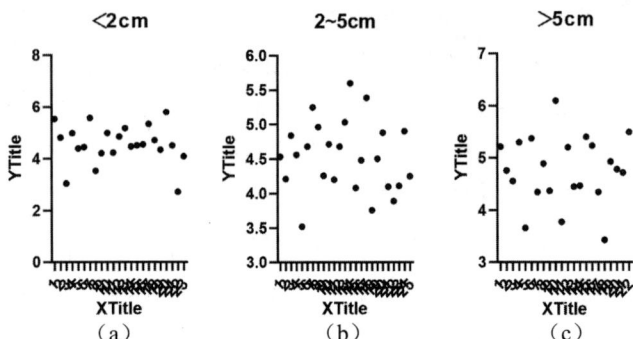

图 11-34 新建 3 个散点图表

（2）魔棒工具编辑图表

① 打开图表"肿瘤直径分类 AFP[<2cm]"。单击"更改"功能区中的"魔法"按钮，弹出""魔法"步骤 1- 选择图表作为示例"对话框，选择"本项目"下模板图表"表：肿瘤直径分类 AFP（散布图）"。单击"下一步"按钮，弹出""魔法"步骤 2- 选择要应用的示例图表的属性"对话框，设置模板图表的属性，如图 11-35 所示。单击"确定"按钮，关闭对话框，按照模板更新图表格式，如图 11-36 所示。

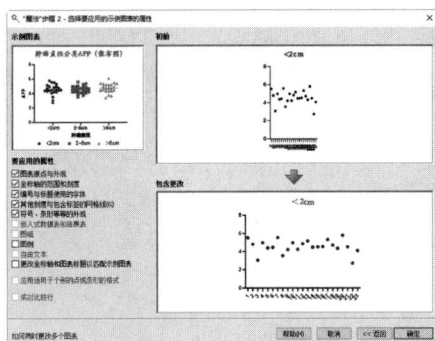

图 11-35 ""魔法"步骤 2- 选择要应用的示例图表的属性"对话框

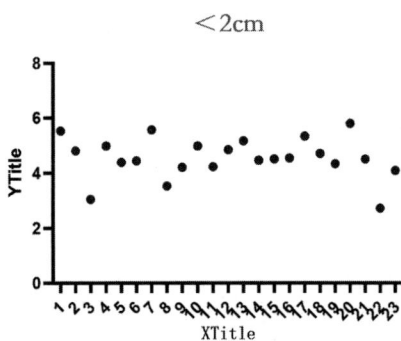

图 11-36 魔棒美化图表"肿瘤直径分类 AFP[<2cm]"

② 用同样的方法，使用魔棒工具美化图表"肿瘤直径分类 AFP[2～5cm]""肿瘤直径分类 AFP[>5cm]"，结果如图 11-37、图 11-38 所示。

③ 通过图 11-36～图 11-38 可以发现，3 个肿瘤直径分类测量的甲胎蛋白 AFP 数据没有相关性。

（3）正态性检验

① 将数据表"肿瘤直径分类 AFP"置为当前。

② 选择相关系数计算方法之前需要检验数据是否服从正态分布。

2~5cm

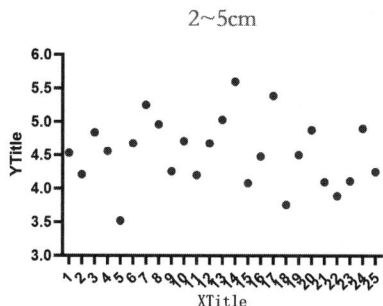

图 11-37　魔棒美化图表"肿瘤直径分类
AFP[2~5cm]"

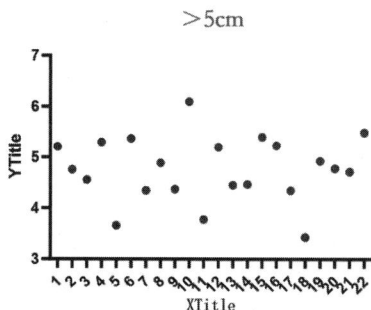

>5cm

图 11-38　魔棒美化图表"肿瘤直径分类
AFP[>5cm]"

③ 选择菜单栏中的"分析"→"数据探索和摘要"→"正态性与对数正态性检验"命令，弹出"分析数据"对话框，在左侧列表中选择指定的分析方法：正态性与对数正态性检验。单击"确定"按钮，关闭该对话框，弹出"参数：正态性和对数正态性检验"对话框。

> 在"要检验哪些分布？"选项组下选择"正态（高斯）分布"，检验数据是否服从正态（高斯）分布。

> 在"检验分布的方法"选项组下选择"Shapiro-Wilk 正态性检验（W）"。

④ 单击"确定"按钮，关闭该对话框，输出结果表"正态性与对数正态性检验 / 肿瘤直径分类AFP"和图表"正态 QQ 图：正态性与对数正态性检验 / 肿瘤直径分类 AFP"，如图 11-39 所示。

查看正态分布检验表中 Shapiro-Wilk 检验显著性检验结果：所有数据显著性值均大于 0.05，数据服从正态分布。因此进行相关性分析时，使用参数检验的 Pearson 相关系数计算。

正态性与对数正态性检验 表结果	A <2cm	B 2~5cm	C >5cm
1　正态分布检验			
2　Shapiro-Wilk 检验			
3　W	0.9455	0.9892	0.9714
4　P 值	0.2359	0.9930	0.7435
5　通过了正态检验 (α =0.05)?	是	是	是
6　P 值摘要	ns	ns	ns
7			
8　值的数量	23	25	22

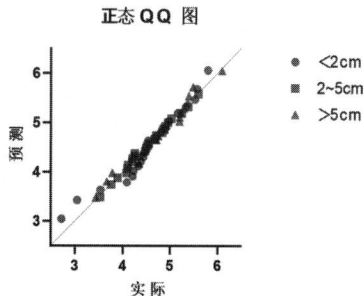

正态 QQ 图

图 11-39　正态性检验结果

11.3.2　相关系数计算

本小节使用 Pearson 相关系数进行计算。

（1）计算相关系数

① 将数据表"肿瘤直径分类 AFP"置为当前。

② 选择菜单栏中的"分析"→"数据探索和摘要"→"相关性"命令，弹出"分析数据"对话框。单击"确定"按钮，关闭该对话框，弹出"参数：相关性"对话框，在"计算哪几对列之间的相关性？"选项组下选择"为每对 Y 数据集（相关矩阵）计算 r（X）"，在"假定数据是从高斯分布中采样？"选项组下选择"是。计算 Pearson 相关系数（P）"。单击"确定"按钮，关闭该对话框。

（2）结果分析

输出结果表"相关性/肿瘤直径分类AFP"和图表"Pearson r: 相关性/肿瘤直径分类AFP"，如图11-40所示。

① 从"Pearson r"表中可以看到相关系数"r"（皮尔逊相关系数），用来判断相关程度。<2cm和2~5cm数据的相关系数为0.331，为低相关关系；<2cm和>5cm数据的相关系数为负数，为负相关。

② 图表"Pearson r: 相关性/肿瘤直径分类AFP"中显示相关矩阵的热图，根据皮尔逊相关系数制作热度图。

（a）

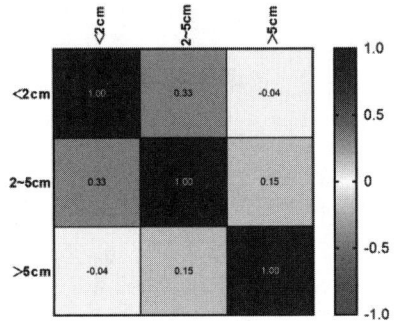

（b）

图11-40　相关性分析结果

11.4　差异性检验

本节通过t检验和方差分析检验不同年龄段的两个检验指标数据、不同肿瘤直径的AFP指标的差异。

11.4.1　t检验

本小节检验不同性别的癌胚抗原CEA指标有无差异，进行配对t检验（参数检验）。

（1）新建列数据表

① 单击导航器中"数据表"选项组下的"新建工作表"按钮⊕，弹出"新建数据表和图表"对话框，在左侧"创建"选项组下选择"列"选项。在"数据表"选项组下默认选择"输入或导入数据到新表"选项，在"选项"选项组下默认选择"输入重复值，并堆叠到列中"。

② 单击"创建"按钮，在该项目下自动创建一个数据表和关联的图表。在左侧导航器中选择数据表，修改名称为"癌胚抗原CEA"，则关联的图表自动更名为"癌胚抗原CEA"。

（2）导入数据

① 选择菜单栏中的"文件"→"导入"命令，或在功能区"导入"选项卡单击"导入文件"按钮，或单击鼠标右键，在弹出的快捷菜单中选择"导入数据"命令，弹出"导入"对话框，在"文件名"右侧下拉列表中选择"工作表（*.xls*, *.wk*, *.wb*)"，在指定目录下选择要导入的文件"肝癌肿瘤诊断数据.xlsx"。

② 单击"打开"按钮，弹出"导入和粘贴选择的特定内容"对话框。打开"源"选项卡，在"关联与嵌入"选项组下选择"仅插入数据"选项。

③ 打开"筛选器"选项卡，在"行"选项组下"起始行（S）"选择2；在"列"选项组下"起始列（T）"选择7，在"结束于"选择列数据的结束范围8。

④ 打开"放置"选项卡，在"行列排列方式"下拉列表中选择"按行（R）"。放置1

个值到每一行"，勾选"在（F）35 行后，开始新的一列"复选框。其余选项选择默认值，如图 11-41 所示。

⑤ 单击"导入"按钮，在数据表"癌胚抗原 CEA"中导入 Excel 中的"CEA"列数据，结果如图 11-42 所示。

⑥ 在列标题中输入"男性""女性"，结果如图 11-43 所示。

图 11-41　"放置"选项卡

图 11-42　导入"CEA"列数据

图 11-43　输入列标题

（3）配对 t 检验（参数检验）

① 选择配对 t 检验时，假定两组数据服从正态分布，使用参数检验进行分析。建立检验假设：

➤ $H_0: \mu_1 = \mu_2$，男性、女性的癌胚抗原 CEA 检测结果无差别。

➤ $H_1: \mu_1 \neq \mu_2$，男性、女性的癌胚抗原 CEA 检测结果有差别。

② 单击"分析"功能区上的"比较两组：t 检验、Mann-Whitney、Wilcoxon#"按钮，弹出"参数：t 检验（和非参数检验）"对话框，打开"实验设计"选项卡，在"实验设计"选项组下选择"已配对"，在"假定呈高斯分布？"选项组下选择"是。使用参数检验"，在"选择检验"选项组下选择"配对 t 检验"。打开"残差"选项卡，勾选"残差图""残差呈高斯分布吗？"复选框，如图 11-44 所示。

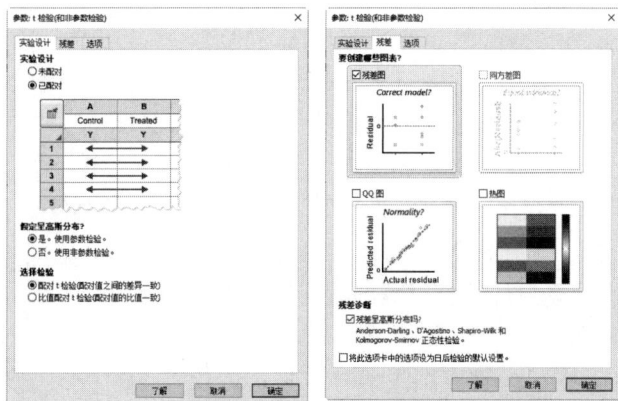

图 11-44　"参数：t 检验（和非参数检验）"对话框

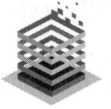

③ 单击"确定"按钮，在结果表"配对 t 检验 / 癌胚抗原 CEA"中显示配对 t 检验结果，如图 11-45 所示。

④ 结果分析：

a. 本例中，数据样本数属于大样本，查看 D'Agostino-Pearson 综合正态性检验结果，P 值＞0.05，通过了正态性检验（α=0.05），假设差值与高斯分布一致。

1	分析的表	癌胚抗原CEA		15	差异有多大？	
2				16	差异平均值 (B - A)	1.055
3	列 B	女性		17	差值的标准差	1.188
4	vs	vs		18	差值标准误	0.2009
5	列 A	男性		19	95% 置信区间	0.6468 到 1.463
6				20	R 平方(部分 eta 平方)	0.4479
7	配对 t 检验			21		
8	P 值	<0.0001		22	配对效果如何？	
9	P 值摘要	****		23	相关系数 (r)	0.2541
10	显著不同 (P < 0.05)?	是		24	P 值(单尾)	0.0704
11	单尾或双尾 P 值？	双尾		25	P 值摘要	ns
12	t, df	t=5.252, df=34		26	配对显著有效吗？	否
13	对数	35				

28	残差正态性				
29	检验名称	统计	P 值	通过了正态性检验 (α=0.05)?	P 值摘要
30	Anderson-Darling (A2*)	0.7181	0.0555	是	ns
31	D'Agostino-Pearson 综合检验	4.394	0.1112	是	ns
32	Shapiro-Wilk (W)	0.9523	0.1335	是	ns
33	Kolmogorov-Smirnov(距离)	0.1457	0.0577	是	ns

图 11-45 结果表"配对 t 检验 / 癌胚抗原 CEA"

b. "配对效果如何？"选项组中 P 值＜0.05，使用配对检验具有不合理性。因此，上面的检验结果不适用，在选择统计方法时，不能简单选择 t 检验，而应该选择非参数检验中的 Wilcoxon 秩和检验，对配对资料的差值采用符号秩方法来检验。

（4）非参数配对 t 检验

① 单击"分析"功能区上的"比较两组：t 检验、Mann-Whitney、Wilcoxon#"按钮，弹出"参数：t 检验（和非参数检验）"对话框，打开"实验设计"选项卡，在"实验设计"选项组下选择"已配对"，在"假定呈高斯分布？"选项组下选择"否。使用非参数检验"，在"选择检验"选项组下选择"Wilcoxon 配对符号秩检验"，如图 11-46 所示。

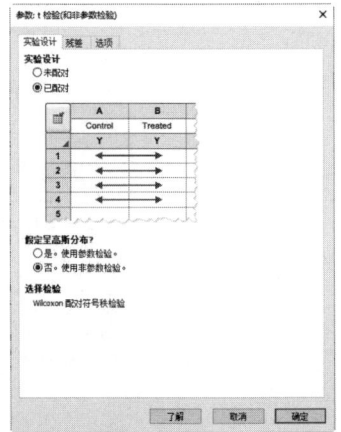

② 打开"残差"选项卡，在"要创建哪些图表？"选项组下勾选"残差图"复选框。打开"选项"选项卡，P 值计算默认选择"双尾（推荐）（R）"；在"附加结果"选项组下勾选"每个数据集的描述性统计信息（S）""Wilcoxon。也计算中位数配对差的置信区间"复选框，如图 11-47 所示。

③ 单击"确定"按钮，输出结果表"Wilcoxon 检验 / 数据 1"和图表"残差图 :Wilcoxon 检验 / 数据 1"，

图 11-46 选择配对 t 检验（非参数检验）

显示 Wilcoxon 符号秩检验结果。下面进行结果分析。

a. "Wilcoxon 检验表结果"选项卡中，P 值<0.0001，认为男性、女性的癌胚抗原 CEA 有显著性差异，如图 11-48 所示。从而得出结论：性别对癌胚抗原 CEA 有影响。

b. 从"描述性统计"选项卡中可以看到配对数据的统计量，即值的数量、最小值、25% 百分位数、中位数、75% 百分位数、最大值、平均值、标准差、平均值标准误、95% 置信区间下限、95% 置信区间上限，如图 11-49 所示。

c. 图表"残差图:Wilcoxon 检验 / 癌胚抗原 CEA"中显示"女性 - 男性"的残差图，如图 11-50 所示。

图 11-47 "选项"选项卡

图 11-48 "Wilcoxon 检验表结果"选项卡

图 11-49 "描述性统计"选项卡

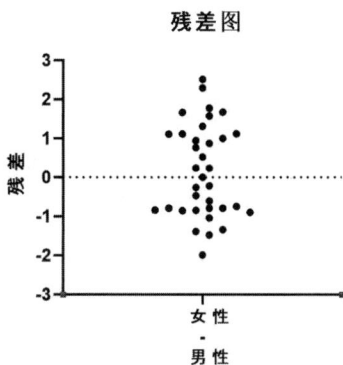

图 11-50 "女性 – 男性"的残差图

11.4.2 方差分析

本小节判断肿瘤直径是否影响甲胎蛋白 AFP，受试者随机选择是否影响甲胎蛋白 AFP。

经过前面的验证，数据服从正态分布，方差分析可以直接选择参数检验。

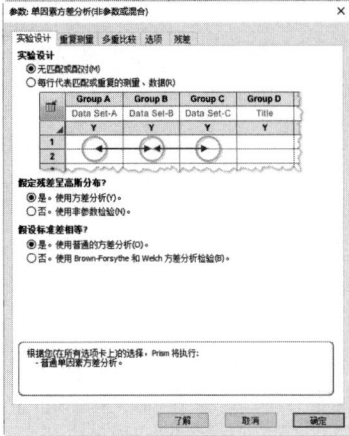

（a）

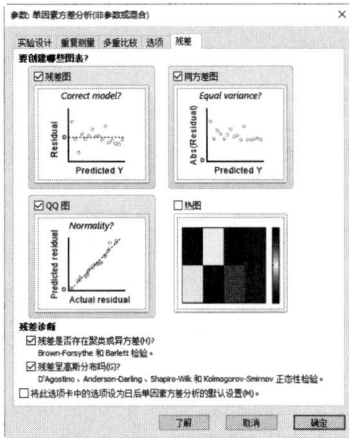

（b）

图 11-51 "参数：单因素方差分析（非参数或混合）"对话框

	普通单因素方差分析	
		肿瘤直径分类AFP
1	分析的表	
2	分析的数据集	A-C
3		
4	**方差分析摘要**	
5	F	0.8997
6	P 值	0.4115
7	P 值摘要	ns
8	平均值之间存在显著差异 ($P < 0.05$)?	否
9	R 平方	0.02616
10		
11	**Brown-Forsythe 检验**	
12	F (DFn, DFd)	0.6686 (2, 67)
13	P 值	0.5158
14	P 值摘要	ns
15	标准差显著不同吗 ($P < 0.05$)?	否
16		
17	**Bartlett 检验**	
18	Bartlett 统计量 (已校正)	3.276
19	P 值	0.1944
20	P 值摘要	ns
21	标准差显著不同吗 ($P < 0.05$)?	否

（1）单因素方差分析

建立检验假设：

➢ $H_0: \mu_1 = \mu_2$，肿瘤直径对甲胎蛋白 AFP 无影响。

➢ $H_1: \mu_1 \neq \mu_2$，肿瘤直径对甲胎蛋白 AFP 有影响。

① 将数据表"肿瘤直径分类 AFP"置为当前。

② 单击"分析"功能区上的"比较三组或更多组：单因素方差分析、Kruskal Wallis 检验、Friedman 检验"按钮，弹出"参数：单因素方差分析（非参数或混合）"对话框中的"实验设计"选项卡，如图 11-51（a）所示。

a. 由于输入的实验数据不包含成对值组成的重复数据，在"实验设计"选项组下选择"无匹配或配对（M）"选项。

b. 由于输入的实验数据服从正态分布，在"假定残差呈高斯分布？"选项组下选择"是。使用方差分析"选项。

c. 假定数据方差齐性，在"假设标准差相等？"选项组下选择"是。使用普通的方差分析"选项。

③ 打开"残差"选项卡，勾选"残差图""同方差图"和"QQ 图"复选框，通过图表检查数据是否可以进行方差分析，如图 11-51（b）所示。

a. 勾选"残差是否存在聚类或异方差（H）？"，进行 Brown-Forsythe 和 Barlett 检验，检验数据方差齐性。

b. 勾选"残差呈高斯分布吗（G）？"复选框，进行 D'Agostino、Anderson-Darling、Shapiro-Wilk 和 Kolmogorov-Smirnov 正态性检验，检验数据正态性。

④ 单击"确定"按钮，关闭该对话框，输出结果表"普通单因素方差分析 / 肿瘤直径分类 AFP"，如图 11-52 所示。

	方差分析表	平方和	自由度	MS	F (DFn, DFd)	P 值
23						
24	治疗（列间）	0.7312	2	0.3656	F (2, 67) = 0.8997	P=0.4115
25	残差（列内部）	27.22	67	0.4063		
26	总计	27.96	69			
27						
28	**数据摘要**					
29	治疗数(列)	3				
30	值数（总计）	70				

图 11-52 普通单因素方差分析结果

⑤ 结果分析：

a. 在"残差正态性"选项组下检验残差正态性，P值＞0.05。这表示数据服从正态分布，可以使用参数检验。若四种检验结果不同，主要观察 Shapiro-Wilk（W）检验结果。

b. 在"Brown-Forsythe 检验""Bartlett 检验"选项组下检验数据方差齐性。两组 P 值＞0.05，表示方差差异不显著，方差齐性，可以使用简单的方差分析（参数检验）。

c. "方差分析表"中显著性 P 值＞0.05，各组之间不存在极其显著的差距，即不同肿瘤直径对甲胎蛋白 AFP 没有显著性影响。

（2）双因素方差分析

① 将数据表"肿瘤直径分类 AFP"置为当前。对行因素（受试者）、列因素（肿瘤直径分类）进行混合效应模型方差分析。

② 单击"分析"功能区上的"双因素方差分析（或混合模型）"按钮，弹出"参数：双因素方差分析（或混合模型）"对话框，如图 11-53 所示。

a. 在"模型"选项卡中，"包括交互条件？"选项组下选择"否。仅拟合主效应模型（仅列效应和行效应）（O）"。

b. 打开"因素名称"选项卡，修改"因素名称"下列、行因素为肿瘤直径分类、受试者因素。

③ 单击"确定"按钮，关闭该对话框，输出分析结果表和图表，如图 11-54 所示。

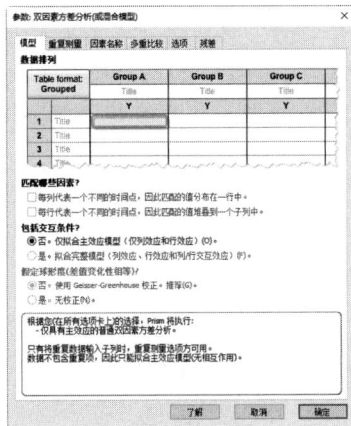

（a）

（b）

图 11-53　参数：双因素方差分析
（或混合模型）

	双因素方差分析				
1	分析的表	肿瘤直径分类AFP			
2					
3	双因素方差分析	普通			
4	α	0.05			
5					
6	变异来源	总变异 %	P 值	P 值摘要	显著？
7	受试者因素	41.92	0.1895	ns	否
8	肿瘤直径分类	2.135	0.4440	ns	否
9					
10	方差分析表	平方和(III 型)	自由度	MS	F (DFn, DFd)	P 值
11	受试者因素	11.72	24	0.4883	F (24, 43) = 1.354	P=0.1895
12	肿瘤直径分类	0.5968	2	0.2984	F (2, 43) = 0.8275	P=0.4440
13	残差	15.51	43	0.3606		
14					
15	数据摘要				
16	列数 (肿瘤直径分类)	3			
17	行数 (受试者因素)	25			
18	值的数量	70			

图 11-54　双因素方差分析结果

④ 结果分析。在"方差分析表"中分析全模型效果，得出结论：

➤ 受试者因素（行因素）：显著性 P 值＞0.05，各组之间不存在显著性差异，即不同受试者甲胎蛋白 AFP 值没有显著差别。

➤ 肿瘤直径分类（列因素）：显著性 P 值＞0.05，各组之间不存在显著性差异，即不同肿瘤直径分类的甲胎蛋白 AFP 没有显著差别。

11.5　图表输出

（1）创建布局表

① 单击导航器"布局"下的"新建布局"按钮，弹出"创建新布局"对话框，在"页面选项"选项组下选择"纵向"，在"图表排列"选项组下选择 2 行 2 列的图表排列。单击"确定"按钮，关闭该对话框，创建两行两列图表占位符的布局图"肿瘤直径分类 AFP.pdf"。

② 单击选中导航器"图表"下的"肿瘤直径分类 AFP（散布图）""肿瘤直径分类 AFP（带条形散布图）""肿瘤直径分类 AFP（箱线图）""肿瘤直径分类 AFP（小提琴图）"，将其拖动到布局表图表占位符上，如图 11-55 所示。

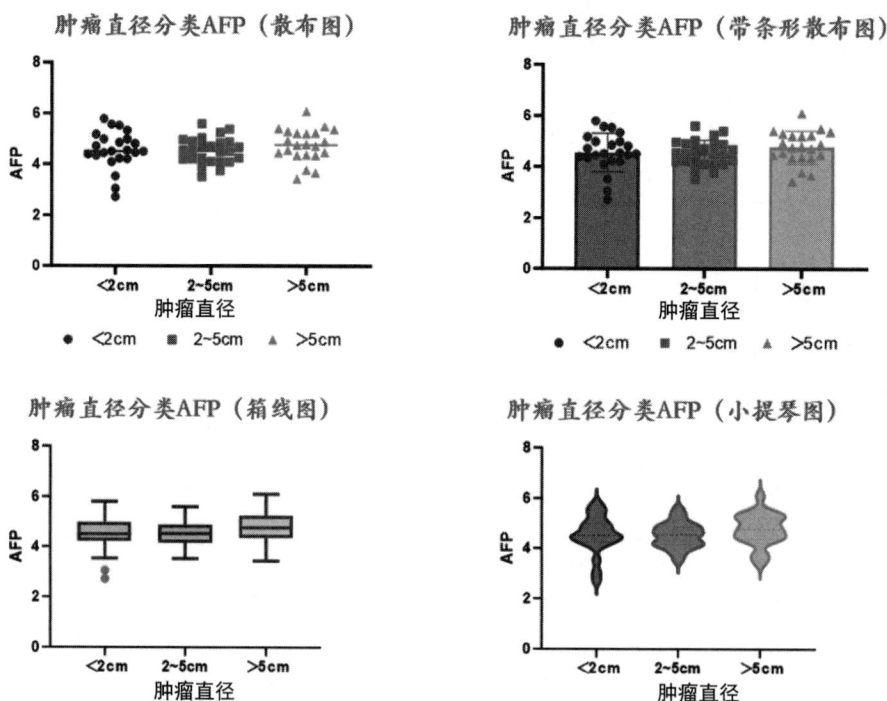

图 11-55　放置图表

（2）导出图片文件

① 选择菜单栏中的"文件"→"导出"命令，或在功能区"导出"选项卡单击"导出到文件"按钮，弹出"导出布局"对话框。

② 自动在"文件格式"选项组下选择"PDF"，在"文件名"中输入"肿瘤直径分类AFP"选项，如图 11-56 所示。

③ 单击"确定"按钮，自动打开导出文件所在文件夹，在 WPS 中打开导出文件"肿瘤直径分类 AFP.pdf"，如图 11-57 所示。

图 11-56　"导出布局"对话框

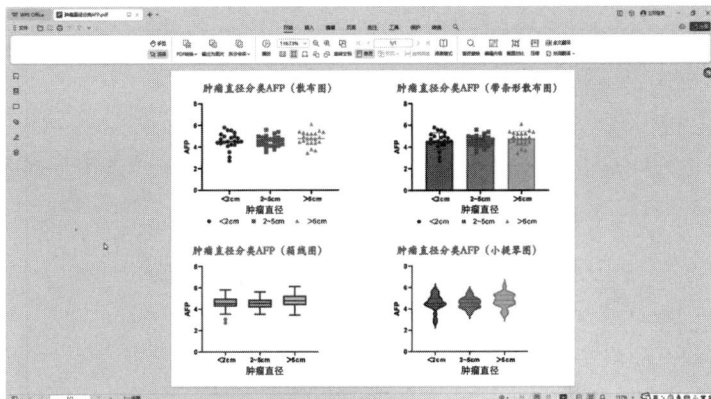

图 11-57　"肿瘤直径分类 AFP.pdf"文件

（3）导出 XML 文件

① 打开数据表"肝癌肿瘤诊断数据"。

② 选择菜单栏中的"文件"→"导出"命令，或在功能区"导出"选项卡单击"导出到文件"按钮 📑，弹出"导出"对话框。

③ 自动在"导出位置"选项组下显示 Prism 中导出的数据表名称和文件所在文件夹；默认勾选"导出后打开此文件夹"复选框，在"格式"下拉列表中默认选择"XML所有数据表和信息表"选项，如图 11-58 所示。

④ 单击"确定"按钮，导出文件"肝癌肿瘤诊断数据 .XML"。

（4）保存项目

单击"标准"功能区上的"保存项目"按钮 💾，或按下 Ctrl+S 键，直接保存项目文件。

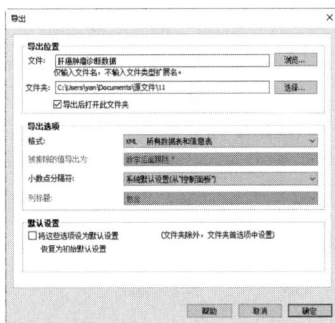

图 11-58　"导出"对话框